线性代数

(第二版)

主　编　杨衍婷

副主编　王晓晗　马　飞

西安电子科技大学出版社

内容简介

本书是根据高等院校理工科专业与经济专业“线性代数”课程教学大纲要求及专业教师多年的教学实践经验总结编写而成的. 全书共7章，内容包括行列式、矩阵、线性方程组、特征值与特征向量、二次型、向量空间与线性变换、用Mathematica解线性代数问题等. 其中二次型、向量空间与线性变换、用Mathematica解线性代数问题等3章可作为选学内容. 各章节都配备有适量的习题，同时，各章都配备有总复习题，便于学生巩固与提高所学知识.

本书可供高等院校各理工科专业使用，包括管理工程、生物工程、经济管理等新兴理工类专业，也可供自学者、考研者和科技工作者参考使用.

图书在版编目(CIP)数据

线性代数／杨衍婷主编. —2版. —西安：西安电子科技大学出版社，2021.8(2022.4重印)
ISBN 978-7-5606-6196-4

Ⅰ. ①线…　Ⅱ. ①杨…　Ⅲ. ①线性代数　Ⅳ. ①O151.2

中国版本图书馆CIP数据核字(2021)第167165号

策划编辑　戚文艳
责任编辑　张　玮
出版发行　西安电子科技大学出版社(西安市太白南路2号)
电　　话　(029)88202421　88201467　　邮　　编　710071
网　　址　www.xduph.com　　电子邮箱　xdupfxb001@163.com
经　　销　新华书店
印刷单位　陕西博文印务有限责任公司
版　　次　2021年8月第2版　2022年4月第2次印刷
开　　本　787毫米×1092毫米　1/16　印张　14.5
字　　数　344千字
印　　数　1501～4500册
定　　价　37.00元
ISBN 978-7-5606-6196-4/O
XDUP 6498002-2

前　言

“线性代数”是高等院校理工类专业与经济类专业普遍开设的一门重要的数学基础课程，它以实践中的线性问题为其研究的主要对象，具有理论上的抽象性与逻辑上的严密性以及应用上的广泛性等特点.

本书是根据教育部制定的数学教学基本要求以及高等院校理工类专业和经济类专业数学基础课教学大纲要求，由多年来从事高等院校线性代数教学的教师编写而成的，在教材体系、内容和习题的选择方面吸取了国内外优秀教材的优点，汇集了编者多年的教学经验. 本书注重概念的直观性和方法的启发性，突出了以应用为目的的教学思想，内容通俗易懂、深入浅出、注重应用，体现了应用技术型的教育理念.

全书系统地讲述了线性代数的基础知识与基本方法，力求体现课程特点，表述严谨严密，用语准确恰当，解析详细到位；在概念的引入上，尽可能从实际问题出发，使学生容易接受；淡化理论教学，注重实践应用；根据理论知识选择典型例题，依照大纲要求习题与例题相互照应，以便学生掌握本课程的基本知识. 本书共分 7 章，主要内容包括行列式、矩阵、线性方程组、特征值与特征向量、二次型、向量空间与线性变换、用 Mathematica 解线性代数问题等. 本书每章节配备了体现理论知识必要的例题，在各节后面都给出了相应的习题，并在各章后面都配备了总复习题，书末提供了各节习题与各章总复习题的参考答案.

本书理论系统完整，举例丰富生动，讲解透彻到位，难度把握适宜，适合开设公共基础课“线性代数”的各个专业，教师可根据开课节数适当选取内容(32 课时建议可取前三章，第 4 章选学；48 课时建议可取前五章；64 课时建议内容全选). 本书也可作为工程技术人员学习、研究线性代数知识的参考书目.

本书由杨衍婷担任主编，王晓晗、马飞担任副主编，编写具体分工为：第 1～2 章与部分第 7 章由王晓晗编写；第 3～4 章与部分第 7 章由马飞编写；第 5～6 章由杨衍婷编写. 在编写本书的过程中得到了咸阳师范学院数学与信息科学学院的各位老师及西安电子科技大学出版社有关人员的大力支持和帮助；杨长恩老师、任刚练老师认真审阅了全部书稿，并提出诸多好的建议，在此致以诚挚的感谢. 编写本书曾参阅了相关文献资料，在此谨向作者深表谢意.

由于编者水平有限，书中难免有不足之处，恳望同行不吝赐教，也衷心希望广大读者批评指正，以使本书在教学实践过程中不断完善.

编者

2021 年 6 月

目　录

第1章　行　列　式

行列式是线性代数的重要工具之一. 它的概念起源于16世纪，是德国数学家莱布尼茨和日本数学家关孝和最早提出的. 经过众多数学家几百年的努力，完整的行列式理论逐步形成，该理论现已成功应用于数学、航空、计算机等各个领域. 本章主要讨论行列式的概念和性质、行列式的计算方法以及应用行列式解线性方程组问题.

1.1　二阶与三阶行列式

本节通过二元一次方程组与三元一次方程组的公式解，讨论二阶与三阶行列式的概念.

1.1.1　二元线性方程组与二阶行列式

考虑二元一次线性方程组：

$$\begin{cases} a_{11}x_1 + a_{12}x_2 = b_1 \\ a_{21}x_1 + a_{22}x_2 = b_2 \end{cases}$$

其中，x_1，x_2 为未知量，a_{11}，a_{12}，a_{21}，a_{22} 为未知量的系数，b_1，b_2 为常数项. 由加减消元法分别消去 x_2，x_1，即得

$$(a_{11}a_{22} - a_{12}a_{21})x_1 = b_1a_{22} - a_{12}b_2,\ (a_{11}a_{22} - a_{12}a_{21})x_2 = a_{11}b_2 - b_1a_{21}$$

于是，当 $a_{11}a_{22}-a_{12}a_{21}\neq 0$ 时，方程组有唯一解：

$$x_1 = \frac{b_1a_{22} - a_{12}b_2}{a_{11}a_{22} - a_{12}a_{21}},\quad x_2 = \frac{a_{11}b_2 - b_1a_{21}}{a_{11}a_{22} - a_{12}a_{21}}$$

为了便于记忆上述结果，引进记号 $D=\begin{vmatrix} a_{11} & a_{12} \\ a_{21} & a_{22} \end{vmatrix}$，表示代数和 $a_{11}a_{22}-a_{12}a_{21}$，称为二阶行列式，即

$$D = \begin{vmatrix} a_{11} & a_{12} \\ a_{21} & a_{22} \end{vmatrix} = a_{11}a_{22} - a_{12}a_{21}$$

其中，实线为主对角线，虚线为次对角线，横排叫行，竖排叫列；a_{11}，a_{12}，a_{21}，a_{22} 叫做行列式的元素，用 a_{ij} 表示，其中 i 表示行标，表示该元素位于第 i 行；j 表示列标，表示该元素位于第 j 列；$a_{11}a_{22}-a_{12}a_{21}$ 叫做该二阶行列式的展开式.

注意：① 二阶行列式是一个数；② 对角线法则，即主对角线上两个数的乘积减去次对角线上两个数的乘积.

若记 $D_1=\begin{vmatrix} b_1 & a_{12} \\ b_2 & a_{22} \end{vmatrix}=b_1a_{22}-a_{12}b_2$，$D_2=\begin{vmatrix} a_{11} & b_1 \\ a_{21} & b_2 \end{vmatrix}=a_{11}b_2-b_1a_{21}$，$D_i(i=1, 2)$表示用

常数列去换系数行列式 D 的第 i 列所得，则当 $D\neq 0$ 时，上述二元一次方程组的解可表示为

$$x_1=\frac{D_1}{D}=\frac{\begin{vmatrix} b_1 & a_{12} \\ b_2 & a_{22} \end{vmatrix}}{\begin{vmatrix} a_{11} & a_{12} \\ a_{21} & a_{22} \end{vmatrix}},\quad x_2=\frac{D_2}{D}=\frac{\begin{vmatrix} a_{11} & b_1 \\ a_{21} & b_2 \end{vmatrix}}{\begin{vmatrix} a_{11} & a_{12} \\ a_{21} & a_{22} \end{vmatrix}}$$

这样，便得到了二元线性方程组的公式解.

例 1.1.1 求解二元线性方程组 $\begin{cases} 3x_1-2x_2=6 \\ -5x_1+4x_2=8 \end{cases}$.

解

$$D=\begin{vmatrix} 3 & -2 \\ -5 & 4 \end{vmatrix}=12-10=2\neq 0$$

$$D_1=\begin{vmatrix} 6 & -2 \\ 8 & 4 \end{vmatrix}=24-(-16)=40$$

$$D_2=\begin{vmatrix} 3 & 6 \\ -5 & 8 \end{vmatrix}=24-(-30)=54$$

故

$$x_1=\frac{D_1}{D}=20,\quad x_2=\frac{D_2}{D}=27$$

1.1.2 三元线性方程组与三阶行列式

类似二元线性方程组，对于三元线性方程组也有类似的公式解.

定义 1 $D=\begin{vmatrix} a_{11} & a_{12} & a_{13} \\ a_{21} & a_{22} & a_{23} \\ a_{31} & a_{32} & a_{33} \end{vmatrix}$

$$=a_{11}a_{22}a_{33}+a_{12}a_{23}a_{31}+a_{13}a_{21}a_{32}-a_{11}a_{23}a_{32}-a_{12}a_{21}a_{33}-a_{13}a_{22}a_{31}$$

称为三阶行列式.

三阶行列式是 3! 项的代数和，每一项都是不同行与不同列的三个数的乘积，再冠以正负号，正负号的取法可以类似于二阶行列式，平行于主对角线方向取正号，平行于次对角线方向取负号，故三项为正号、三项为负号，如下所示：

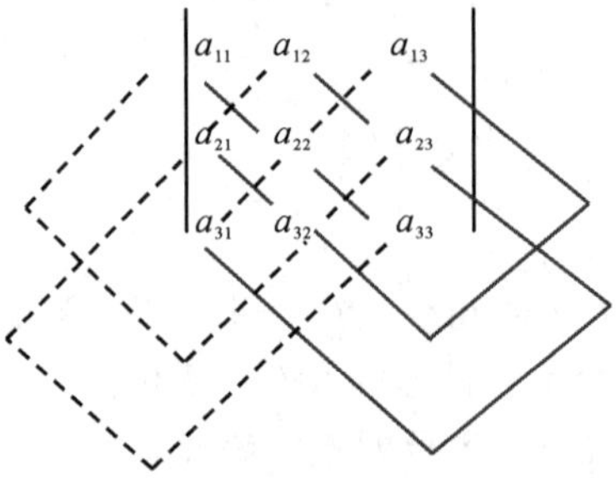

类似地，可以利用三阶行列式求解三元线性方程组：

$$\begin{cases} a_{11}x_1+a_{12}x_2+a_{13}x_3=b_1 \\ a_{21}x_1+a_{22}x_2+a_{23}x_3=b_2 \\ a_{31}x_1+a_{32}x_2+a_{33}x_3=b_3 \end{cases}$$

系数行列式为

$$D=\begin{vmatrix} a_{11} & a_{12} & a_{13} \\ a_{21} & a_{22} & a_{23} \\ a_{31} & a_{32} & a_{33} \end{vmatrix} \neq 0$$

方程组有唯一解，即

$$x_1=\frac{D_1}{D},\quad x_2=\frac{D_2}{D},\quad x_3=\frac{D_3}{D}$$

其中，$D_1=\begin{vmatrix} b_1 & a_{12} & a_{13} \\ b_2 & a_{22} & a_{23} \\ b_3 & a_{32} & a_{33} \end{vmatrix}$，$D_2=\begin{vmatrix} a_{11} & b_1 & a_{13} \\ a_{21} & b_2 & a_{23} \\ a_{31} & b_3 & a_{33} \end{vmatrix}$，$D_3=\begin{vmatrix} a_{11} & a_{12} & b_1 \\ a_{21} & a_{22} & b_2 \\ a_{31} & a_{32} & b_3 \end{vmatrix}$. 它们分别用常数列去替换系数行列式 D 的 1、2、3 列所得. 这样便得到了三元线性方程组的公式解.

例 1.1.2　求解线性方程组$\begin{cases} 3x_1+2x_2+4x_3=9 \\ 2x_1+3x_2-5x_3=0. \\ 2x_1+2x_2+3x_3=7 \end{cases}$

解

$$D=\begin{vmatrix} 3 & 2 & 4 \\ 2 & 3 & -5 \\ 2 & 2 & 3 \end{vmatrix}=27-20+16+30-12-24=17$$

$$D_1=\begin{vmatrix} 9 & 2 & 4 \\ 0 & 3 & -5 \\ 7 & 2 & 3 \end{vmatrix}=81-70+0+90-0-84=17$$

$$D_2=\begin{vmatrix} 3 & 9 & 4 \\ 2 & 0 & -5 \\ 2 & 7 & 3 \end{vmatrix}=0-90+56+105-54-0=17$$

$$D_3=\begin{vmatrix} 3 & 2 & 9 \\ 2 & 3 & 0 \\ 2 & 2 & 7 \end{vmatrix}=63+0+36-0-28-54=17$$

则

$$x_1=x_2=x_3=1$$

计算二、三阶行列式时应注意：① 项的符号与该项本身的符号；② 项数.

需要指出的是，如果是四元一次线性方程组，则也有类似的公式解. 但是对于四阶行列式的计算法并不能直接推广二、三阶行列式的对角线法则. 为了求解四元及四元以上的线性方程组，需要将二、三阶行列式的概念推广. 下面先介绍排列与逆序数的概念.

1.1.3　n 阶排列及其逆序数

定义 2　由数码 1，2，…，n 组成一个 n 元有序数组，称为一个 n 阶排列.

例如，1234，2431，25413.

定义 3　在一个 n 阶排列 $p_1\ p_2\ \cdots p_n$ 中，若一对数码 p_t 与 p_s，较大的数 p_t 排在较小的数 p_s 前面($p_s<p_t$)，则称 p_t 与 p_s 构成一个逆序. 一个 n 阶排列中逆序的总数称为它的逆序数，记为 $\tau(p_1\ p_2\ \cdots p_n)$. 显然，$\tau(1\ 2\cdots n)=0$.

由逆序数定义，$\tau(p_1\ p_2\cdots p_n)=\sum\limits_{k=1}^{n}\tau_k$，$\tau_k$ 表示在排列中 p_k 前比 p_k 大的数码的个数.

定义 4　若排列 $p_1\ p_2\cdots p_n$ 的逆序数 $\tau(p_1\ p_2\ \cdots p_n)$ 为奇数，则称为奇排列，逆序数是偶数则称为偶排列.

例如，$\tau(3257146)=0+1+0+0+4+2+1=8$，故该排列为偶排列；

$\tau(7654321)=0+1+2+3+4+5+6=21$，故该排列为奇排列.

1.1.4　对换

在 n 阶排列 $p_1\ p_2\ \cdots p_n$ 中，仅将任意两数码 p_t 与 p_s 对调，其余数码保持不动的变换称为对换.

定理 1　任意一个排列经过一次对换后改变奇偶性. 即经过一次对换，奇排列变成偶排列，偶排列变成奇排列.

证明　首先讨论一个特殊的情形，对换的两个数码在排列中是相邻的位置，排列

$$\cdots jk\cdots \tag{1.1.1}$$

经过对换 j，k，变成

$$\cdots kj\cdots \tag{1.1.2}$$

显然，在排列式(1.1.1)中，如果 j，k 与其它的数码构成逆序，则在排列式(1.1.2)中仍然构成逆序；如果不构成逆序，则在式(1.1.2)中也不构成逆序；不同的只是 j，k 的次序. 如果原来 j，k 构成逆序，那么经过对换，逆序数就减少一个；如果原来 j，k 不组成逆序，那么经过对换，逆序数就增加一个，不论增加 1 还是减少 1，排列的逆序数的奇偶性总是变了. 因此，在这个特殊的情形定理成立.

再看一般的情形，设排列为

$$\cdots j i_1 i_2\cdots i_s k\cdots \tag{1.1.3}$$

经过 j，k 对换，排列式(1.1.3)变成

$$\cdots k i_1 i_2\cdots i_s j\cdots \tag{1.1.4}$$

不难看出，这样一个对换可以通过一系列相邻数码的对换来实现. 从式(1.1.3)出发，把 k 与 i_s 对换，再与 i_{s-1} 对换，依次下去，把 k 一一地向左移动，经过 $s+1$ 次相邻位置的对换，排列式(1.1.3)就变成

$$\cdots kj i_1 i_2\cdots i_s\cdots \tag{1.1.5}$$

从式(1.1.5)出发，再把 j 一一地向右移动，经过 s 次相邻位置的对换，排列式(1.1.5)就变成排列式(1.1.4). 因此，j，k 对换可以通过 $2s+1$ 次相邻位置的对换来实现. $2s+1$ 是奇数，相邻位置的对换改变排列的奇偶性. 显然，奇数次这样的对换的最终结果还是改变奇偶性.

推论 1　任意一个 n 阶排列与排列 $12\cdots n$ 都可以经过一系列对换互变，并且所作对换的个数与这个排列有相同的奇偶性.

推论 2　n 个数码($n>1$)共 $n!$ 个 n 阶排列，其中奇、偶排列各占一半.

习题 1.1

1. 求下列行列式的值.

(1) $\begin{vmatrix} \cos x & \sin x \\ \sin x & \cos x \end{vmatrix}$；(2) $\begin{vmatrix} x+y & x-y \\ x-y & x+y \end{vmatrix}$；(3) $\begin{vmatrix} 2 & 3 & 4 \\ 3 & 4 & 2 \\ 4 & 2 & 3 \end{vmatrix}$.

2. 解线性方程组.

(1) $\begin{cases} 5x_1-2x_2=1 \\ 6x_1+x_2=8 \end{cases}$；(2) $\begin{cases} 2x_1+3x_2+4x_3=1 \\ 4x_1-3x_2-5x_3=6 \\ 3x_1+2x_2+3x_3=2 \end{cases}$.

3. 求下列排列的逆序数.

(1) 987654321；(2) 523978164；(3) 318296475.

1.2　n 阶行列式的定义

由于四阶及四阶以上行列式的计算不能直接模仿二、三阶行列式的对角线法则，上一节作了排列及其逆序数的准备，下面来讨论 n 阶行列式的定义.

1.2.1　n 阶行列式

在给出 n 阶行列式的定义之前，先来研究二阶和三阶行列式的结构. 二阶和三阶行列式的定义为

$$D_2=\begin{vmatrix} a_{11} & a_{12} \\ a_{21} & a_{22} \end{vmatrix}=a_{11}a_{22}-a_{12}a_{21}$$

$$D_3=\begin{vmatrix} a_{11} & a_{12} & a_{13} \\ a_{21} & a_{22} & a_{23} \\ a_{31} & a_{32} & a_{33} \end{vmatrix}=a_{11}a_{22}a_{33}+a_{12}a_{23}a_{31}+a_{13}a_{21}a_{32}-a_{11}a_{23}a_{32}-a_{12}a_{21}a_{33}-a_{13}a_{22}a_{31}$$

可以看出：

(1)“行列式”的结构：二阶行列式是由 2^2 个元素构成的两行两列的计算式. 三阶行列式是由 3^2 个元素构成的三行三列的计算式.

(2)“项”的结构：二阶(三阶)行列式的每一项都是取自不同行不同列的两(三)个元素的积，且所有不同行不同列的两(三)个元素的积都是二阶(三阶)行列式的项.

(3)“项数”的规律：当每一项乘积的元素行标取自然顺序，则列标正好取完所有二(三)阶排列，故二阶(三阶)行列式共有 $2!(3!)$ 项.

(4)“项”的符号：每一项乘积的元素当行标按自然顺序排列时，列标所构成的排列为偶排列时取正号，奇排列时取负号. 因此有

$$D_2 = \begin{vmatrix} a_{11} & a_{12} \\ a_{21} & a_{22} \end{vmatrix} = a_{11}a_{22} - a_{12}a_{21} = \sum_{p_1 p_2} (-1)^{\tau(p_1 p_2)} a_{1p_1} a_{2p_2}$$

$$D_3 = \begin{vmatrix} a_{11} & a_{12} & a_{13} \\ a_{21} & a_{22} & a_{23} \\ a_{31} & a_{32} & a_{33} \end{vmatrix} = a_{11}a_{22}a_{33} + a_{12}a_{23}a_{31} + a_{13}a_{21}a_{32}$$

$$- a_{11}a_{23}a_{32} - a_{12}a_{21}a_{33} - a_{13}a_{22}a_{31}$$

$$= \sum_{p_1 p_2 p_3} (-1)^{\tau(p_1 p_2 p_3)} a_{1p_1} a_{2p_2} a_{3p_3}$$

根据这个规律，可以给出 n 阶行列式的定义.

定义 1　由 n^2 个数 $a_{ij}(i, j=1, 2, \cdots, n)$组成的记号

$$\begin{vmatrix} a_{11} & a_{12} & \cdots & a_{1n} \\ a_{21} & a_{22} & \cdots & a_{2n} \\ \vdots & \vdots & & \vdots \\ a_{n1} & a_{n2} & \cdots & a_{nn} \end{vmatrix}$$

称为 n 阶行列式，其中横排称为行，竖排称为列. 它表示所有可能取自不同的行不同的列的 n 个元素乘积的代数和，各项的符号是：当这一项中元素的行标按自然顺序排列后，若对应的列标构成的排列是偶排列取正号，奇排列则取负号.

因此，n 阶行列式所表示的代数和中的一般项可写为

$$(-1)^{\tau(p_1 p_2 \cdots p_n)} a_{1p_1} a_{2p_2} \cdots a_{np_n}$$

其中 $p_1 p_2 \cdots p_n$ 是一个 n 阶排列，当 $p_1 p_2 \cdots p_n$ 取遍所有 n 阶排列时，则得到 n 阶行列式的代数和中的所有项，即

$$\begin{vmatrix} a_{11} & a_{12} & \cdots & a_{1n} \\ a_{21} & a_{22} & \cdots & a_{2n} \\ \vdots & \vdots & & \vdots \\ a_{n1} & a_{n2} & \cdots & a_{nn} \end{vmatrix} = \sum_{p_1 p_2 \cdots p_n} (-1)^{\tau(p_1 p_2 \cdots p_n)} a_{1p_1} a_{2p_2} \cdots a_{np_n}$$

其中 $\sum\limits_{p_1 p_2 \cdots p_n}$ 表示对所有 n 阶排列 $p_1 p_2 \cdots p_n$ 求和.

为书写方便，记该行列式为 $|a_{ij}|_n$.

注意：n 阶行列式共 $n!$ 项.

1.2.2　几类特殊的 n 阶行列式

(1) 对角行列式：主对角线以外全为 0 的行列式，即

$$\Lambda = \begin{vmatrix} a_{11} & & & \\ & a_{22} & & \\ & & \ddots & \\ & & & a_{nn} \end{vmatrix} = a_{11}a_{22}\cdots a_{nn}$$

证明　由 n 阶行列式的定义，所有位于不同行不同列的元素乘积只有一项(其他项全为 0)

$$a_{11}a_{22}\cdots a_{nn}$$

该项的行标与列标都排成了自然顺序而取正号，故结论成立.

(2) 次对角行列式：次对角线以外全为 0 的行列式，即

$$\Lambda_1=\begin{vmatrix} & & & a_{1n}\\ & & a_{2,n-1} & \\ & \iddots & & \\ a_{n1} & & & \end{vmatrix}=(-1)^{\frac{n(n-1)}{2}}a_{1n}a_{2,n-1}\cdots a_{n1}$$

(3) 上、下三角行列式：

上三角行列式：$\begin{vmatrix} a_{11} & a_{12} & \cdots & a_{1n}\\ 0 & a_{22} & \cdots & a_{2n}\\ \vdots & \vdots & & \vdots\\ 0 & 0 & \cdots & a_{nn}\end{vmatrix}=a_{11}a_{22}\cdots a_{nn}$

下三角行列式：$\begin{vmatrix} a_{11} & 0 & \cdots & 0\\ a_{21} & a_{22} & \cdots & 0\\ \vdots & \vdots & & \vdots\\ a_{n1} & a_{n2} & \cdots & a_{nn}\end{vmatrix}=a_{11}a_{22}\cdots a_{nn}$

证明　以下三角行列式为例. 其展开式一般项为 $a_{1p_1}a_{2p_2}\cdots a_{np_n}$，由行列式的定义与和式中不考虑为 0 的项，$p_1$ 应取 1，这时，1 行 1 列不能再取；p_2 应取 2，这时，2 行 2 列不能再取，依此类推，p_n 应取 n，展开式只有一项 $a_{11}a_{22}\cdots a_{nn}$，且可确定该项的符号为正，故结论成立.

习题 1.2

按定义计算下列行列式：

(1) $\begin{vmatrix} 0 & 1 & 0 & \cdots & 0\\ 0 & 0 & 2 & \cdots & 0\\ \vdots & \vdots & \vdots & & \vdots\\ 0 & 0 & 0 & \cdots & n-1\\ n & 0 & 0 & \cdots & 0\end{vmatrix}$；　(2) $\begin{vmatrix} 0 & 0 & \cdots & 0 & 1\\ 2 & 0 & \cdots & 0 & 0\\ 0 & 3 & \cdots & 0 & 0\\ \vdots & \vdots & & \vdots & \vdots\\ 0 & 0 & \cdots & n & 0\end{vmatrix}$；

(3) $\begin{vmatrix} 0 & 0 & \cdots & 0 & 1 & 0\\ 0 & 0 & \cdots & 2 & 0 & 0\\ \vdots & \vdots & & \vdots & \vdots & \vdots\\ n-1 & 0 & \cdots & 0 & 0 & 0\\ 0 & 0 & \cdots & 0 & 0 & n\end{vmatrix}$；　(4) $\begin{vmatrix} n & 0 & 0 & \cdots & 0 & 0\\ 0 & 0 & 0 & \cdots & 0 & 1\\ \vdots & \vdots & \vdots & & \vdots & \vdots\\ 0 & 0 & n-2 & \cdots & 0 & 0\\ 0 & n-1 & 0 & \cdots & 0 & 0\end{vmatrix}$.

1.3　行列式的性质

在行列式的定义中，为了决定每一项的正负号，把 n 个元素按行指标排起来. 事实上，数的乘法是交换的，因而这 n 个元素的次序是可以任意写的.

定理 n 阶行列式中的项为

$$a_{i_1j_1}a_{i_2j_2}\cdots a_{i_nj_n} \tag{1.3.1}$$

其中 $i_1i_2\cdots i_n$，$j_1j_2\cdots j_n$ 是两个 n 阶排列. 它的符号是

$$(-1)^{\tau(i_1i_2\cdots i_n)+\tau(j_1j_2\cdots j_n)} \tag{1.3.2}$$

证明 为了根据定义来决定式(1.3.1)的符号，就要把这 n 个元素重新排列使得它们的行指标成自然顺序，即排成

$$a_{1p_1}a_{2p_2}\cdots a_{np_n} \tag{1.3.3}$$

于是它的符号是

$$(-1)^{\tau(p_1p_2\cdots p_n)} \tag{1.3.4}$$

现在来证明，式(1.3.2)与式(1.3.4)是一致的. 我们知道，由式(1.3.1)到式(1.3.3)可以经过一系列元素的交换来实现. 每交换一次，元素的行指标与列指标所构成的排列 $i_1i_2\cdots i_n$ 与 $j_1j_2\cdots j_n$ 就都同时交换一次，即 $\tau(i_1i_2\cdots i_n)$ 与 $\tau(j_1j_2\cdots j_n)$ 同时改变奇偶性，因而它们的和

$$\tau(i_1i_2\cdots i_n)+\tau(j_1j_2\cdots j_n)$$

的奇偶性不改变. 这就是说，对式(1.3.1)进行一次元素的交换不会改变式(1.3.2)的值. 因此，在一系列交换之后有

$$(-1)^{\tau(i_1i_2\cdots i_n)+\tau(j_1j_2\cdots j_n)}=(-1)^{\tau(12\cdots n)+\tau(p_1p_2\cdots p_n)}=(-1)^{\tau(p_1p_2\cdots p_n)}$$

这就证明了式(1.3.2)与式(1.3.4)是一致的.

例如，$a_{21}a_{32}a_{14}a_{43}$ 是 4 阶行列式中一项，$\tau(2314)=2$，$\tau(1243)=1$，于是它的符号应为 $(-1)^{2+1}=-1$；如按行指标成自然顺序排列起来，就是 $a_{14}a_{21}a_{32}a_{43}$，$\tau(4123)=3$，因而它的符号也是 $(-1)^3=-1$.

按式(1.3.2)来决定行列式中每一项的符号的好处在于，行指标与列指标是对称的，因而为了决定每一项的符号，我们同样可以把每一项按列指标成自然顺序排列起来，于是定义又可以写成

$$|a_{ij}|_n=\sum_{i_1i_2\cdots i_n}(-1)^{\tau(i_1i_2\cdots i_n)}a_{i_11}a_{i_22}\cdots a_{i_nn} \tag{1.3.5}$$

由此即得行列式的下列性质：

性质 1 行列式 D 与它的转置行列式 D^{T} 的值相等.

记 $D=\begin{vmatrix} a_{11} & a_{12} & \cdots & a_{1n} \\ a_{21} & a_{22} & \cdots & a_{2n} \\ \vdots & \vdots & & \vdots \\ a_{n1} & a_{n2} & \cdots & a_{nn} \end{vmatrix}$，将它的行依次变为相应的列，得

$$D^{\mathrm{T}}=\begin{vmatrix} a_{11} & a_{21} & \cdots & a_{n1} \\ a_{12} & a_{22} & \cdots & a_{n2} \\ \vdots & \vdots & & \vdots \\ a_{1n} & a_{2n} & \cdots & a_{nn} \end{vmatrix} \tag{1.3.6}$$

称 D^{T} 为 D 的转置行列式. 事实上，元素 a_{ij} 在式(1.3.6)的右端位于第 j 行第 i 列，这就是说，i 是它的列指标，j 是它的行指标. 因此，把右端按式(1.3.5)展开就等于

$$\sum_{p_1p_2\cdots p_n}(-1)^{\tau(p_1p_2\cdots p_n)}a_{1p_1}a_{2p_2}\cdots a_{np_n}$$

它正是左端按式(1.3.6)的展开式.

性质1表明，在行列式中行与列的位置是对称的，因此，凡是有关行的性质，对列也同样成立.

性质2 互换行列式的两行(列)，行列式的值反号.

证明 $i<j$ 时，有

$$\begin{vmatrix} a_{11} & a_{12} & \cdots & a_{1n} \\ \vdots & \vdots & & \vdots \\ a_{j1} & a_{j2} & \cdots & a_{jn} \\ \vdots & \vdots & & \vdots \\ a_{i1} & a_{i2} & \cdots & a_{in} \\ \vdots & \vdots & & \vdots \\ a_{n1} & a_{n2} & \cdots & a_{nn} \end{vmatrix} = \sum_{p_1\cdots p_j\cdots p_i\cdots p_n}(-1)^{\tau(p_1\cdots p_j\cdots p_i\cdots p_n)}a_{1p_1}\cdots a_{jp_j}\cdots a_{ip_i}\cdots a_{np_n}$$

$$=-\sum_{p_1\cdots p_i\cdots p_j\cdots p_n}(-1)^{\tau(p_1\cdots p_i\cdots p_j\cdots p_n)}a_{1p_1}\cdots a_{ip_i}\cdots a_{jp_j}\cdots a_{np_n}$$

$$=-\begin{vmatrix} a_{11} & a_{12} & \cdots & a_{1n} \\ \vdots & \vdots & & \vdots \\ a_{i1} & a_{i2} & \cdots & a_{in} \\ \vdots & \vdots & & \vdots \\ a_{j1} & a_{j2} & \cdots & a_{jn} \\ \vdots & \vdots & & \vdots \\ a_{n1} & a_{n2} & \cdots & a_{nn} \end{vmatrix}$$

推论1 行列式有两行(列)元素对应相同，则行列式的值为零.

性质3 行列式某行(列)的公因子可提到行列式的记号外面，即

$$\begin{vmatrix} a_{11} & a_{12} & \cdots & a_{1n} \\ \vdots & \vdots & & \vdots \\ ka_{i1} & ka_{i2} & \cdots & ka_{in} \\ \vdots & \vdots & & \vdots \\ a_{n1} & a_{n2} & \cdots & a_{nn} \end{vmatrix} = k\begin{vmatrix} a_{11} & a_{12} & \cdots & a_{1n} \\ \vdots & \vdots & & \vdots \\ a_{i1} & a_{i2} & \cdots & a_{in} \\ \vdots & \vdots & & \vdots \\ a_{n1} & a_{n2} & \cdots & a_{nn} \end{vmatrix}$$

证明 左边 $=\sum_{p_1\cdots p_{i-1}p_ip_{i+1}\cdots p_n}(-1)^{\tau(p_1\cdots p_{i-1}p_ip_{i+1}\cdots p_n)}a_{1p_1}\cdots a_{i-1p_{i-1}}ka_{ip_i}a_{i+1p_{i+1}}\cdots a_{np_n}$

$$=k\sum_{p_1\cdots p_{i-1}p_ip_{i+1}\cdots p_n}(-1)^{\tau(p_1\cdots p_{i-1}p_ip_{i+1}\cdots p_n)}a_{1p_1}\cdots a_{i-1p_{i-1}}a_{ip_i}a_{i+1p_{i+1}}\cdots a_{np_n}$$

$=$ 右边

推论2 行列式某行(列)各元素全为零，则行列式的值为零.

推论3 行列式有两行(列)元素对应成比例，则行列式的值为零.

性质4 行列式某行(列)各元素都是二项的和，则行列式等于相应两个行列式的和，即

$$\begin{vmatrix} a_{11} & a_{12} & \cdots & a_{1n} \\ \vdots & \vdots & & \vdots \\ b_{i1}+c_{i1} & b_{i2}+c_{i2} & \cdots & b_{in}+c_{in} \\ \vdots & \vdots & & \vdots \\ a_{n1} & a_{n2} & \cdots & a_{nn} \end{vmatrix} = \begin{vmatrix} a_{11} & a_{12} & \cdots & a_{1n} \\ \vdots & \vdots & & \vdots \\ b_{i1} & b_{i2} & \cdots & b_{in} \\ \vdots & \vdots & & \vdots \\ a_{n1} & a_{n2} & \cdots & a_{nn} \end{vmatrix} + \begin{vmatrix} a_{11} & a_{12} & \cdots & a_{1n} \\ \vdots & \vdots & & \vdots \\ c_{i1} & c_{i2} & \cdots & c_{in} \\ \vdots & \vdots & & \vdots \\ a_{n1} & a_{n2} & \cdots & a_{nn} \end{vmatrix}$$

证明 左边$=\sum\limits_{p_1\cdots p_{i-1}p_ip_{i+1}\cdots p_n}(-1)^{\tau(p_1\cdots p_{i-1}p_ip_{i+1}\cdots p_n)}a_{1p_1}\cdots a_{i-1p_{i-1}}(b_{ip_i}+c_{ip_i})a_{i+1p_{i+1}}\cdots a_{np_n}$

$$\begin{aligned} &= \sum_{p_1\cdots p_{i-1}p_ip_{i+1}\cdots p_n}(-1)^{\tau(p_1\cdots p_{i-1}p_ip_{i+1}\cdots p_n)}a_{1p_1}\cdots a_{i-1p_{i-1}}b_{ip_i}a_{i+1p_{i+1}}\cdots a_{np_n} \\ &\quad + \sum_{p_1\cdots p_{i-1}p_ip_{i+1}\cdots p_n}(-1)^{\tau(p_1\cdots p_{i-1}p_ip_{i+1}\cdots p_n)}a_{1p_1}\cdots a_{i-1p_{i-1}}c_{ip_i}a_{i+1p_{i+1}}\cdots a_{np_n} \end{aligned}$$

$=$ 右边

性质 5 行列式某行(列)中所有元素的数 k 倍加到另一行(列)对应元素上，行列式值不变.

证明

$$\begin{vmatrix} a_{11} & a_{12} & \cdots & a_{1n} \\ \vdots & \vdots & & \vdots \\ a_{i1} & a_{i2} & \cdots & a_{in} \\ \vdots & \vdots & & \vdots \\ ka_{i1}+a_{j1} & ka_{i2}+a_{j2} & \cdots & ka_{in}+a_{jn} \\ \vdots & \vdots & & \vdots \\ a_{n1} & a_{n2} & \cdots & a_{nn} \end{vmatrix}$$

$$= \begin{vmatrix} a_{11} & a_{12} & \cdots & a_{1n} \\ \vdots & \vdots & & \vdots \\ a_{i1} & a_{i2} & \cdots & a_{in} \\ \vdots & \vdots & & \vdots \\ ka_{i1} & ka_{i2} & \cdots & ka_{in} \\ \vdots & \vdots & & \vdots \\ a_{n1} & a_{n2} & \cdots & a_{nn} \end{vmatrix} + \begin{vmatrix} a_{11} & a_{12} & \cdots & a_{1n} \\ \vdots & \vdots & & \vdots \\ a_{i1} & a_{i2} & \cdots & a_{in} \\ \vdots & \vdots & & \vdots \\ a_{j1} & a_{j2} & \cdots & a_{jn} \\ \vdots & \vdots & & \vdots \\ a_{n1} & a_{n2} & \cdots & a_{nn} \end{vmatrix}$$

$$= \begin{vmatrix} a_{11} & a_{12} & \cdots & a_{1n} \\ \vdots & \vdots & & \vdots \\ a_{i1} & a_{i2} & \cdots & a_{in} \\ \vdots & \vdots & & \vdots \\ a_{j1} & a_{j2} & \cdots & a_{jn} \\ \vdots & \vdots & & \vdots \\ a_{n1} & a_{n2} & \cdots & a_{nn} \end{vmatrix}$$

为了以后计算方便，我们引入以下记号：

(1) 交换第 i 行(列)与第 j 行(列)，记为

$$r_i \leftrightarrow r_j\ (c_i \leftrightarrow c_j)$$

(2) 第 i 行(列)各元素的 k 倍加到第 j 行(列)，记为

$$kr_i+r_j(kc_i+c_j)$$

(3) 第 i 行(列)各元素乘以 k，记为

$$r_ik(c_ik)$$

在计算行列式时，常用行列式的性质，把它化为三角形行列式来计算.

例 1.3.1　计算 $\begin{vmatrix} 1 & 2 & 3 & 4 \\ 5 & 6 & 7 & 8 \\ -2 & -2 & -2 & -2 \\ 8 & 2 & 1 & 6 \end{vmatrix}$.

解　作 $-r_1+r_2$，得

$$\begin{vmatrix} 1 & 2 & 3 & 4 \\ 5 & 6 & 7 & 8 \\ -2 & -2 & -2 & -2 \\ 8 & 2 & 1 & 6 \end{vmatrix}=\begin{vmatrix} 1 & 2 & 3 & 4 \\ 4 & 4 & 4 & 4 \\ -2 & -2 & -2 & -2 \\ 8 & 2 & 1 & 6 \end{vmatrix}=0$$

例 1.3.2　计算 $D=\begin{vmatrix} 5 & 8 & -3 & 6 \\ 3 & 6 & 0 & 10 \\ 2 & 3 & 4 & 5 \\ 3 & 3 & 1 & 5 \end{vmatrix}$.

解　作 $-2r_3+r_1$，得

$$D=\begin{vmatrix} 1 & 2 & -11 & -4 \\ 3 & 6 & 0 & 10 \\ 2 & 3 & 4 & 5 \\ 3 & 3 & 1 & 5 \end{vmatrix}$$

作 $-3r_1+r_2$，$-2r_1+r_3$，$-3r_1+r_4$，得

$$D=\begin{vmatrix} 1 & 2 & -11 & -4 \\ 0 & 0 & 33 & 22 \\ 0 & -1 & 26 & 13 \\ 0 & -3 & 34 & 17 \end{vmatrix}$$

作 $-3r_3+r_4$，$r_2\leftrightarrow r_3$，得

$$D=-\begin{vmatrix} 1 & 2 & -11 & -4 \\ 0 & -1 & 26 & 13 \\ 0 & 0 & 33 & 22 \\ 0 & 0 & -44 & -22 \end{vmatrix}$$

作 r_3+r_4，$c_3\leftrightarrow c_4$，得

$$D=\begin{vmatrix} 1 & 2 & -4 & -11 \\ 0 & -1 & 13 & 26 \\ 0 & 0 & 22 & 33 \\ 0 & 0 & 0 & -11 \end{vmatrix}=242$$

例 1.3.3　计算 ab 型行列式 $D_n=\begin{vmatrix} a & b & \cdots & b \\ b & a & \cdots & b \\ \vdots & \vdots & & \vdots \\ b & b & \cdots & a \end{vmatrix}_n$.

解　$D_n=[a+(n-1)b]\begin{vmatrix} 1 & b & \cdots & b \\ 1 & a & \cdots & b \\ \vdots & \vdots & & \vdots \\ 1 & b & \cdots & a \end{vmatrix}_n$

$$=[a+(n-1)b]\begin{vmatrix} 1 & 0 & \cdots & 0 \\ 1 & a-b & \cdots & 0 \\ \vdots & \vdots & & \vdots \\ 1 & 0 & \cdots & a-b \end{vmatrix}_n=[a+(n-1)b](a-b)^{n-1}$$

例 1.3.4　计算 $D_{n+1}=\begin{vmatrix} x & 1 & 1 & \cdots & 1 \\ 1 & a_1 & 0 & \cdots & 0 \\ 1 & 0 & a_2 & \cdots & 0 \\ \vdots & \vdots & \vdots & & \vdots \\ 1 & 0 & 0 & \cdots & a_n \end{vmatrix}$ $(a_i\neq0,\ i=1,\ 2,\cdots,\ n)$.

解　分别将第 $i(i=2,\cdots,\ n+1)$ 行乘以 $-\dfrac{1}{a_{i-1}}$ 加到第 1 行，得

$$D_{n+1}=\begin{vmatrix} x-\sum\limits_{i=1}^{n}\dfrac{1}{a_i} & 0 & 0 & \cdots & 0 \\ 1 & a_1 & 0 & \cdots & 0 \\ 1 & 0 & a_2 & \cdots & 0 \\ \vdots & \vdots & \vdots & & \vdots \\ 1 & 0 & 0 & \cdots & a_n \end{vmatrix}=a_1a_2\cdots a_n\left(x-\sum_{i=1}^{n}\frac{1}{a_i}\right)$$

习题 1.3

1. 按化三角形法计算行列式

(1) $D=\begin{vmatrix} 2 & 3 & 4 & 5 \\ 3 & 4 & 5 & 2 \\ 4 & 5 & 2 & 3 \\ 5 & 2 & 3 & 4 \end{vmatrix}$；　　(2) $D=\begin{vmatrix} 1 & -1 & 3 & 2 \\ 0 & 1 & 1 & 3 \\ 2 & 1 & 1 & -1 \\ -1 & 2 & 1 & 0 \end{vmatrix}$；

(3) $D=\begin{vmatrix} 2 & 5 & 2 & 4 \\ 1 & 1 & -1 & 3 \\ -1 & -1 & 2 & 1 \\ 1 & 2 & 3 & 2 \end{vmatrix}$；　　(4) $D=\begin{vmatrix} 4 & 3 & 3 & 3 \\ 3 & 4 & 3 & 3 \\ 3 & 3 & 4 & 3 \\ 3 & 3 & 3 & 4 \end{vmatrix}$；

(5) $D=\begin{vmatrix} 3 & 0 & 4 & 1 \\ 0 & 1 & 1 & 3 \\ 2 & 1 & 1 & -1 \\ 2 & 2 & 5 & 1 \end{vmatrix}$；　　(6) $D=\begin{vmatrix} 2 & 5 & 2 & 4 \\ 1 & 1 & -1 & 3 \\ 1 & 4 & 4 & 5 \\ 1 & 2 & 3 & 2 \end{vmatrix}$；

(7) $D_n=\begin{vmatrix} x_1+m & x_2 & \cdots & x_n \\ x_1 & x_2+m & \cdots & x_n \\ \vdots & \vdots & & \vdots \\ x_1 & x_2 & \cdots & x_n+m \end{vmatrix}$；　　(8) $D_n=\begin{vmatrix} 2 & 1 & 1 & \cdots & 1 \\ 1 & 3 & 0 & \cdots & 0 \\ 1 & 0 & 4 & \cdots & 0 \\ \vdots & \vdots & \vdots & & \vdots \\ 1 & 0 & 0 & \cdots & n+1 \end{vmatrix}$.

2. 解方程

(1) $\begin{vmatrix} 1 & 1 & 1 & 1 \\ 1 & 2 & x-1 & 3 \\ 4 & 9 & x^2 & 14 \\ 2 & 3 & x & x \end{vmatrix}=0$；　　(2) $\begin{vmatrix} 2 & 1 & 1 & 3 \\ 3 & 2 & x-1 & 5 \\ 13 & 9 & x^2 & 22 \\ 5 & 3 & x & x+4 \end{vmatrix}=0$.

3. 计算

(1) $\begin{vmatrix} 2 & 2 & \cdots & 2 & 5 \\ 2 & 2 & \cdots & 5 & 2 \\ \vdots & \vdots & & \vdots & \vdots \\ 2 & 5 & \cdots & 2 & 2 \\ 5 & 2 & \cdots & 2 & 2 \end{vmatrix}_n$；　　(2) $\begin{vmatrix} 3 & 2 & \cdots & 2 & 2 \\ 2 & 4 & \cdots & 2 & 2 \\ \vdots & \vdots & & \vdots & \vdots \\ 2 & 2 & \cdots & n+1 & 2 \\ 2 & 2 & \cdots & 2 & n+2 \end{vmatrix}$.

1.4　行列式按行(列)展开

一般来说，低阶行列式的计算比高阶行列式的计算要简单得多. 于是，自然考虑把高阶行列式表示为低阶行列式的问题. 下面介绍行列式的另一重要性质，即行列式按行(列)展开. 为此，引入余子式和代数余子式的概念.

定义 1　在 n 阶行列式 $D=|a_{ij}|_n$ 中，去掉元素 a_{ij} 所在的第 i 行和第 j 列后，余下的元素按原顺序构成的 $n-1$ 阶行列式，称为元素 a_{ij} 的余子式，记为 M_{ij}，即

$$M_{ij}=\begin{vmatrix} a_{11} & \cdots & a_{1,j-1} & a_{1,j+1} & \cdots & a_{1,n} \\ \vdots & \vdots & \vdots & \vdots & & \vdots \\ a_{i-1,1} & \cdots & a_{i-1,j-1} & a_{i-1,j+1} & \cdots & a_{i-1,n} \\ a_{i+1,1} & \cdots & a_{i+1,j-1} & a_{i+1,j+1} & \cdots & a_{i+1,n} \\ \vdots & \vdots & \vdots & \vdots & & \vdots \\ a_{n1} & \cdots & a_{n,j-1} & a_{n,j+1} & \cdots & a_{nn} \end{vmatrix}$$

在 a_{ij} 的余子式 M_{ij} 前添加符号 $(-1)^{i+j}$，称为元素 a_{ij} 的代数余子式，记为 A_{ij}，即

$$A_{ij}=(-1)^{i+j}M_{ij}$$

注意：余子式、代数余子式只与元素所在位置有关，与元素本身数值无关.

引理 1 $\begin{vmatrix} a_{11} & 0 & \cdots & 0 \\ a_{21} & a_{22} & \cdots & a_{2n} \\ \vdots & \vdots & & \vdots \\ a_{n1} & a_{n2} & \cdots & a_{nn} \end{vmatrix}=a_{11}A_{11}.$

证明 按定义，原式左边 $=\sum\limits_{p_1p_2\cdots p_n}(-1)^{\tau(p_1p_2\cdots p_n)}a_{1p_1}a_{2p_2}\cdots a_{np_n}$

$$=a_{11}\sum_{p_2\cdots p_n}(-1)^{\tau(p_2\cdots p_n)}a_{2p_2}\cdots a_{np_n}$$

$$=a_{11}A_{11}$$

故原等式成立.

引理 2 $\begin{vmatrix} a_{11} & \cdots & a_{1,j-1} & a_{1j} & a_{1,j+1} & \cdots & a_{1n} \\ \vdots & & \vdots & \vdots & \vdots & & \vdots \\ a_{i-1,1} & \cdots & a_{i-1,j-1} & a_{i-1,j} & a_{i-1,j+1} & \cdots & a_{i-1,n} \\ 0 & & 0 & a_{ij} & 0 & & 0 \\ a_{i+1,1} & \cdots & a_{i+1,j-1} & a_{i+1,j} & a_{i+1,j+1} & \cdots & a_{i+1,n} \\ \vdots & & \vdots & \vdots & \vdots & & \vdots \\ a_{n1} & \cdots & a_{n,j-1} & a_{nj} & a_{n,j+1} & \cdots & a_{nn} \end{vmatrix}=a_{ij}A_{ij}$

证明 原式左边第 i 行向上逐行交换 $i-1$ 次，使第 i 行换到第 1 行，其余各行次序不变后，第 j 列向前逐列交换 $j-1$ 次，使第 j 列换到第 1 列，其余各列次序不变，即

$$原式左边=(-1)^{i-1+j-1}\begin{vmatrix} a_{ij} & 0 & 0 & 0 & 0 & 0 & 0 \\ a_{1j} & a_{11} & \cdots & a_{1,j-1} & a_{1,j+1} & \cdots & a_{1,n} \\ \vdots & \vdots & & \vdots & \vdots & & \vdots \\ a_{i-1,j} & a_{i-1,1} & \cdots & a_{i-1,j-1} & a_{i-1,j+1} & \cdots & a_{i-1,n} \\ a_{i+1,j} & a_{i+1,1} & \cdots & a_{i+1,j-1} & a_{i+1,j+1} & \cdots & a_{i+1,n} \\ \vdots & \vdots & & \vdots & \vdots & & \vdots \\ a_{nj} & a_{n1} & \cdots & a_{n,j-1} & a_{n,j+1} & \cdots & a_{nn} \end{vmatrix}=a_{ij}A_{ij}$$

定理 n 阶行列式 $D=|a_{ij}|_n$ 等于它的任意一行(列)的各元素与其对应的代数余子式乘积之和，即

$$D=a_{i1}A_{i1}+a_{i2}A_{i2}+\cdots+a_{in}A_{in}\quad(i=1,2,\cdots,n)$$

或

$$D=a_{1j}A_{1j}+a_{2j}A_{2j}+\cdots+a_{nj}A_{nj}\quad(j=1,2,\cdots,n)$$

证明 对 $D=|a_{ij}|_n$ 第 i 行(第 j 列)的每个元素在适当位置加上 $n-1$ 个 0，由拆项性质 4 变成类似于引理 2 的 n 个行列式的和，从而使结论成立，即

$$D=|a_{ij}|_n$$

$$=\begin{vmatrix} a_{11} & a_{12} & \cdots & a_{1,n-1} & a_{1n} \\ \vdots & \vdots & & \vdots & \vdots \\ a_{i-1,1} & a_{i-1,2} & \cdots & a_{i-1,n-1} & a_{i-1,n} \\ a_{i1} & 0 & \cdots & 0 & 0 \\ a_{i+1,1} & a_{i+1,2} & \cdots & a_{i+1,n-1} & a_{i+1,n} \\ \vdots & \vdots & & \vdots & \vdots \\ a_{n1} & a_{n2} & \cdots & a_{n,n-1} & a_{nn} \end{vmatrix} + \begin{vmatrix} a_{11} & a_{12} & \cdots & a_{1,n-1} & a_{1n} \\ \vdots & \vdots & & \vdots & \vdots \\ a_{i-1,1} & a_{i-1,2} & \cdots & a_{i-1,n-1} & a_{i-1,n} \\ 0 & a_{i2} & \cdots & 0 & 0 \\ a_{i+1,1} & a_{i+1,2} & \cdots & a_{i+1,n-1} & a_{i+1,n} \\ \cdots & \cdots & & \cdots & \cdots \\ a_{n1} & a_{n2} & \cdots & a_{n,n-1} & a_{nn} \end{vmatrix}$$

$$+\cdots+\begin{vmatrix} a_{11} & a_{12} & \cdots & a_{1,n-1} & a_{1n} \\ \vdots & \vdots & & \vdots & \vdots \\ a_{i-1,1} & a_{i-1,2} & \cdots & a_{i-1,n-1} & a_{i-1,n} \\ 0 & 0 & \cdots & 0 & a_{in} \\ a_{i+1,1} & a_{i+1,2} & \cdots & a_{i+1,n-1} & a_{i+1,n} \\ \vdots & \vdots & & \vdots & \vdots \\ a_{n1} & a_{n2} & \cdots & a_{n,n-1} & a_{nn} \end{vmatrix}$$

$$=a_{i1}A_{i1}+a_{i2}A_{i2}+\cdots+a_{in}A_{in}$$

推论 n 阶行列式 D 的某一行(列)的元素与另一行(列)对应元素的代数余子式乘积的和为 0，即

$$a_{i1}A_{s1}+a_{i2}A_{s2}+\cdots+a_{in}A_{sn}=0 \quad (i\neq s)$$

或

$$a_{1j}A_{1t}+a_{2j}A_{2t}+\cdots+a_{nj}A_{nt}=0 \quad (j\neq t)$$

证明 只证行的情况，列的情况类似.

$$0=\begin{vmatrix} a_{11} & a_{12} & \cdots & a_{1n} \\ \vdots & \vdots & & \vdots \\ a_{s-1,1} & a_{s-1,2} & \cdots & a_{s-1,n} \\ a_{i1} & a_{i2} & \cdots & a_{in} \\ a_{s+1,1} & a_{s+1,2} & \cdots & a_{s+1,n} \\ \vdots & \vdots & & \vdots \\ a_{n1} & a_{n2} & \cdots & a_{nn} \end{vmatrix}=a_{i1}A_{s1}+a_{i2}A_{s2}+\cdots+a_{in}A_{sn}\,(i\neq s)$$

设 $D=|a_{ij}|_n$，A_{ij} 是 D 中元素 a_{ij} 的代数余子式，综合上面的结论我们可得到

$$a_{k1}A_{i1}+a_{k2}A_{i2}+\cdots+a_{kn}A_{in}=\begin{cases} D, & k=i \\ 0, & k\neq i \end{cases}$$

$$a_{1l}A_{1j}+a_{2l}A_{2j}+\cdots+a_{nl}A_{nj}=\begin{cases} D, & l=j \\ 0, & l\neq j \end{cases}$$

例 1.4.1 按第一行与第二列展开行列式 $D=\begin{vmatrix}1&0&-2\\1&1&3\\-2&3&1\end{vmatrix}$ 然后求值.

解 按第一行展开，即

$$D=A_{11}-2A_{13}=\begin{vmatrix}1&3\\3&1\end{vmatrix}-2\begin{vmatrix}1&1\\-2&3\end{vmatrix}=-18$$

按第二列展开，即

$$D=A_{22}+3A_{32}=\begin{vmatrix}1&-2\\-2&1\end{vmatrix}-3\begin{vmatrix}1&-2\\1&3\end{vmatrix}=-18$$

例 1.4.2 计算 $D=\begin{vmatrix}1&-5&1&3\\1&-1&3&3\\1&1&2&3\\1&2&3&4\end{vmatrix}$，并分别求：

(1) $A_{31}+2A_{32}+3A_{33}+4A_{34}$；

(2) $M_{11}+M_{21}+3M_{31}+3M_{41}$.

解
$$D=\begin{vmatrix}1&-5&1&3\\0&4&2&0\\0&6&1&0\\0&7&2&1\end{vmatrix}=\begin{vmatrix}4&2&0\\6&1&0\\7&2&1\end{vmatrix}=\begin{vmatrix}4&2\\6&1\end{vmatrix}=-8$$

(1) $A_{31}+2A_{32}+3A_{33}+4A_{34}=\begin{vmatrix}1&-5&1&3\\1&-1&3&3\\1&2&3&4\\1&2&3&4\end{vmatrix}=0$

(2) $M_{11}+M_{21}+3M_{31}+3M_{41}=A_{11}-A_{21}+3A_{31}-3A_{41}=-160$

例 1.4.3 证明：范德蒙德行列式

$$V_n=\begin{vmatrix}1&1&1&\cdots&1\\a_1&a_2&a_3&\cdots&a_n\\a_1^2&a_2^2&a_3^2&\cdots&a_n^2\\\vdots&\vdots&\vdots&&\vdots\\a_1^{n-1}&a_2^{n-1}&a_3^{n-1}&\cdots&a_n^{n-1}\end{vmatrix}=\prod_{1\leqslant j<i\leqslant n}(a_i-a_j)$$

证明 利用数学归纳法. 当 $n=2$ 时，$\begin{vmatrix}1&1\\a_1&a_2\end{vmatrix}=a_2-a_1$，结论成立；假设对于 $n-1$ 阶的范德蒙德行列式结论也成立，考虑 n 阶的情形. 为此，设法把 V_n 降阶，从第 n 行开始，第 n 行减去第 $n-1$ 行的 a_1 倍，第 $n-1$ 行减去第 $n-2$ 行的 a_1 倍，这就是由下而上依次从每一行减去它上一行的 a_1 倍，有

$$V_n=\begin{vmatrix}1&1&1&\cdots&1\\0&a_2-a_1&a_3-a_1&\cdots&a_n-a_1\\0&a_2^2-a_1a_2&a_3^2a_1a_3&\cdots&a_n^2-a_1a_n\\\vdots&\vdots&\vdots&&\vdots\\0&a_2^{n-1}-a_1a_2^{n-2}&a_3^{n-1}-a_1a_3^{n-2}&\cdots&a_n^{n-1}-a_1a_n^{n-2}\end{vmatrix}$$

$$=\begin{vmatrix}a_2-a_1&a_3-a_1&\cdots&a_n-a_1\\a_2^2-a_1a_2&a_3^2-a_1a_3&\cdots&a_n^2-a_1a_n\\\vdots&\vdots&&\vdots\\a_2^{n-1}-a_1a_2^{n-2}&a_3^{n-1}-a_1a_3^{n-2}&\cdots&a_n^{n-1}-a_1a_n^{n-2}\end{vmatrix}$$

$$=(a_2-a_1)(a_3-a_1)\cdots(a_n-a_1)\begin{vmatrix}1&1&\cdots&1\\a_2&a_3&\cdots&a_n\\a_2^2&a_3^2&\cdots&a_n^2\\\vdots&\vdots&&\vdots\\a_2^{n-2}&a_3^{n-2}&\cdots&a_n^{n-2}\end{vmatrix}$$

$\begin{vmatrix}1&1&\cdots&1\\a_2&a_3&\cdots&a_n\\a_2^2&a_3^2&\cdots&a_n^2\\\vdots&\vdots&&\vdots\\a_2^{n-2}&a_3^{n-2}&\cdots&a_n^{n-2}\end{vmatrix}$是一个 $n-1$ 阶的范德蒙德行列式，根据归纳法假设，它等于所有可能差 $a_i-a_j(2\leqslant j<i\leqslant n)$ 的乘积，而包含 a_1 的差全在前面出现了，因之，结论对 n 阶范德蒙德行列式也成立. 根据数学归纳法原理，完成了证明.

习题 1.4

1. 计算.

(1) $\begin{vmatrix}5&8&8&7\\4&4&5&3\\3&-1&-1&0\\3&4&4&1\end{vmatrix}$；(2) $\begin{vmatrix}4&-4&2&-1\\-5&1&3&-4\\2&0&1&-1\\1&-5&3&-3\end{vmatrix}$；(3) $\begin{vmatrix}4&2&2&2\\2&5&2&2\\2&2&6&2\\2&2&2&7\end{vmatrix}$；

(4) $\begin{vmatrix}a_1&b_1&&&\\&a_2&b_2&&\\&&\ddots&\ddots&\\&&&a_{n-1}&b_{n-1}\\b_n&&&&a_n\end{vmatrix}$；(5) $\begin{vmatrix}a&&&&&b\\&\ddots&&&\unicode{x22F0}&\\&&a&b&&\\&&c&d&&\\&\unicode{x22F0}&&&\ddots&\\c&&&&&d\end{vmatrix}_{2n}$；

(6) $\begin{vmatrix} 9 & 4 & & & \\ 5 & 9 & \ddots & & \\ & \ddots & \ddots & 4 & \\ & & 5 & 9 & 4 \\ & & & 5 & 9 \end{vmatrix}_n$.

2. 设 $D=\begin{vmatrix} 1 & 2 & 3 & 4 \\ 1 & 1 & 2 & 3 \\ 3 & -1 & -1 & 0 \\ 6 & 3 & 3 & 1 \end{vmatrix}$ 的余子式与代数余子式分别为 M_{ij}，A_{ij}，求 D，$A_{31}+2A_{32}+3A_{33}+4A_{34}$，$M_{11}+M_{21}+3M_{31}+3M_{41}$.

3. 计算.

(1) $\begin{vmatrix} 1 & 1 & 1 & 1 \\ 2 & 4 & 6 & 8 \\ 2^2 & 4^2 & 6^2 & 8^2 \\ 2^3 & 4^3 & 6^3 & 8^3 \end{vmatrix}$；(2) $\begin{vmatrix} 1 & 1 & 1 & 1 \\ 1 & 2 & 3 & 4 \\ 1 & 2^2 & 3^2 & 4^2 \\ 1 & 2^4 & 3^4 & 4^4 \end{vmatrix}$；(3) $D=\begin{vmatrix} 1 & 1 & 1 & 1 \\ 1 & 2^2 & 3^2 & 4^2 \\ 1 & 2^3 & 3^3 & 4^3 \\ 1 & 2^4 & 3^4 & 4^4 \end{vmatrix}$.

1.5 克莱姆(Cramer)法则

克莱姆法则用来解决方程的个数与未知数的个数相等时线性方程组的求解问题.

1.5.1 克莱姆法则

已知二元一次线性方程组 $\begin{cases} a_{11}x_1+a_{12}x_2=b_1 \\ a_{21}x_1+a_{22}x_2=b_2 \end{cases}$，当系数行列式 $D\neq 0$ 时，方程组的解可表示为

$$x_1=\frac{D_1}{D},\ x_2=\frac{D_2}{D}$$

其中：

$$D=\begin{vmatrix} a_{11} & a_{12} \\ a_{21} & a_{22} \end{vmatrix},\ D_1=\begin{vmatrix} b_1 & a_{12} \\ b_2 & a_{22} \end{vmatrix},\ D_2=\begin{vmatrix} a_{11} & b_1 \\ a_{21} & b_2 \end{vmatrix}$$

三元线性方程组 $\begin{cases} a_{11}x_1+a_{12}x_2+a_{13}x_3=b_1 \\ a_{21}x_1+a_{22}x_2+a_{23}x_3=b_2 \\ a_{31}x_1+a_{32}x_2+a_{33}x_3=b_3 \end{cases}$，当系数行列式 $D\neq 0$ 时，方程组的解表示为

$$x_1=\frac{D_1}{D},\ x_2=\frac{D_2}{D},\ x_3=\frac{D_3}{D}$$

其中：

$$D=\begin{vmatrix} a_{11} & a_{12} & a_{13} \\ a_{21} & a_{22} & a_{23} \\ a_{31} & a_{32} & a_{33} \end{vmatrix},\ D_1=\begin{vmatrix} b_1 & a_{12} & a_{13} \\ b_2 & a_{22} & a_{23} \\ b_3 & a_{32} & a_{33} \end{vmatrix},$$

$$D_2=\begin{vmatrix} a_{11} & b_1 & a_{13} \\ a_{21} & b_2 & a_{23} \\ a_{31} & b_3 & a_{33} \end{vmatrix},\ D_3=\begin{vmatrix} a_{11} & a_{12} & b_1 \\ a_{21} & a_{22} & b_2 \\ a_{31} & a_{32} & b_3 \end{vmatrix}$$

定理1(克莱姆法则) 若n元n个线性方程构成以下方程组：

$$\begin{cases} a_{11}x_1+a_{12}x_2+\cdots+a_{1n}x_n=b_1 \\ a_{21}x_1+a_{22}x_2+\cdots+a_{2n}x_n=b_2 \\ \qquad\qquad\vdots \\ a_{n1}x_1+a_{n2}x_2+\cdots+a_{nn}x_n=b_n \end{cases}$$

当系数行列式 $D=\begin{vmatrix} a_{11} & a_{12} & \cdots & a_{1n} \\ a_{21} & a_{22} & \cdots & a_{2n} \\ \vdots & \vdots & & \vdots \\ a_{n1} & a_{n2} & \cdots & a_{nn} \end{vmatrix}\neq 0$ 时，则该方程组有唯一解：

$$x_1=\frac{D_1}{D},\ x_2=\frac{D_2}{D},\cdots,\ x_n=\frac{D_n}{D}$$

其中D_j是D中第j列换成方程组的常数项b_1，b_2，…，b_n所得行列式.

证明 把$x_1=\dfrac{D_1}{D}$，$x_2=\dfrac{D_2}{D}$，…，$x_n=\dfrac{D_n}{D}$代入方程组的第i个方程，得

$$\begin{aligned}
\text{左边}&=a_{i1}\frac{D_1}{D}+a_{i2}\frac{D_2}{D}+\cdots+a_{in}\frac{D_n}{D}\\
&=\frac{a_{i1}}{D}(b_1A_{11}+b_2A_{21}+\cdots+b_nA_{n1})+\frac{a_{i2}}{D}(b_1A_{12}+b_2A_{22}+\cdots+b_nA_{n2})+\cdots\\
&\quad+\frac{a_{in}}{D}(b_1A_{1n}+b_2A_{2n}+\cdots+b_nA_{nn})\\
&=\frac{b_1}{D}(a_{i1}A_{11}+a_{i2}A_{12}+\cdots+a_{in}A_{1n})+\frac{b_2}{D}(a_{i1}A_{21}+a_{i2}A_{22}+\cdots+a_{in}A_{2n})+\cdots\\
&\quad+\frac{b_n}{D}(a_{i1}A_{n1}+a_{i2}A_{n2}+\cdots+a_{in}A_{nn})=b_i=\text{右边}(i=1,\ 2,\cdots,\ n)
\end{aligned}$$

即证得方程组解的存在性.

设$x_1=c_1$，$x_2=c_2$，…，$x_n=c_n$为方程组的任一解，把它代入方程组，第i个方程乘以$A_{ij}(i=1,\ 2,\cdots,\ n)$，得到$n$个恒等式，全部加起来，得

$$(a_{11}A_{1j}+a_{21}A_{2j}+\cdots+a_{n1}A_{nj})c_1+(a_{12}A_{1j}+a_{22}A_{2j}+\cdots+a_{n2}A_{nj})c_2+\cdots+(a_{1n}A_{1j}+a_{2n}A_{2j}+\cdots+a_{nn}A_{nj})c_n=b_1A_{1j}+b_2A_{2j}+\cdots+b_nA_{nj}$$

即

$$Dc_j=D_j$$

由于$D\neq 0$，则$c_j=\dfrac{D_j}{D}(j=1,\ 2,\cdots,\ n)$，证得方程组解的唯一性.

克莱姆法则的意义在于方程组的解能用系数项和常数项明显地表示出来，这具有很重要的理论研究意义. 但是计算过程也有一定的局限性，一方面在于当方程组的个数较多时计算过程麻烦(需要计算$n+1$个行列式)；另一方面，如果方程组的系数行列式为0，或者方程组所包含的未知数的个数与方程的个数不相等，则就不能再应用该法则了. 如何解这

类方程组是我们第 3 章讨论的问题.

克莱姆法则的逆否命题为下列定理：

定理 2 未知数的个数与方程的个数相等时，若线性方程组无解或有两个(及其两个以上)不同的解，则其系数行列式等于 0.

因此，利用克莱姆法则解线性方程组时，必须具备两个条件：① 方程组中未知数的个数与方程的个数相等；② 方程组的系数行列式 $D\neq 0$.

1.5.2 齐次线性方程组

当方程组右端的常数项 $b_1=b_2=\cdots=b_n=0$ 时，方程组称为齐次线性方程组，即

$$\begin{cases} a_{11}x_1+a_{12}x_2+\cdots+a_{1n}x_n=0 \\ a_{21}x_1+a_{22}x_2+\cdots+a_{2n}x_n=0 \\ \qquad\qquad\vdots \\ a_{n1}x_1+a_{n2}x_2+\cdots+a_{nn}x_n=0 \end{cases}$$

可知取 $x_1=x_2=\cdots=x_n=0$ 时必为其解，称为零解，其余解称为非零解.

齐次线性方程组必有零解，但未必有非零解.

定理 3 n 元 n 个线性方程的齐次线性方程组当其系数行列式 $D\neq 0$ 时，由克莱姆法则可知，它仅有唯一的零解 $x_1=x_2=\cdots=x_n=0$.

换句话说，若 n 元 n 个线性方程的齐次线性方程组有非零解，则其系数行列式一定等于零.

定理 3 说明 n 元 n 个方程的齐次线性方程组系数行列式等于零是它有非零解的必要条件，在第 3 章我们还将证明这个条件也是充分的.

例 1.5.1 解线性方程组 $\begin{cases} 2x_1+x_2-5x_3+x_4=8 \\ x_1-3x_2-6x_4=9 \\ 2x_2-x_3+2x_4=-5 \\ x_1+4x_2-7x_3+6x_4=0 \end{cases}$.

解 方程组的系数行列式为

$$D=\begin{vmatrix} 2 & 1 & -5 & 1 \\ 1 & -3 & 0 & -6 \\ 0 & 2 & -1 & 2 \\ 1 & 4 & -7 & 6 \end{vmatrix}=\begin{vmatrix} 0 & 7 & -5 & 13 \\ 1 & -3 & 0 & -6 \\ 0 & 2 & -1 & 2 \\ 0 & 7 & -7 & 12 \end{vmatrix}=-\begin{vmatrix} 7 & -5 & 13 \\ 2 & -1 & 2 \\ 7 & -7 & 12 \end{vmatrix}=27\neq 0$$

因此可以应用克莱姆法则，由于

$$D_1=\begin{vmatrix} 8 & 1 & -5 & 1 \\ 9 & -3 & 0 & -6 \\ -5 & 2 & -1 & 2 \\ 0 & 4 & -7 & 6 \end{vmatrix}=\begin{vmatrix} 11 & 1 & -5 & -1 \\ 0 & -3 & 0 & 0 \\ 1 & 2 & -1 & -2 \\ 12 & 4 & -7 & -2 \end{vmatrix}$$

$$=3\begin{vmatrix} 11 & 5 & -1 \\ 1 & 1 & -2 \\ 12 & 7 & -2 \end{vmatrix}$$

$$=3\begin{vmatrix}6&5&9\\0&1&0\\5&7&12\end{vmatrix}=81$$

$$D_2=\begin{vmatrix}2&8&-5&1\\1&9&0&-6\\0&-5&-1&2\\1&0&-7&6\end{vmatrix}=\begin{vmatrix}0&8&9&-11\\0&9&7&-12\\0&-5&-1&2\\1&0&-7&6\end{vmatrix}$$

$$=\begin{vmatrix}8&9&-11\\9&7&-12\\5&1&-2\end{vmatrix}$$

$$=\begin{vmatrix}-37&9&7\\-26&7&2\\0&1&0\end{vmatrix}=-108$$

$$D_3=\begin{vmatrix}2&1&8&1\\1&-3&9&-6\\0&2&-5&2\\1&4&0&6\end{vmatrix}=\begin{vmatrix}0&-7&8&-11\\0&-7&9&-12\\0&2&-5&2\\1&4&0&6\end{vmatrix}=\begin{vmatrix}7&8&-3\\0&1&0\\-2&-5&-3\end{vmatrix}=-27$$

$$D_4=\begin{vmatrix}2&1&-5&8\\1&-3&0&9\\0&2&-1&-5\\1&4&-7&0\end{vmatrix}=\begin{vmatrix}0&-7&9&8\\0&-7&7&9\\0&2&-1&-5\\1&4&-7&0\end{vmatrix}=\begin{vmatrix}7&25&8\\0&0&1\\-2&-11&-5\end{vmatrix}=27$$

所以方程组的唯一解为

$$x_1=\frac{D_1}{D}=3,\ x_2=\frac{D_2}{D}=-4,\ x_3=\frac{D_3}{D}=-1,\ x_4=\frac{D_4}{D}=1$$

例 1.5.2 解线性方程组$\begin{cases}x_1-x_2+x_3-2x_4=2\\x_1+2x_2-2x_3+6x_4=0\\4x_1+x_2+2x_3-2x_4=1\\2x_1+x_2+2x_3-4x_4=-2\end{cases}$.

解 方程组的系数行列式为

$$D=\begin{vmatrix}1&-1&1&-2\\1&2&-2&6\\4&1&2&-2\\2&1&2&-4\end{vmatrix}=\begin{vmatrix}1&-1&1&-2\\3&0&0&2\\5&0&3&-4\\3&0&3&-6\end{vmatrix}$$

$$=\begin{vmatrix}3&0&2\\5&3&-4\\3&3&-6\end{vmatrix}=\begin{vmatrix}3&0&2\\2&3&2\\0&3&0\end{vmatrix}=-6\neq 0$$

因此可以应用克莱姆法则，由于

$$D_1=-6,\ D_2=12,\ D_3=0,\ D_4=-3$$

则

$$x_1=1,\ x_2=-2,\ x_3=0,\ x_4=\frac{1}{2}$$

例 1.5.3 若 $\begin{cases}kx_1+3x_2-3x_3-2x_4=0\\2x_1+5x_2-3x_3-3x_4=0\\3x_1-x_2+4x_4=0\\2kx_1+x_2+3x_3+x_4=0\end{cases}$ 有非零解，则 k 应取何值?

解 由于齐次线性方程组的系数行列式不等于零时只有零解，故当

$$D=\begin{vmatrix}k&3&-3&-2\\2&5&-3&-3\\3&-1&0&4\\2k&1&3&1\end{vmatrix}=\begin{vmatrix}k-2&-2&0&1\\2&5&-3&-3\\3&-1&0&4\\2k+2&6&0&-2\end{vmatrix}$$

$$=3\begin{vmatrix}k-2&-2&1\\3&-1&4\\2k+2&6&-2\end{vmatrix}=108(1-k)=0$$

即 $k=1$ 时，原方程组有非零解.

习题 1.5

1. 解线性方程组.

(1) $\begin{cases}2x_1-x_2+3x_3+2x_4=6\\3x_1-3x_2+3x_3+2x_4=5\\3x_1-x_2-x_3+2x_4=3\\3x_1-x_2+3x_3-x_4=4\end{cases}$；

(2) $\begin{cases}3x+3y+2z+2w=8\\2x+3y+3z+2w=8\\2x+2y+3z+3w=7\\3x+3y+4z+5w=10\end{cases}$；

(3) $\begin{cases}x_1+x_2+x_3+x_4=0\\x_2+x_3+x_4=-1\\x_1+2x_2+3x_3=2\\2x_1+x_3+2x_4=1\end{cases}$；

(4) $\begin{cases}2x_1+2x_2-x_3+2x_4=5\\3x_1-x_2+x_3+2x_4=5\\x_2+x_3-x_4=0\\2x_2+3x_3-3x_4=1\end{cases}$；

(5) $\begin{cases}x_1+2x_2+3x_3-2x_4=6\\2x_1-x_2-2x_3-3x_4=8\\3x_1+2x_2-x_3+2x_4=4\\2x_1-3x_2+2x_3+x_4=-8\end{cases}$；

(6) $\begin{cases}x_1+2x_2-2x_3+4x_4-x_5=-1\\2x_1-x_2+3x_3-4x_4+2x_5=8\\3x_1+x_2-x_3+2x_4-x_5=3\\4x_1+3x_2+4x_3+2x_4+2x_5=-2\\x_1-x_2-x_3+2x_4-3x_5=-3\end{cases}$.

2. λ 为何值时，齐次线性方程组 $\begin{cases}\lambda x_1+2x_2+2x_3=0\\2x_1+\lambda x_2+2x_3=0\\2x_1+2x_2+\lambda x_3=0\end{cases}$ 只有零解?

3. λ 为何值时，齐次线性方程组$\begin{cases}\lambda x_1+x_2=0\\ x_1+\lambda x_2=0\end{cases}$有非零解？

*1.6　拉普拉斯(Laplace)定理 · 行列式的乘法规则

行列式的拉普拉斯定理是行列式按行(列)展开公式的推广.

首先引入余子式和代数余子式的概念.

定义 1　在一个 n 阶行列式 D 中任意取 k 行 k 列($k\leqslant n$)，位于这些行与列的交叉处的 k^2 个元素按原来的次序组成的一个 k 阶行列式 M，称为行列式 D 的一个 k 阶子式，在 D 中划去这 k 行 k 列后余下的元素按原来的次序组成的 $n-k$ 阶行列式 M^C 称为 k 阶子式 M 的余子式.

从定义立即看出，M 也是 M^C 的余子式，所以 M 和 M^C 可以称为 D 的一对互余的子式.

例 1.6.1　在四阶行列式 $D=\begin{vmatrix}2&2&1&3\\0&1&1&3\\1&0&2&1\\0&0&1&4\end{vmatrix}$中选定第一、三行，第二、四列，得到一个二阶子式 $M=\begin{vmatrix}2&3\\0&1\end{vmatrix}$，$M$ 的余子式为 $M^C=\begin{vmatrix}0&1\\0&1\end{vmatrix}$.

例 1.6.2　在五阶行列式 D 中：

$$D=\begin{vmatrix}a_{11}&a_{12}&a_{13}&a_{14}&a_{15}\\a_{21}&a_{22}&a_{23}&a_{24}&a_{25}\\a_{31}&a_{32}&a_{33}&a_{34}&a_{35}\\a_{41}&a_{42}&a_{42}&a_{44}&a_{45}\\a_{51}&a_{52}&a_{53}&a_{54}&a_{55}\end{vmatrix}$$

$M=\begin{vmatrix}a_{12}&a_{14}&a_{15}\\a_{32}&a_{34}&a_{35}\\a_{42}&a_{44}&a_{45}\end{vmatrix}$，$M^C=\begin{vmatrix}a_{21}&a_{23}\\a_{51}&a_{53}\end{vmatrix}$是一对互余的余子式.

定义 2　设 D 的 k 阶子式 M 在 D 中所在的行、列指标分别是 $i_1, i_2, \cdots, i_k$；$j_1, j_2, \cdots, j_k$，则 M 的余子式 M^C 前面加上符号 $(-1)^{(i_1+i_2+\cdots+i_k)+(j_1+j_2+\cdots+j_k)}$ 后称为 M 的代数余子式.

例如，例 1.6.1 中 M 的代数余子式是 $(-1)^{(1+3)+(2+4)}M^C=M^C$，例 1.6.2 中 M 的代数余子式是 $(-1)^{(1+3+4)+(2+4+5)}M^C=-M^C$，因为 M 与 M^C 位于行列式 D 中不同的行和不同的列，所以我们有下述引理.

引理　行列式 D 的任一个子式 M 与它的代数余子式的乘积中的每一项都是行列式 D 的展开式中的一项，而且符号也一致.

证明　首先讨论 $M=|a_{ij}|_k$ 位于行列式 D 的左上方的情形.

$$D=\begin{vmatrix} a_{11} & a_{12} & \cdots & a_{1k} & a_{1,k+1} & \cdots & a_{1n} \\ \vdots & M & & \vdots & \vdots & & \vdots \\ a_{k1} & a_{k2} & \cdots & a_{kk} & a_{k,k+1} & \cdots & a_{kn} \\ a_{k+1,1} & a_{k+1,2} & \cdots & a_{k+1,k} & a_{k+1,k+1} & \cdots & a_{k+1,n} \\ \vdots & \vdots & & \vdots & \vdots & M^C & \vdots \\ a_{n1} & a_{n2} & \cdots & a_{nk} & a_{n,k+1} & \cdots & a_{nn} \end{vmatrix}$$

此时 M 的代数余子式 A 为

$$A=(-1)^{(1+2+\cdots+k)+(1+2+\cdots+k)}M^C=M^C$$

M 的每一项都可表示为

$$a_{1\alpha_1}a_{2\alpha_2}\cdots a_{k\alpha_k}$$

其中 $\alpha_1,\alpha_2,\cdots,\alpha_k$ 是 1, 2,…, k 的一个排列，所以这一项前面所带的符号为 $(-1)^{\tau(\alpha_1\alpha_2\cdots\alpha_k)}$，$M^C$ 中每一项都可表示为

$$a_{k+1,\beta_{k+1}}a_{k+2,\beta_{k+2}}\cdots a_{n\beta_n}$$

其中 $\beta_{k+1},\beta_{k+2},\cdots,\beta_n$ 是 $k+1,k+2,\cdots,n$ 的一个排列，这一项在 M^C 中前面所带的符号是

$$(-1)^{\tau(\beta_{k+1}-k,\beta_{k+2}-k,\cdots,\beta_n-k)}$$

这两项的乘积是

$$a_{1\alpha_1}a_{2\alpha_2}\cdots a_{k\alpha_k}a_{k+1,\beta_{k+1}}\cdots a_{n\beta_n}$$

前面的符号是

$$(-1)^{\tau(\alpha_1\alpha_2\cdots\alpha_k)+\tau(\beta_{k+1}-k,\beta_{k+2}-k,\cdots,\beta_n-k)}$$

因为每个 β 比每个 α 都大，所以上述符号等于

$$(-1)^{\tau(\alpha_1\alpha_2\cdots\alpha_k\beta_{k+1}\cdots\beta_n)}$$

因此这个乘积是行列式 D 中的一项而且符号相同.

下面证明一般情形，设子式 M 位于 D 的第 $i_1,i_2,\cdots,i_k$ 行、第 $j_1,j_2,\cdots,j_k$ 列，其中：

$$i_1<i_2<\cdots<i_k;\ j_1<j_2<\cdots<j_k$$

利用行列式的性质，调整 D 中行列的次序使 M 位于 D 的左上角. 为此，先把第 i_1 行依次与第 $i_1-1,i_1-2,\cdots,2,1$ 行对换，这样经过了 i_1-1 次对换而将第 i_1 行换到第一行；再将 i_2 行依次与第 $i_2-1,i_2-2,\cdots,2$ 行对换而换到第二行，一共经过了 i_2-2 次对换. 如此继续进行，一共经过了

$$(i_1-1)+(i_2-2)+\cdots+(i_k-k)=(i_1+i_2+\cdots+i_k)-(1+2+\cdots+k)$$

次行对换而把第 $i_1,i_2,\cdots,i_k$ 行依次换到第 1, 2,…, k 行.

类似地，将 M 的列换到第 1, 2,…, k 列，一共经过了

$$(j_1-1)+(j_2-2)+\cdots+(j_k-k)=(j_1+j_2+\cdots+j_k)-(1+2+\cdots+k)$$

次列对换.

如果用 D_1 表示这样调整后所得的新行列式，那么有

$$D_1=(-1)^{(i_1+i_2+\cdots+i_k)-(1+2+\cdots+k)+(j_1+j_2+\cdots+j_k)-(1+2+\cdots+k)}D=(-1)^{i_1+i_2+\cdots+i_k+j_1+j_2+\cdots+j_k}D$$

由此看出，D_1 和 D 的展开式出现的项是一样的，只是每一项都差符号 $(-1)^{i_1+\cdots+i_k+j_1+\cdots+j_k}$. 现在 M 位于 D_1 的左上角，所以 $M\cdot M^C$ 中每一项都是 D_1 中的一项而且符号一致. 但是

$$M\cdot A=(-1)^{i_1+\cdots+i_k+j_1+\cdots+j_k}M\cdot M^C$$

所以 $M\cdot A$ 中每一项都与 D 中一项相等而且符号一致.

定理1(拉普拉斯定理) 行列式 D 中任意取定了 $k(1\leqslant k\leqslant n-1)$ 行. 由这 k 行元素所组成的一切 k 阶子式与它们的代数余子式的乘积的和等于行列式 D.

证明 设 D 中取定 k 行后得到的子式为 $M_1, M_2, \cdots, M_t$，它们的代数余子式分别为 $A_1, A_2, \cdots, A_t$，定理要求证明

$$D = M_1A_1 + M_2A_2 + \cdots + M_tA_t$$

根据引理，M_iA_i 中的每一项都是 D 中的一项而且符号相同，而且 M_iA_i 与 $M_jA_j(i\neq j)$ 无公共项. 因此为了证明定理，只要证明等式两边项数相等就可以了. 等式左边共有 $n!$ 项，为了计算右边的项数，首先求出 t，根据子式的取法可知：

$$t = C_n^k = \frac{n!}{k!(n-k)!}$$

因为 M_i 中共有 $k!$ 项，A_i 中共有 $(n-k)!$ 项，所以右边共有

$$t\cdot k!\cdot(n-k)! = n!$$

项，定理得证.

例 1.6.3 在行列式 $D=\begin{vmatrix}0 & -1 & 2 & 1\\1 & 2 & 1 & 4\\1 & 0 & 1 & 3\\1 & 1 & 4 & 4\end{vmatrix}$ 中取定第一、二行，得到下列六个子式：

$$M_1 = \begin{vmatrix}0 & -1\\1 & 2\end{vmatrix},\ M_2 = \begin{vmatrix}0 & 2\\1 & 1\end{vmatrix},\ M_3 = \begin{vmatrix}0 & 1\\1 & 4\end{vmatrix}$$

$$M_4 = \begin{vmatrix}-1 & 2\\2 & 1\end{vmatrix},\ M_5 = \begin{vmatrix}-1 & 1\\2 & 4\end{vmatrix},\ M_6 = \begin{vmatrix}2 & 1\\1 & 4\end{vmatrix}$$

它们对应的代数余子式为

$$A_1 = (-1)^{(1+2)+(1+2)}M_1^C = M_1^C,\ A_2 = (-1)^{(1+2)+(1+3)}M_2^C = -M_2^C$$

$$A_3 = (-1)^{(1+2)+(1+4)}M_3^C = M_3^C,\ A_4 = (-1)^{(1+2)+(2+3)}M_4^C = M_4^C$$

$$A_5 = (-1)^{(1+2)+(2+4)}M_5^C = -M_5^C,\ A_6 = (-1)^{(1+2)+(3+4)}M_6^C = M_6^C$$

根据拉普拉斯定理，有

$$\begin{aligned}D &= M_1A_1 + M_2A_2 + \cdots + M_6A_6\\&= \begin{vmatrix}0 & -1\\1 & 2\end{vmatrix}\cdot\begin{vmatrix}1 & 3\\4 & 4\end{vmatrix} - \begin{vmatrix}0 & 2\\1 & 1\end{vmatrix}\cdot\begin{vmatrix}0 & 3\\1 & 4\end{vmatrix} + \begin{vmatrix}0 & 1\\1 & 4\end{vmatrix}\cdot\begin{vmatrix}0 & 1\\1 & 4\end{vmatrix}\\&\quad + \begin{vmatrix}-1 & 2\\2 & 1\end{vmatrix}\cdot\begin{vmatrix}1 & 3\\1 & 4\end{vmatrix} - \begin{vmatrix}-1 & 1\\2 & 4\end{vmatrix}\cdot\begin{vmatrix}1 & 1\\1 & 4\end{vmatrix} + \begin{vmatrix}2 & 1\\1 & 4\end{vmatrix}\cdot\begin{vmatrix}1 & 0\\1 & 1\end{vmatrix}\\&= -8 - 6 + 1 - 5 + 18 + 7 = 7\end{aligned}$$

从这个例子可以看出，利用拉普拉斯定理来计算行列式是不方便的. 该定理主要应用于理论方面.

利用拉普拉斯定理，可以证明以下定理。

定理 2　两个 n 阶行列式 $D_1=\begin{vmatrix} a_{11} & a_{12} & \cdots & a_{1n} \\ a_{21} & a_{22} & \cdots & a_{2n} \\ \vdots & \vdots & & \vdots \\ a_{n1} & a_{n2} & \cdots & a_{nn} \end{vmatrix}$ 和 $D_2=\begin{vmatrix} b_{11} & b_{12} & \cdots & b_{1n} \\ b_{21} & b_{22} & \cdots & b_{2n} \\ \vdots & \vdots & & \vdots \\ b_{n1} & b_{n2} & \cdots & b_{nn} \end{vmatrix}$

的乘积等于一个 n 阶行列式：

$$C_2=\begin{vmatrix} c_{11} & c_{12} & \cdots & c_{1n} \\ c_{21} & c_{22} & \cdots & c_{2n} \\ \vdots & \vdots & & \vdots \\ c_{n1} & c_{n2} & \cdots & c_{nn} \end{vmatrix}$$

其中 c_{ij} 是 D_1 的第 i 行元素分别与 D_2 的第 j 列的对应元素乘积之和，即

$$c_{ij}=a_{i1}b_{1j}+a_{i2}b_{2j}+\cdots+a_{in}b_{nj}$$

证明　作 $2n$ 阶行列式：

$$D=\begin{vmatrix} a_{11} & a_{12} & \cdots & a_{1n} & 0 & 0 & \cdots & 0 \\ a_{21} & a_{22} & \cdots & a_{2n} & 0 & 0 & \cdots & 0 \\ \vdots & \vdots & & \vdots & \vdots & \vdots & & \vdots \\ a_{n1} & a_{n2} & \cdots & a_{nn} & 0 & 0 & \cdots & 0 \\ -1 & 0 & \cdots & 0 & b_{11} & b_{12} & \cdots & b_{1n} \\ 0 & -1 & \cdots & 0 & b_{21} & b_{22} & \cdots & b_{2n} \\ \vdots & \vdots & & \vdots & \vdots & \vdots & & \vdots \\ 0 & 0 & \cdots & -1 & b_{n1} & b_{n2} & \cdots & b_{nn} \end{vmatrix}$$

根据拉普拉斯定理，将 D 按前 n 行展开，则因 D 中前 n 行除去左上角的 n 阶子式外，其余的 n 阶子式都为零，所以有

$$D=\begin{vmatrix} a_{11} & a_{12} & \cdots & a_{1n} \\ a_{21} & a_{22} & \cdots & a_{2n} \\ \vdots & \vdots & & \vdots \\ a_{n1} & a_{n2} & \cdots & a_{nn} \end{vmatrix}\cdot\begin{vmatrix} b_{11} & b_{12} & \cdots & b_{1n} \\ b_{21} & b_{22} & \cdots & b_{2n} \\ \vdots & \vdots & & \vdots \\ b_{n1} & b_{n2} & \cdots & b_{nn} \end{vmatrix}=D_1D_2$$

现在来证明 $D=C$. 对于 D，将第 $n+1$ 行的 a_{11} 倍，第 $n+2$ 行的 a_{12} 倍，…，第 $2n$ 行的 a_{1n} 倍加到第一行，得

$$D=\begin{vmatrix} 0 & 0 & \cdots & 0 & c_{11} & c_{12} & \cdots & c_{1n} \\ a_{21} & a_{22} & \cdots & a_{2n} & 0 & 0 & \cdots & 0 \\ \vdots & \vdots & & \vdots & \vdots & \vdots & & \vdots \\ a_{n1} & a_{n2} & \cdots & a_{nn} & 0 & 0 & \cdots & 0 \\ -1 & 0 & \cdots & 0 & b_{11} & b_{12} & \cdots & b_{1n} \\ 0 & -1 & \cdots & 0 & b_{21} & b_{22} & \cdots & b_{2n} \\ \vdots & \vdots & & \vdots & \vdots & \vdots & & \vdots \\ 0 & 0 & \cdots & -1 & b_{n1} & b_{n2} & \cdots & b_{nn} \end{vmatrix}$$

再次将第 $n+1$ 行的 $a_{k1}(k=2, 3,\cdots, n)$倍，第 $n+2$ 行的 a_{k2}倍，…，第 $2n$ 行的 a_{kn}倍加到第

k 行，就得

$$D=\begin{vmatrix} 0 & 0 & \cdots & 0 & c_{11} & c_{12} & \cdots & c_{1n} \\ 0 & 0 & \cdots & 0 & c_{21} & c_{22} & \cdots & c_{2n} \\ \vdots & \vdots & & \vdots & \vdots & \vdots & & \vdots \\ 0 & 0 & \cdots & 0 & c_{n1} & c_{n2} & \cdots & c_{nn} \\ -1 & 0 & \cdots & 0 & b_{11} & b_{12} & \cdots & b_{1n} \\ 0 & -1 & \cdots & 0 & b_{21} & b_{22} & \cdots & b_{2n} \\ \vdots & \vdots & & \vdots & \vdots & \vdots & & \vdots \\ 0 & 0 & \cdots & -1 & b_{n1} & b_{n2} & \cdots & b_{nn} \end{vmatrix}$$

这个行列式的前 n 行也只可能有一个 n 阶子式不为零，因此由拉普拉斯定理有

$$D=\begin{vmatrix} c_{11} & c_{12} & \cdots & c_{1n} \\ c_{21} & c_{22} & \cdots & c_{2n} \\ \vdots & \vdots & & \vdots \\ c_{n1} & c_{n2} & \cdots & c_{nn} \end{vmatrix}\cdot(-1)^{(1+2+\cdots+n)+(n+1+n+2+\cdots+2n)}\begin{vmatrix} -1 & 0 & \cdots & 0 \\ 0 & -1 & \cdots & 0 \\ \vdots & \vdots & & \vdots \\ 0 & 0 & \cdots & -1 \end{vmatrix}=C$$

定理得证.

上述定理也称为行列式的乘法定理，它的意义将在第 2 章详细介绍.

第 1 章总复习题

一、单项选择

1. $\tau(n, n-1, \cdots, 2, 1)=(\quad)$.

A. n　　B. $n-1$　　C. $\dfrac{n(n+1)}{2}$　　D. $\dfrac{n(n-1)}{2}$

2. 下列排列为奇排列的是(　　).

A. 12345　　B. 45231　　C. 13254　　D. 53421

3. $\begin{vmatrix} 1+\sqrt{2} & 2-\sqrt{3} \\ 2+\sqrt{3} & 1-\sqrt{2} \end{vmatrix}=(\quad)$.

A. 1　　B. 0　　C. 2　　D. -2

4. $\begin{vmatrix} \sqrt{2}+\lambda & \sqrt{2}-\lambda \\ \sqrt{2}-\lambda & \sqrt{2}+\lambda \end{vmatrix}=(\quad)$.

A. λ　　B. $\sqrt{2}\lambda$　　C. $2\sqrt{2}\lambda$　　D. $4\sqrt{2}\lambda$

5. $\begin{vmatrix} \sin\alpha & \cos\alpha \\ \sin\beta & \cos\beta \end{vmatrix}=(\quad)$.

A. $\sin(\alpha+\beta)$　　B. $\sin(\alpha-\beta)$　　C. $\cos(\alpha+\beta)$　　D $\cos(\alpha-\beta)$

6. $\begin{vmatrix} 3 & 8 & 6 \\ 5 & 1 & 2 \\ 1 & 0 & 7 \end{vmatrix}$ 的(2，1)位置代数余子式 $A_{21}=(\quad)$.

A. 33　　B. −33　　C. 56　　D. −56

7. $\begin{vmatrix} -4 & 3 & 1 \\ 2 & 1 & 2 \\ 2 & 3 & 5 \end{vmatrix}=($　　$)$.

A. 5　　B. −5　　C. −10　　D. 10

8. $\begin{vmatrix} 2 & 1 & 1 \\ 0 & -2 & 2 \\ -2 & -3 & 1 \end{vmatrix}=($　　$)$.

A. 16　　B. −16　　C. 10　　D. 0

9. 下列等于零的行列式是(　　).

A. $\begin{vmatrix} 1 & 2 & 3 \\ -1 & 0 & 2 \\ 2 & 2 & 5 \end{vmatrix}$　　B. $\begin{vmatrix} 1 & 2 & 3 \\ -1 & 0 & 2 \\ 2 & 2 & 3 \end{vmatrix}$　　C. $\begin{vmatrix} 1 & 2 & 3 \\ 0 & 4 & 0 \\ -2 & 7 & -6 \end{vmatrix}$　　D. $\begin{vmatrix} 2 & 0 & 0 \\ 0 & 0 & 1 \\ 0 & 2 & 3 \end{vmatrix}$

10. $\begin{vmatrix} & a_1 & & \\ & & \ddots & \\ & & & a_{n-1} \\ a_n & & & \end{vmatrix}=($　　$)$.

A. $a_1a_2\cdots a_n$　　B. $-a_1a_2\cdots a_n$　　C. $(-1)^{n-1}a_1a_2\cdots a_n$　　D. $(-1)^n a_1a_2\cdots a_n$

11. $\begin{vmatrix} & & & a \\ & & a & \\ & a & & \\ a & & & \end{vmatrix}=($　　$)$.

A. a^2　　B. $-a^2$　　C. a^4　　D. $-a^4$

12. $\begin{vmatrix} 0 & 1 & 0 & \cdots & 0 \\ 0 & 0 & 2 & \cdots & 0 \\ \vdots & \vdots & \vdots & & \vdots \\ 0 & 0 & 0 & \cdots & n-1 \\ n & 0 & 0 & \cdots & 0 \end{vmatrix}=($　　$)$.

A. $n!$　　B. $-n!$　　C. $(-1)^{n-1}n!$　　D. $(-1)^{n-2}n!$

13. $\begin{vmatrix} 0 & 0 & \cdots & 0 & 1 \\ 2 & 0 & \cdots & 0 & 0 \\ 0 & 3 & \cdots & 0 & 0 \\ \vdots & \vdots & \vdots & & \vdots \\ 0 & 0 & \cdots & n & 0 \end{vmatrix}=($　　$)$.

A. $n!$　　B. $-n!$　　C. $(-1)^{n-1}n!$　　D. $(-1)^n n!$

14. $\begin{vmatrix} & & & 1 \\ & & 2 & \\ & ⋰ & & \\ n & & & \end{vmatrix}=($　　$)$.

A. $n!$　　B. $-n!$　　C. $(-1)^{\frac{n(n-1)}{2}}n!$　　D. $(-1)^{\frac{n(n+1)}{2}}n!$

15. $\begin{vmatrix} 0 & 0 & \cdots & 0 & 1 & 0 \\ 0 & 0 & \cdots & 2 & 0 & 0 \\ \vdots & \vdots & & \vdots & \vdots & \vdots \\ n-1 & 0 & \cdots & 0 & 0 & 0 \\ 0 & 0 & \cdots & 0 & 0 & n \end{vmatrix}=(\quad)$.

A. $n!$　　B. $-n!$　　C. $(-1)^{\frac{n(n-1)}{2}}n!$　　D. $(-1)^{\frac{(n-1)(n-2)}{2}}n!$

16. $\begin{vmatrix} & & 1 \\ & 2 & \\ \iddots & & \\ n & & \end{vmatrix}=n!$，则 n 可取值(　　).

A. 99　　B. 102　　C. 103　　D. 104

17. 设 $D_1=\begin{vmatrix} 2a & & & \\ & 2b & & \\ & & 2c & \\ & & & 2d \end{vmatrix}$，$D_2=\begin{vmatrix} & & & a \\ & & b & \\ & c & & \\ d & & & \end{vmatrix}$，则结论正确的是(　　).

A. $D_1=D_2$　　B. $16D_1=D_2$　　C. $D_1=16D_2$　　D. $D_1=-16D_2$

18. 设 $D=|a_{ij}|_n$，则下列结论成立的是(　　).

A. $A_{ij}=M_{ij}$　　B. $A_{ij}=-M_{ij}$　　C. $A_{ij}=a_{ij}M_{ij}$　　D. $A_{ij}=(-1)^{i+j}M_{ij}$

二、填空

1. $\tau(523146879)=$ ________.

2. 若 $2i143k7$ 是偶排列，则 $i=$ ________，$k=$ ________.

3. $\begin{vmatrix} 1 & 0 & 1 \\ 0 & -1 & -1 \\ a & b & c \end{vmatrix}=$ ________.

4. $\begin{vmatrix} 1 & 1 & 1 \\ 5 & 6 & 7 \\ 25 & 36 & 49 \end{vmatrix}=$ ________.

5. $\begin{vmatrix} a & b & c \\ x & y & 0 \\ w & 0 & 0 \end{vmatrix}=$ ________.

6. $\begin{vmatrix} n-1 & n-1 & n-1 \\ 1 & 0 & 1 \\ 1 & 1 & 0 \end{vmatrix}=$ ________.

7. $\begin{vmatrix} 0 & -a & b \\ a & 0 & -c \\ -b & c & 0 \end{vmatrix}=$ ________.

8. $D=\begin{vmatrix}1 & -1 & 2\\ 0 & 3 & 4\\ 5 & 6 & -7\end{vmatrix}$，则 $A_{23}=$ ________.

9. $\begin{vmatrix}1+a & 2+a & 3+a\\ 1+b & 2+b & 3+b\\ 1+c & 2+c & 3+c\end{vmatrix}=$ ________.

10. $\begin{vmatrix}1+x & 1 & 1\\ 1 & 1+x & 1\\ 1 & 1 & 1+x\end{vmatrix}=$ ________.

11. $D=|a_{ij}|_n$，则 $a_{i1}A_{j1}+a_{i2}A_{j2}+\cdots+a_{in}A_{jn}=$ ________.

12. $D=|a_{ij}|_n$，则 $a_{1s}A_{1t}+a_{2s}A_{2t}+\cdots+a_{ns}A_{nt}=$ ________.

三、计算

1. $\begin{vmatrix}3 & 297 & 151\\ 1 & 101 & 49\\ 1 & 99 & 52\end{vmatrix}$，$\begin{vmatrix}3 & 4 & 5 & 6\\ 4 & 5 & 6 & 3\\ 5 & 6 & 3 & 4\\ 6 & 3 & 4 & 5\end{vmatrix}$，$\begin{vmatrix}2 & 1 & -5 & 1\\ 1 & -3 & 0 & -6\\ 0 & 2 & -1 & 2\\ 1 & 4 & -7 & 6\end{vmatrix}$，$\begin{vmatrix}1+a & 1 & 1 & 1\\ 1 & 1-a & 1 & 1\\ 1 & 1 & 1+b & 1\\ 1 & 1 & 1 & 1-b\end{vmatrix}$

2. $\begin{vmatrix}2 & -3 & -5 & 5\\ -2 & 3 & 8 & 0\\ 2 & 3 & 4 & 6\\ -2 & -3 & 2 & 7\end{vmatrix}$，$\begin{vmatrix}3 & 1 & -1 & 9\\ -5 & 1 & 3 & -7\\ 6 & -2 & -5 & -1\\ 2 & 0 & 1 & 11\end{vmatrix}$，$\begin{vmatrix}a-1 & 1 & -3 & 2\\ 1 & a-1 & 2 & -3\\ -3 & 2 & a-1 & 1\\ 2 & -3 & 1 & a-1\end{vmatrix}$

3. $\begin{vmatrix}a^2 & (a+1)^2 & (a+2)^2 & (a+3)^2\\ b^2 & (b+1)^2 & (b+2)^2 & (b+3)^2\\ c^2 & (c+1)^2 & (c+2)^2 & (c+3)^2\\ d^2 & (d+1)^2 & (d+2)^2 & (d+3)^2\end{vmatrix}$，$\begin{vmatrix}x-a & a & a & \cdots & a\\ a & x-a & a & \cdots & a\\ a & a & x-a & \cdots & a\\ \vdots & \vdots & \vdots & & \vdots\\ a & a & a & \cdots & x-a\end{vmatrix}_n$

4. $\begin{vmatrix}0 & 1 & 1 & \cdots & 1\\ 1 & 0 & 1 & \cdots & 1\\ 1 & 1 & 0 & \cdots & 1\\ \vdots & \vdots & \vdots & & \vdots\\ 1 & 1 & 1 & \cdots & 0\end{vmatrix}_n$，$\begin{vmatrix}a & b & b & \cdots & b\\ b & a & b & \cdots & b\\ b & b & a & \cdots & b\\ \vdots & \vdots & \vdots & & \vdots\\ b & b & b & \cdots & a\end{vmatrix}_n$，$\begin{vmatrix}3 & 2 & 2 & \cdots & 2\\ 2 & 3 & 2 & \cdots & 2\\ 2 & 2 & 3 & \cdots & 2\\ \vdots & \vdots & \vdots & & \vdots\\ 2 & 2 & 2 & \cdots & 3\end{vmatrix}_n$

5. $\begin{vmatrix}a_1-b & a_2 & \cdots & a_n\\ a_1 & a_2-b & \cdots & a_n\\ \vdots & \vdots & & \vdots\\ a_1 & a_2 & \cdots & a_n-b\end{vmatrix}$，$\begin{vmatrix}1+a_1 & a_2 & \cdots & a_n\\ a_1 & 1+a_2 & \cdots & a_n\\ \vdots & \vdots & & \vdots\\ a_1 & a_2 & \cdots & 1+a_n\end{vmatrix}$

6. $\begin{vmatrix}x+a_1 & a_2 & \cdots & a_n\\ a_1 & x+a_2 & \cdots & a_n\\ \vdots & \vdots & & \vdots\\ a_1 & a_2 & \cdots & x+a_n\end{vmatrix}$，$\begin{vmatrix}1+a_1 & a_2 & \cdots & a_n\\ a_1 & 2+a_2 & \cdots & a_n\\ \vdots & \vdots & & \vdots\\ a_1 & a_2 & \cdots & n+a_n\end{vmatrix}$

7. $\begin{vmatrix} 1 & a_1 & 0 & \cdots & 0 & 0 \\ -1 & 1-a_1 & a_2 & \cdots & 0 & 0 \\ 0 & -1 & 1-a_2 & \cdots & 0 & 0 \\ \vdots & \vdots & \vdots & & \vdots & \vdots \\ 0 & 0 & 0 & \cdots & 1-a_{n-1} & a_n \\ 0 & 0 & 0 & \cdots & -1 & 1-a_n \end{vmatrix}$, $\begin{vmatrix} -a_1 & a_1 & 0 & \cdots & 0 & 0 \\ 0 & -a_2 & a_2 & \cdots & 0 & 0 \\ 0 & 0 & -a_3 & \cdots & 0 & 0 \\ \vdots & \vdots & \vdots & & \vdots & \vdots \\ 0 & 0 & 0 & \cdots & -a_n & a_n \\ 1 & 1 & 1 & \cdots & 1 & 1 \end{vmatrix}$

8. $\begin{vmatrix} 1 & 1 & 1 & \cdots & 1 \\ 1 & 2 & 0 & \cdots & 0 \\ 1 & 0 & 3 & \cdots & 0 \\ \vdots & \vdots & \vdots & & \vdots \\ 1 & 0 & 0 & \cdots & n \end{vmatrix}$, $\begin{vmatrix} a_1 & 1 & 1 & \cdots & 1 \\ 1 & a_2 & 0 & \cdots & 0 \\ 1 & 0 & a_3 & \cdots & 0 \\ \vdots & \vdots & \vdots & & \vdots \\ 1 & 0 & 0 & \cdots & a_n \end{vmatrix}$, $\begin{vmatrix} 1 & 2 & 2 & \cdots & 2 \\ 2 & 2 & 2 & \cdots & 2 \\ 2 & 2 & 3 & \cdots & 2 \\ \vdots & \vdots & \vdots & & \vdots \\ 2 & 2 & 2 & \cdots & n \end{vmatrix}$

9. $\begin{vmatrix} 2 & 1 & 1 & \cdots & 1 \\ 1 & 3 & 1 & \cdots & 1 \\ 1 & 1 & 4 & \cdots & 1 \\ \vdots & \vdots & \vdots & & \vdots \\ 1 & 1 & 1 & \cdots & n \end{vmatrix}$, $\begin{vmatrix} 3 & 2 & 2 & \cdots & 2 \\ 2 & 4 & 2 & \cdots & 2 \\ 2 & 2 & 5 & \cdots & 2 \\ \vdots & \vdots & \vdots & & \vdots \\ 2 & 2 & 2 & \cdots & n \end{vmatrix}$, $\begin{vmatrix} 1 & 2 & 3 & \cdots & n \\ 2 & 3 & 4 & \cdots & 1 \\ 3 & 4 & 5 & \cdots & 2 \\ \vdots & \vdots & \vdots & & \vdots \\ n & 1 & 2 & \cdots & n-1 \end{vmatrix}$

10. $\begin{vmatrix} a_1-b_1 & a_1-b_2 & \cdots & a_1-b_n \\ a_2-b_1 & a_2-b_2 & \cdots & a_2-b_n \\ \vdots & \vdots & & \vdots \\ a_n-b_1 & a_n-b_2 & \cdots & a_n-b_n \end{vmatrix}$, $\begin{vmatrix} 1 & 1 & 1 & \cdots & 1 \\ 1 & 1-x & 1 & \cdots & 1 \\ 1 & 1 & 2-x & \cdots & 1 \\ \vdots & \vdots & \vdots & & \vdots \\ 1 & 1 & 1 & \cdots & n-x \end{vmatrix}$

11. $\begin{vmatrix} 1 & 1 & 1 & 1 \\ 2^2 & 5^2 & 6^2 & 9^2 \\ 2^3 & 5^3 & 6^3 & 9^3 \\ 2^4 & 5^4 & 6^4 & 9^4 \end{vmatrix}$, $\begin{vmatrix} 1 & 1 & 1 & 1 \\ a & b & c & d \\ a^2 & b^2 & c^2 & d^2 \\ a^4 & b^4 & c^4 & d^4 \end{vmatrix}$, $\begin{vmatrix} 3 & 2 & 0 & \cdots & 0 & 0 \\ 1 & 3 & 2 & \cdots & 0 & 0 \\ 0 & 1 & 3 & \cdots & 0 & 0 \\ \vdots & \vdots & \vdots & & \vdots & \vdots \\ 0 & 0 & 0 & \cdots & 3 & 2 \\ 0 & 0 & 0 & \cdots & 1 & 3 \end{vmatrix}_n$

12. 解方程组：

$$\begin{cases} x_1+x_2+x_3+x_4=0 \\ x_2+x_3+x_4=-1 \\ x_1+2x_2+3x_3=2 \\ 2x_1+x_3+2x_4=1 \end{cases}, \quad \begin{cases} 2x_1+x_3+2x_4=5 \\ x_1-x_2=0 \\ x_2-x_3=0 \\ 2x_3-x_4=1 \end{cases}$$

四、证明

1. 试证：

$$\begin{vmatrix} b+c & q+r & y+z \\ c+a & r+p & z+x \\ a+b & p+q & x+y \end{vmatrix} = 2\begin{vmatrix} a & p & x \\ b & q & y \\ c & r & z \end{vmatrix}$$

2. 试证：

$$\begin{vmatrix} a_1 & a_2 & a_3 & a_4 & a_5 \\ b_1 & b_2 & b_3 & b_4 & b_5 \\ c_1 & c_2 & 0 & 0 & 0 \\ d_1 & d_2 & 0 & 0 & 0 \\ e_1 & e_2 & 0 & 0 & 0 \end{vmatrix} = 0$$

3. 试证：

$$\begin{vmatrix} 0 & a_1 & a_2 & a_3 & a_4 \\ -a_1 & 0 & b_1 & b_2 & b_3 \\ -a_2 & -b_1 & 0 & c_1 & c_2 \\ -a_3 & -b_2 & -c_1 & 0 & d_1 \\ -a_4 & -b_3 & -c_2 & -d_1 & 0 \end{vmatrix} = 0$$

4. 试证：

$$D_n = \begin{vmatrix} 1 & n & n & \cdots & n \\ n & 2 & n & \cdots & n \\ n & n & 3 & \cdots & n \\ \vdots & \vdots & \vdots & & \vdots \\ n & n & n & \cdots & n \end{vmatrix} = (-1)^{n-1} n!$$

第 2 章　矩　　阵

第 1 章介绍的行列式只能用来解决线性方程组中方程的个数与未知数的个数相等且系数行列式不等于 0 的问题，而对于一般线性方程组，需要引入更重要的数学工具——矩阵来解决. 矩阵作为线性代数研究的重要对象，它在数学的其它分支以及自然科学、经济学、管理学和工程技术等领域都具有广泛的应用. 矩阵是研究变量的线性变换、向量的线性相关性及线性方程组的求解等问题不可替代的有力工具. 本章主要介绍矩阵的概念；研究矩阵的运算、初等变换；判断矩阵是否可逆，并求出逆矩阵；以及求矩阵的秩.

2.1　矩阵的运算

线性方程组：

$$\begin{cases} a_{11}x_1 + a_{12}x_2 + \cdots + a_{1n}x_n = b_1 \\ a_{21}x_1 + a_{22}x_2 + \cdots + a_{2n}x_n = b_2 \\ \qquad\qquad\vdots \\ a_{m1}x_1 + a_{m2}x_2 + \cdots + a_{mn}x_n = b_m \end{cases}$$

其中，系数 $a_{ij}(i=1,2,\cdots,m;\ j=1,2,\cdots,n)$，常数项 $b_i(i=1,2,\cdots,m)$按照原位置构成数表：

$$\begin{pmatrix} a_{11} & a_{12} & \cdots & a_{1n} & b_1 \\ a_{21} & a_{22} & \cdots & a_{2n} & b_2 \\ \vdots & \vdots & & \vdots & \vdots \\ a_{m1} & a_{m2} & \cdots & a_{mn} & b_m \end{pmatrix}$$

该数表可以决定上述方程组是否有解，以及如果有解，解怎么表示，因此下面我们研究该数表.

2.1.1　矩阵的概念

定义 1　由 $m\times n$ 个数 $a_{ij}(i=1,2,\cdots,m;\ j=1,2,\cdots,n)$排成一个 m 行 n 列的矩形数表：

$$\begin{pmatrix} a_{11} & a_{12} & \cdots & a_{1n} \\ a_{21} & a_{22} & \cdots & a_{2n} \\ \vdots & \vdots & & \vdots \\ a_{m1} & a_{m2} & \cdots & a_{mn} \end{pmatrix}$$

该数表称为一个 $m\times n$ 矩阵，其中 a_{ij} 称为第 i 行第 j 列的元素. 矩阵通常用大写字母 $\boldsymbol{A}$，$\boldsymbol{B}$，$\boldsymbol{C}$ 等表示. 可简记为 $\boldsymbol{A}=(a_{ij})_{mn}$ 或 $\boldsymbol{A}_{mn}$.

若两个矩阵 $\boldsymbol{A}$，$\boldsymbol{B}$ 有相同的行数和相同的列数，且对应位置的元素相等，则称两个矩阵 $\boldsymbol{A}$ 与 $\boldsymbol{B}$ 相等，记作 $\boldsymbol{A}=\boldsymbol{B}$. 即若 $\boldsymbol{A}=(a_{ij})_{mn}$，$\boldsymbol{B}=(b_{ij})_{mn}$，且 $a_{ij}=b_{ij}$，其中：

$$i=1,\ 2,\cdots,\ m;\ j=1,\ 2,\cdots,\ n$$

则 $\boldsymbol{A}=\boldsymbol{B}$.

注意，行列式与矩阵的区别与联系：

(1) 行列式是计算式，结果是一个数，矩阵是一个数表；

(2) 行列式的行数与列数必须相等，但矩阵的行数与列数可等可不等；

(3) 行列式与矩阵都有行和列以及所在行与列的元素.

2.1.2 常用的矩阵

1. 方阵

行数与列数都等于 n 的矩阵，称为 n 阶矩阵或 n 阶方阵，n 阶方阵 $\boldsymbol{A}$ 也记作 $\boldsymbol{A}_n$.

如 2 阶方阵 $\begin{pmatrix} a_{11} & a_{12} \\ a_{21} & a_{22} \end{pmatrix}$，3 阶方阵 $\begin{pmatrix} a_{11} & a_{12} & a_{13} \\ a_{21} & a_{22} & a_{23} \\ a_{31} & a_{32} & a_{33} \end{pmatrix}$.

一般的 n 阶方阵为

$$\boldsymbol{A}_n=\begin{pmatrix} a_{11} & \cdots & a_{1n} \\ \vdots & \ddots & \vdots \\ a_{n1} & \cdots & a_{nn} \end{pmatrix}$$

简写为 $\boldsymbol{A}_n=(a_{ij})_n$.

2. 对角矩阵

主对角线以外全为零的方阵称为对角矩阵，即

$$\boldsymbol{\Lambda}=\begin{pmatrix} a_{11} & & & \\ & a_{22} & & \\ & & \ddots & \\ & & & a_{nn} \end{pmatrix}\text{(矩阵中空白处元素规定为 0)}$$

记作 $\boldsymbol{\Lambda}=\mathrm{diag}\{a_{11},\ a_{22},\cdots,\ a_{nn}\}$.

3. 单位矩阵

主对角线上都为 1，其余位置都为零的方阵称为单位矩阵，记为 $\boldsymbol{E}_n$，即

$$\boldsymbol{E}_n=\begin{pmatrix} 1 & & & \\ & 1 & & \\ & & \ddots & \\ & & & 1 \end{pmatrix}_n$$

4. 数量矩阵

主对角线上元素都相等的对角矩阵称为数量矩阵，记作 $\lambda\boldsymbol{E}$，即

$$\lambda \boldsymbol{E} = \begin{pmatrix} \lambda & & & \\ & \lambda & & \\ & & \ddots & \\ & & & \lambda \end{pmatrix}$$

5. 上(下)三角矩阵

主对角线以上(下)全为零的方阵称为下(上)三角矩阵.

设 $\boldsymbol{A}=(a_{ij})_{nn}$，若 $a_{ij}=0(i>j)(i, j=1, 2,\cdots, n)$，则称 $\boldsymbol{A}$ 为 n 阶上三角矩阵，即

$$\boldsymbol{A} = \begin{pmatrix} a_{11} & a_{12} & \cdots & a_{1n} \\ & a_{22} & \cdots & a_{2n} \\ & & \ddots & \vdots \\ & & & a_{nn} \end{pmatrix}$$

设 $\boldsymbol{B}=(b_{ij})_{nn}$，若 $b_{ij}=0(i<j)(i, j=1, 2,\cdots, n)$，则称 $\boldsymbol{B}$ 为 n 阶下三角矩阵，即

$$\boldsymbol{B} = \begin{pmatrix} b_{11} & & & \\ b_{21} & b_{22} & & \\ \vdots & \vdots & \ddots & \\ b_{n1} & b_{n2} & \cdots & b_{nn} \end{pmatrix}$$

6. 行(列)矩阵

行(列)矩阵是只有一行(列)元素的矩阵，通常称为行(列)向量. 其表示如下：

$$(a_1, a_2,\cdots, a_n), \quad \begin{pmatrix} b_1 \\ b_2 \\ \vdots \\ b_n \end{pmatrix}$$

7. 零矩阵

零矩阵是元素全为零的矩阵，常用 $\boldsymbol{O}$ 表示(注意：不同行(列)的零矩阵是不相等的).

2.1.3　矩阵的运算

定义 2　设 $\boldsymbol{A}=(a_{ij})_{mn}$，$\boldsymbol{B}=(b_{ij})_{mn}$，令 $\boldsymbol{A}+\boldsymbol{B}=(a_{ij}+b_{ij})_{mn}$，称为矩阵 $\boldsymbol{A}$, $\boldsymbol{B}$ 的和，即

$$\boldsymbol{A}+\boldsymbol{B} = \begin{pmatrix} a_{11}+b_{11} & a_{12}+b_{12} & \cdots & a_{1n}+b_{1n} \\ a_{21}+b_{21} & a_{22}+b_{22} & \cdots & a_{2n}+b_{2n} \\ \cdots & \cdots & & \cdots \\ a_{m1}+b_{m1} & a_{m2}+b_{m2} & \cdots & a_{mn}+b_{mn} \end{pmatrix}$$

注意：加法条件是同行、同列.

矩阵加法满足下列运算规律(在同行同列的条件下)：

(1) 加法交换律：$\boldsymbol{A}+\boldsymbol{B}=\boldsymbol{B}+\boldsymbol{A}$;

(2) 加法结合律：$(\boldsymbol{A}+\boldsymbol{B})+\boldsymbol{C}=\boldsymbol{A}+(\boldsymbol{B}+\boldsymbol{C})$;

(3) 加法零元，即 $\boldsymbol{A}+\boldsymbol{O}=\boldsymbol{O}+\boldsymbol{A}=\boldsymbol{A}$;

(4) 加法负元：设 $\boldsymbol{A}=(a_{ij})_{mn}$，$-\boldsymbol{A}=(-a_{ij})_{mn}$ 称为矩阵 $\boldsymbol{A}$ 的负矩阵，即

$$A+(-A)=O$$

由此可定义矩阵的减法：对于同行同列矩阵 A，B，规定 $A-B=A+(-B)$.

定义 3 设 $A=(a_{ij})_{mn}$，k 为实数，$kA=(ka_{ij})_{mn}$ 称为数 k 与矩阵 $A=(a_{ij})_{mn}$ 的数乘，即

$$kA=\begin{pmatrix} ka_{11} & ka_{12} & \cdots & ka_{1n} \\ ka_{21} & ka_{22} & \cdots & ka_{2n} \\ \vdots & \vdots & & \vdots \\ ka_{m1} & ka_{m2} & \cdots & ka_{mn} \end{pmatrix}$$

注意：矩阵的数乘与行列式的数乘区别.

显然，$kA=Ak=(ka_{ij})_{mn}$.

矩阵的数乘满足以下运算规律：

(1) 矩阵的数乘与数的乘法(结合律)：$(kl)A=k(lA)$；

(2) 矩阵的数乘与数的加法(分配律)：$(k+l)A=kA+lA$；

(3) 矩阵的数乘与矩阵的加法(分配律)：$k(A+B)=kA+kB$；

(4) $1A=A$，$(-1)A=-A$.

此外，还满足 $0A=O$ 以及 $kA=O\Leftrightarrow k=0$ 或 $A=O$.

将矩阵的加法与数乘结合起来，统称为矩阵的线性运算.

例 2.1.1 已知 $A=\begin{pmatrix} 3 & 1 & -2 \\ 3 & -2 & 1 \\ -3 & 1 & -1 \end{pmatrix}$，$B=\begin{pmatrix} 2 & 1 & 0 \\ 1 & 1 & 2 \\ -1 & 2 & 1 \end{pmatrix}$，求 $2B-3A$.

解 $2B-3A=\begin{pmatrix} 4 & 2 & 0 \\ 2 & 2 & 4 \\ -2 & 4 & 2 \end{pmatrix}-\begin{pmatrix} 9 & 3 & -6 \\ 9 & -6 & 3 \\ -9 & 3 & -3 \end{pmatrix}=\begin{pmatrix} -5 & -1 & 6 \\ -7 & 8 & 1 \\ 7 & 1 & 5 \end{pmatrix}$

定义 4 设 $A=(a_{ij})_{ms}$，$B=(b_{ij})_{sn}$，即 A 的列数与 B 的行数相同，则由元素

$$c_{ij}=a_{i1}b_{1j}+a_{i2}b_{2j}+\cdots+a_{is}b_{sj}\ (i=1,2,\cdots,m;\ j=1,2,\cdots,n)$$

构成的 m 行 n 列矩阵 $C=(c_{ij})_{mn}$ 称为矩阵 A，B 的积，记为 $C=AB$.

注意：矩阵乘法的条件是 A 的列数与 B 的行数相同.

例 2.1.2 已知 $A=\begin{pmatrix} 1 & 0 & 0 \\ 0 & 1 & 0 \end{pmatrix}$，$B=\begin{pmatrix} 1 & 0 \\ 0 & 1 \\ 1 & 0 \end{pmatrix}$，$C=(1,0,-1)$，求 AB，BA，CB.

解

$$AB=\begin{pmatrix} 1 & 0 & 0 \\ 0 & 1 & 0 \end{pmatrix}\begin{pmatrix} 1 & 0 \\ 0 & 1 \\ 1 & 0 \end{pmatrix}=\begin{pmatrix} 1 & 0 \\ 0 & 1 \end{pmatrix}$$

$$BA=\begin{pmatrix} 1 & 0 \\ 0 & 1 \\ 1 & 0 \end{pmatrix}\begin{pmatrix} 1 & 0 & 0 \\ 0 & 1 & 0 \end{pmatrix}=\begin{pmatrix} 1 & 0 & 0 \\ 0 & 1 & 0 \\ 1 & 0 & 0 \end{pmatrix}$$

$$CB=(1,0,-1)\begin{pmatrix} 1 & 0 \\ 0 & 1 \\ 1 & 0 \end{pmatrix}=(0,0)=O$$

从例 2.1.2 可以看出，矩阵乘法不满足交换律.

(1) $\boldsymbol{AB}$ 有意义，$\boldsymbol{BA}$ 不一定有意义；

(2) 即使 $\boldsymbol{AB}$，$\boldsymbol{BA}$ 都有意义，但可以不同行(列)，当然 $\boldsymbol{AB}$ 与 $\boldsymbol{BA}$ 不相等；

(3) 即使 $\boldsymbol{AB}$ 与 $\boldsymbol{BA}$ 同行同列，也未必相等. 例如 $\boldsymbol{A}=\begin{pmatrix}1 & 1\\ -1 & -1\end{pmatrix}$，$\boldsymbol{B}=\begin{pmatrix}1 & -1\\ -1 & 1\end{pmatrix}$，则 $\boldsymbol{AB}=\begin{pmatrix}0 & 0\\ 0 & 0\end{pmatrix}$，$\boldsymbol{BA}=\begin{pmatrix}2 & 2\\ -2 & -2\end{pmatrix}$，显然，$\boldsymbol{AB}\neq\boldsymbol{BA}$.

此外，两个非零矩阵相乘可能是零矩阵，即 $\boldsymbol{A}\neq\boldsymbol{O}$，$\boldsymbol{B}\neq\boldsymbol{O}$ 时可有，$\boldsymbol{AB}=\boldsymbol{O}$，故由 $\boldsymbol{AB}=\boldsymbol{O}$ 一般不能推出 $\boldsymbol{A}=\boldsymbol{O}$ 或 $\boldsymbol{B}=\boldsymbol{O}$.

$\boldsymbol{AX}$ 称为用 $\boldsymbol{X}$ 右乘 $\boldsymbol{A}$，$\boldsymbol{XA}$ 称为用 $\boldsymbol{X}$ 左乘 $\boldsymbol{A}$.

矩阵的乘法不满足交换律，不满足消去律，但满足：

(1) 乘法结合律：$(\boldsymbol{AB})\boldsymbol{C}=\boldsymbol{A}(\boldsymbol{BC})$；

(2) 乘法与数乘的任意结合律：$k(\boldsymbol{AB})=(k\boldsymbol{A})\boldsymbol{B}=\boldsymbol{A}(k\boldsymbol{B})$；

(3) 乘法对加法的左右分配律：$(\boldsymbol{A}+\boldsymbol{B})\boldsymbol{C}=\boldsymbol{AB}+\boldsymbol{AC}$，$\boldsymbol{C}(\boldsymbol{A}+\boldsymbol{B})=\boldsymbol{CA}+\boldsymbol{CB}$；

(4) 一般矩阵乘以单位矩阵不变：$\boldsymbol{E}_m\boldsymbol{A}_{mn}=\boldsymbol{A}_{mn}$，$\boldsymbol{A}_{mn}\boldsymbol{E}_n=\boldsymbol{A}_{mn}$.

这些算律都可以利用矩阵的定义去证明，在此，我们只证明乘法结合律.

证明 设 $\boldsymbol{A}=(a_{ij})_{ms}$，$\boldsymbol{B}=(b_{ij})_{sn}$，$\boldsymbol{C}=(c_{ij})_{np}$. 首先，$(\boldsymbol{AB})\boldsymbol{C}$ 与 $\boldsymbol{A}(\boldsymbol{BC})$ 都是 m 行 p 列；其次，$(\boldsymbol{AB})\boldsymbol{C}$ 的 (i, j) 位置元素为

$$\begin{aligned}&(a_{i1}b_{11}+a_{i2}b_{21}+\cdots+a_{is}b_{s1})c_{1j}+(a_{i1}b_{12}+a_{i2}b_{22}+\cdots+a_{is}b_{s2})c_{2j}+\cdots\\&\quad+(a_{i1}b_{1n}+a_{i2}b_{2n}+\cdots+a_{is}b_{sn})c_{nj}\\&=a_{i1}(b_{11}c_{1j}+b_{12}c_{2j}+\cdots+b_{1n}c_{nj})+a_{i2}(b_{21}c_{1j}+b_{22}c_{2j}+\cdots+b_{2n}c_{nj})+\cdots\\&\quad+a_{is}(b_{s1}c_{1j}+b_{s2}c_{2j}+\cdots+b_{sn}c_{nj})\end{aligned}$$

从而有 $(\boldsymbol{AB})\boldsymbol{C}=\boldsymbol{A}(\boldsymbol{BC})$.

定义 5 设 $\boldsymbol{A}$ 为 n 阶方阵，则定义 $\boldsymbol{A}^0=\boldsymbol{E}$，$\boldsymbol{A}^1=\boldsymbol{A}$，$\boldsymbol{A}^2=\boldsymbol{AA}$，…，$\boldsymbol{A}^{k+1}=\boldsymbol{A}^k\boldsymbol{A}$.

设 $\boldsymbol{A}$ 是方阵，k，l 是自然数，有

(1) 矩阵底数幂的乘法也底数不变，指数相加满足：$\boldsymbol{A}^k\boldsymbol{A}^l=\boldsymbol{A}^{k+l}$；

(2) 矩阵底数幂的乘方也底数不变，指数相乘满足：$(\boldsymbol{A}^k)^l=\boldsymbol{A}^{kl}$.

因矩阵乘法不适合交换律，所以 $(\boldsymbol{AB})^k$ 与 $\boldsymbol{A}^k\boldsymbol{B}^k$ 一般不相等.

定义 6 设 $\boldsymbol{A}=(a_{ij})_{mn}$，称 $(a_{ji})_{nm}$ 为 $\boldsymbol{A}$ 的转置，记作 $\boldsymbol{A}^{\mathrm{T}}$ 或 $\boldsymbol{A}'$. 即若

$$\boldsymbol{A}=\begin{pmatrix}a_{11} & a_{12} & \cdots & a_{1n}\\ a_{21} & a_{22} & \cdots & a_{2n}\\ \cdots & \cdots & & \cdots\\ a_{m1} & a_{m2} & \cdots & a_{mn}\end{pmatrix}$$

则

$$\boldsymbol{A}^{\mathrm{T}}=\begin{pmatrix}a_{11} & a_{21} & \cdots & a_{m1}\\ a_{12} & a_{22} & \cdots & a_{m2}\\ \cdots & \cdots & & \cdots\\ a_{1n} & a_{2n} & \cdots & a_{mn}\end{pmatrix}$$

如矩阵 $\boldsymbol{A}=\begin{pmatrix}1 & 2\\0 & -1\\-2 & 3\end{pmatrix}$，$\boldsymbol{A}^{\mathrm{T}}=\begin{pmatrix}1 & 0 & -2\\2 & -1 & 3\end{pmatrix}$.

矩阵转置满足以下运算规律：

(1) 自反律：$(\boldsymbol{A}^{\mathrm{T}})^{\mathrm{T}}=\boldsymbol{A}$；

(2) 矩阵和的转置等于各自转置的和：$(\boldsymbol{A}+\boldsymbol{B})^{\mathrm{T}}=\boldsymbol{A}^{\mathrm{T}}+\boldsymbol{B}^{\mathrm{T}}$；

(3) 矩阵数乘的转置等于转置的数乘：$(k\boldsymbol{A})^{\mathrm{T}}=k\boldsymbol{A}^{\mathrm{T}}$；

(4) 矩阵积的转置等于转置的交换积：$(\boldsymbol{AB})^{\mathrm{T}}=\boldsymbol{B}^{\mathrm{T}}\boldsymbol{A}^{\mathrm{T}}$.

定义 7 设 $\boldsymbol{A}$ 是 n 阶方阵，若满足 $\boldsymbol{A}^{\mathrm{T}}=\boldsymbol{A}$，则称 $\boldsymbol{A}$ 为对称矩阵；若满足 $\boldsymbol{A}^{\mathrm{T}}=-\boldsymbol{A}$，则称 $\boldsymbol{A}$ 为反对称矩阵.

如：

对称矩阵：
$$\boldsymbol{A}=\begin{pmatrix}1 & 0 & 2 & 4\\0 & -6 & -3 & 7\\2 & -3 & 0 & -1\\4 & 7 & -1 & 4\end{pmatrix}$$

反对称矩阵：
$$\boldsymbol{B}=\begin{pmatrix}0 & 1 & 2 & -4\\-1 & 0 & -3 & 7\\-2 & 3 & 0 & -1\\4 & -7 & 1 & 0\end{pmatrix}$$

注意：对称矩阵以主对角线为轴对应位置元素相等；反对称矩阵以主对角线为轴对应位置元素互为相反数.

定义 8 设方阵 $\boldsymbol{A}=(a_{ij})_{nn}$，称 $|\boldsymbol{A}|=|a_{ij}|_{nn}(\det\boldsymbol{A})$ 为 $\boldsymbol{A}$ 的行列式.

方阵的行列式满足以下算律：

$$|\boldsymbol{A}^{\mathrm{T}}|=|\boldsymbol{A}|;\ |k\boldsymbol{A}|=k^{n}|\boldsymbol{A}|;\ |\boldsymbol{AB}|=|\boldsymbol{A}||\boldsymbol{B}|$$

注意：对于 n 阶方阵 $\boldsymbol{A}$，$\boldsymbol{B}$，由于乘法不满足交换律，即未必 $\boldsymbol{AB}\neq\boldsymbol{BA}$，但必有 $|\boldsymbol{AB}|=|\boldsymbol{A}||\boldsymbol{B}|=|\boldsymbol{B}||\boldsymbol{A}|=|\boldsymbol{BA}|$；并且 $|\boldsymbol{A}+\boldsymbol{B}|\neq|\boldsymbol{A}|+|\boldsymbol{B}|$.

例 2.1.3 证明：$\begin{vmatrix}x & y & z\\z & x & y\\y & z & x\end{vmatrix}=(x+y+z)(x+wy+w^2z)(x+w^2y+wz)$，其中 $w^3=1$.

证明 证法 1.

$$\text{原式左边}=(x+y+z)\begin{vmatrix}1 & 1 & 1\\z & x & y\\y & z & x\end{vmatrix}=(x+y+z)\begin{vmatrix}w^2 & 1 & w\\w^2z & x & wy\\w^2y & z & wx\end{vmatrix}$$

$$=(x+y+z)\begin{vmatrix}1 & 0 & 1\\z & x+wy+w^2z & y\\y & z+wx+w^2y & x\end{vmatrix}$$

$$=w(x+y+z)\begin{vmatrix}1 & 0 & 1\\z & x+wy+w^2z & y\\w^2y & w^2z+x+wy & w^2x\end{vmatrix}$$

$$=w(x+y+z)(x+wy+w^2z)\begin{vmatrix}1&0&1\\z&1&y\\w^2y&1&w^2x\end{vmatrix}$$

$$=w(x+y+z)(x+wy+w^2z)(w^2x-y+z-w^2y)$$

$$=w(x+y+z)(x+wy+w^2z)(w^2x+wy+z)$$

$$=(x+y+z)(x+wy+w^2z)(x+w^2y+wz)$$

=原式右边

证法 2.

由

$$\begin{vmatrix}x&y&z\\z&x&y\\y&z&x\end{vmatrix}\begin{vmatrix}1&1&1\\1&w&w^2\\1&w^2&w\end{vmatrix}=\begin{vmatrix}x+y+z&x+wy+w^2z&x+w^2y+wz\\x+y+z&z+wx+w^2y&z+w^2x+wy\\x+y+z&y+wz+w^2x&y+w^2z+wx\end{vmatrix}$$

$$=(x+y+z)(x+wy+w^2z)(x+w^2y+wz)\begin{vmatrix}1&1&1\\1&w&w^2\\1&w^2&w\end{vmatrix}$$

有

$$\begin{vmatrix}1&1&1\\1&w&w^2\\1&w^2&w\end{vmatrix}=\begin{vmatrix}3&0&0\\1&w&w^2\\1&w^2&w\end{vmatrix}=3(w^2-w)\neq 0$$

故原等式成立.

例 2.1.4 计算行列式 $D=\begin{vmatrix}a&b&c&d\\b&a&d&c\\c&d&a&b\\d&c&b&a\end{vmatrix}$.

解 解法 1.

$$D=(a+b+c+d)\begin{vmatrix}1&b&c&d\\1&a&d&c\\1&d&a&b\\1&c&b&a\end{vmatrix}=(a+b+c+d)\begin{vmatrix}a-b&d-c&c-d\\d-b&a-c&b-d\\c-b&b-c&a-d\end{vmatrix}$$

$$=(a+b+c+d)\begin{vmatrix}a-b+d-c&d-c&c-d\\d-b+a-c&a-c&b-d\\0&b-c&a-d\end{vmatrix}$$

$$=(a+b+c+d)(a-b+d-c)\begin{vmatrix}1&d-c&c-d\\1&a-c&b-d\\0&b-c&a-d\end{vmatrix}$$

$$=(a+b+c+d)(a-b+d-c)\begin{vmatrix}1&d-c&c-d\\0&a-d&b-c\\0&b-c&a-d\end{vmatrix}$$

$$=(a+b+c+d)(a-b+d-c)[(a-d)^2-(b-c)^2]$$
$$=(a+b+c+d)(a-b+d-c)(a+b-c-d)(a-b+c-d)$$

解法 2.

因

$$\begin{vmatrix} 1 & 1 & 1 & 1 \\ 1 & 1 & -1 & -1 \\ 1 & -1 & 1 & -1 \\ 1 & -1 & -1 & 1 \end{vmatrix} = -16 \neq 0$$

而

$$\begin{vmatrix} a & b & c & d \\ b & a & d & c \\ c & d & a & b \\ d & c & b & a \end{vmatrix}\begin{vmatrix} 1 & 1 & 1 & 1 \\ 1 & 1 & -1 & -1 \\ 1 & -1 & 1 & -1 \\ 1 & -1 & -1 & 1 \end{vmatrix}$$

$$=\begin{vmatrix} a+b+c+d & a+b-c-d & a-b+c-d & a-b-c+d \\ a+b+c+d & a+b-c-d & -a+b-c+d & -a+b+c-d \\ a+b+c+d & -a-b+c+d & a-b+c-d & a-b-c+d \\ a+b+c+d & -a-b+c+d & -a+b-c+d & -a+b+c-d \end{vmatrix}$$

$$=(a+b+c+d)(a+b-c-d)(a-b+c-d)(a-b-c+d)\begin{vmatrix} 1 & 1 & 1 & 1 \\ 1 & 1 & -1 & -1 \\ 1 & -1 & 1 & -1 \\ 1 & -1 & -1 & 1 \end{vmatrix}$$

故

$$D=(a+b+c+d)(a-b+d-c)(a+b-c-d)(a-b+c-d)$$

习题 2.1

1. 计算：

(1) $\begin{pmatrix} 4 & 3 & 1 \\ 1 & -2 & 3 \\ 5 & 7 & 0 \end{pmatrix}\begin{pmatrix} 1 & -1 \\ 2 & 3 \\ -3 & 2 \end{pmatrix}$；

(2) $(1,\ 2,\ 3)\begin{pmatrix} 3 \\ 2 \\ 1 \end{pmatrix}$；

(3) $\begin{pmatrix} 3 \\ 2 \\ 1 \end{pmatrix}(1,\ 2,\ 3)$.

2. 设 $\boldsymbol{A}=\begin{pmatrix} 1 & 1 & 1 \\ 1 & 1 & -1 \\ 1 & -1 & 1 \end{pmatrix}$，$\boldsymbol{B}=\begin{pmatrix} 1 & 2 & 3 \\ -1 & -2 & 4 \\ 0 & 5 & 1 \end{pmatrix}$，求 $3\boldsymbol{AB}-2\boldsymbol{A}$，$\boldsymbol{A}^{\mathrm{T}}\boldsymbol{B}$.

3. 设 $\boldsymbol{A}$，$\boldsymbol{B}$ 均为同阶方阵，且 $\boldsymbol{A}=\frac{1}{2}(\boldsymbol{B}+\boldsymbol{E})$，证明 $\boldsymbol{A}^2=\boldsymbol{A}\Leftrightarrow\boldsymbol{B}^2=\boldsymbol{B}$.

4. 设 $\boldsymbol{A}$，$\boldsymbol{B}$ 均为同阶对称阵，证明 $(\boldsymbol{AB})^{\mathrm{T}}=\boldsymbol{AB}\Leftrightarrow\boldsymbol{AB}=\boldsymbol{BA}$.

5. 设 $\boldsymbol{A}$ 为方阵，若 $\boldsymbol{A}^2=\boldsymbol{A}$，$\boldsymbol{A}$ 称为幂等矩阵；若 $\boldsymbol{A}^2=\boldsymbol{E}$，$\boldsymbol{A}$ 称为对合矩阵，判断以下结论成立：

(1) 若 $\boldsymbol{A}^2=\boldsymbol{A}$，$\boldsymbol{A}^2=\boldsymbol{E}$，则 $\boldsymbol{A}^{\mathrm{T}}=\boldsymbol{A}$；

(2) 若 $\boldsymbol{A}^2=\boldsymbol{A}$，$\boldsymbol{A}^{\mathrm{T}}=\boldsymbol{A}$，则 $\boldsymbol{A}^2=\boldsymbol{E}$；

(3) 若 $\boldsymbol{A}^2=\boldsymbol{E}$，$\boldsymbol{A}^{\mathrm{T}}=\boldsymbol{A}$，则 $\boldsymbol{A}^2=\boldsymbol{A}$.

2.2　逆　矩　阵

由于矩阵没有除法运算，因此我们研究可逆矩阵与矩阵的逆.

2.2.1　可逆矩阵与矩阵的逆

对于代数方程 $ax=b$，两边乘以 a^{-1} 可求出 $x=a^{-1}b(a\neq 0)$. 那么对矩阵方程 $\boldsymbol{AX}=\boldsymbol{B}$，是否也可得到 $\boldsymbol{X}=\boldsymbol{A}^{-1}\boldsymbol{B}$ 的形式呢？若可以，则 $\boldsymbol{A}^{-1}$ 的含意是什么？为此引进逆矩阵的概念.

定义 1　设 $\boldsymbol{A}$ 是 n 阶方阵，$\boldsymbol{E}$ 是 n 阶单位矩阵，若存在 n 阶矩阵 $\boldsymbol{B}$，使得 $\boldsymbol{AB}=\boldsymbol{BA}=\boldsymbol{E}$，则称 $\boldsymbol{A}$ 为可逆矩阵，并称 $\boldsymbol{B}$ 为方阵 $\boldsymbol{A}$ 的逆矩阵，记作 $\boldsymbol{A}^{-1}$. 即有 $\boldsymbol{A}^{-1}\boldsymbol{A}=\boldsymbol{AA}^{-1}=\boldsymbol{E}$.

若 $\boldsymbol{A}$ 可逆，$\boldsymbol{B}$，$\boldsymbol{C}$ 均是 $\boldsymbol{A}$ 的逆矩阵，则 $\boldsymbol{AB}=\boldsymbol{BA}=\boldsymbol{AC}=\boldsymbol{CA}=\boldsymbol{E}$，故有 $\boldsymbol{B}=\boldsymbol{EB}=(\boldsymbol{CA})\boldsymbol{B}=\boldsymbol{C}(\boldsymbol{AB})=\boldsymbol{CE}=\boldsymbol{C}$，则 $\boldsymbol{A}$ 的逆矩阵是唯一的.

2.2.2　矩阵可逆的充要条件与逆矩阵的求法

定义 2　方阵 $\boldsymbol{A}$ 的行列式 $|\boldsymbol{A}|$ 的各个元素的代数余子式 $\boldsymbol{A}_{ij}$ 所构成的矩阵

$$\boldsymbol{A}^*=\begin{pmatrix}\boldsymbol{A}_{11} & \boldsymbol{A}_{21} & \cdots & \boldsymbol{A}_{n1}\\ \boldsymbol{A}_{12} & \boldsymbol{A}_{22} & \cdots & \boldsymbol{A}_{n2}\\ \vdots & \vdots & & \vdots\\ \boldsymbol{A}_{1n} & \boldsymbol{A}_{2n} & \cdots & \boldsymbol{A}_{nn}\end{pmatrix}$$

称为矩阵 $\boldsymbol{A}$ 的伴随矩阵.

设 $\boldsymbol{A}=(a_{ij})_{nn}$，则有

$$\boldsymbol{AA}^*=\begin{pmatrix}a_{11} & a_{12} & \cdots & a_{1n}\\ a_{21} & a_{22} & \cdots & a_{2n}\\ \vdots & \vdots & & \vdots\\ a_{n1} & a_{n2} & \cdots & a_{nn}\end{pmatrix}\begin{pmatrix}\boldsymbol{A}_{11} & \boldsymbol{A}_{21} & \cdots & \boldsymbol{A}_{n1}\\ \boldsymbol{A}_{12} & \boldsymbol{A}_{22} & \cdots & \boldsymbol{A}_{n2}\\ \vdots & \vdots & & \vdots\\ \boldsymbol{A}_{1n} & \boldsymbol{A}_{2n} & \cdots & \boldsymbol{A}_{nn}\end{pmatrix}=(c_{ij})_n$$

$$c_{ij}=a_{i1}\boldsymbol{A}_{j1}+a_{i2}\boldsymbol{A}_{j2}+\cdots+a_{in}\boldsymbol{A}_{jn}=\begin{cases}|\boldsymbol{A}|, & j=i\\ 0, & j\neq i\end{cases}$$

故 $\boldsymbol{AA}^*=|\boldsymbol{A}|\boldsymbol{E}$. 类似地有 $\boldsymbol{A}^*\boldsymbol{A}=|\boldsymbol{A}|\boldsymbol{E}$，从而 $\boldsymbol{AA}^*=\boldsymbol{A}^*\boldsymbol{A}=|\boldsymbol{A}|\boldsymbol{E}$.

由伴随矩阵的性质可以得到方阵可逆的充要条件及其逆矩阵的第一求法.

定理　方阵 $\boldsymbol{A}$ 可逆的充分必要条件是 $|\boldsymbol{A}|\neq 0$，且有 $\boldsymbol{A}^{-1}=\frac{1}{|\boldsymbol{A}|}\boldsymbol{A}^*$.

证明 若方阵 $\boldsymbol{A}$ 可逆，则有逆矩阵 $\boldsymbol{A}^{-1}$，使 $\boldsymbol{A}\boldsymbol{A}^{-1}=\boldsymbol{E}$，从而 $|\boldsymbol{A}\boldsymbol{A}^{-1}|=|\boldsymbol{A}||\boldsymbol{A}^{-1}|=|\boldsymbol{E}|=1\neq 0$. 故 $|\boldsymbol{A}|\neq 0$.

反之，若 $|\boldsymbol{A}|\neq 0$，由 $\boldsymbol{A}\boldsymbol{A}^*=\boldsymbol{A}^*\boldsymbol{A}=|\boldsymbol{A}|\boldsymbol{E}$，有 $\boldsymbol{A}(\dfrac{\boldsymbol{A}^*}{|\boldsymbol{A}|})=(\dfrac{\boldsymbol{A}^*}{|\boldsymbol{A}|})\boldsymbol{A}=\boldsymbol{E}$，取 $\boldsymbol{B}=\dfrac{\boldsymbol{A}^*}{|\boldsymbol{A}|}$，由可逆矩阵的定义可知 $\boldsymbol{A}$ 可逆，且 $\boldsymbol{A}^{-1}=\dfrac{1}{|\boldsymbol{A}|}\boldsymbol{A}^*$.

当 $|\boldsymbol{A}|=0$ 时，称 $\boldsymbol{A}$ 为奇异矩阵(退化矩阵)；当 $|\boldsymbol{A}|\neq 0$ 时，称 $\boldsymbol{A}$ 为非奇异矩阵(非退化矩阵). 由定理 1 可知，可逆矩阵为非奇异矩阵(非退化矩阵).

推论 若 $\boldsymbol{AB}=\boldsymbol{E}(\boldsymbol{BA}=\boldsymbol{E})$，则 $\boldsymbol{B}=\boldsymbol{A}^{-1}$.

证明 由 $\boldsymbol{AB}=\boldsymbol{E}$ 得 $|\boldsymbol{AB}|=|\boldsymbol{A}||\boldsymbol{B}|=|\boldsymbol{E}|=1\neq 0$，则 $|\boldsymbol{A}|\neq 0$ 而使 $\boldsymbol{A}$ 可逆，故有

$$\boldsymbol{B}=\boldsymbol{EB}=(\boldsymbol{A}^{-1}\boldsymbol{A})\boldsymbol{B}=\boldsymbol{A}^{-1}(\boldsymbol{AB})=\boldsymbol{A}^{-1}\boldsymbol{E}=\boldsymbol{A}^{-1}$$

2.2.3 逆矩阵的性质

利用逆矩阵的定义，容易证明下列性质：

性质 1 若 $\boldsymbol{A}$ 可逆，则 $|\boldsymbol{A}^{-1}|=\dfrac{1}{|\boldsymbol{A}|}$.

性质 2 若 $\boldsymbol{A}$ 可逆，则 $\boldsymbol{A}^{-1}$ 也可逆，且 $(\boldsymbol{A}^{-1})^{-1}=\boldsymbol{A}$.

性质 3 若 $\boldsymbol{A}$ 可逆，数 $k\neq 0$，则 $k\boldsymbol{A}$ 也可逆，且 $(k\boldsymbol{A})^{-1}=\dfrac{1}{k}\boldsymbol{A}^{-1}$.

性质 4 若 $\boldsymbol{A}$ 可逆，则 $\boldsymbol{A}^{\mathrm{T}}$ 可逆，且 $(\boldsymbol{A}^{\mathrm{T}})^{-1}=(\boldsymbol{A}^{-1})^{\mathrm{T}}$.

性质 5 若 $\boldsymbol{A}$，$\boldsymbol{B}$ 都是 n 阶可逆矩阵，则积 $\boldsymbol{AB}$ 也可逆，且 $(\boldsymbol{AB})^{-1}=\boldsymbol{B}^{-1}\boldsymbol{A}^{-1}$.

例 2.2.1 判断方阵 $\boldsymbol{A}=\begin{pmatrix}2 & 2 & 3\\ 1 & -1 & 0\\ -1 & 2 & 1\end{pmatrix}$ 是否可逆，若可逆，则求其逆.

解 因 $|\boldsymbol{A}|=\begin{vmatrix}2 & 2 & 3\\ 1 & -1 & 0\\ -1 & 2 & 1\end{vmatrix}=-2+6-2-3=-1\neq 0$，故 $\boldsymbol{A}$ 可逆.

$$A_{11}=\begin{vmatrix}-1 & 0\\ 2 & 1\end{vmatrix}=-1,\ A_{21}=-\begin{vmatrix}2 & 3\\ 2 & 1\end{vmatrix}=4,\ A_{31}=\begin{vmatrix}2 & 3\\ -1 & 0\end{vmatrix}=3$$

$$A_{12}=-\begin{vmatrix}1 & 0\\ -1 & 1\end{vmatrix}=-1,\ A_{22}=\begin{vmatrix}2 & 3\\ -1 & 1\end{vmatrix}=5,\ A_{32}=-\begin{vmatrix}2 & 3\\ 1 & 0\end{vmatrix}=3$$

$$A_{13}=\begin{vmatrix}1 & -1\\ -1 & 2\end{vmatrix}=1,\ A_{23}=-\begin{vmatrix}2 & 2\\ -1 & 2\end{vmatrix}=-6,\ A_{33}=\begin{vmatrix}2 & 2\\ 1 & -1\end{vmatrix}=-4$$

故

$$\boldsymbol{A}^{-1}=\begin{pmatrix}1 & -4 & -3\\ 1 & -5 & -3\\ -1 & 6 & 4\end{pmatrix}$$

例 2.2.2 设 $\boldsymbol{A}=\begin{pmatrix}2 & 1 & -1\\ 2 & 1 & 0\\ 1 & -1 & 1\end{pmatrix}$，$\boldsymbol{B}=\begin{pmatrix}1 & -1 & 3\\ 4 & 3 & 2\end{pmatrix}$，求矩阵 $\boldsymbol{X}$，使 $\boldsymbol{XA}=\boldsymbol{B}$.

解 $|\boldsymbol{A}|=\begin{vmatrix}2&1&-1\\2&1&0\\1&-1&1\end{vmatrix}=2+2-2+1=3\neq0$，故 $\boldsymbol{A}$ 可逆.

$A_{11}=1$，$A_{21}=0$，$A_{31}=1$，$A_{12}=-2$，$A_{22}=3$，$A_{32}=-2$，$A_{13}=-3$，$A_{23}=3$，$A_{33}=0$
则

$$\boldsymbol{A}^{-1}=\frac{1}{3}\begin{pmatrix}1&0&1\\-2&3&-2\\-3&3&0\end{pmatrix}$$

故

$$\boldsymbol{X}=\boldsymbol{B}\boldsymbol{A}^{-1}=\frac{1}{3}\begin{pmatrix}1&-1&3\\4&3&2\end{pmatrix}\begin{pmatrix}1&0&1\\-2&3&-2\\-3&3&0\end{pmatrix}=\frac{1}{3}\begin{pmatrix}-6&6&3\\-8&15&-2\end{pmatrix}$$

注意：解矩阵方程的方法称为逆矩阵法. 对于矩阵方程，若 $\boldsymbol{A}$，$\boldsymbol{B}$ 可逆，有

(1) $\boldsymbol{AX}=\boldsymbol{B}\Rightarrow\boldsymbol{X}=\boldsymbol{A}^{-1}\boldsymbol{B}$；

(2) $\boldsymbol{XA}=\boldsymbol{B}\Rightarrow\boldsymbol{X}=\boldsymbol{B}\boldsymbol{A}^{-1}$；

(3) $\boldsymbol{AXB}=\boldsymbol{C}\Rightarrow\boldsymbol{X}=\boldsymbol{A}^{-1}\boldsymbol{C}\boldsymbol{B}^{-1}$.

对于方阵 $\boldsymbol{A}$ 与多项式 $f(x)=a_0+a_1x+\cdots+a_{m-1}x^{m-1}+a_mx^m$，定义

$$f(\boldsymbol{A})=a_0\boldsymbol{E}+a_1\boldsymbol{A}+\cdots+a_{m-1}\boldsymbol{A}^{m-1}+a_m\boldsymbol{A}^m$$

且当 $f(x)$ 与 $g(x)$ 为多项式时，有 $f(\boldsymbol{A})g(\boldsymbol{A})=g(\boldsymbol{A})f(\boldsymbol{A})$.

例 2.2.3 设 $\boldsymbol{A}=\begin{pmatrix}1&0&1\\0&3&0\\3&0&1\end{pmatrix}$，三阶方阵 $\boldsymbol{X}$，$\boldsymbol{E}$ 满足 $\boldsymbol{AX}+\boldsymbol{E}=\boldsymbol{A}^2+\boldsymbol{X}$，求 $\boldsymbol{X}$.

解 由 $\boldsymbol{AX}+\boldsymbol{E}=\boldsymbol{A}^2+\boldsymbol{X}$，得 $(\boldsymbol{A}-\boldsymbol{E})\boldsymbol{X}=\boldsymbol{A}^2-\boldsymbol{E}=(\boldsymbol{A}-\boldsymbol{E})(\boldsymbol{A}+\boldsymbol{E})$，从而有

$$\boldsymbol{A}-\boldsymbol{E}=\begin{pmatrix}0&0&1\\0&2&0\\3&0&0\end{pmatrix}$$

其行列式等于 -6，可逆，故 $\boldsymbol{X}=\boldsymbol{A}+\boldsymbol{E}=\begin{pmatrix}2&0&1\\0&4&0\\3&0&2\end{pmatrix}$.

例 2.2.4 设同阶方阵 $\boldsymbol{A}$，$\boldsymbol{B}$ 满足 $\boldsymbol{A}+\boldsymbol{B}=\boldsymbol{AB}$，证明：$\boldsymbol{E}-\boldsymbol{A}$，$\boldsymbol{E}-\boldsymbol{B}$ 都可逆. 当 $\boldsymbol{A}=\begin{pmatrix}2&2&3\\1&4&4\\2&2&4\end{pmatrix}$ 时，求 $\boldsymbol{E}-\boldsymbol{A}$，$\boldsymbol{E}-\boldsymbol{B}$ 的逆矩阵.

解 由已知，$\boldsymbol{A}+\boldsymbol{B}=\boldsymbol{AB}$，则 $\boldsymbol{E}-\boldsymbol{A}-\boldsymbol{B}+\boldsymbol{AB}=\boldsymbol{E}$，即 $(\boldsymbol{E}-\boldsymbol{A})(\boldsymbol{E}-\boldsymbol{B})=\boldsymbol{E}$. 由矩阵积的行列式等于各自行列式的积，故 $|(\boldsymbol{E}-\boldsymbol{A})(\boldsymbol{E}-\boldsymbol{B})|=|\boldsymbol{E}-\boldsymbol{A}||\boldsymbol{E}-\boldsymbol{B}|=|\boldsymbol{E}|=1$，从而 $|\boldsymbol{E}-\boldsymbol{A}|\neq0$，$|\boldsymbol{E}-\boldsymbol{B}|\neq0$. 由矩阵可逆的判别定理，$\boldsymbol{E}-\boldsymbol{A}$，$\boldsymbol{E}-\boldsymbol{B}$ 都可逆.

当 $\boldsymbol{A}=\begin{pmatrix}2&2&3\\1&4&4\\2&2&4\end{pmatrix}$ 时，有

$$\boldsymbol{E}-\boldsymbol{A}=\begin{pmatrix}-1&-2&-3\\-1&-3&-4\\-2&-2&-3\end{pmatrix},\ |\boldsymbol{E}-\boldsymbol{A}|=\begin{vmatrix}-1&-2&-3\\-1&-3&-4\\-2&-2&-3\end{vmatrix}=1,$$

$$(\boldsymbol{E}-\boldsymbol{A})^{-1}=\begin{pmatrix}1&0&-1\\5&-3&-1\\-4&2&1\end{pmatrix},\ (\boldsymbol{E}-\boldsymbol{B})^{-1}=\begin{pmatrix}-1&-2&-3\\-1&-3&-4\\-2&-2&-3\end{pmatrix}$$

习题 2.2

1. 求下列矩阵的逆矩阵.

(1) $\begin{pmatrix}\cos\theta&-\sin\theta\\\sin\theta&\cos\theta\end{pmatrix}$;

(2) $\begin{pmatrix}1&2&-1\\3&4&-2\\5&-4&1\end{pmatrix}$;

(3) $\begin{pmatrix}2&1&1\\1&2&1\\1&1&2\end{pmatrix}$;

(4) $\begin{pmatrix}2&-3&1\\1&1&0\\2&1&1\end{pmatrix}$.

2. 解矩阵方程.

(1) $\begin{pmatrix}2&5\\1&3\end{pmatrix}\boldsymbol{X}=\begin{pmatrix}4&-6\\2&1\end{pmatrix}$;

(2) $\boldsymbol{X}\begin{pmatrix}2&1&-1\\2&1&0\\1&-1&1\end{pmatrix}=\begin{pmatrix}1&-1&3\\4&3&2\end{pmatrix}$;

(3) $\begin{pmatrix}1&4\\-1&2\end{pmatrix}\boldsymbol{X}\begin{pmatrix}2&0\\-1&1\end{pmatrix}=\begin{pmatrix}3&1\\0&-1\end{pmatrix}$;

(4) $\begin{pmatrix}0&1&0\\1&0&0\\0&0&1\end{pmatrix}\boldsymbol{X}\begin{pmatrix}1&0&0\\0&0&1\\0&1&0\end{pmatrix}=\begin{pmatrix}1&-4&3\\2&0&-1\\1&-2&0\end{pmatrix}$.

3. 设方阵 $\boldsymbol{A}$ 满足 $\boldsymbol{A}^2-\boldsymbol{A}-2\boldsymbol{E}=\boldsymbol{0}$，证明 $\boldsymbol{A}$ 及 $\boldsymbol{A}+2\boldsymbol{E}$ 都可逆，并求 $\boldsymbol{A}^{-1}$ 及 $(\boldsymbol{A}+2\boldsymbol{E})^{-1}$.

4. 设 $\boldsymbol{A}=\begin{pmatrix}0&3&3\\1&1&0\\-1&2&3\end{pmatrix}$，$\boldsymbol{AB}=\boldsymbol{A}+2\boldsymbol{B}$，求 $\boldsymbol{B}$.

5. 设同阶方阵 $\boldsymbol{A}$，$\boldsymbol{B}$ 满足 $\boldsymbol{A}+\boldsymbol{B}+\boldsymbol{AB}=\boldsymbol{0}$.

(1) 证明 $\boldsymbol{E}+\boldsymbol{A}$，$\boldsymbol{E}+\boldsymbol{B}$ 都可逆.

(2) 当 $\boldsymbol{A}=\begin{pmatrix}0&3&4\\1&1&3\\2&3&3\end{pmatrix}$ 时，求 $\boldsymbol{E}+\boldsymbol{A}$，$\boldsymbol{E}+\boldsymbol{B}$ 的逆矩阵.

2.3 矩阵的初等变换

矩阵的初等变换是矩阵中十分重要的概念，它在解线性方程组、求逆矩阵及矩阵理论的探讨中起着非常重要的作用.

2.3.1 矩阵的初等变换

定义 1 对矩阵进行下列三种变换，称为矩阵的初等变换.

(1) 互换矩阵的两行(列)，记 $r_i\leftrightarrow r_j(c_i\leftrightarrow c_j)$；

(2) 以一个非零数 k 乘矩阵的某一行(列)，记 $kr_i(kc_i)$；

(3) 将矩阵的某一行(列)的 k 倍加到另一行(列)上去，记 $kr_i+r_j(kc_i+c_j)$.

注意：初等变换都是可逆变换.

矩阵等价：矩阵 $\boldsymbol{A}$ 由有限次行(列)初等变换化成 $\boldsymbol{B}$，称 $\boldsymbol{A}$ 与 $\boldsymbol{B}$ 行(列)等价，记 $\boldsymbol{A}\overset{r}{\cong}(\overset{c}{\cong})\boldsymbol{B}$，无论是行等价还是列等价都称为等价，记 $\boldsymbol{A}\cong\boldsymbol{B}$.

等价作为矩阵之间的关系，具有反身性、对称性和传递性等性质.

定理 1 任一矩阵 $\boldsymbol{A}=(a_{ij})_{mn}$ 都可以由初等变换化为标准形，即

$$\boldsymbol{A}\cong\begin{pmatrix}1&&&&&\\&\ddots&&&&\\&&1&&&\\&&&0&&\\&&&&\ddots&\\&&&&&0\end{pmatrix}=\begin{pmatrix}\boldsymbol{E}_r&\boldsymbol{O}\\\boldsymbol{O}&\boldsymbol{O}\end{pmatrix}$$

证明 设矩阵 $\boldsymbol{A}=(a_{ij})_{mn}$，若 $\boldsymbol{A}=\boldsymbol{O}$，则 $\boldsymbol{A}$ 是 $r=0$ 的标准形；否则 $\boldsymbol{A}\neq\boldsymbol{O}$，必有元素 $a_{ij}\neq0$，于是：

(1) 交换 $\boldsymbol{A}$ 的 1、i 行与 1、j 列，使 a_{ij} 位于 1-1 位置；

(2) 第 1 行乘以 $\dfrac{1}{a_{ij}}$，使 1-1 位置为“1”；

(3) 第 1 行乘以适当数加到其余各行，使其各行第 1 个元素全为 0，第 1 列乘以适当数加到其余各列，使其各列第 1 个元素全为 0.

此时 $\boldsymbol{A}$ 由初等变换化为

$$\boldsymbol{A}\rightarrow\boldsymbol{B}=\begin{pmatrix}1&0&\cdots&0\\0&b_{22}&\cdots&b_{2n}\\\vdots&\vdots&&\vdots\\0&b_{m2}&\cdots&b_{mn}\end{pmatrix}$$

若 $\boldsymbol{B}_1=\begin{pmatrix} b_{22} & \cdots & b_{2n} \\ \vdots & \ddots & \vdots \\ b_{m2} & \cdots & b_{mn} \end{pmatrix}=\boldsymbol{O}$，则 $\boldsymbol{B}$ 是 $r=1$ 的标准形；否则，设 $b_{ij}\neq 0(i\geqslant 2,\ j\geqslant 2)$，于是：

（1）交换 $\boldsymbol{B}$ 的 2、i 行与 2、j 列，使 b_{ij} 位于 2 - 2 位置；

（2）第 2 行乘以$\dfrac{1}{b_{ij}}$，使 2 - 2 位置为“1”；

（3）第 2 行乘以适当数加到其余各行，使其各行第 2 个元素全为 0，第 2 列乘以适当数加到其余各列，使其各列第 2 个元素全为 0.

此时 $\boldsymbol{B}$ 由初等变换化为

$$\boldsymbol{A}\to\boldsymbol{B}\to\boldsymbol{C}=\begin{pmatrix} 1 & 0 & 0 & \cdots & 0 \\ 0 & 1 & 0 & \cdots & 0 \\ 0 & 0 & c_{33} & \cdots & c_{3n} \\ \vdots & \vdots & \vdots & & \vdots \\ 0 & 0 & c_{m3} & \cdots & c_{mn} \end{pmatrix}$$

依此类推，$\boldsymbol{A}$ 可由初等变换化为标准形.

注意：（1）对于 $m\times n$ 矩阵 $\boldsymbol{A}$，总可以经过初等变换（包括行变换与列变换）化成标准形 $\boldsymbol{S}=\begin{pmatrix} \boldsymbol{E}_r & \boldsymbol{O} \\ \boldsymbol{O} & \boldsymbol{O} \end{pmatrix}_{m\times n}$，该标准形由 $m,\ n,\ r$ 三个数完全确定，其中 r 就是标准形矩阵中非零行的行数，也是非零列的列数；

（2）所有与矩阵 $\boldsymbol{A}$ 等价的矩阵构成一个集合，称为矩阵 $\boldsymbol{A}$ 的一个等价类，标准形 $\boldsymbol{S}$ 是这个等价类中形状最简化的矩阵.

例 2.3.1 用初等变换化 $\boldsymbol{A}=\begin{pmatrix} 1 & 0 & 3 & 1 & 2 \\ 0 & 3 & 3 & 0 & 3 \\ 2 & 1 & 7 & 2 & 5 \\ 4 & 2 & 14 & 0 & 6 \end{pmatrix}$ 为标准形.

解 $\boldsymbol{A}=\begin{pmatrix} 1 & 0 & 3 & 1 & 2 \\ 0 & 3 & 3 & 0 & 3 \\ 2 & 1 & 7 & 2 & 5 \\ 4 & 2 & 14 & 0 & 6 \end{pmatrix}\to\begin{pmatrix} 1 & 0 & 0 & 0 & 0 \\ 0 & 1 & 1 & 0 & 1 \\ 0 & 1 & 1 & 0 & 1 \\ 0 & 2 & 2 & -4 & -2 \end{pmatrix}\to\begin{pmatrix} 1 & 0 & 0 & 0 & 0 \\ 0 & 1 & 0 & 0 & 0 \\ 0 & 0 & 1 & 0 & 0 \\ 0 & 0 & 0 & 0 & 0 \end{pmatrix}$

2.3.2 初等矩阵及其性质

与初等变换对应的矩阵是初等矩阵.

定义 2 对单位矩阵 $\boldsymbol{E}$ 进行一次初等变换得到的矩阵，称为初等矩阵.

三种初等变换对应下列三种初等矩阵：

(1) 互换矩阵 $\boldsymbol{E}$ 的 i 行(列)与 j 行(列)，得

$$\boldsymbol{P}(i,\ j)=\begin{pmatrix}1 &&&&&&&&\\ &\ddots&&&&&&&\\ &&1&&&&&&\\ &&&0&\cdots&1&&&\\ &&&\vdots&\ddots&\vdots&&&\\ &&&1&\cdots&0&&&\\ &&&&&&1&&\\ &&&&&&&\ddots&\\ &&&&&&&&1\end{pmatrix}\begin{matrix}\\ \\ \\ i\\ \\ j\\ \\ \\ \\ \end{matrix}$$

(2) 以非零数 k 乘 $\boldsymbol{E}$ 的 i 行(列)，有

$$\boldsymbol{P}(i(k))=\begin{pmatrix}1&&&&&\\ &\ddots&&&&\\ &&1&&&\\ &&&k&&\\ &&&&1&\\ &&&&&\ddots&\\ &&&&&&1\end{pmatrix}\begin{matrix}\\ \\ \\ i\\ \\ \\ \\ \end{matrix}$$

(3) 把矩阵 $\boldsymbol{E}$ 的 j 行(i 列)的 c 倍加到 i 行(j 列)，有

$$\boldsymbol{P}(i,\ j(c))=\begin{pmatrix}1&&&&&\\ &\ddots&&&&\\ &&1&\cdots&c&&\\ &&&\ddots&\vdots&&\\ &&&&1&&\\ &&&&&\ddots&\\ &&&&&&1\end{pmatrix}\begin{matrix}\\ \\ i\\ \\ j\\ \\ \\ \end{matrix}$$

注意：$\boldsymbol{A}\xrightarrow{\boldsymbol{P}(i,\ j)}\boldsymbol{B}\xrightarrow{\boldsymbol{P}(i,\ j)}\boldsymbol{A}$，$\boldsymbol{A}\xrightarrow{\boldsymbol{P}(i(k))}\boldsymbol{B}\xrightarrow{\boldsymbol{P}(i(k^{-1}))}\boldsymbol{A}$

$$\boldsymbol{A}\xrightarrow{\boldsymbol{P}(i,\ j(c))}\boldsymbol{B}\xrightarrow{\boldsymbol{P}(i,\ j(-c))}\boldsymbol{A}$$

关于初等矩阵与初等变换的关系，作简单的验证，就可以得到以下性质.

性质 1 对一个 $m\times n$ 矩阵 $\boldsymbol{A}$ 作一次初等行变换就相当于在 $\boldsymbol{A}$ 的左边乘以相应的同种 m 阶初等矩阵；对 $\boldsymbol{A}$ 作一次初等列变换就相当于在 $\boldsymbol{A}$ 的右边乘以相应的同种 n 阶初等矩阵.

由于 $\boldsymbol{P}(i,j)^{-1}=\boldsymbol{P}(i,j)$，$\boldsymbol{P}(i(k))^{-1}=\boldsymbol{P}\left(i\left(\frac{1}{k}\right)\right)$，$\boldsymbol{P}(i,j(c))^{-1}=\boldsymbol{P}(i,j(-c))$，因此又有以下性质：

性质 2 方阵 $\boldsymbol{A}$ 可逆的充分必要条件为 $\boldsymbol{A}$ 可表示成有限个初等矩阵 $\boldsymbol{P}_1,\boldsymbol{P}_2,\cdots,\boldsymbol{P}_t$ 的积，即 $\boldsymbol{A}=\boldsymbol{P}_1\boldsymbol{P}_2\cdots\boldsymbol{P}_t$.

证明 由于任何矩阵都可由初等变换化为标准形，即 $\boldsymbol{A}\to\begin{pmatrix}\boldsymbol{E}_r & \boldsymbol{O}\\ \boldsymbol{O} & \boldsymbol{O}\end{pmatrix}$，则 $\boldsymbol{A}$ 可逆的充分必要条件是 $r=n$，n 为 $\boldsymbol{A}$ 的阶数. 又由性质 1，结论成立.

推论 方阵 $\boldsymbol{A}$ 可逆的充分必要条件是 $\boldsymbol{A}\overset{r}{\cong}(\overset{c}{\cong})\boldsymbol{E}$.

证明 由性质 2，$\boldsymbol{A}=\boldsymbol{P}_1\boldsymbol{P}_2\cdots\boldsymbol{P}_t$，则 $\boldsymbol{P}_t^{-1}\boldsymbol{P}_{t-1}^{-1}\cdots\boldsymbol{P}_1^{-1}\boldsymbol{A}=\boldsymbol{E}$，$\boldsymbol{A}\boldsymbol{P}_t^{-1}\boldsymbol{P}_{t-1}^{-1}\cdots\boldsymbol{P}_1^{-1}=\boldsymbol{E}$，由于初等矩阵的逆矩阵仍是初等矩阵，故推论成立.

2.3.3 利用矩阵的初等变换求逆矩阵

设 $\boldsymbol{A}$ 是 n 阶可逆矩阵，由推论，有初等矩阵 $\boldsymbol{P}_1,\boldsymbol{P}_2,\cdots,\boldsymbol{P}_t$，使 $\boldsymbol{P}_1\boldsymbol{P}_2\cdots\boldsymbol{P}_t\boldsymbol{A}=\boldsymbol{E}$，则 $\boldsymbol{P}_1\boldsymbol{P}_2\cdots\boldsymbol{P}_t\boldsymbol{E}=\boldsymbol{A}^{-1}$，即 $\boldsymbol{P}_1\boldsymbol{P}_2\cdots\boldsymbol{P}_t(\boldsymbol{A},\boldsymbol{E})=(\boldsymbol{P}_1\boldsymbol{P}_2\cdots\boldsymbol{P}_t\boldsymbol{A},\boldsymbol{P}_1\boldsymbol{P}_2\cdots\boldsymbol{P}_t\boldsymbol{E})=(\boldsymbol{E},\boldsymbol{A}^{-1})$. 于是，我们得到初等行变换求逆的法则：

$\boldsymbol{A}$，$\boldsymbol{E}$ 肩并肩，一起行变换，$\boldsymbol{A}$ 阵变 $\boldsymbol{E}$ 阵，$\boldsymbol{E}$ 阵变 $\boldsymbol{A}^{-1}$.

同样也有

$$\boldsymbol{A}\boldsymbol{P}_1\boldsymbol{P}_2\cdots\boldsymbol{P}_t=\boldsymbol{E},\ \boldsymbol{E}\boldsymbol{P}_1\boldsymbol{P}_2\cdots\boldsymbol{P}_t=\boldsymbol{A}^{-1},\ \begin{pmatrix}\boldsymbol{A}\\ \boldsymbol{E}\end{pmatrix}\boldsymbol{P}_1\boldsymbol{P}_2\cdots\boldsymbol{P}_t=\begin{pmatrix}\boldsymbol{A}\boldsymbol{P}_1\boldsymbol{P}_2\cdots\boldsymbol{P}_t\\ \boldsymbol{E}\boldsymbol{P}_1\boldsymbol{P}_2\cdots\boldsymbol{P}_t\end{pmatrix}=\begin{pmatrix}\boldsymbol{E}\\ \boldsymbol{A}^{-1}\end{pmatrix}$$

对于方程 $\boldsymbol{A}\boldsymbol{X}=\boldsymbol{B}\Rightarrow\boldsymbol{X}=\boldsymbol{A}^{-1}\boldsymbol{B}$，也满足：$\boldsymbol{A}$，$\boldsymbol{B}$ 肩并肩，一起行变换，$\boldsymbol{A}$ 阵变 $\boldsymbol{E}$ 阵，$\boldsymbol{B}$ 阵变 $\boldsymbol{X}$ 阵. 对于 $\boldsymbol{X}\boldsymbol{A}=\boldsymbol{B}\Rightarrow\boldsymbol{X}=\boldsymbol{B}\boldsymbol{A}^{-1}$ 可以作列变换得到.

例 2.3.2 设 $\boldsymbol{A}=\begin{pmatrix}1&2&3\\2&2&1\\3&4&3\end{pmatrix}$，利用初等行变换求其逆矩阵.

解 $(\boldsymbol{A},\boldsymbol{E})=\begin{pmatrix}1&2&3&1&0&0\\2&2&1&0&1&0\\3&4&3&0&0&1\end{pmatrix}\to\begin{pmatrix}1&2&3&1&0&0\\0&-2&-5&-2&1&0\\0&-2&-6&-3&0&1\end{pmatrix}$

$$\to\begin{pmatrix}1&0&-2&-1&1&0\\0&-2&-5&-2&1&0\\0&0&-1&-1&-1&1\end{pmatrix}\to\begin{pmatrix}1&0&0&1&3&-2\\0&1&0&-\frac{3}{2}&-3&\frac{5}{2}\\0&0&1&1&1&-1\end{pmatrix}$$

故

$$\boldsymbol{A}^{-1}=\begin{pmatrix}1&3&-2\\-\frac{3}{2}&-3&\frac{5}{2}\\1&1&-1\end{pmatrix}$$

例 2.3.3 设 $\boldsymbol{A}=\begin{pmatrix}0&1&2\\1&1&4\\2&-1&0\end{pmatrix}$，利用初等列变换求其逆矩阵.

解

$$\begin{pmatrix} A \\ E \end{pmatrix}=\begin{pmatrix} 0 & 1 & 2 \\ 1 & 1 & 4 \\ 2 & -1 & 0 \\ 1 & 0 & 0 \\ 0 & 1 & 0 \\ 0 & 0 & 1 \end{pmatrix}\to\begin{pmatrix} 1 & 0 & 0 \\ 1 & 1 & 2 \\ -1 & 2 & 2 \\ 0 & 1 & 0 \\ 1 & 0 & -2 \\ 0 & 0 & 1 \end{pmatrix}\to\begin{pmatrix} 1 & 0 & 0 \\ 0 & 1 & 0 \\ -3 & 2 & -2 \\ -1 & 1 & -2 \\ 1 & 0 & -2 \\ 0 & 0 & 1 \end{pmatrix}\to\begin{pmatrix} 1 & 0 & 0 \\ 0 & 1 & 0 \\ 0 & 0 & 1 \\ 2 & -1 & 1 \\ 4 & -2 & 1 \\ -\frac{3}{2} & 1 & -\frac{1}{2} \end{pmatrix}$$

故

$$A^{-1}=\begin{pmatrix} 2 & -1 & 1 \\ 4 & -2 & 1 \\ -\frac{3}{2} & 1 & -\frac{1}{2} \end{pmatrix}$$

例 2.3.4　解矩阵方程 $\begin{pmatrix} 1 & 1 & 0 \\ 1 & 2 & -1 \\ 2 & 3 & -2 \end{pmatrix}X=\begin{pmatrix} 1 & 2 \\ 2 & 1 \\ 3 & 2 \end{pmatrix}$.

解

$$A=\begin{pmatrix} 1 & 1 & 0 \\ 1 & 2 & -1 \\ 2 & 3 & -2 \end{pmatrix},\ B=\begin{pmatrix} 1 & 2 \\ 2 & 1 \\ 3 & 2 \end{pmatrix}$$

$$(A,\ B)=\begin{pmatrix} 1 & 1 & 0 & 1 & 2 \\ 1 & 2 & -1 & 2 & 1 \\ 2 & 3 & -2 & 3 & 2 \end{pmatrix}\to\begin{pmatrix} 1 & 1 & 0 & 1 & 2 \\ 0 & 1 & -1 & 1 & -1 \\ 0 & 1 & -2 & 1 & -2 \end{pmatrix}$$

$$\to\begin{pmatrix} 1 & 0 & 1 & 0 & 3 \\ 0 & 1 & -1 & 1 & -1 \\ 0 & 0 & -1 & 0 & -1 \end{pmatrix}\to\begin{pmatrix} 1 & 0 & 0 & 0 & 2 \\ 0 & 1 & 0 & 1 & 0 \\ 0 & 0 & 1 & 0 & 1 \end{pmatrix}$$

故

$$X=\begin{pmatrix} 0 & 2 \\ 1 & 0 \\ 0 & 1 \end{pmatrix}$$

例 2.3.5　解矩阵方程 $X\begin{pmatrix} 1 & 1 & 0 \\ 1 & 2 & -1 \\ 2 & 3 & -2 \end{pmatrix}=\begin{pmatrix} 1 & 2 & 3 \\ 2 & 1 & 2 \end{pmatrix}$.

解

$$A=\begin{pmatrix} 1 & 1 & 0 \\ 1 & 2 & -1 \\ 2 & 3 & -2 \end{pmatrix},\ B=\begin{pmatrix} 1 & 2 & 3 \\ 2 & 1 & 2 \end{pmatrix}$$

$$\begin{pmatrix} A \\ B \end{pmatrix}=\begin{pmatrix} 1 & 1 & 0 \\ 1 & 2 & -1 \\ 2 & 3 & -2 \\ 1 & 2 & 3 \\ 2 & 1 & 2 \end{pmatrix}\to\begin{pmatrix} 1 & 0 & 0 \\ 1 & 1 & -1 \\ 2 & 1 & -2 \\ 1 & 1 & 3 \\ 2 & -1 & 2 \end{pmatrix}\to\begin{pmatrix} 1 & 0 & 0 \\ 0 & 1 & 0 \\ 1 & 1 & -1 \\ 0 & 1 & 4 \\ 3 & -1 & 1 \end{pmatrix}\to\begin{pmatrix} 1 & 0 & 0 \\ 0 & 1 & 0 \\ 0 & 0 & 1 \\ 4 & 5 & -4 \\ 4 & 0 & -1 \end{pmatrix}$$

故

$$X=\begin{pmatrix}4 & 5 & -4\\ 4 & 0 & -1\end{pmatrix}$$

习题 2.3

1. 用初等变换化下列矩阵为标准形.

$$\begin{pmatrix}2 & -3 & 1 & 1\\ 4 & -6 & 3 & -5\\ 6 & -9 & 4 & -4\\ 2 & -3 & 3 & -6\end{pmatrix},\begin{pmatrix}-1 & 1 & -2 & 3 & 0\\ 1 & -1 & 2 & -1 & 0\\ 1 & 2 & 2 & 1 & 1\\ 0 & 3 & 0 & 0 & 1\end{pmatrix},\begin{pmatrix}1 & -1 & 2 & 1 & 0\\ 2 & -2 & 4 & -2 & 0\\ 3 & 0 & 6 & -1 & 1\\ 0 & 3 & 0 & 0 & 1\end{pmatrix}$$

2. 求下列矩阵的逆矩阵.

$$\begin{pmatrix}2 & 3 & 2\\ 3 & 1 & 2\\ 2 & 2 & 2\end{pmatrix},\begin{pmatrix}1 & 2 & 2\\ 2 & 1 & 2\\ 2 & 2 & 1\end{pmatrix},\begin{pmatrix}1 & 2 & 3 & 1\\ 0 & 2 & 1 & 1\\ 0 & 0 & 3 & 2\\ 0 & 0 & 0 & 4\end{pmatrix},\begin{pmatrix}1 & 1 & 1 & 1\\ 1 & 1 & -1 & -1\\ 1 & -1 & 1 & -1\\ 1 & -1 & -1 & 1\end{pmatrix}$$

3. 解矩阵方程.

$$\begin{pmatrix}1 & -3 & 2\\ -3 & 0 & 1\\ 1 & 1 & -1\end{pmatrix}X=\begin{pmatrix}-1 & 4\\ 2 & 5\\ 1 & -3\end{pmatrix},\ X\begin{pmatrix}1 & 2 & 9\\ 3 & 1 & 0\\ -1 & 0 & 2\end{pmatrix}=\begin{pmatrix}1 & -1 & 0\\ 0 & -1 & 1\end{pmatrix},$$

$$\begin{pmatrix}1 & 2 & -3\\ 1 & 1 & -2\\ 2 & -1 & 0\end{pmatrix}X\begin{pmatrix}1 & 0 & 0\\ 2 & 1 & 0\\ 0 & 2 & 1\end{pmatrix}=\begin{pmatrix}0 & 0 & 1\\ 0 & 1 & 0\\ 1 & 0 & 0\end{pmatrix}$$

4. 设 $\boldsymbol{A}$，$\boldsymbol{B}$ 满足 $\boldsymbol{AB}=\boldsymbol{A}+3\boldsymbol{B}$，$\boldsymbol{A}=\begin{pmatrix}5 & 2 & 3\\ 1 & 2 & 0\\ -1 & 2 & 4\end{pmatrix}$，求 $\boldsymbol{B}$.

2.4 分块矩阵

对于行数与列数较多的矩阵，为了运算简单，常采用矩阵分块法. 这种方法可以使矩阵的运算简单化，同时也可以使矩阵的结构更清晰.

2.4.1 分块矩阵的概念

定义 矩阵 $\boldsymbol{A}$ 用若干横线和纵线分成许多小矩阵，每一块小矩阵称为 $\boldsymbol{A}$ 的子块，以子块作为元素的矩阵称为分块矩阵.

例如：$\boldsymbol{A}=\begin{pmatrix}a_{11} & a_{12} & a_{13} & a_{14}\\ a_{21} & a_{22} & a_{23} & a_{24}\\ a_{31} & a_{32} & a_{33} & a_{34}\\ a_{41} & a_{42} & a_{43} & a_{44}\end{pmatrix}$，

可分为

$$\left(\begin{array}{ccc|c} a_{11} & a_{12} & a_{13} & a_{14} \\ a_{21} & a_{22} & a_{23} & a_{24} \\ \hline a_{31} & a_{32} & a_{33} & a_{34} \\ a_{41} & a_{42} & a_{43} & a_{44} \end{array}\right)$$

矩阵 $\boldsymbol{A}$ 可以简单写作 $\boldsymbol{A}=\begin{pmatrix} \boldsymbol{A}_{11} & \boldsymbol{A}_{12} \\ \boldsymbol{A}_{21} & \boldsymbol{A}_{22} \end{pmatrix}$，其中：

$$\boldsymbol{A}_{11}=\begin{pmatrix} a_{11} & a_{12} & a_{13} \\ a_{21} & a_{22} & a_{23} \end{pmatrix},\ \boldsymbol{A}_{12}=\begin{pmatrix} a_{14} \\ a_{24} \end{pmatrix},\ \boldsymbol{A}_{21}=\begin{pmatrix} a_{31} & a_{32} & a_{33} \\ a_{41} & a_{42} & a_{43} \end{pmatrix},\ \boldsymbol{A}_{22}=\begin{pmatrix} a_{34} \\ a_{44} \end{pmatrix}$$

矩阵的分块是任意的，根据运算的需要，可以分成不同的分块矩阵.

2.4.2　分块矩阵的运算

(1) 设 $\boldsymbol{A}$，$\boldsymbol{B}$ 同行同列，同分块法，有

$$\boldsymbol{A}=\begin{pmatrix} \boldsymbol{A}_{11} & \cdots & \boldsymbol{A}_{1r} \\ \vdots & \ddots & \vdots \\ \boldsymbol{A}_{s1} & \cdots & \boldsymbol{A}_{sr} \end{pmatrix},\ \boldsymbol{B}=\begin{pmatrix} \boldsymbol{B}_{11} & \cdots & \boldsymbol{B}_{1r} \\ \vdots & \ddots & \vdots \\ \boldsymbol{B}_{s1} & \cdots & \boldsymbol{B}_{sr} \end{pmatrix}$$

则

$$\boldsymbol{A}\pm\boldsymbol{B}=\begin{pmatrix} \boldsymbol{A}_{11}\pm\boldsymbol{B}_{11} & \cdots & \boldsymbol{A}_{1r}\pm\boldsymbol{B}_{1r} \\ \vdots & \ddots & \vdots \\ \boldsymbol{A}_{s1}\pm\boldsymbol{B}_{s1} & \cdots & \boldsymbol{A}_{sr}\pm\boldsymbol{B}_{sr} \end{pmatrix}$$

(2) $\boldsymbol{A}=\begin{pmatrix} \boldsymbol{A}_{11} & \cdots & \boldsymbol{A}_{1r} \\ \vdots & \ddots & \vdots \\ \boldsymbol{A}_{s1} & \cdots & \boldsymbol{A}_{sr} \end{pmatrix}$

与数 k 的数乘为

$$k\boldsymbol{A}=\begin{pmatrix} k\boldsymbol{A}_{11} & \cdots & k\boldsymbol{A}_{1r} \\ \vdots & \ddots & \vdots \\ k\boldsymbol{A}_{s1} & \cdots & k\boldsymbol{A}_{sr} \end{pmatrix}$$

(3) 设 $\boldsymbol{A}$ 为 $m\times l$ 矩阵，$\boldsymbol{B}$ 为 $l\times n$ 矩阵，$\boldsymbol{A}$ 的列分法同于 $\boldsymbol{B}$ 的行分法，有

$$\boldsymbol{A}=\begin{pmatrix} \boldsymbol{A}_{11} & \cdots & \boldsymbol{A}_{1t} \\ \vdots & \ddots & \vdots \\ \boldsymbol{A}_{s1} & \cdots & \boldsymbol{A}_{st} \end{pmatrix},\ \boldsymbol{B}=\begin{pmatrix} \boldsymbol{B}_{11} & \cdots & \boldsymbol{B}_{1r} \\ \vdots & \ddots & \vdots \\ \boldsymbol{B}_{t1} & \cdots & \boldsymbol{B}_{tr} \end{pmatrix}$$

则

$$\boldsymbol{AB}=\begin{pmatrix} \boldsymbol{C}_{11} & \cdots & \boldsymbol{C}_{1r} \\ \vdots & \ddots & \vdots \\ \boldsymbol{C}_{s1} & \cdots & \boldsymbol{C}_{sr} \end{pmatrix}$$

其中 $\boldsymbol{C}_{ij}=\sum\limits_{k=1}^{t}\boldsymbol{A}_{ik}\boldsymbol{B}_{kj}$.

(4) 设 $\boldsymbol{A}=\begin{pmatrix}\boldsymbol{A}_{11} & \cdots & \boldsymbol{A}_{1r}\\ \vdots & \ddots & \vdots\\ \boldsymbol{A}_{s1} & \cdots & \boldsymbol{A}_{sr}\end{pmatrix}$

则

$$\boldsymbol{A}^{\mathrm{T}}=\begin{pmatrix}\boldsymbol{A}_{11}^{\mathrm{T}} & \cdots & \boldsymbol{A}_{s1}^{\mathrm{T}}\\ \vdots & \ddots & \vdots\\ \boldsymbol{A}_{1r}^{\mathrm{T}} & \cdots & \boldsymbol{A}_{sr}^{\mathrm{T}}\end{pmatrix}$$

例 2.4.1 设矩阵 $\boldsymbol{A}=\begin{pmatrix}1 & 0 & 1 & 2\\ 0 & 1 & 3 & 4\\ 0 & 0 & -3 & 0\\ 0 & 0 & 0 & -3\end{pmatrix}$，$\boldsymbol{B}=\begin{pmatrix}3 & 2 & 0 & 0\\ 2 & 0 & 0 & 0\\ 1 & 2 & 2 & 0\\ 0 & -1 & 0 & 2\end{pmatrix}$，求 $\boldsymbol{AB}$.

解 $\boldsymbol{A}$，$\boldsymbol{B}$ 分块为 $\boldsymbol{A}=\begin{pmatrix}\boldsymbol{E} & \boldsymbol{A}_1\\ \boldsymbol{O} & -3\boldsymbol{E}\end{pmatrix}$，其中 $\boldsymbol{A}_1=\begin{pmatrix}1 & 2\\ 3 & 4\end{pmatrix}$，$\boldsymbol{B}=\begin{pmatrix}\boldsymbol{B}_1 & \boldsymbol{O}\\ \boldsymbol{B}_2 & 2\boldsymbol{E}\end{pmatrix}$，其中 $\boldsymbol{B}_1=\begin{pmatrix}3 & 2\\ 2 & 0\end{pmatrix}$，$\boldsymbol{B}_2=\begin{pmatrix}1 & 2\\ 0 & -1\end{pmatrix}$，则

$$\boldsymbol{AB}=\begin{pmatrix}\boldsymbol{E} & \boldsymbol{A}_1\\ \boldsymbol{O} & -3\boldsymbol{E}\end{pmatrix}\begin{pmatrix}\boldsymbol{B}_1 & \boldsymbol{O}\\ \boldsymbol{B}_2 & 2\boldsymbol{E}\end{pmatrix}=\begin{pmatrix}\boldsymbol{B}_1+\boldsymbol{A}_1\boldsymbol{B}_2 & 2\boldsymbol{A}_1\\ -3\boldsymbol{B}_2 & -6\boldsymbol{E}\end{pmatrix}$$

$$\boldsymbol{B}_1+\boldsymbol{A}_1\boldsymbol{B}_2=\begin{pmatrix}3 & 2\\ 2 & 0\end{pmatrix}+\begin{pmatrix}1 & 2\\ 3 & 4\end{pmatrix}\begin{pmatrix}1 & 2\\ 0 & -1\end{pmatrix}=\begin{pmatrix}3 & 2\\ 2 & 0\end{pmatrix}+\begin{pmatrix}1 & 0\\ 3 & 2\end{pmatrix}=\begin{pmatrix}4 & 2\\ 5 & 2\end{pmatrix}$$

故

$$\boldsymbol{AB}=\begin{pmatrix}4 & 2 & 2 & 4\\ 5 & 2 & 6 & 8\\ -3 & -6 & -6 & 0\\ 0 & 3 & 0 & -6\end{pmatrix}$$

2.4.3 准对角矩阵

方阵 $\boldsymbol{A}$ 分块为除了主对角线上的方块外其余为零的分块矩阵.

$$\begin{pmatrix}\boldsymbol{A}_1 & & & \\ & \boldsymbol{A}_2 & & \\ & & \ddots & \\ & & & A_s\end{pmatrix}$$

称为准对角矩阵. 对于准对角矩阵，有

$\boldsymbol{A}$ 可逆的充分必要条件是主对角线上各块 $\boldsymbol{A}_1$，$\boldsymbol{A}_2$，…，$\boldsymbol{A}_s$ 都可逆，且

$$\begin{pmatrix}\boldsymbol{A}_1 & & & \\ & \boldsymbol{A}_2 & & \\ & & \ddots & \\ & & & \boldsymbol{A}_l\end{pmatrix}^{-1}=\begin{pmatrix}\boldsymbol{A}_1^{-1} & & & \\ & \boldsymbol{A}_2^{-1} & & \\ & & \ddots & \\ & & & \boldsymbol{A}_l^{-1}\end{pmatrix}$$

例 2.4.2　设 $\boldsymbol{A}=\begin{pmatrix}1&2&0\\3&4&0\\0&0&5\end{pmatrix}$，求 $\boldsymbol{A}^{-1}$.

解　$$\boldsymbol{A}^{-1}=\begin{pmatrix}\begin{pmatrix}1&2\\3&4\end{pmatrix}^{-1}&\begin{matrix}0\\0\end{matrix}\\\begin{matrix}0&0\end{matrix}&5^{-1}\end{pmatrix}=\begin{pmatrix}-2&1&0\\\dfrac{3}{2}&-\dfrac{1}{2}&0\\0&0&\dfrac{1}{5}\end{pmatrix}$$

例 2.4.3　设 $\boldsymbol{D}=\begin{pmatrix}\boldsymbol{A}&\boldsymbol{C}\\\boldsymbol{O}&\boldsymbol{B}\end{pmatrix}$，证明：若 $\boldsymbol{A}$，$\boldsymbol{B}$ 可逆，则 $\boldsymbol{D}$ 可逆，并求 $\boldsymbol{D}$ 的逆.

证明　设 $\boldsymbol{X}=\begin{pmatrix}\boldsymbol{X}_1&\boldsymbol{X}_2\\\boldsymbol{X}_3&\boldsymbol{X}_4\end{pmatrix}$ 与 $\boldsymbol{D}$ 同行同列，令

$$\boldsymbol{DX}=\begin{pmatrix}\boldsymbol{A}&\boldsymbol{C}\\\boldsymbol{O}&\boldsymbol{B}\end{pmatrix}\begin{pmatrix}\boldsymbol{X}_1&\boldsymbol{X}_2\\\boldsymbol{X}_3&\boldsymbol{X}_4\end{pmatrix}=\begin{pmatrix}\boldsymbol{AX}_1+\boldsymbol{CX}_3&\boldsymbol{AX}_2+\boldsymbol{CX}_4\\\boldsymbol{BX}_3&\boldsymbol{BX}_4\end{pmatrix}=\begin{pmatrix}\boldsymbol{E}&\boldsymbol{O}\\\boldsymbol{O}&E\end{pmatrix}$$

则

$$\begin{cases}\boldsymbol{AX}_1+\boldsymbol{CX}_3=\boldsymbol{E}\\\boldsymbol{AX}_2+\boldsymbol{CX}_4=\boldsymbol{O}\\\boldsymbol{BX}_3=\boldsymbol{O}\\\boldsymbol{BX}_4=\boldsymbol{E}\end{cases}$$

由 $\boldsymbol{A}$，$\boldsymbol{B}$ 可逆，得

$$\begin{cases}\boldsymbol{X}_1=\boldsymbol{A}^{-1}\\\boldsymbol{X}_2=-\boldsymbol{A}^{-1}\boldsymbol{CB}^{-1}\\\boldsymbol{X}_3=\boldsymbol{O}\\\boldsymbol{X}_4=\boldsymbol{B}^{-1}\end{cases}$$

从而 $\boldsymbol{D}$ 可逆，且 $\boldsymbol{D}^{-1}=\begin{pmatrix}\boldsymbol{A}^{-1}&-\boldsymbol{A}^{-1}\boldsymbol{CB}^{-1}\\\boldsymbol{O}&\boldsymbol{B}^{-1}\end{pmatrix}$.

*2.4.4　矩阵积的行列式

引理　每一方阵 $\boldsymbol{A}=(a_{ij})_n$ 都可以由第三种初等变换(方阵的行列式值不变)化为对角矩阵 $\boldsymbol{\Lambda}=\mathrm{diag}\{d_1, d_2, \cdots, d_n\}$，且 $|\boldsymbol{A}|=|\boldsymbol{\Lambda}|=d_1d_2\cdots d_n$.

证明　若 $\boldsymbol{A}$ 的第 1 行第 1 列全 0，则 $\boldsymbol{A}$ 的第 1 行第 1 列也是 $\boldsymbol{\Lambda}$ 的第 1 行第 1 列. 否则可由第三种初等变换使 $\boldsymbol{A}$ 的 1 - 1 位置为 $d_1\neq 0$，第 1 行(列)乘以适当数加到其余各行(列)，使其第 1 个元素全为 0，此时 $\boldsymbol{A}$ 由第三种初等变换化为

$$\boldsymbol{A}\rightarrow\boldsymbol{B}=\begin{pmatrix}d_1&0&\cdots&0\\0&b_{22}&\cdots&b_{2n}\\\vdots&\vdots&&\vdots\\0&b_{m2}&\cdots&b_{mn}\end{pmatrix}$$

若 $\boldsymbol{B}_1=\begin{pmatrix} b_{22} & \cdots & b_{2n} \\ \cdots & & \cdots \\ b_{m2} & \cdots & b_{mn} \end{pmatrix}$ 的第 1 行第 1 列全为 0，则 $\boldsymbol{B}$ 的第 2 行第 2 列也是 $\boldsymbol{\Lambda}$ 的第 2 行第 2 列. 否则可由第三种初等变换使 $\boldsymbol{B}$ 的 2－2 位置为 $d_2\neq 0$，第 2 行(列)乘以适当数加到其余各行(列)，使其第 2 个元素全为 0，此时 $\boldsymbol{A}$ 由第三种初等变换化为

$$\boldsymbol{A}\to\boldsymbol{B}\to\boldsymbol{C}=\begin{pmatrix} d_1 & 0 & 0 & \cdots & 0 \\ 0 & d_2 & 0 & \cdots & 0 \\ 0 & 0 & c_{33} & \cdots & c_{3n} \\ \vdots & \vdots & \vdots & & \vdots \\ 0 & 0 & c_{m3} & \cdots & c_{mn} \end{pmatrix}$$

依此类推，$\boldsymbol{A}$ 由第三种初等变换(行列式值不变)化为对角矩阵 $\boldsymbol{\Lambda}=\mathrm{diag}\{d_1, d_2, \cdots, d_n\}$，且 $|\boldsymbol{A}|=|\boldsymbol{\Lambda}|=d_1d_2\cdots d_n$.

定理 1 两同阶矩阵积的行列式等于各自行列式的积，即 $|\boldsymbol{AB}|=|\boldsymbol{A}||\boldsymbol{B}|$.

证明 (1)若 $\boldsymbol{A}=\boldsymbol{\Lambda}=\mathrm{diag}\{d_1, d_2, \cdots, d_n\}$，$\boldsymbol{B}=(b_{ij})_n$，则

$$|\boldsymbol{AB}|=|(d_ib_{ij})_n|=d_1d_2\cdots d_n|(b_{ij})_n|=|\boldsymbol{A}||\boldsymbol{B}|$$

(2) 若 $\boldsymbol{A}=(a_{ij})_n$，由引理，有初等矩阵 $\boldsymbol{P}_1, \boldsymbol{P}_2, \cdots, \boldsymbol{P}_t$，使

$$\boldsymbol{P}_1\boldsymbol{P}_2\cdots\boldsymbol{P}_t\boldsymbol{A}\boldsymbol{P}_{t+1}\boldsymbol{P}_{t+2}\cdots\boldsymbol{P}_m=\boldsymbol{\Lambda}=\mathrm{diag}\{d_1, d_2, \cdots, d_n\}$$

则

$$\begin{aligned}|\boldsymbol{AB}| &= |\boldsymbol{P}_t^{-1}\cdots\boldsymbol{P}_2^{-1}\boldsymbol{P}_1^{-1}\boldsymbol{\Lambda}\boldsymbol{P}_m^{-1}\cdots\boldsymbol{P}_{t+2}^{-1}\boldsymbol{P}_{t+1}^{-1}\boldsymbol{B}| = |\boldsymbol{\Lambda}\boldsymbol{P}_m^{-1}\cdots\boldsymbol{P}_{t+2}^{-1}\boldsymbol{P}_{t+1}^{-1}\boldsymbol{B}| \\ &= d_1d_2\cdots d_n|\boldsymbol{P}_m^{-1}\cdots\boldsymbol{P}_{t+2}^{-1}\boldsymbol{P}_{t+1}^{-1}\boldsymbol{B}| = |\boldsymbol{A}||\boldsymbol{B}|\end{aligned}$$

定理 2 设 $\boldsymbol{A}$，$\boldsymbol{B}$ 均方阵，则 $\left|\begin{pmatrix}\boldsymbol{A} & \\ & \boldsymbol{B}\end{pmatrix}\right|=|\boldsymbol{A}||\boldsymbol{B}|$.

证明 (1) 若 $\boldsymbol{A}=\boldsymbol{\Lambda}=\mathrm{diag}\{d_1, d_2, \cdots, d_n\}$，则由展开定理有 $\left|\begin{pmatrix}\boldsymbol{A} & \\ & \boldsymbol{B}\end{pmatrix}\right|=|\boldsymbol{A}||\boldsymbol{B}|$；

(2) 若 $\boldsymbol{A}=(a_{ij})_n$，由引理，有初等矩阵 $\boldsymbol{P}_1, \boldsymbol{P}_2, \cdots, \boldsymbol{P}_t$，使

$$\boldsymbol{P}_1\boldsymbol{P}_2\cdots\boldsymbol{P}_t\boldsymbol{A}\boldsymbol{P}_{t+1}\boldsymbol{P}_{t+2}\cdots\boldsymbol{P}_m=\boldsymbol{\Lambda}=\mathrm{diag}\{d_1, d_2, \cdots, d_n\}$$

则

$$\begin{aligned}\left|\begin{pmatrix}\boldsymbol{A} & \\ & \boldsymbol{B}\end{pmatrix}\right| &= \left|\begin{pmatrix}\boldsymbol{P}_t^{-1}\cdots\boldsymbol{P}_2^{-1}\boldsymbol{P}_1^{-1}\boldsymbol{\Lambda}\boldsymbol{P}_m^{-1}\cdots\boldsymbol{P}_{t+2}^{-1}\boldsymbol{P}_{t+1}^{-1} & \\ & \boldsymbol{B}\end{pmatrix}\right| \\ &= \left|\begin{pmatrix}\boldsymbol{P}_t^{-1} & \\ & \boldsymbol{E}\end{pmatrix}\cdots\begin{pmatrix}\boldsymbol{P}_2^{-1} & \\ & \boldsymbol{E}\end{pmatrix}\begin{pmatrix}\boldsymbol{P}_1^{-1} & \\ & \boldsymbol{E}\end{pmatrix}\begin{pmatrix}\boldsymbol{\Lambda} & \\ & \boldsymbol{B}\end{pmatrix}\begin{pmatrix}\boldsymbol{P}_m^{-1} & \\ & \boldsymbol{E}\end{pmatrix}\cdots\begin{pmatrix}\boldsymbol{P}_{t+2}^{-1} & \\ & \boldsymbol{E}\end{pmatrix}\begin{pmatrix}\boldsymbol{P}_{t+1}^{-1} & \\ & \boldsymbol{E}\end{pmatrix}\right| \\ &= \left|\begin{pmatrix}\boldsymbol{A} & \\ & \boldsymbol{B}\end{pmatrix}\right| = |\boldsymbol{A}||\boldsymbol{B}|\end{aligned}$$

把定理 2 推广到一般情况，设

$$\boldsymbol{A}=\begin{pmatrix}\boldsymbol{A}_1 & & & \\ & \boldsymbol{A}_2 & & \\ & & \ddots & \\ & & & \boldsymbol{A}_s\end{pmatrix}$$

则 $|\boldsymbol{A}|=|\boldsymbol{A}_1||\boldsymbol{A}_2|\cdots|\boldsymbol{A}_s|$，即准对角矩阵的行列式等于主对角线上各块行列式的积.

习题 2.4

1. 求下列矩阵的逆矩阵.

$$\begin{pmatrix}2&3&0\\3&4&0\\0&0&7\end{pmatrix},\ \begin{pmatrix}2&0&0\\0&4&3\\0&9&7\end{pmatrix},\ \begin{pmatrix}5&2&0&0\\2&1&0&0\\0&0&8&3\\0&0&5&2\end{pmatrix},\ \begin{pmatrix}1&1&-1&-1\\1&-1&-1&1\\-1&-1&-1&-1\\-1&1&-1&1\end{pmatrix}$$

2. 设 $\boldsymbol{D}=\begin{pmatrix}\boldsymbol{A}&\boldsymbol{O}\\\boldsymbol{C}&\boldsymbol{B}\end{pmatrix}$，证明：若 $\boldsymbol{A}$，$\boldsymbol{B}$ 可逆，则 $\boldsymbol{D}$ 可逆，并求 $\boldsymbol{D}$ 的逆.

3. 设 $\boldsymbol{D}=\begin{pmatrix}\boldsymbol{O}&\boldsymbol{A}\\\boldsymbol{B}&\boldsymbol{C}\end{pmatrix}$，证明：若 $\boldsymbol{A}$，$\boldsymbol{B}$ 可逆，则 $\boldsymbol{D}$ 可逆，并求 $\boldsymbol{D}$ 的逆.

4. 设 $\boldsymbol{D}=\begin{pmatrix}\boldsymbol{C}&\boldsymbol{A}\\\boldsymbol{B}&\boldsymbol{O}\end{pmatrix}$，证明：若 $\boldsymbol{A}$，$\boldsymbol{B}$ 可逆，则 $\boldsymbol{D}$ 可逆，并求 $\boldsymbol{D}$ 的逆.

2.5　矩阵的秩

矩阵的秩是研究线性方程组理论的重要基础，它描述了矩阵的一个数值特征.

定义 1　设 $\boldsymbol{A}=(a_{ij})_{mn}$，从 $\boldsymbol{A}$ 中任取 k 行 k 列 $(k\leqslant\min(m,n))$，位于这些行和列的相交处的 k^2 个元素，保持它们原来的相对位置所构成的 k 阶行列式，称为矩阵 $\boldsymbol{A}$ 的一个 k 阶子式.

显然，$\boldsymbol{A}=(a_{ij})_{mn}$ 的 k 阶子式共有 $C_m^kC_n^k$ 个.

矩阵 $\boldsymbol{A}=\begin{bmatrix}2&-1&3&2\\7&4&5&9\\1&5&6&8\end{bmatrix}$ 的所有 2 阶子式：

$$\begin{vmatrix}2&-1\\7&4\end{vmatrix},\ \begin{vmatrix}2&3\\7&5\end{vmatrix},\ \begin{vmatrix}2&2\\7&9\end{vmatrix},\ \begin{vmatrix}-1&3\\4&5\end{vmatrix},\ \begin{vmatrix}-1&2\\4&9\end{vmatrix},\ \begin{vmatrix}3&2\\5&9\end{vmatrix},\ \begin{vmatrix}2&-1\\1&5\end{vmatrix},\ \begin{vmatrix}2&3\\1&6\end{vmatrix},$$

$$\begin{vmatrix}2&2\\1&8\end{vmatrix},\ \begin{vmatrix}-1&3\\5&6\end{vmatrix},\ \begin{vmatrix}-1&2\\5&8\end{vmatrix}\begin{vmatrix}3&2\\6&8\end{vmatrix},\ \begin{vmatrix}7&4\\1&5\end{vmatrix},\ \begin{vmatrix}7&5\\1&6\end{vmatrix},\ \begin{vmatrix}7&9\\1&8\end{vmatrix},\ \begin{vmatrix}4&5\\5&6\end{vmatrix},\ \begin{vmatrix}4&9\\5&8\end{vmatrix},$$

$\begin{vmatrix}5&9\\6&8\end{vmatrix}$ 共 18 个.

定义 2　设 $\boldsymbol{A}=(a_{ij})_{mn}$，若 $\boldsymbol{A}$ 中不为零的子式最高阶数为 r，即存在 r 阶子式不为零，且所有的 $r+1$ 阶子式(若存在)全等于零，则称 r 为矩阵 $\boldsymbol{A}$ 的秩，记为秩$(\boldsymbol{A})=r$ 或 $R(\boldsymbol{A})=r$，当 $\boldsymbol{A}=\boldsymbol{O}$ 时，规定 $R(\boldsymbol{A})=0$.

注意：$0\leqslant R(\boldsymbol{A})=R(\boldsymbol{A}^{\mathrm{T}})\leqslant\min(m,n)$.

当 $R(\boldsymbol{A})=\min(m,n)$ 时，称矩阵 $\boldsymbol{A}$ 为满秩矩阵. 由此得到方阵 $\boldsymbol{A}$ 可逆的充分必要条件是 $\boldsymbol{A}$ 为满秩矩阵.

例 2.5.1 求矩阵$\boldsymbol{A}=\begin{pmatrix}1&2&4\\2&3&-7\\4&7&1\end{pmatrix}$，$\boldsymbol{B}=\begin{pmatrix}1&-2&2&-1&1\\0&0&2&1&5\\0&0&0&0&-10\\0&0&0&0&0\end{pmatrix}$的秩.

解 $\boldsymbol{A}$有一个2阶子式$\begin{vmatrix}1&2\\2&3\end{vmatrix}=-1\neq0$，$\boldsymbol{A}$的所有3阶子式只有一个$|\boldsymbol{A}|=0$，故$R(\boldsymbol{A})=2$；

$\boldsymbol{B}$有一个3阶子式$\begin{vmatrix}1&2&1\\0&2&5\\0&0&-10\end{vmatrix}=-20\neq0$，$\boldsymbol{B}$的所有4阶子式因最后一行为0而全为0，故$R(\boldsymbol{B})=3$.

定理 1 $\boldsymbol{A}\cong\boldsymbol{B}$的充分必要条件是$R(\boldsymbol{A})=R(\boldsymbol{B})$.

证明 "必要性"，只证初等行变换，由初等行变换与矩阵秩的定义，第一、二种初等行变换使$\boldsymbol{A}\to\boldsymbol{B}$后，$\boldsymbol{A}$，$\boldsymbol{B}$相对应的子式零性(等于零或不等于零)不会改变. 对于第三种初等行变换，有

$$\boldsymbol{A}=\begin{pmatrix}\cdots&\cdots&\cdots\\a_{i1}&\cdots&a_{in}\\\vdots&&\vdots\\a_{j1}&\cdots&a_{jn}\\\cdots&\cdots&\cdots\end{pmatrix},\ \boldsymbol{B}=\begin{pmatrix}\cdots&\cdots&\cdots\\a_{i1}+ka_{j1}&\cdots&a_{in}+ka_{jn}\\\vdots&&\vdots\\a_{j1}&\cdots&a_{jn}\\\cdots&\cdots&\cdots\end{pmatrix}$$

且设$R(\boldsymbol{A})=r$，下面证明$R(\boldsymbol{B})\leqslant r$.

若$\boldsymbol{B}$没有阶数大于r的子式，则当然没有阶数大于r的不等于零的子式，故$R(\boldsymbol{B})\leqslant r$.

设$\boldsymbol{B}$有s阶子式D，且$s>r$，则有以下三种可能：

(1) D不含第i行的元素，此时D也是$\boldsymbol{A}$的一个s阶子式，而$s>r$，故$D=0$；

(2) D含i行的元素，也含j行的元素，则

$$D=\begin{vmatrix}\cdots&\cdots&\cdots\\a_{it_1}+ka_{jt_1}&\cdots&a_{it_s}+ka_{jt_s}\\\vdots&&\vdots\\a_{jt_1}&\cdots&a_{jt_s}\\\cdots&\cdots&\cdots\end{vmatrix}=\begin{vmatrix}\cdots&\cdots&\cdots\\a_{it_1}&\cdots&a_{it_s}\\\vdots&&\vdots\\a_{jt_1}&\cdots&a_{jt_s}\\\cdots&\cdots&\cdots\end{vmatrix}=0$$

(3) D含i行的元素，不含j行的元素，则

$$D=\begin{vmatrix}\cdots&\cdots&\cdots\\a_{it_1}+ka_{jt_1}&\cdots&a_{it_s}+ka_{jt_s}\\\cdots&&\cdots\end{vmatrix}=\begin{vmatrix}\cdots&\cdots&\cdots\\a_{it_1}&&a_{it_s}\\\cdots&\cdots&\cdots\end{vmatrix}+k\begin{vmatrix}\cdots&\cdots&\cdots\\a_{jt_1}&&a_{jt_s}\\\cdots&\cdots&\cdots\end{vmatrix}=D_1+D_2$$

其中D_1是$\boldsymbol{A}$的一个s阶子式，故$D_1=0$，而D_2与A的一个s阶子式最多差一个符号，则$D_2=0$，故$D=0$. 故$R(\boldsymbol{B})\leqslant r=R(\boldsymbol{A})$，同理，$R(\boldsymbol{A})\leqslant R(\boldsymbol{B})$，所以$R(\boldsymbol{A})=R(\boldsymbol{B})$.

"充分性"，由2.3节的定理1与性质1，$\boldsymbol{A}$，$\boldsymbol{B}$的标准形相同，且有初等矩阵$\boldsymbol{P}_1$，$\boldsymbol{P}_2$，

$\cdots$，$\boldsymbol{P}_s$，$\boldsymbol{Q}_1$，$\boldsymbol{Q}_2$，$\cdots$，$\boldsymbol{Q}_t$，使

$$\boldsymbol{P}_1\boldsymbol{P}_2\cdots\boldsymbol{P}_l\boldsymbol{A}\boldsymbol{P}_{l+1}\boldsymbol{P}_{l+2}\cdots\boldsymbol{P}_s=\boldsymbol{Q}_1\boldsymbol{Q}_2\cdots\boldsymbol{Q}_j\boldsymbol{B}\boldsymbol{Q}_{j+1}\boldsymbol{Q}_{j+2}\cdots\boldsymbol{Q}_t=\begin{pmatrix}\boldsymbol{E}_r & \boldsymbol{O}\\ \boldsymbol{O} & \boldsymbol{O}\end{pmatrix}$$

其中 r 为 $\boldsymbol{A}$，$\boldsymbol{B}$ 的秩，由初等矩阵的可逆性以及初等矩阵的逆矩阵也是初等矩阵而得充分性成立.

定理 2　$R(\boldsymbol{A})=r$ 的充分必要条件是 $\boldsymbol{A}\cong\begin{pmatrix}\boldsymbol{E}_r & \boldsymbol{O}\\ \boldsymbol{O} & \boldsymbol{O}\end{pmatrix}$.

由此得到：(1) 初等变换不改变矩阵的秩；

(2) 矩阵的秩等于矩阵的标准形中"1"的个数.

例 2.5.2　求矩阵 $\boldsymbol{A}=\begin{pmatrix}1 & -3 & 2 & -4\\ -3 & 9 & -1 & 5\\ 2 & -6 & 4 & -3\\ -4 & 12 & 2 & 7\end{pmatrix}$ 的秩.

解

$$\boldsymbol{A}\to\begin{pmatrix}1 & -3 & 2 & -4\\ 0 & 0 & 5 & -7\\ 0 & 0 & 0 & 5\\ 0 & 0 & 10 & -9\end{pmatrix}\to\begin{pmatrix}1 & 0 & 0 & 0\\ 0 & 1 & 0 & 0\\ 0 & 0 & 1 & 0\\ 0 & 0 & 0 & 0\end{pmatrix}$$

故秩$(\boldsymbol{A})=3$.

例 2.5.3　设 $\boldsymbol{A}=\begin{pmatrix}\boldsymbol{B} & \boldsymbol{O}\\ \boldsymbol{O} & \boldsymbol{C}\end{pmatrix}$，证明 $R(\boldsymbol{A})=R(\boldsymbol{B})+R(\boldsymbol{C})$.

证明　设 $R(\boldsymbol{B})=r$，$R(\boldsymbol{C})=p$，则存在初等矩阵 $\boldsymbol{P}_1$，$\boldsymbol{P}_2$，$\cdots$，$\boldsymbol{P}_s$，$\boldsymbol{Q}_1$，$\boldsymbol{Q}_2$，$\cdots$，$\boldsymbol{Q}_t$，使

$$\boldsymbol{P}_1\boldsymbol{P}_2\cdots\boldsymbol{P}_l\boldsymbol{B}\boldsymbol{P}_{l+1}\boldsymbol{P}_{l+2}\cdots\boldsymbol{P}_s=\begin{pmatrix}\boldsymbol{E}_r & \boldsymbol{O}\\ \boldsymbol{O} & \boldsymbol{O}\end{pmatrix}$$

$$\boldsymbol{Q}_1\boldsymbol{Q}_2\cdots\boldsymbol{Q}_j\boldsymbol{C}\boldsymbol{Q}_{j+1}\boldsymbol{Q}_{j+2}\cdots\boldsymbol{Q}_t=\begin{pmatrix}\boldsymbol{E}_p & \boldsymbol{O}\\ \boldsymbol{O} & \boldsymbol{O}\end{pmatrix}$$

从而，$\begin{pmatrix}\boldsymbol{P}_1 & \\ & \boldsymbol{E}\end{pmatrix}$，$\begin{pmatrix}\boldsymbol{P}_2 & \\ & \boldsymbol{E}\end{pmatrix}$，$\cdots$，$\begin{pmatrix}\boldsymbol{P}_s & \\ & \boldsymbol{E}\end{pmatrix}$，$\begin{pmatrix}\boldsymbol{E} & \\ & \boldsymbol{Q}_1\end{pmatrix}$，$\begin{pmatrix}\boldsymbol{E} & \\ & \boldsymbol{Q}_2\end{pmatrix}$，$\cdots$，$\begin{pmatrix}\boldsymbol{E} & \\ & \boldsymbol{Q}_t\end{pmatrix}$也是初等矩阵，使

$$\begin{pmatrix}\boldsymbol{P}_1 & \\ & \boldsymbol{E}\end{pmatrix}\cdots\begin{pmatrix}\boldsymbol{P}_l & \\ & \boldsymbol{E}\end{pmatrix}\begin{pmatrix}\boldsymbol{E} & \\ & \boldsymbol{Q}_1\end{pmatrix}\cdots\begin{pmatrix}\boldsymbol{E} & \\ & \boldsymbol{Q}_j\end{pmatrix}\boldsymbol{A}\begin{pmatrix}\boldsymbol{E} & \\ & \boldsymbol{Q}_{j+1}\end{pmatrix}\cdots\begin{pmatrix}\boldsymbol{E} & \\ & \boldsymbol{Q}_t\end{pmatrix}\begin{pmatrix}\boldsymbol{P}_{l+1} & \\ & \boldsymbol{E}\end{pmatrix}\cdots\begin{pmatrix}\boldsymbol{P}_s & \\ & \boldsymbol{E}\end{pmatrix}$$

$=\mathrm{diag}\{\boldsymbol{E}_r,\ \boldsymbol{0},\ \boldsymbol{E}_p,\ \boldsymbol{0}\}$，即 $R(\boldsymbol{A})=R(\boldsymbol{B})+R(\boldsymbol{C})$.

推广到一般情形，设

$$\boldsymbol{A}=\begin{pmatrix}\boldsymbol{A}_1 & & & \\ & \boldsymbol{A}_2 & & \\ & & \ddots & \\ & & & \boldsymbol{A}_s\end{pmatrix}$$

则

$$R(\boldsymbol{A})=R(\boldsymbol{A}_1)+R(\boldsymbol{A}_2)+\cdots+R(\boldsymbol{A}_s)$$

矩阵秩的基本性质如下：

性质 1　$0 \leqslant R(\boldsymbol{A}_{m\times n}) \leqslant \min\{m, n\}$；

性质 2　$R(\boldsymbol{A}_{m\times n}) = R(\boldsymbol{A}_{m\times n}^{\mathrm{T}})$；

性质 3　$\boldsymbol{A} \cong \boldsymbol{B} \Leftrightarrow R(\boldsymbol{A}) = R(\boldsymbol{B})$；

性质 4　$\max\{R(\boldsymbol{A}), R(\boldsymbol{B})\} \leqslant R(\boldsymbol{A}, \boldsymbol{B}) \leqslant R(\boldsymbol{A}) + R(\boldsymbol{B})$；

性质 5　$R(\boldsymbol{A} \pm \boldsymbol{B}) \leqslant R(\boldsymbol{A}) + R(\boldsymbol{B})$；

性质 6　$R(\boldsymbol{AB}) \leqslant \min\{R(\boldsymbol{A}), R(\boldsymbol{B})\}$；

性质 7　设 $\boldsymbol{A}$ 为 $m\times n$ 矩阵，$\boldsymbol{B}$ 为 $n\times s$ 矩阵，若 $\boldsymbol{AB}=\boldsymbol{O}$，则 $R(\boldsymbol{A})+R(\boldsymbol{B})\leqslant n$.

例 2.5.4　设 $\boldsymbol{A}$ 为 n 阶矩阵，且满足 $\boldsymbol{A}^2=\boldsymbol{A}$，证明 $R(\boldsymbol{A})+R(\boldsymbol{A}-\boldsymbol{E})=n$.

证明　由 $\boldsymbol{A}^2=\boldsymbol{A} \Rightarrow \boldsymbol{A}^2-\boldsymbol{A}=\boldsymbol{O} \Rightarrow \boldsymbol{A}(\boldsymbol{A}-\boldsymbol{E})=\boldsymbol{0} \Rightarrow R(\boldsymbol{A})+R(\boldsymbol{A}-\boldsymbol{E})\leqslant n$(性质 7)，而另一方面，由 $R(\boldsymbol{A})+R(\boldsymbol{A}-\boldsymbol{E})\geqslant R(\boldsymbol{A}-(\boldsymbol{A}-\boldsymbol{E}))=R(\boldsymbol{E})=n$，故 $R(\boldsymbol{A})+R(\boldsymbol{A}-\boldsymbol{E})=n$.

例 2.5.5　设 $\boldsymbol{A}$ 为 n 阶矩阵，证明 $\boldsymbol{A}$ 可逆 $\Leftrightarrow R(\boldsymbol{A})=n$.

证明　若 $\boldsymbol{A}$ 可逆，则 $|\boldsymbol{A}|\neq 0$，$\boldsymbol{A}$ 有 n 阶子式不等于 0，$\boldsymbol{A}$ 没有阶数比 n 大的子式，由矩阵秩的定义，$R(\boldsymbol{A})=n$.

反之，若 $R(\boldsymbol{A})=n$，则存在初等矩阵 $\boldsymbol{P}_1, \boldsymbol{P}_2, \cdots, \boldsymbol{P}_s$，使

$$\boldsymbol{P}_1\boldsymbol{P}_2\cdots\boldsymbol{P}_l\boldsymbol{A}\boldsymbol{P}_{l+1}\boldsymbol{P}_{l+2}\cdots\boldsymbol{P}_s = \boldsymbol{E}$$

于是 $\boldsymbol{A}=\boldsymbol{P}_l^{-1}\boldsymbol{P}_{l-1}^{-1}\cdots\boldsymbol{P}_2^{-1}\boldsymbol{P}_1^{-1}\boldsymbol{P}_s^{-1}\boldsymbol{P}_{s-1}^{-1}\cdots\boldsymbol{P}_{l+1}^{-1}$ 可逆.

习题 2.5

1. 求下列矩阵的秩.

$$\begin{pmatrix} 1 & 2 & 2 & 3 \\ -4 & 2 & 1 & 1 \\ 3 & -4 & -3 & -4 \\ -2 & 6 & 5 & 7 \end{pmatrix}, \begin{pmatrix} 1 & 1 & -1 & 2 \\ 2 & 1 & 1 & 3 \\ 4 & 3 & -1 & 7 \\ 5 & 3 & 1 & 8 \end{pmatrix}, \begin{pmatrix} 2 & 2 & 3 & 3 \\ 1 & 1 & -2 & 1 \\ 2 & 1 & 1 & 2 \\ 5 & 4 & 2 & 6 \end{pmatrix}, \begin{pmatrix} 1 & 1 & -1 & -1 \\ 1 & -1 & -1 & 1 \\ 1 & 0 & -1 & 0 \\ 1 & 1 & -1 & 1 \end{pmatrix},$$

$$\begin{pmatrix} 1 & -1 & 2 & 1 & 0 \\ 2 & -2 & 4 & -2 & 0 \\ 3 & 0 & 6 & -1 & 1 \\ 0 & 3 & 0 & 0 & 1 \end{pmatrix}, \begin{pmatrix} 21 & 18 & 9 & 12 & 3 \\ 6 & 8 & 4 & 5 & 2 \\ 7 & 6 & 3 & 4 & 1 \\ 35 & 30 & 15 & 20 & 5 \end{pmatrix}, \begin{pmatrix} 1 & -1 & 0 & 1 & 4 \\ 2 & 1 & 0 & 2 & 5 \\ -1 & 1 & 1 & 3 & 6 \\ 2 & 1 & 1 & 6 & 15 \end{pmatrix}$$

2. 设 $\boldsymbol{A}$ 为 n 阶矩阵，且满足 $\boldsymbol{A}^2=\boldsymbol{E}$，证明 $R(\boldsymbol{A}+\boldsymbol{E})+R(\boldsymbol{A}-\boldsymbol{E})=n$.

第 2 章总复习题

一、单项选择

1. 设 $\boldsymbol{A}$ 是 $m\times n$ 矩阵，$\boldsymbol{B}$ 为 $s\times p$ 矩阵，则 $\boldsymbol{A}+\boldsymbol{B}$ 的条件是(　　).

A. $m=s$ 或 $n=p$　　B. $m=s$ 且 $n=p$　　C. $m=p$ 或 $n=s$　　D. $m=p$ 且 $n=s$

2. 若矩阵 $\boldsymbol{A}, \boldsymbol{B}$ 满足 $\boldsymbol{AB}=\boldsymbol{0}$，则(　　).

A. $\boldsymbol{A}=\boldsymbol{O}$　　B. $\boldsymbol{B}=\boldsymbol{O}$

C. $\boldsymbol{A}=\boldsymbol{O}$ 或 $\boldsymbol{B}=\boldsymbol{O}$　　D. $\boldsymbol{A}, \boldsymbol{B}$ 中未必有零矩阵

3. 设 $\boldsymbol{A}$ 是 $m\times n$ 矩阵，$\boldsymbol{B}$ 为 $s\times p$ 矩阵，若 $\boldsymbol{AB}=\boldsymbol{BA}$，则(　　).

A. $m=s$　　B. $n=s$　　C. $n=s=m=p$　　D. $m=s$ 或 $n=s$

4. 以下结论正确的是(　　).

A. 单位矩阵与任何矩阵可换　　B. 单位矩阵与同阶方阵可换

C. 对角矩阵与任何矩阵可换　　D. 对角矩阵与同阶方阵可换

5. 设 $\boldsymbol{A}$ 是任一 n 级方阵，则下列是对称矩阵的是(　　).

A. $\boldsymbol{A}^{\mathrm{T}}+\boldsymbol{A}$　　B. $\boldsymbol{A}^{\mathrm{T}}-\boldsymbol{A}$　　C. $\boldsymbol{A}-\boldsymbol{A}^{\mathrm{T}}$　　D. $\boldsymbol{A}^2$

6. 设 $\boldsymbol{A}$ 是三角阵，且 $|\boldsymbol{A}|=0$，则 $\boldsymbol{A}$ 的主对角线上元素(　　).

A. 全是零　　B. 只有一个是零　　C. 至少一个是零　　D. 未必有零

7. 设 $\boldsymbol{E}$ 是三阶单位阵，则 $|2\boldsymbol{E}|=$(　　).

A. 2　　B. 2×3　　C. 3^2　　D. 2^3

8. 设 $\boldsymbol{A}$，$\boldsymbol{B}$ 均三阶方阵，且 $|\boldsymbol{A}|=3$，$|\boldsymbol{B}|=2$，则 $|\boldsymbol{AB}^{\mathrm{T}}|=$(　　).

A. $3/2$　　B. 3×2　　C. 2^3　　D. 3^2

9. 设 $\boldsymbol{A}$ 为四阶方阵，且 $|\boldsymbol{A}|=3$，则 $|2\boldsymbol{A}|=$(　　).

A. 2×3^4　　B. 2×4^3　　C. $2^4\times3$　　D. $2^3\times4$

10. 方阵 $\boldsymbol{A}$ 可逆$\Leftrightarrow$(　　).

A. $\boldsymbol{A}>0$　　B. $|\boldsymbol{A}|\neq0$　　C. $|\boldsymbol{A}|>0$　　D. $\boldsymbol{A}\neq0$

11. 若 $ad+bc=-1$，则 $\begin{pmatrix}a & -b\\ c & d\end{pmatrix}^{-1}=$(　　).

A. $\begin{pmatrix}d & b\\ -c & a\end{pmatrix}$　　B. $\begin{pmatrix}-d & -b\\ c & -a\end{pmatrix}$　　C. $\begin{pmatrix}-d & b\\ -c & a\end{pmatrix}$　　D. $\begin{pmatrix}d & -b\\ c & a\end{pmatrix}$

12. 下列矩阵中，未必是方阵的是(　　).

A. 可逆矩阵　　B. 对称矩阵　　C. 矩阵的转置矩阵　　D. 初等矩阵

13. 下列矩阵中，不是可逆矩阵的是(　　).

A. 初等矩阵　　B. 对角矩阵　　C. 单位矩阵　　D. 非奇异矩阵

14. 设 $\boldsymbol{A}$，$\boldsymbol{B}$，$\boldsymbol{C}$ 均为 n 阶方阵，且 $\boldsymbol{ABC}=\boldsymbol{E}$，则必有(　　).

A. $\boldsymbol{BCA}=\boldsymbol{E}$　　B. $\boldsymbol{BAC}=\boldsymbol{E}$　　C. $\boldsymbol{CBA}=\boldsymbol{E}$　　D. $\boldsymbol{ACB}=\boldsymbol{E}$

15. $R\left(\begin{pmatrix}-1 & 1 & -2 & 3 & 0\\ 1 & -1 & 2 & -1 & 0\\ 1 & 2 & 2 & 1 & 1\\ 0 & 3 & 0 & 0 & 1\end{pmatrix}\right)=$(　　).

A. 1　　B. 2　　C. 3　　D. 4

二、填空

1. $(1, 2, 3)\begin{pmatrix}2\\ 1\\ -1\end{pmatrix}=$ ________，$\begin{pmatrix}2\\ 1\\ -1\end{pmatrix}(1, 2, 3)=$ ________.

2. 设 $\boldsymbol{A}$，$\boldsymbol{B}$ 均为 n 阶方阵，则 $(\boldsymbol{A}+\boldsymbol{B})(\boldsymbol{A}-\boldsymbol{B})=$ ________.

3. 设$\boldsymbol{A}=\begin{vmatrix}1&2&0\\-1&1&0\\1&0&2\end{vmatrix}$，则$|2\boldsymbol{A}|=$ ________.

4. n阶方阵$\boldsymbol{A}$可逆$\Leftrightarrow$________$\Leftrightarrow$________$\Leftrightarrow$________.

5. 设$\boldsymbol{A}$，$\boldsymbol{B}$均为n阶方阵，且$\boldsymbol{A}$可逆，$\boldsymbol{AX}=\boldsymbol{B}$，则$\boldsymbol{X}=$ ________.

6. 设$\boldsymbol{A}=\begin{pmatrix}a&b\\c&d\end{pmatrix}$，则$\boldsymbol{A}^*=$ ________，$|2\boldsymbol{A}|=$ ________.

7. 设$\boldsymbol{A}=\begin{pmatrix}1&2\\3&6\end{pmatrix}$，则$(\boldsymbol{E}+\boldsymbol{A})(\boldsymbol{E}-\boldsymbol{A})^{-1}=$ ________.

8. 设$\boldsymbol{A}=\begin{pmatrix}a&b\\c&d\end{pmatrix}$，且$|\boldsymbol{A}|=1$，则$\boldsymbol{A}^{-1}=$ ________.

9. 设$\boldsymbol{A}$，$\boldsymbol{B}$均为n阶可逆方阵，且$\boldsymbol{AXB}=\boldsymbol{C}+\boldsymbol{D}$，则$\boldsymbol{X}=$ ________.

10. 设$\boldsymbol{A}=\begin{pmatrix}1&2\\3&4\end{pmatrix}$，则$|\boldsymbol{AA}^{\mathrm{T}}|=$ ________，$|\boldsymbol{A}^{-1}|=$ ________，$|\boldsymbol{A}^*|=$ ________.

11. 设$\boldsymbol{A}$为5阶方阵，且$|\boldsymbol{A}|=3$，则$|\boldsymbol{A}^{-1}|=$ ________，$|\boldsymbol{A}^2|=$ ________.

12. 设$R(\boldsymbol{A})=r$，则$R(\boldsymbol{A}^{\mathrm{T}})=$ ________，$R\left(\begin{pmatrix}\boldsymbol{A}&\\&\boldsymbol{A}\end{pmatrix}\right)=$ ________.

13. $R(\boldsymbol{O})=$ ________，$R(\boldsymbol{E})=$ ________.

三、计算

1. $\begin{pmatrix}-2&3\\5&-4\end{pmatrix}\begin{pmatrix}3&4\\2&5\end{pmatrix}+2\begin{pmatrix}0&1\\1&0\end{pmatrix}\begin{pmatrix}5&3\\2&7\end{pmatrix}\begin{pmatrix}2&-1\\-2&3\end{pmatrix}$.

2. $\begin{pmatrix}-1&2&3\\3&-1&0\end{pmatrix}\begin{pmatrix}2&5&0\\-4&3&-2\\3&-1&1\end{pmatrix}+\begin{pmatrix}-1&0\\2&-3\end{pmatrix}\begin{pmatrix}1&3&-1\\-2&5&2\end{pmatrix}$.

3. $\begin{pmatrix}-1&0&1\\0&1&2\\0&0&-1\end{pmatrix}\begin{pmatrix}6&2&-1\\1&4&-6\\3&-5&4\end{pmatrix}+\begin{pmatrix}1\\2\\3\end{pmatrix}(2\quad 1\quad -1)$.

4. $\begin{pmatrix}-2&0&2\\3&-4&0\\0&3&4\end{pmatrix}\begin{pmatrix}3&-6&0\\-2&0&4\\0&5&-1\end{pmatrix}-\begin{pmatrix}5&0\\3&-2\\-1&1\end{pmatrix}\begin{pmatrix}-1&2&3\\2&-4&3\end{pmatrix}$.

5. 已知$\boldsymbol{A}=\begin{pmatrix}1&2&2\\2&1&2\\1&2&3\end{pmatrix}$，$\boldsymbol{B}=\begin{pmatrix}4&1&1\\-4&2&0\\1&2&1\end{pmatrix}$，求$\boldsymbol{AB}-\boldsymbol{BA}$.

6. 设$f(x)=x^2-3x+5$，$\boldsymbol{A}=\begin{pmatrix}3&-2\\-1&4\end{pmatrix}$，求$f(\boldsymbol{A})$.

7. 设$\boldsymbol{A}=\begin{pmatrix}1&1&1\\2&-1&0\\1&0&1\end{pmatrix}$，$\boldsymbol{B}=\begin{pmatrix}1&0&0\\2&1&0\\-1&0&2\end{pmatrix}$，求$|\boldsymbol{A}^{\mathrm{T}}\boldsymbol{B}|$.

8. $\begin{pmatrix} 1 & 2 & -1 \\ 3 & 1 & 0 \\ -1 & 0 & -2 \end{pmatrix}^{-1}$.

9. $\begin{pmatrix} 1 & 2 & 0 \\ -1 & 1 & 1 \\ 1 & 0 & 2 \end{pmatrix}^{-1}$.

10. 已知 $\begin{pmatrix} 1 & -3 & 2 \\ -3 & 0 & 1 \\ 1 & 1 & -1 \end{pmatrix}\boldsymbol{X}=\begin{pmatrix} -1 & 4 \\ 2 & 5 \\ 1 & -3 \end{pmatrix}$，求 $\boldsymbol{X}$.

11. 已知 $\boldsymbol{X}\begin{pmatrix} 1 & 2 & -1 \\ 3 & 1 & 0 \\ -1 & 0 & 2 \end{pmatrix}=\begin{pmatrix} 1 & -1 & 0 \\ 0 & -1 & 1 \end{pmatrix}$，求 $\boldsymbol{X}$.

12. 设 $\begin{pmatrix} 1 & 2 & -3 \\ 2 & 2 & -4 \\ 2 & -1 & 0 \end{pmatrix}\boldsymbol{X}\begin{pmatrix} 1 & 0 & 0 \\ 2 & 1 & 0 \\ 0 & 2 & 1 \end{pmatrix}=\begin{pmatrix} 0 & 0 & 1 \\ 0 & 1 & 0 \\ 1 & 0 & 0 \end{pmatrix}$，求 $\boldsymbol{X}$.

13. 设 $\boldsymbol{A}=\begin{pmatrix} 1 & 0 & 1 \\ 0 & 2 & 0 \\ -1 & 0 & 1 \end{pmatrix}$，$\boldsymbol{B}$ 与 $\boldsymbol{A}$ 同阶且 $\boldsymbol{AB}+\boldsymbol{E}=\boldsymbol{A}^2$，求 $\boldsymbol{B}$.

14. 设 $\boldsymbol{A}=\begin{pmatrix} -1 & 0 & 0 \\ 1 & -1 & 0 \\ 1 & 1 & -1 \end{pmatrix}$，求 $(\boldsymbol{A}+2\boldsymbol{E})^{-1}(\boldsymbol{A}-2\boldsymbol{E})$.

15. 设 $\boldsymbol{A}=\begin{pmatrix} 1 & -1 & -1 \\ -1 & 1 & -1 \\ -1 & -1 & 1 \end{pmatrix}$，求 $\boldsymbol{A}^2$，$\boldsymbol{A}^{-1}$.

16. 求 $R\left(\begin{pmatrix} 3 & 3 & 2 & 5 & 6 \\ 4 & 5 & 3 & 7 & 9 \\ 5 & 7 & 4 & 9 & 12 \\ 6 & 9 & 5 & 11 & 15 \end{pmatrix}\right)$.

四、证明

1. 设 $\boldsymbol{A}$ 可逆，证明：$\boldsymbol{A}^*$ 也可逆，并求其逆.

2. 设 $\boldsymbol{A}$ 为可逆阵，证明：$\boldsymbol{A}^{-1}$ 是对称阵 $\Leftrightarrow \boldsymbol{A}$ 为对称阵.

3. 设 $\boldsymbol{B}$ 为 n 阶方阵，$\boldsymbol{P}$ 为 n 阶初等矩阵，使 $\boldsymbol{B}^2+\boldsymbol{B}+\boldsymbol{P}=\boldsymbol{O}$，证明：$\boldsymbol{B}$ 可逆，并求 $\boldsymbol{B}^{-1}$.

4. 试证：若 $\boldsymbol{A}$ 是实对称矩阵，且 $\boldsymbol{A}^2=\boldsymbol{O}$，则 $\boldsymbol{A}=\boldsymbol{O}$.

5. 设 $\boldsymbol{D}=\begin{pmatrix} \boldsymbol{C} & \boldsymbol{A} \\ \boldsymbol{B} & \boldsymbol{O} \end{pmatrix}$，证明：若 $\boldsymbol{A}$，$\boldsymbol{B}$ 可逆，则 $\boldsymbol{D}$ 可逆. 并求 $\boldsymbol{D}$ 的逆.

6. 证明：n 阶矩阵 $\boldsymbol{A}$ 可逆 $\Leftrightarrow R(\boldsymbol{A})=n$.

第3章 线性方程组

线性方程组在科学技术和经济管理领域有着广泛的应用，解线性方程组是线性代数的重要内容之一. 在第1章已经介绍了解线性方程组的克莱默法则，但应用克莱默法则是有条件的，即要求方程的个数与未知数的个数相等，而且系数行列式非零. 然而在实际中，我们遇到的线性方程组问题并非如此，有时方程的个数与未知数的个数相等，但系数行列式却等于零；有时方程的个数与未知数的个数不相等，这时就没有系数行列式可言. 这就要求我们进一步去讨论线性方程组的求解问题. 本章主要讨论线性方程组解存在性的判断与解的结构以及线性方程组求解的方法问题.

3.1 消 元 法

这里的消元法主要指中学学过的加减消元法.

3.1.1 引例

例 3.1.1 解线性方程组.

$$\begin{cases} x_1 - 5x_2 + 3x_3 = -1 & (1) \\ 2x_1 - 9x_2 + 8x_3 = 1 & (2) \\ x_1 - 4x_2 + 2x_3 = -1 & (3) \\ x_1 + 2x_2 + 4x_3 = 6 & (4) \end{cases}$$

解 $-2(1)+(2)$，得

$$x_2 + 2x_3 = 3$$

$-(1)+(3)$，得

$$x_2 - x_3 = 0$$

于是 $x_2=x_3=1$，代入(4)，得 $x_1=0$. 于是原方程组有解

$$x_2 = x_3 = 1, \ x_1 = 0$$

实际上，把 $x_2=x_3=1$，$x_1=0$ 代入原方程组，我们会发现它们并不是原方程组的解. 这里所出现的问题是：题目要求解方程组，而不是解方程.

解方程组的过程应该是方程组的同解过程，而我们中学的解方程组的过程不是方程组同解过程，而是方程的同解过程，例 3.1.1 应是

$$\begin{cases} x_1 - 5x_2 + 3x_3 = -1 & (1) \\ 2x_1 - 9x_2 + 8x_3 = 1 & (2) \\ x_1 - 4x_2 + 2x_3 = -1 & (3) \\ x_1 + 2x_2 + 4x_3 = 6 & (4) \end{cases}$$

由$-2(1)+(2)$，$-(1)+(3)$，$-(1)+(4)$，得

$$\begin{cases} x_1 - 5x_2 + 3x_3 = -1 & (1) \\ x_2 + 2x_3 = 3 & (2) \\ x_2 - x_3 = 0 & (3) \\ 7x_2 + x_3 = 7 & (4) \end{cases}$$

由$-(2)+(3)$，$-7(2)+(4)$，得

$$\begin{cases} x_1 - 5x_2 + 3x_3 = -1 & (1) \\ x_2 + 2x_3 = 3 & (2) \\ -3x_3 = -3 & (3) \\ -13x_3 = -14 & (4) \end{cases}$$

由$-\frac{13}{3}(3)+(4)$，得

$$\begin{cases} x_1 - 5x_2 + 3x_3 = -1 & (1) \\ x_2 + 2x_3 = 3 & (2) \\ -3x_3 = -3 & (3) \\ 0 = -1 & (4) \end{cases}$$

最后一个方程是$0=-1$，矛盾！故原方程组无解.

例 3.1.2　用消元法解线性方程组：

$$\begin{cases} 2x_1 - x_2 + 3x_3 = 1 & (1) \\ 4x_1 + 2x_2 + 5x_3 = 4 & (2) \\ 2x_1 + 2x_3 = 6 & (3) \end{cases} \tag{3.1.1}$$

解　对于式(3.1.1)，由$-2(1)+(2)$，$-(1)+(3)$，得

$$\begin{cases} 2x_1 - x_2 + 3x_3 = 1 & (1) \\ 4x_2 - x_3 = 2 & (2) \\ x_2 - x_3 = 5 & (3) \end{cases}$$

由$(2)\leftrightarrow(3)$，得

$$\begin{cases} 2x_1 - x_2 + 3x_3 = 1 & (1) \\ x_2 - x_3 = 5 & (2) \\ 4x_2 - x_3 = 2 & (3) \end{cases}$$

由$-4(2)+(3)$，得

$$\begin{cases} 2x_1 - x_2 + 3x_3 = 1 & (1) \\ x_2 - x_3 = 5 & (2) \\ 3x_3 = -18 & (3) \end{cases}$$

由$\frac{1}{3}(3)$，得

$$\begin{cases} 2x_1 - x_2 + 3x_3 = 1 \\ x_2 - x_3 = 5 \\ x_3 = -6 \end{cases} \tag{3.1.2}$$

式(3.1.2)称为阶梯形方程组，由此得

$$\begin{cases} x_1 = 9 \\ x_2 = -1 \\ x_3 = -6 \end{cases} \tag{3.1.3}$$

上述消元法的过程实际上反复运用了以下三种方程组的变换过程：

(1) 互换两个方程的位置；

(2) 用一个非零数 k 乘以某一方程；

(3) 把某一方程的 l 倍加到另一方程中去.

定义 1 上述方程组的三种变换称为线性方程组的初等变换.

可以证明：线性方程组的初等变换都是同解变换.

3.1.2 增广矩阵的初等变换

对于一般线性方程组：

$$\begin{cases} a_{11}x_1 + a_{12}x_2 + \cdots + a_{1n}x_n = b_1 \\ a_{21}x_1 + a_{22}x_2 + \cdots + a_{2n}x_n = b_2 \\ \qquad\qquad \vdots \\ a_{m1}x_1 + a_{m2}x_2 + \cdots + a_{mn}x_n = b_m \end{cases} \tag{3.1.4}$$

记

$$\boldsymbol{A} = \begin{pmatrix} a_{11} & a_{12} & \cdots & a_{1n} \\ a_{21} & a_{22} & \cdots & a_{2n} \\ \vdots & \vdots & & \vdots \\ a_{m1} & a_{m2} & \cdots & a_{mn} \end{pmatrix}, \boldsymbol{X} = \begin{pmatrix} x_1 \\ x_2 \\ \vdots \\ x_n \end{pmatrix}, \boldsymbol{B} = \begin{pmatrix} b_1 \\ b_2 \\ \vdots \\ b_m \end{pmatrix}, \overline{\boldsymbol{A}} = (\boldsymbol{A}, \boldsymbol{B}) = \begin{pmatrix} a_{11} & a_{12} & \cdots & a_{1n} & b_1 \\ a_{21} & a_{22} & \cdots & a_{2n} & b_2 \\ \vdots & \vdots & & \vdots & \vdots \\ a_{m1} & a_{m2} & \cdots & a_{mn} & b_m \end{pmatrix}$$

分别为系数矩阵、未知数列向量、常数列向量和增广矩阵.

方程组(3.1.1)的增广矩阵为

$$\overline{\boldsymbol{A}} = (\boldsymbol{A}, \boldsymbol{B}) = \begin{pmatrix} 2 & -1 & 3 & 1 \\ 4 & 2 & 5 & 4 \\ 2 & 0 & 2 & 6 \end{pmatrix}$$

则上述方程组的变换完全可转化为对矩阵 $\overline{\boldsymbol{A}}$ 的行初等变换，具体操作步骤如下：

对于 $\overline{\boldsymbol{A}}$，由 $-2r_1+r_2$，$-r_1+r_3$，得

$$\overline{\boldsymbol{A}} \to \begin{pmatrix} 2 & -1 & 3 & 1 \\ 0 & 4 & -1 & 2 \\ 0 & 1 & -1 & 5 \end{pmatrix}$$

由 $r_2 \leftrightarrow r_3$，得

$$\overline{\boldsymbol{A}} \to \begin{pmatrix} 2 & -1 & 3 & 1 \\ 0 & 1 & -1 & 5 \\ 0 & 4 & -1 & 2 \end{pmatrix}$$

由 $-4r_2+r_3$，得

$$\overline{\boldsymbol{A}} \to \begin{pmatrix} 2 & -1 & 3 & 1 \\ 0 & 1 & -1 & 5 \\ 0 & 0 & 3 & -18 \end{pmatrix}$$

由$\frac{1}{3}r_3$，得

$$\overline{\boldsymbol{A}} \to \begin{pmatrix} 2 & -1 & 3 & 1 \\ 0 & 1 & -1 & 5 \\ 0 & 0 & 1 & -6 \end{pmatrix} \tag{3.1.5}$$

显然，阶梯形方程组(3.1.2)对应最后一个“阶梯形”矩阵(3.1.5).

由上面的讨论不难发现，线性方程组的消元变换对应着其增广矩阵的行的初等变换.

定义 2　满足下列条件的矩阵称为阶梯形矩阵：

(1) 若矩阵有零行，则零行都在下方；

(2) 各非零行的首(第一个)非零元素(称为主元)的列数随行数增加而严格递增.

例如：

$$\boldsymbol{A} = \begin{pmatrix} 1 & 0 & 2 & -2 & 5 \\ 0 & -2 & 3 & 0 & 1 \\ 0 & 0 & 0 & 2 & -3 \\ 0 & 0 & 0 & 0 & 0 \end{pmatrix}, \boldsymbol{B} = \begin{pmatrix} 1 & 0 & 0 & 2 \\ 0 & 0 & 1 & 0 \\ 0 & 0 & 0 & 0 \end{pmatrix},$$

$$\boldsymbol{C} = \begin{pmatrix} 1 & -1 & 0 & 2 \\ 0 & 0 & 3 & 1 \\ 0 & 0 & 2 & 5 \end{pmatrix}, \boldsymbol{D} = \begin{pmatrix} 2 & 3 & 0 \\ 0 & 0 & 0 \\ 0 & 1 & 0 \end{pmatrix}$$

其中$\boldsymbol{A}$，$\boldsymbol{B}$是阶梯形矩阵；$\boldsymbol{C}$，$\boldsymbol{D}$不是阶梯形矩阵.

实际上，矩阵(3.1.5)还可以继续进行行的初等变换，即

$$\begin{pmatrix} 2 & -1 & 3 & 1 \\ 0 & 1 & -1 & 5 \\ 0 & 0 & 1 & -6 \end{pmatrix} \to \begin{pmatrix} 2 & -1 & 0 & 19 \\ 0 & 1 & 0 & -1 \\ 0 & 0 & 1 & -6 \end{pmatrix} \to \begin{pmatrix} 1 & 0 & 0 & 9 \\ 0 & 1 & 0 & -1 \\ 0 & 0 & 1 & -6 \end{pmatrix} \tag{3.1.6}$$

矩阵(3.1.6)对应方程组(3.1.3)，即

$$\begin{cases} x_1 = 9 \\ x_2 = -1 \\ x_3 = -6 \end{cases}$$

亦即原方程组的解. 形如(3.1.6)的矩阵称为简化阶梯形矩阵.

定义 3　满足下列条件的阶梯形矩阵称为简化阶梯形矩阵：

(1) 主元全部为“1”；

(2) 主元所在列其余元素为 0.

在简化阶梯形矩阵中，主元“1”的位置规律性不强，如上面提到的矩阵$\boldsymbol{B}$是简化阶梯形矩阵，但主元“1”的位置在(1，1)与(2，3). 我们知道，数的加法具有交换律，所以在解线性方程组时可以交换两元所在项的位置. 对应矩阵的列交换，这样可以得到标准简化阶梯形矩阵的概念.

定义 4 主元“1”的位置在(1, 1), (2, 2), …, (r, r)($r\geqslant 0$)的简化阶梯形矩阵称为标准简化阶梯形矩阵，其一般形式为

$$\begin{pmatrix} 1 & 0 & \cdots & 0 & c_{1,r+1} & c_{1,r+2} & \cdots & c_{1n} \\ 0 & 1 & \cdots & 0 & c_{2,r+1} & c_{2,r+2} & \cdots & c_{2n} \\ \vdots & \vdots & & \vdots & \vdots & \vdots & & \vdots \\ 0 & 0 & \cdots & 1 & c_{r,r+1} & c_{r,r+2} & \cdots & c_{rn} \\ 0 & 0 & \cdots & 0 & 0 & 0 & \cdots & 0 \\ \vdots & \vdots & & \vdots & \vdots & \vdots & & \vdots \\ 0 & 0 & \cdots & 0 & 0 & 0 & \cdots & 0 \end{pmatrix} \tag{3.1.7}$$

定理 1 每一矩阵都可以由行初等变换和列交换转化为标准简化阶梯形矩阵.

证明 设矩阵 $\boldsymbol{A}=(a_{ij})_{mn}$，若 $\boldsymbol{A}=\boldsymbol{O}$，则 $\boldsymbol{A}$ 已是 $r=0$ 的标准简化阶梯形矩阵；否则 $\boldsymbol{A}\neq\boldsymbol{O}$，必有元素 $a_{ij}\neq 0$，交换 $\boldsymbol{A}$ 的 1、i 行与 1、j 列，使 a_{ij} 位于(1, 1)位置，第 1 行乘以 $\dfrac{1}{a_{ij}}$，使 1 - 1 位置为“1”，第 1 行乘以适当数加到其余各行，使其第 1 个元素全为 0，此时 $\boldsymbol{A}$ 由行初等变换和列交换化为

$$\boldsymbol{A}\rightarrow\boldsymbol{B}=\begin{pmatrix} 1 & b_{12} & \cdots & b_{1n} \\ 0 & b_{22} & \cdots & b_{2n} \\ \vdots & \vdots & & \vdots \\ 0 & b_{m2} & \cdots & b_{mn} \end{pmatrix}$$

若 $\boldsymbol{B}_1=\begin{pmatrix} b_{22} & \cdots & b_{2n} \\ \vdots & \ddots & \vdots \\ b_{m2} & \cdots & b_{mn} \end{pmatrix}=\boldsymbol{O}$，$\boldsymbol{B}$ 已是 $r=1$ 的标准简化阶梯形矩阵；否则，设 $b_{ij}\neq 0$($i\geqslant 2$, $j\geqslant 2$)，交换 $\boldsymbol{B}$ 的 2、i 行与 2、j 列，使 b_{ij} 位于 2 - 2 位置，第 2 行乘以 $\dfrac{1}{b_{ij}}$，使 2 - 2 位置为“1”，第 2 行乘以适当数加到其余各行，使其第 2 个元素全为 0，此时 $\boldsymbol{B}$ 由行初等变换和列交换化为

$$\boldsymbol{A}\rightarrow\boldsymbol{B}\rightarrow\boldsymbol{D}=\begin{pmatrix} 1 & 0 & d_{13} & \cdots & d_{1n} \\ 0 & 1 & d_{23} & \cdots & d_{2n} \\ 0 & 0 & d_{33} & \cdots & d_{3n} \\ \vdots & \vdots & \vdots & & \vdots \\ 0 & 0 & d_{m3} & \cdots & d_{mn} \end{pmatrix}$$

依此类推，$\boldsymbol{A}$ 可由行初等变换和列交换化为标准简化阶梯形矩阵(3.1.7).

如果在上述证明过程中不作列交换，我们就得到以下推论：

推论 每一矩阵都可以由行初等变换化为简化阶梯形矩阵.

矩阵通过行初等变换化为简化阶梯形矩阵是一个非常重要的运算，如解方程组就是把方程组的增广矩阵通过行的初等变换化为简化阶梯形矩阵.

矩阵 $\boldsymbol{A}$ 可以只通过初等行变换化为阶梯形矩阵与简化阶梯形矩阵，其中阶梯形矩阵不是唯一的，但简化阶梯形矩阵是唯一的(可以证明)，而不同的阶梯形矩阵和简化阶梯形矩阵中非零行的行数是相同的.

例 3.1.3　设 $A=\begin{pmatrix}1&-2&2&-1&1\\2&-4&8&0&2\\-2&4&-2&3&3\\3&-6&0&-6&4\end{pmatrix}$，利用初等变换将 A 化成阶梯形矩阵 B、简化阶梯形矩阵 C.

解

$$A=\begin{pmatrix}1&-2&2&-1&1\\2&-4&8&0&2\\-2&4&-2&3&3\\3&-6&0&-6&4\end{pmatrix}\to\begin{pmatrix}1&-2&2&-1&1\\0&0&4&2&0\\0&0&2&1&5\\0&0&-6&-3&1\end{pmatrix}$$

$$\to\begin{pmatrix}1&-2&2&-1&1\\0&0&4&2&0\\0&0&0&0&5\\0&0&0&0&1\end{pmatrix}\to\begin{pmatrix}1&-2&2&-1&1\\0&0&4&2&0\\0&0&0&0&1\\0&0&0&0&0\end{pmatrix}\to\begin{pmatrix}1&-2&0&-2&0\\0&0&1&1/2&0\\0&0&0&0&1\\0&0&0&0&0\end{pmatrix}$$

则

$$B=\begin{pmatrix}1&-2&2&-1&1\\0&0&4&2&0\\0&0&0&0&1\\0&0&0&0&0\end{pmatrix}$$

$$C=\begin{pmatrix}1&-2&0&-2&0\\0&0&1&1/2&0\\0&0&0&0&1\\0&0&0&0&0\end{pmatrix}$$

由定理 1，我们可得到以下定理：

定理 2　若方程组(3.1.4)的增广矩阵 $\bar{A}=(A,B)$通过行初等变换与列交换(不变常数列)化成矩阵

$$\begin{pmatrix}1&0&\cdots&0&c_{1,r+1}&c_{1,r+2}&\cdots&c_{1n}&d_1\\0&1&\cdots&0&c_{2,r+1}&c_{2,r+2}&\cdots&c_{2n}&d_2\\\vdots&\vdots&&\vdots&\vdots&\vdots&&\vdots&\vdots\\0&0&\cdots&1&c_{r,r+1}&c_{r,r+2}&\cdots&c_{rn}&d_r\\0&0&\cdots&0&0&0&\cdots&0&d_{r+1}\\\vdots&\vdots&&\vdots&\vdots&\vdots&&\vdots&\vdots\\0&0&\cdots&0&0&0&\cdots&0&d_m\end{pmatrix}\tag{3.1.8}$$

则有

(1) $d_{r+1}, d_{r+2}, \cdots, d_m$ 不全为零时，方程组(3.1.4)无解；

(2) $d_{r+1}=d_{r+2}=\cdots=d_m=0$，且 $r=n$ 时，方程组(3.1.4)有唯一解：

$$x_1=d_1, x_2=d_2, \cdots, x_n=d_n$$

(3) $d_{r+1}=d_{r+2}=\cdots=d_m=0$，且 $r<n$ 时，方程组(3.1.4)有无穷个解：

$$\begin{cases} x_{i_1} = d_1 - c_{1,r+1}x_{i_{r+1}} - \cdots - c_{1n}x_{i_n} \\ x_{i_2} = d_2 - c_{2,r+1}x_{i_{r+1}} - \cdots - c_{2n}x_{i_n} \\ \qquad \vdots \\ x_{i_r} = d_r - c_{r,r+1}x_{i_{r+1}} - \cdots - c_{rn}x_{i_n} \end{cases} \tag{3.1.9}$$

方程组(3.1.9)称为方程组(3.1.4)的一般解.

当线性方程组的增广矩阵在初等行变换的过程中出现某行只有最后一个元素非零，其余元素全零时，即出现矛盾方程，此时原方程组无解.

对于有解线性方程组，当增广矩阵由初等行变换化成简化阶梯形矩阵后，每行主元"1"对应未知量写在等号左边，其余对应项写在等号右边的线性方程组称为原方程组的一般解.

例 3.1.4 解下列线性方程组：

(1) $\begin{cases} 3x_1+x_2+10x_3+3x_4=7 \\ x_1+4x_2+7x_3+x_4=6 \\ 2x_1+x_2+7x_3+2x_4=5 \\ 3x_1+5x_2+14x_3-x_4=7 \end{cases}$

(2) $\begin{cases} x-y+2z=4 \\ 3x+3y+8z=16 \\ 4x-y+9z=14 \\ 2x+y+5z=6 \end{cases}$

(3) $\begin{cases} 6x+y-2z+4w=7 \\ x+2z+3w=-4 \\ 8x+y+2z+2w=-1 \\ 7x+y-w=3 \end{cases}$

解 (1) 增广矩阵为

$$\bar{\boldsymbol{A}}=\begin{pmatrix} 3 & 1 & 10 & 3 & 7 \\ 1 & 4 & 7 & 1 & 6 \\ 2 & 1 & 7 & 2 & 5 \\ 3 & 5 & 14 & -1 & 7 \end{pmatrix} \to \begin{pmatrix} 1 & 4 & 7 & 1 & 6 \\ 0 & -11 & -11 & 0 & -11 \\ 0 & -7 & -7 & 0 & -7 \\ 0 & -7 & -7 & -4 & -11 \end{pmatrix} \to \begin{pmatrix} 1 & 4 & 7 & 1 & 6 \\ 0 & 1 & 1 & 0 & 1 \\ 0 & 1 & 1 & 0 & 1 \\ 0 & 0 & 0 & -4 & -4 \end{pmatrix}$$

$$\to \begin{pmatrix} 1 & 0 & 3 & 1 & 2 \\ 0 & 1 & 1 & 0 & 1 \\ 0 & 0 & 0 & 1 & 1 \\ 0 & 0 & 0 & 0 & 0 \end{pmatrix} \to \begin{pmatrix} 1 & 0 & 3 & 0 & 1 \\ 0 & 1 & 1 & 0 & 1 \\ 0 & 0 & 0 & 1 & 1 \\ 0 & 0 & 0 & 0 & 0 \end{pmatrix}$$

故一般解为

$$\begin{cases} x_1 = 1 - 3x_3 \\ x_2 = 1 - x_3 \\ x_4 = 1 \end{cases}$$

(2) 增广矩阵为

$$\overline{\boldsymbol{B}}=\begin{pmatrix}1 & -1 & 2 & 4\\ 3 & 3 & 8 & 16\\ 4 & -1 & 9 & 14\\ 2 & 1 & 5 & 6\end{pmatrix}\to\begin{pmatrix}1 & -1 & 2 & 4\\ 0 & 6 & 2 & 4\\ 0 & 3 & 1 & -2\\ 0 & 3 & 1 & -2\end{pmatrix}\to\begin{pmatrix}1 & -1 & 2 & 4\\ 0 & 0 & 0 & 8\\ 0 & 3 & 1 & -2\\ 0 & 3 & 1 & -2\end{pmatrix}$$

有 0=8，矛盾！因此无解.

(3) 增广矩阵为

$$\overline{\boldsymbol{C}}=\begin{pmatrix}6 & 1 & -2 & 4 & 7\\ 1 & 0 & 2 & 3 & -4\\ 8 & 1 & 2 & 2 & -1\\ 7 & 1 & 0 & -1 & 3\end{pmatrix}\to\begin{pmatrix}1 & 0 & 2 & 3 & -4\\ 0 & 1 & -14 & -14 & 31\\ 0 & 1 & -14 & -22 & 31\\ 0 & 1 & -14 & -22 & 31\end{pmatrix}$$

$$\to\begin{pmatrix}1 & 0 & 2 & 3 & -4\\ 0 & 1 & -14 & -22 & 31\\ 0 & 0 & 0 & -8 & 0\\ 0 & 0 & 0 & -8 & 0\end{pmatrix}\to\begin{pmatrix}1 & 0 & 2 & 0 & -4\\ 0 & 1 & -14 & 0 & 31\\ 0 & 0 & 0 & 1 & 0\\ 0 & 0 & 0 & 0 & 0\end{pmatrix}$$

故一般解为

$$\begin{cases}x=-4-2z\\ y=31+14z\\ w=0\end{cases}$$

对于齐次线性方程组：

$$\begin{cases}a_{11}x_1+a_{12}x_2+\cdots+a_{1n}x_n=0\\ a_{21}x_1+a_{22}x_2+\cdots+a_{2n}x_n=0\\ \quad\vdots\\ a_{m1}x_1+a_{m2}x_2+\cdots+a_{mn}x_n=0\end{cases}\tag{3.1.10}$$

该方程组称为(3.1.4)的导出组. 齐次线性方程组永远有零解 $x_1=x_2=\cdots=x_n=0$，其它解称为非零解.

定理 3　齐次线性方程组(3.1.10)当 $m<n$ 时有非零解.

证明　由定理 2，因为(3.1.10)的系数矩阵通过初等行变换化成简化阶梯形矩阵后每行主元"1"的个数 $r\leqslant m<n$，故定理 3 成立.

习题 3.1

1. 对下列方程组的增广矩阵作初等行变换求其一般解.

$$\begin{cases}x-y+2w=0\\ 3x+2y-z+w=1\\ 2x+3y-z-w=1\\ x+4y-z-3w=1\end{cases},\quad\begin{cases}2x_1+x_2+x_3+x_4=3\\ x_1+2x_2+x_3+x_4=3\\ x_1+x_2+2x_3+x_4=3\\ x_1+x_2+x_3+2x_4=1\end{cases},\quad\begin{cases}3x_1+x_2+10x_3+3x_4=7\\ x_1+4x_2+7x_3+x_4=6\\ 2x_1+x_2+14x_3+2x_4=5\\ 3x_1+5x_2+14x_3-x_4=7\end{cases},$$

$$\begin{cases}x-2y+z+u-v=0\\2x+y-z-u+v=0\\x+7y-5z-5u+5v=0\\3x-y-2z+u-v=0\end{cases},\quad \begin{cases}x+3y-2z-5u-2v=-2\\3x-y+4z+4u-4v=-4\\4x-2y+6z+3u-4v=-4\\2x-6y+8z-u+3v=3\end{cases},\quad \begin{cases}x_1+2x_2+x_3+2x_4=6\\2x_1+4x_2+x_3-x_4=6\\4x_1+8x_2+3x_3+3x_4=18\\3x_1+6x_2+2x_3+x_4=12\end{cases}$$

2\. 设 $\boldsymbol{A}=\begin{pmatrix}1&-2&1&-1&1\\2&-4&1&0&2\\-2&4&-2&3&3\\3&-6&2&-1&3\end{pmatrix}$，利用初等行变换化成阶梯形矩阵 $\boldsymbol{B}$、简化阶梯形矩阵 $\boldsymbol{C}$.

3.2 n 维向量及向量的线性表示

类似于中学向量的线性运算，本节讨论有限维向量的概念及其线性运算.

3.2.1 n 维向量的概念及线性运算

定义 1 n 个实数组成的有序数组 $\boldsymbol{\alpha}=(a_1, a_2,\cdots, a_n)$ 称为 n 维行向量. 一般用小写黑体 $\boldsymbol{\alpha}$, $\boldsymbol{\beta}$, $\boldsymbol{\gamma}$ 等希腊字母表示，其中 a_i 称为向量 $\boldsymbol{\alpha}$ 的第 i 个分量；$\boldsymbol{\beta}=\begin{pmatrix}b_1\\b_2\\\vdots\\b_n\end{pmatrix}$ 称为 n 维列向量，其中 b_i 称为向量 $\boldsymbol{\beta}$ 的第 i 个分量. $\boldsymbol{\beta}$ 可写成 $\boldsymbol{\beta}=(b_1, b_2,\cdots, b_n)^{\mathrm{T}}$.

行向量与列向量没有本质的区别，只是形式上不同.

矩阵 $\boldsymbol{A}=\begin{pmatrix}a_{11}&a_{12}&\cdots&a_{1n}\\a_{21}&a_{22}&\cdots&a_{2n}\\\vdots&\vdots&\ddots&\vdots\\a_{m1}&a_{m2}&\cdots&a_{mn}\end{pmatrix}$ 中每一行 $(a_{i1}, a_{i2},\cdots, a_{in})(i=1, 2,\cdots, m)$ 都是 n 维行向量，每一列 $\begin{pmatrix}a_{1j}\\a_{2j}\\\vdots\\a_{mj}\end{pmatrix}(j=1, 2,\cdots, n)$ 都是 m 维列向量.

向量相等：两个 n 维行(列)向量当且仅当它们各对应分量都相等时，才是相等的，即若 $\boldsymbol{\alpha}=(a_1, a_2,\cdots, a_n)$，$\boldsymbol{\beta}=(b_1, b_2,\cdots, b_n)$，当且仅当 $a_i=b_i(i=1, 2,\cdots, n)$ 时，$\alpha=\beta$.

零向量：所有分量均为零的向量称为零向量，记为 $\mathbf{0}=(0, 0,\cdots, 0)$.

负向量：n 维向量 $\boldsymbol{\alpha}=(a_1, a_2,\cdots, a_n)$ 的各分量的相反数组成的 n 维向量，称为 $\boldsymbol{\alpha}$ 的负向量，记为 $-\boldsymbol{\alpha}$，即 $-\boldsymbol{\alpha}=(-a_1, -a_2,\cdots, -a_n)$.

因为 n 维行向量是 $1\times n$ 矩阵，n 维列向量是 $n\times 1$ 矩阵，所以，矩阵的加法和数乘运算及其运算规律都适合于 n 维向量的运算.

向量的和：两个 n 维向量 $\boldsymbol{\alpha}=(a_1, a_2,\cdots, a_n)$ 与 $\boldsymbol{\beta}=(b_1, b_2,\cdots, b_n)$ 的各对应分量之和

组成的向量，称为向量 $\boldsymbol{\alpha}$ 与 $\boldsymbol{\beta}$ 的和，记为 $\boldsymbol{\alpha}+\boldsymbol{\beta}$，即

$$\boldsymbol{\alpha}+\boldsymbol{\beta}=(a_1+b_1,\ a_2+b_2,\cdots,\ a_n+b_n)$$

$$\boldsymbol{\alpha}-\boldsymbol{\beta}=\boldsymbol{\alpha}+(-\boldsymbol{\beta})=(a_1-b_1,a_2-b_2,\cdots,a_n-b_n)$$

向量的数乘：n 维向量 $\boldsymbol{\alpha}=(a_1,\ a_2,\cdots,\ a_n)$ 的各个分量都乘以 k(k 为一实数)所组成的向量，称为数 k 与向量 $\boldsymbol{\alpha}$ 的乘积，记为 $k\boldsymbol{\alpha}$，即 $k\boldsymbol{\alpha}=(ka_1,\ ka_2,\cdots,\ ka_n)$.

线性运算的算律：向量的加减及数乘称为向量的线性运算，满足以下 8 条算律.

(1) $\boldsymbol{\alpha}+\boldsymbol{\beta}=\boldsymbol{\beta}+\boldsymbol{\alpha}$；

(2) $\boldsymbol{\alpha}+(\boldsymbol{\beta}+\boldsymbol{\gamma})=(\boldsymbol{\alpha}+\boldsymbol{\beta})+\boldsymbol{\gamma}$；

(3) $\boldsymbol{\alpha}+\mathbf{0}=\mathbf{0}+\boldsymbol{\alpha}=\boldsymbol{\alpha}$；

(4) $\boldsymbol{\alpha}+(-\boldsymbol{\alpha})=\mathbf{0}$；

(5) $(k+l)\boldsymbol{\alpha}=k\boldsymbol{\alpha}+l\boldsymbol{\alpha}$；

(6) $k(\boldsymbol{\alpha}+\boldsymbol{\beta})=k\boldsymbol{\alpha}+k\boldsymbol{\beta}$；

(7) $(kl)\boldsymbol{\alpha}=k(l\boldsymbol{\alpha})$；

(8) $1\cdot\boldsymbol{\alpha}=\boldsymbol{\alpha}$，其中 $\boldsymbol{\alpha}$，$\boldsymbol{\beta}$，$\boldsymbol{\gamma}$ 都是 n 维向量，k，l 为实数.

向量空间：所有 n 维实向量的集合记为 $\mathbf{R}^n$，称 $\mathbf{R}^n$ 为实 n 维向量空间.

$\mathbf{R}^n$ 具有线性运算，即加减及数乘，且线性运算满足以上 8 条规律.

例 3.2.1　已知 $\boldsymbol{\alpha}=\begin{pmatrix}2\\-3\\-1\\0\end{pmatrix}$，$\boldsymbol{\beta}=\begin{pmatrix}0\\1\\-4\\2\end{pmatrix}$，求 $\boldsymbol{\alpha}+\boldsymbol{\beta}$，$3\boldsymbol{\alpha}-2\boldsymbol{\beta}$.

解

$$\boldsymbol{\alpha}+\boldsymbol{\beta}=\begin{pmatrix}2\\-2\\-5\\2\end{pmatrix}$$

$$3\boldsymbol{\alpha}-2\boldsymbol{\beta}=\begin{pmatrix}6\\-9\\-3\\0\end{pmatrix}-\begin{pmatrix}0\\2\\-8\\4\end{pmatrix}=\begin{pmatrix}6\\-11\\5\\-4\end{pmatrix}$$

例 3.2.2　$\boldsymbol{\alpha}=\begin{pmatrix}2\\-1\\0\\3\end{pmatrix}$，$\boldsymbol{\beta}=\begin{pmatrix}0\\3\\-2\\4\end{pmatrix}$，$\boldsymbol{\gamma}=\begin{pmatrix}-1\\4\\5\\0\end{pmatrix}$，$2(\boldsymbol{\alpha}-\boldsymbol{X})+3(\boldsymbol{\beta}+\boldsymbol{X})+(\boldsymbol{\gamma}+\boldsymbol{X})=\mathbf{0}$，求 $\boldsymbol{X}$.

解

$$\boldsymbol{X}=-\frac{1}{2}(2\boldsymbol{\alpha}+3\boldsymbol{\beta}+\boldsymbol{\gamma})=-\frac{1}{2}\begin{pmatrix}3\\11\\-1\\18\end{pmatrix}=\begin{pmatrix}-\frac{3}{2}\\-\frac{11}{2}\\\frac{1}{2}\\-9\end{pmatrix}$$

3.2.2 向量组及线性组合

m 个 n 维列向量组成的向量组(同维向量)$\boldsymbol{A}$：$\boldsymbol{\alpha}_1$，$\boldsymbol{\alpha}_2$，…，$\boldsymbol{\alpha}_m$ 构成一个 $n\times m$ 矩阵 $\boldsymbol{A}=(\boldsymbol{\alpha}_1, \boldsymbol{\alpha}_2, \cdots, \boldsymbol{\alpha}_m)$；

m 个 n 维行向量组成的向量组(同维向量)$\boldsymbol{B}$：$\boldsymbol{\beta}_1^{\mathrm{T}}$，$\boldsymbol{\beta}_2^{\mathrm{T}}$，…，$\boldsymbol{\beta}_m^{\mathrm{T}}$ 构成一个 $m\times n$ 矩阵 $\boldsymbol{B}=(\boldsymbol{\beta}_1^{\mathrm{T}}, \boldsymbol{\beta}_2^{\mathrm{T}}, \cdots, \boldsymbol{\beta}_m^{\mathrm{T}})^{\mathrm{T}}$.

定义 2 给定向量组 $\boldsymbol{A}$：$\boldsymbol{\alpha}_1$，$\boldsymbol{\alpha}_2$，…，$\boldsymbol{\alpha}_m$，对于任何一组实数 k_1，k_2，…，k_m，表达式

$$k_1\boldsymbol{\alpha}_1+k_2\boldsymbol{\alpha}_2+\cdots+k_m\boldsymbol{\alpha}_m$$

称为向量组 $\boldsymbol{A}$ 的一个线性组合(线性表示)，k_1，k_2，…，k_m 称为这个线性组合的表示系数.

给定向量组 $\boldsymbol{A}$：$\boldsymbol{\alpha}_1$，$\boldsymbol{\alpha}_2$，…，$\boldsymbol{\alpha}_m$ 与同维向量 $\boldsymbol{\beta}$，若存在一组实数 k_1，k_2，…，k_m，使

$$\boldsymbol{\beta}=k_1\boldsymbol{\alpha}_1+k_2\boldsymbol{\alpha}_2+\cdots+k_m\boldsymbol{\alpha}_m$$

则向量 $\boldsymbol{\beta}$ 是向量组 $\boldsymbol{A}$ 的线性组合，称向量 $\boldsymbol{\beta}$ 可由向量组 $\boldsymbol{A}$ 线性表出(线性表示).

(1) 零向量可由任意一组同维向量线性表出：

$$\boldsymbol{0}=0\boldsymbol{\alpha}_1+0\boldsymbol{\alpha}_2+\cdots+0\boldsymbol{\alpha}_m$$

(2) 向量组 $\boldsymbol{A}$：$\boldsymbol{\alpha}_1$，$\boldsymbol{\alpha}_2$，…，$\boldsymbol{\alpha}_m$ 中任意向量可由向量组 $\boldsymbol{A}$ 线性表出：

$$\boldsymbol{\alpha}_i=0\boldsymbol{\alpha}_1+\cdots+0\boldsymbol{\alpha}_{i-1}+1\boldsymbol{\alpha}_i+0\boldsymbol{\alpha}_{i+1}+\cdots+0\boldsymbol{\alpha}_m$$

(3) 设 $\boldsymbol{\varepsilon}_1=(1, 0, 0, \cdots, 0)$，$\boldsymbol{\varepsilon}_2=(0, 1, 0, \cdots, 0)$，…，$\boldsymbol{\varepsilon}_n=(0, 0, \cdots, 0, 1)$称为 n 维单位向量，则任意 n 维向量 $\boldsymbol{\alpha}=(a_1, a_2, \cdots, a_n)=a_1\boldsymbol{\varepsilon}_1+a_2\boldsymbol{\varepsilon}_2+\cdots+a_n\boldsymbol{\varepsilon}_n$.

若向量 $\boldsymbol{\beta}$ 可由向量组 $\boldsymbol{A}$：$\boldsymbol{\alpha}_1$，$\boldsymbol{\alpha}_2$，…，$\boldsymbol{\alpha}_m$ 线性表出，即向量方程为

$$\boldsymbol{\beta}=\boldsymbol{x}_1\boldsymbol{\alpha}_1+\boldsymbol{x}_2\boldsymbol{\alpha}_2+\cdots+\boldsymbol{x}_m\boldsymbol{\alpha}_m \tag{3.2.1}$$

而

$$\boldsymbol{\beta}=\begin{pmatrix}b_1\\b_2\\\vdots\\b_n\end{pmatrix}, \boldsymbol{\alpha}_1=\begin{pmatrix}a_{11}\\a_{21}\\\vdots\\a_{n1}\end{pmatrix}, \boldsymbol{\alpha}_2=\begin{pmatrix}a_{12}\\a_{22}\\\vdots\\a_{n2}\end{pmatrix}, \cdots, \boldsymbol{\alpha}_m=\begin{pmatrix}a_{1m}\\a_{2m}\\\vdots\\a_{nm}\end{pmatrix}$$

则向量方程(3.2.1)等价于线性方程组：

$$\begin{cases}a_{11}x_1+a_{12}x_2+\cdots+a_{1m}x_m=b_1\\a_{21}x_1+a_{22}x_2+\cdots+a_{2m}x_m=b_2\\\qquad\vdots\\a_{n1}x_1+a_{n2}x_2+\cdots+a_{nm}x_m=b_n\end{cases}$$

即把向量之间的线性关系转化为线性方程组的解的问题.

例 3.2.3 设向量 $\boldsymbol{\alpha}_1=\begin{pmatrix}1\\1\\0\end{pmatrix}$，$\boldsymbol{\alpha}_2=\begin{pmatrix}0\\1\\1\end{pmatrix}$，$\boldsymbol{\alpha}_3=\begin{pmatrix}3\\4\\0\end{pmatrix}$，$\boldsymbol{\beta}=\begin{pmatrix}0\\1\\2\end{pmatrix}$，证明：$\boldsymbol{\beta}$ 可由 $\boldsymbol{\alpha}_1$，$\boldsymbol{\alpha}_2$，$\boldsymbol{\alpha}_3$ 线性表出，并求出表达式.

证明 设 $\boldsymbol{\beta}=x_1\boldsymbol{\alpha}_1+x_2\boldsymbol{\alpha}_2+x_3\boldsymbol{\alpha}_3$，则有

$$\begin{cases}x_1+3x_3=0\\x_1+x_2+4x_3=1\\x_2=2\end{cases}$$

其增广矩阵为

$$\bar{\boldsymbol{A}} \to \begin{pmatrix} 1 & 0 & 3 & 0 \\ 0 & 1 & 1 & 1 \\ 0 & 1 & 0 & 2 \end{pmatrix} \to \begin{pmatrix} 1 & 0 & 3 & 0 \\ 0 & 1 & 1 & 1 \\ 0 & 0 & -1 & 1 \end{pmatrix} \to \begin{pmatrix} 1 & 0 & 0 & 3 \\ 0 & 1 & 0 & 2 \\ 0 & 0 & 1 & -1 \end{pmatrix}$$

故

$$\boldsymbol{\beta} = 3\boldsymbol{\alpha}_1 + 2\boldsymbol{\alpha}_2 - \boldsymbol{\alpha}_3$$

定义 3　设有两个向量组 $\boldsymbol{A}$：$\boldsymbol{\alpha}_1, \boldsymbol{\alpha}_2, \cdots, \boldsymbol{\alpha}_m$，$\boldsymbol{B}$：$\boldsymbol{\beta}_1, \boldsymbol{\beta}_2, \cdots, \boldsymbol{\beta}_l$，若 $\boldsymbol{B}$ 组中的每个向量可由向量组 $\boldsymbol{A}$ 线性表出，则称向量组 $\boldsymbol{B}$ 可由向量组 $\boldsymbol{A}$ 线性表出．若向量组 $\boldsymbol{A}$ 与向量组 $\boldsymbol{B}$ 可互相线性表出，称向量组 $\boldsymbol{A}$ 与向量组 $\boldsymbol{B}$ 等价，记作 $\boldsymbol{A} \cong \boldsymbol{B}$.

向量组的等价满足反身性、对称性、传递性.

例 3.2.4　设 $\boldsymbol{\alpha}_1 = \begin{pmatrix} 0 \\ 1 \\ 1 \end{pmatrix}$，$\boldsymbol{\alpha}_2 = \begin{pmatrix} 1 \\ 1 \\ 0 \end{pmatrix}$，$\boldsymbol{\beta}_1 = \begin{pmatrix} -1 \\ 0 \\ 1 \end{pmatrix}$，$\boldsymbol{\beta}_2 = \begin{pmatrix} 1 \\ 2 \\ 1 \end{pmatrix}$，$\boldsymbol{\beta}_3 = \begin{pmatrix} 3 \\ 2 \\ -1 \end{pmatrix}$，证明：$\boldsymbol{\alpha}_1$，$\boldsymbol{\alpha}_2$ 与 $\boldsymbol{\beta}_1$，$\boldsymbol{\beta}_2$，$\boldsymbol{\beta}_3$ 等价.

证明　由于

$$\boldsymbol{\alpha}_1 = \frac{1}{2}\boldsymbol{\beta}_1 + \frac{1}{2}\boldsymbol{\beta}_2,\ \boldsymbol{\alpha}_2 = -\frac{1}{2}\boldsymbol{\beta}_1 + \frac{1}{2}\boldsymbol{\beta}_2$$

$$\boldsymbol{\beta}_1 = \boldsymbol{\alpha}_1 - \boldsymbol{\alpha}_2,\ \boldsymbol{\beta}_2 = \boldsymbol{\alpha}_1 + \boldsymbol{\alpha}_2,\ \boldsymbol{\beta}_3 = -\boldsymbol{\alpha}_1 + 3\boldsymbol{\alpha}_2$$

故 $\boldsymbol{\alpha}_1$，$\boldsymbol{\alpha}_2$ 与 $\boldsymbol{\beta}_1$，$\boldsymbol{\beta}_2$，$\boldsymbol{\beta}_3$ 等价.

习题 3.2

1. 已知 $\boldsymbol{\alpha} = \begin{pmatrix} 3 \\ -4 \\ -2 \\ 1 \end{pmatrix}$，$\boldsymbol{\beta} = \begin{pmatrix} 0 \\ 2 \\ 5 \\ 3 \end{pmatrix}$，求 $3\boldsymbol{\alpha} + 4\boldsymbol{\beta}$，$3\boldsymbol{\alpha} - 2\boldsymbol{\beta}$.

2. 已知 $\boldsymbol{\alpha} = \begin{pmatrix} 1 \\ 2 \\ 3 \\ 4 \end{pmatrix}$，$\boldsymbol{\beta} = \begin{pmatrix} 2 \\ 3 \\ -2 \\ 5 \end{pmatrix}$，$\boldsymbol{\gamma} = \begin{pmatrix} 1 \\ 4 \\ 3 \\ 2 \end{pmatrix}$，$3(\boldsymbol{\alpha} - 2\boldsymbol{X}) + 2(\boldsymbol{\beta} + 3\boldsymbol{X}) + 2(\boldsymbol{\gamma} + 4\boldsymbol{X}) = \boldsymbol{0}$，求 $\boldsymbol{X}$.

3. 设向量组 $\boldsymbol{\beta}_1$，$\boldsymbol{\beta}_2$，$\boldsymbol{\beta}_3$ 由向量组 $\boldsymbol{\alpha}_1$，$\boldsymbol{\alpha}_2$，$\boldsymbol{\alpha}_3$ 的线性表示式为

$$\begin{cases} \boldsymbol{\beta}_1 = \boldsymbol{\alpha}_1 - \boldsymbol{\alpha}_2 + \boldsymbol{\alpha}_3 \\ \boldsymbol{\beta}_2 = \boldsymbol{\alpha}_1 + \boldsymbol{\alpha}_2 - \boldsymbol{\alpha}_3 \\ \boldsymbol{\beta}_3 = -\boldsymbol{\alpha}_1 + \boldsymbol{\alpha}_2 + \boldsymbol{\alpha}_3 \end{cases}$$

求向量组 $\boldsymbol{\alpha}_1$，$\boldsymbol{\alpha}_2$，$\boldsymbol{\alpha}_3$ 由向量组 $\boldsymbol{\beta}_1$，$\boldsymbol{\beta}_2$，$\boldsymbol{\beta}_3$ 的线性表示式.

4. 把下列 $\boldsymbol{\beta}$ 由 $\boldsymbol{\alpha}_1$，$\boldsymbol{\alpha}_2$，$\boldsymbol{\alpha}_3$ 线性表出.

(1) $\boldsymbol{\alpha}_1 = \begin{pmatrix} 1 \\ 1 \\ 2 \\ 2 \end{pmatrix}$，$\boldsymbol{\alpha}_2 = \begin{pmatrix} 2 \\ -1 \\ 0 \\ 3 \end{pmatrix}$，$\boldsymbol{\alpha}_3 = \begin{pmatrix} 0 \\ 3 \\ 2 \\ 1 \end{pmatrix}$，$\boldsymbol{\beta} = \begin{pmatrix} 5 \\ 5 \\ 6 \\ 10 \end{pmatrix}$

(2) $\boldsymbol{\alpha}_1=\begin{pmatrix}1\\2\\1\\2\end{pmatrix}$，$\boldsymbol{\alpha}_2=\begin{pmatrix}2\\1\\0\\3\end{pmatrix}$，$\boldsymbol{\alpha}_3=\begin{pmatrix}0\\1\\2\\1\end{pmatrix}$，$\boldsymbol{\alpha}_4=\begin{pmatrix}3\\4\\3\\5\end{pmatrix}$，$\boldsymbol{\beta}=\begin{pmatrix}0\\0\\0\\1\end{pmatrix}$

(3) $\boldsymbol{\alpha}_1=\begin{pmatrix}1\\1\\1\\2\end{pmatrix}$，$\boldsymbol{\alpha}_2=\begin{pmatrix}2\\1\\1\\3\end{pmatrix}$，$\boldsymbol{\alpha}_3=\begin{pmatrix}1\\1\\2\\1\end{pmatrix}$，$\boldsymbol{\alpha}_4=\begin{pmatrix}3\\4\\3\\5\end{pmatrix}$，$\boldsymbol{\beta}=\begin{pmatrix}0\\0\\0\\1\end{pmatrix}$

5. 设 $\boldsymbol{\alpha}_1=\begin{pmatrix}0\\1\\2\end{pmatrix}$，$\boldsymbol{\alpha}_2=\begin{pmatrix}1\\1\\1\end{pmatrix}$，$\boldsymbol{\beta}_1=\begin{pmatrix}-1\\0\\1\end{pmatrix}$，$\boldsymbol{\beta}_2=\begin{pmatrix}1\\2\\3\end{pmatrix}$，$\boldsymbol{\beta}_3=\begin{pmatrix}3\\2\\1\end{pmatrix}$，证明：$\boldsymbol{\alpha}_1$，$\boldsymbol{\alpha}_2$ 与 $\boldsymbol{\beta}_1$，$\boldsymbol{\beta}_2$，$\boldsymbol{\beta}_3$ 等价.

3.3 向量组的线性相关性

定义 对于向量组 $\boldsymbol{A}$：$\boldsymbol{\alpha}_1,\boldsymbol{\alpha}_2,\cdots,\boldsymbol{\alpha}_m$，若存在一组不全为零的数 $k_1,k_2,\cdots,k_m$，使关系式 $k_1\boldsymbol{\alpha}_1+k_2\boldsymbol{\alpha}_2+\cdots+k_m\boldsymbol{\alpha}_m=\mathbf{0}$ 成立，则称向量组 $\boldsymbol{\alpha}_1,\boldsymbol{\alpha}_2,\cdots,\boldsymbol{\alpha}_m$ 线性相关；若关系式 $x_1\boldsymbol{\alpha}_1+x_2\boldsymbol{\alpha}_2+\cdots+x_m\boldsymbol{\alpha}_m=\mathbf{0}$ 当且仅当 $x_1=x_2=\cdots=x_m=0$ 时成立，则称向量组 $\boldsymbol{\alpha}_1,\boldsymbol{\alpha}_2,\cdots,\boldsymbol{\alpha}_m$ 线性无关.

由定义，我们得出下列结论：

单个向量 $\boldsymbol{\alpha}$ 线性相关的充分必要条件是 $\boldsymbol{\alpha}=\mathbf{0}$；$\boldsymbol{\alpha}$ 线性无关的充分必要条件是 $\boldsymbol{\alpha}\neq\mathbf{0}$.

两个同维向量 $\boldsymbol{\alpha}$，$\boldsymbol{\beta}$ 线性相关的充分必要条件是 $\boldsymbol{\alpha}$，$\boldsymbol{\beta}$ 对应分量成比例；$\boldsymbol{\alpha}$，$\boldsymbol{\beta}$ 线性无关的充分必要条件是 $\boldsymbol{\alpha}$，$\boldsymbol{\beta}$ 对应分量不成比例.

一个向量组不是线性相关必是线性无关，二者必取其一. 线性相关与线性无关统称线性相关性.

由向量组线性相关性与线性表示的定义，我们可得下面结论：

(1) 向量组 $\boldsymbol{A}$：$\boldsymbol{\alpha}_1,\boldsymbol{\alpha}_2,\cdots,\boldsymbol{\alpha}_m(m\geqslant 2)$ 线性相关的充分必要条件是 $\boldsymbol{A}$ 中有一个向量是其余向量的线性组合；向量组 $\boldsymbol{A}$：$\boldsymbol{\alpha}_1,\boldsymbol{\alpha}_2,\cdots,\boldsymbol{\alpha}_m(m\geqslant 2)$ 线性无关的充分必要条件是 $\boldsymbol{A}$ 中每个向量都不是其余向量的线性组合.

证明 若 $\boldsymbol{\alpha}_1,\boldsymbol{\alpha}_2,\cdots,\boldsymbol{\alpha}_m(m\geqslant 2)$ 线性相关，则有不全为零的数 $k_1,k_2,\cdots,k_m$，使关系式 $k_1\boldsymbol{\alpha}_1+k_2\boldsymbol{\alpha}_2+\cdots+k_m\boldsymbol{\alpha}_m=\mathbf{0}$，设 $k_i\neq 0$，则

$$\boldsymbol{\alpha}_i=-\frac{k_1}{k_i}\boldsymbol{\alpha}_1-\frac{k_2}{k_i}\boldsymbol{\alpha}_2-\cdots-\frac{k_{i-1}}{k_i}\boldsymbol{\alpha}_{i-1}-\frac{k_{i+1}}{k_i}\boldsymbol{\alpha}_{i+1}-\cdots-\frac{k_m}{k_i}\boldsymbol{\alpha}_m$$

反之，若 $\boldsymbol{A}$ 中有一个是其余的线性组合，即

$$\boldsymbol{\alpha}_i=l_1\boldsymbol{\alpha}_1+\cdots+l_{i-1}\boldsymbol{\alpha}_{i-1}+l_{i+1}\boldsymbol{\alpha}_{i+1}+\cdots+l_m\boldsymbol{\alpha}_m$$

则

$$l_1\boldsymbol{\alpha}_1+\cdots+l_{i-1}\boldsymbol{\alpha}_{i-1}-\boldsymbol{\alpha}_i+l_{i+1}\boldsymbol{\alpha}_{i+1}+\cdots+l_m\boldsymbol{\alpha}_m=\mathbf{0}$$

故 $\boldsymbol{\alpha}_1,\boldsymbol{\alpha}_2,\cdots,\boldsymbol{\alpha}_m(m\geqslant 2)$ 线性相关.

(2) 含有零向量的向量组必线性相关.

证明
$$0\boldsymbol{\alpha}_1+\cdots+0\boldsymbol{\alpha}_{j-1}+1\mathbf{0}+0\boldsymbol{\alpha}_{j+1}\cdots+0\boldsymbol{\alpha}_m=\mathbf{0}$$

(3) 对于向量组 $\boldsymbol{A}$：$\boldsymbol{\alpha}_1,\boldsymbol{\alpha}_2,\cdots,\boldsymbol{\alpha}_m$，部分相关则整体相关；整体无关则部分无关.

证明　在部分相关的不全为零系数的线性组合等于零向量的等式中用系数为零补齐其它向量，则得整体相关.

例 3.3.1　讨论 n 维单位向量组 $\boldsymbol{E}$，即

$\boldsymbol{\varepsilon}_1=(1,0,0,\cdots,0,0)$，$\boldsymbol{\varepsilon}_2=(0,1,0,\cdots,0,0)$，$\cdots$，$\boldsymbol{\varepsilon}_n=(0,0,0,\cdots,0,1)$的线性相关性.

解　对于任意 n 个实数 $x_1,x_2,\cdots,x_n$，若 $x_1\boldsymbol{\varepsilon}_1+x_2\boldsymbol{\varepsilon}_2+\cdots+x_n\boldsymbol{\varepsilon}_n=\mathbf{0}$，即
$$(x_1,x_2,\cdots,x_n)=(0,0,\cdots,0)$$
故 $x_1=x_2=\cdots=x_n=0$，则 $\boldsymbol{\varepsilon}_1,\boldsymbol{\varepsilon}_2,\cdots,\boldsymbol{\varepsilon}_n$ 线性无关.

例 3.3.2　证明：$\boldsymbol{\alpha}_1=(1,-1,-1,1)$，$\boldsymbol{\alpha}_2=(1,2,1,1)$，$\boldsymbol{\alpha}_3=(1,1,2,1)$，$\boldsymbol{\alpha}_4=(3,2,2,3)$线性相关.

证明　取 4 个实数 x_1,x_2,x_3,x_4，若 $x_1\boldsymbol{\alpha}_1+x_2\boldsymbol{\alpha}_2+x_3\boldsymbol{\alpha}_3+x_4\boldsymbol{\alpha}_4=\mathbf{0}$，则
$$\begin{cases}x_1+x_2+x_3+3x_4=0\\-x_1+2x_2+x_3+2x_4=0\\-x_1+x_2+2x_3+2x_4=0\\x_1+x_2+x_3+3x_4=0\end{cases}$$
$$\begin{pmatrix}1&1&1&3\\-1&2&1&2\\-1&1&2&2\\1&1&1&3\end{pmatrix}\to\begin{pmatrix}1&1&1&3\\0&3&2&5\\0&2&3&5\\0&0&0&0\end{pmatrix}\to\begin{pmatrix}1&0&2&3\\0&1&-1&0\\0&0&5&5\\0&0&0&0\end{pmatrix}\to\begin{pmatrix}1&0&0&1\\0&1&0&1\\0&0&1&1\\0&0&0&0\end{pmatrix}$$
故
$$\begin{cases}x_1=-x_4\\x_2=-x_4\\x_3=-x_4\end{cases}$$
令 $x_4=-1$，得 $\boldsymbol{\alpha}_1+\boldsymbol{\alpha}_2+\boldsymbol{\alpha}_3-\boldsymbol{\alpha}_4=\mathbf{0}$，于是 $\boldsymbol{\alpha}_1,\boldsymbol{\alpha}_2,\boldsymbol{\alpha}_3,\boldsymbol{\alpha}_4$ 线性相关.

例 3.3.3　证明：$\boldsymbol{\alpha}_1=(2,1,1,1)$，$\boldsymbol{\alpha}_2=(1,2,1,1)$，$\boldsymbol{\alpha}_3=(1,1,2,1)$，$\boldsymbol{\alpha}_4=(1,1,1,2)$线性无关.

证明　对于任意 4 个实数 x_1,x_2,x_3,x_4，若 $x_1\boldsymbol{\alpha}_1+x_2\boldsymbol{\alpha}_2+x_3\boldsymbol{\alpha}_3+x_4\boldsymbol{\alpha}_4=\mathbf{0}$，则
$$\begin{cases}2x_1+x_2+x_3+x_4=0\\x_1+2x_2+x_3+x_4=0\\x_1+x_2+2x_3+x_4=0\\x_1+x_2+x_3+2x_4=0\end{cases}$$
$$\begin{pmatrix}2&1&1&1\\1&2&1&1\\1&1&2&1\\1&1&1&2\end{pmatrix}\to\begin{pmatrix}1&1&1&1\\0&1&0&0\\0&0&1&0\\0&0&0&1\end{pmatrix}\to\begin{pmatrix}1&0&0&0\\0&1&0&0\\0&0&1&0\\0&0&0&1\end{pmatrix}$$

故 $x_1=x_2=x_3=x_4=0$，则 $\boldsymbol{\alpha}_1,\boldsymbol{\alpha}_2,\boldsymbol{\alpha}_3,\boldsymbol{\alpha}_4$ 线性无关.

例 3.3.4 设向量组 $\boldsymbol{\alpha}_1,\boldsymbol{\alpha}_2,\boldsymbol{\alpha}_3$ 线性无关，令

$$\boldsymbol{\beta}_1=\boldsymbol{\alpha}_1-\boldsymbol{\alpha}_2+\boldsymbol{\alpha}_3,\ \boldsymbol{\beta}_2=\boldsymbol{\alpha}_2+\boldsymbol{\alpha}_3,\ \boldsymbol{\beta}_3=2\boldsymbol{\alpha}_1-\boldsymbol{\alpha}_2+2\boldsymbol{\alpha}_3$$

证明：$\boldsymbol{\beta}_1,\boldsymbol{\beta}_2,\boldsymbol{\beta}_3$ 线性无关.

证明 对于任意 3 个实数 x_1,x_2,x_3，若 $x_1\boldsymbol{\beta}_1+x_2\boldsymbol{\beta}_2+x_3\boldsymbol{\beta}_3=\mathbf{0}$，即

$$\begin{aligned}&x_1(\boldsymbol{\alpha}_1-\boldsymbol{\alpha}_2+\boldsymbol{\alpha}_3)+x_2(\boldsymbol{\alpha}_2+\boldsymbol{\alpha}_3)+x_3(2\boldsymbol{\alpha}_1-\boldsymbol{\alpha}_2+2\boldsymbol{\alpha}_3)\\&=(x_1+2x_3)\boldsymbol{\alpha}_1+(-x_1+x_2-x_3)\boldsymbol{\alpha}_2+(x_1+x_2+2x_3)\boldsymbol{\alpha}_3=\mathbf{0}\end{aligned}$$

由 $\boldsymbol{\alpha}_1,\boldsymbol{\alpha}_2,\boldsymbol{\alpha}_3$ 线性无关，有

$$\begin{cases}x_1+2x_3=0\\-x_1+x_2-x_3=0\\x_1+x_2+2x_3=0\end{cases}$$

而

$$\boldsymbol{A}=\begin{pmatrix}1&0&2\\-1&1&-1\\1&1&2\end{pmatrix}\to\begin{pmatrix}1&0&2\\0&1&1\\0&1&0\end{pmatrix}\to\begin{pmatrix}1&0&0\\0&1&0\\0&0&1\end{pmatrix}$$

故 $x_1=x_2=x_3=0$，则 $\boldsymbol{\beta}_1,\boldsymbol{\beta}_2,\boldsymbol{\beta}_3$ 线性无关.

定理 1 设 $\boldsymbol{\alpha}_1,\boldsymbol{\alpha}_2,\cdots,\boldsymbol{\alpha}_s$ 与 $\boldsymbol{\beta}_1,\boldsymbol{\beta}_2,\cdots,\boldsymbol{\beta}_t$ 是两个向量组，如果：

(1) 向量组 $\boldsymbol{\alpha}_1,\boldsymbol{\alpha}_2,\cdots,\boldsymbol{\alpha}_s$ 可以经向量组 $\boldsymbol{\beta}_1,\boldsymbol{\beta}_2,\cdots,\boldsymbol{\beta}_t$ 线性表出；

(2) $s>t$，

那么向量组 $\boldsymbol{\alpha}_1,\boldsymbol{\alpha}_2,\cdots,\boldsymbol{\alpha}_s$ 必线性相关.

证明 由(1)有

$$\boldsymbol{\alpha}_i=b_{i1}\boldsymbol{\beta}_1+b_{i2}\boldsymbol{\beta}_2+\cdots+b_{it}\boldsymbol{\beta}_t\triangleq\sum_{j=1}^{t}b_{ij}\boldsymbol{\beta}_j,\ i=1,2,\cdots,s$$

为了证明 $\boldsymbol{\alpha}_1,\boldsymbol{\alpha}_2,\cdots,\boldsymbol{\alpha}_s$ 线性相关，只要证明可以找到不全为 0 的数 $x_1,x_2,\cdots,x_s$ 使

$$x_1\boldsymbol{\alpha}_1+x_2\boldsymbol{\alpha}_2+\cdots+x_s\boldsymbol{\alpha}_s=\mathbf{0}$$

而

$$x_1\boldsymbol{\alpha}_1+x_2\boldsymbol{\alpha}_2+\cdots+x_s\boldsymbol{\alpha}_s=\sum_{i=1}^{s}x_i\sum_{j=1}^{t}b_{ij}\boldsymbol{\beta}_j=\sum_{i=1}^{s}\sum_{j=1}^{t}b_{ij}x_i\boldsymbol{\beta}_j=\sum_{j=1}^{t}\Big(\sum_{i=1}^{s}b_{ij}x_i\Big)\boldsymbol{\beta}_j$$

令

$$\begin{cases}b_{11}x_1+b_{21}x_2+\cdots+b_{s1}x_s=0\\b_{12}x_1+b_{22}x_2+\cdots+b_{s2}x_s=0\\\qquad\qquad\vdots\\b_{1t}x_1+b_{2t}x_2+\cdots+b_{st}x_s=0\end{cases}$$

由(2)$s>t$，根据 3.1 节定理 3，它有非零解.

推论 1 如果向量组 $\boldsymbol{\alpha}_1,\boldsymbol{\alpha}_2,\cdots,\boldsymbol{\alpha}_s$ 可以经向量组 $\boldsymbol{\beta}_1,\boldsymbol{\beta}_2,\cdots,\boldsymbol{\beta}_t$ 线性表出，且 $\boldsymbol{\alpha}_1,\boldsymbol{\alpha}_2,\cdots,\boldsymbol{\alpha}_s$ 线性无关，那么 $s\leqslant t$.

推论 2 两个线性无关的等价的向量组所含向量个数相同.

推论 3　m 个 n 维向量组成的向量组 $\boldsymbol{A}$：$\boldsymbol{\alpha}_1, \boldsymbol{\alpha}_2, \cdots, \boldsymbol{\alpha}_m$，当 $m>n$ 时必线性相关，特别地，$n+1$ 个 n 维向量必线性相关.

定理 2　若向量组 $\boldsymbol{\alpha}_i=(a_{i1}, a_{i2}, \cdots, a_{in})(i=1, 2, \cdots, m)$ 线性无关，则其扩充组

$$\boldsymbol{\beta}_i=(a_{i1}, a_{i2}, \cdots, a_{in}, b_{i1}, b_{i2}, \cdots, b_{is})\quad (i=1, 2, \cdots, m)$$

也线性无关.

证明　对于任意 m 个实数 $x_1, x_2, \cdots, x_m$，若 $x_1\boldsymbol{\beta}_1+x_2\boldsymbol{\beta}_2+\cdots+x_m\boldsymbol{\beta}_m=\boldsymbol{0}$，则

$$\begin{cases} a_{11}x_1+a_{21}x_2+\cdots+a_{m1}x_m=0 \\ a_{12}x_1+a_{22}x_2+\cdots+a_{m2}x_m=0 \\ \quad\vdots \\ a_{1n}x_1+a_{2n}x_2+\cdots+a_{mn}x_m=0 \\ b_{11}x_1+b_{21}x_2+\cdots+b_{m1}x_m=0 \\ b_{12}x_1+b_{22}x_2+\cdots+b_{m2}x_m=0 \\ \quad\vdots \\ b_{1s}x_1+b_{2s}x_2+\cdots+b_{ms}x_m=0 \end{cases} \tag{3.3.1}$$

由于向量组 $\boldsymbol{\alpha}_i=(a_{i1}, a_{i2}, \cdots, a_{in})(i=1, 2, \cdots, m)$ 线性无关，故方程组(3.3.1)中，由 m 个方程构成的方程组只有零解，从而方程组(3.3.1)也只有零解，则 $\boldsymbol{\beta}_i=(a_{i1}, a_{i2}, \cdots, a_{in}, b_{i1}, b_{i2}, \cdots, b_{is})(i=1, 2, \cdots, m)$ 线性无关.

定理 3　若 $|a_{ij}|_n\neq 0$，则向量组 $\boldsymbol{\alpha}_i=(a_{i1}, a_{i2}, \cdots, a_{in})(i=1, 2, \cdots, n)$ 线性无关.

证明　对于任意 n 个实数 $x_1, x_2, \cdots, x_n$，若 $x_1\boldsymbol{\alpha}_1+x_2\boldsymbol{\alpha}_2+\cdots+x_n\boldsymbol{\alpha}_n=\boldsymbol{0}$，则

$$\begin{cases} a_{11}x_1+a_{21}x_2+\cdots+a_{n1}x_n=0 \\ a_{12}x_1+a_{22}x_2+\cdots+a_{n2}x_n=0 \\ \quad\vdots \\ a_{1n}x_1+a_{2n}x_2+\cdots+a_{mn}x_n=0 \end{cases} \tag{3.3.2}$$

其系数行列式 $|a_{ji}|_n=|a_{ij}|_n\neq 0$，故方程组(3.3.2)只有零解，则 $\boldsymbol{\alpha}_i=(a_{i1}, a_{i2}, \cdots, a_{in})(i=1, 2, \cdots, n)$ 线性无关.

习题 3.3

1. 讨论下列向量组的线性相关性.

$\boldsymbol{A}_1$：$\boldsymbol{\alpha}_1=(1, 1, 2, 2)$，$\boldsymbol{\alpha}_2=(0, 1, 1, 1)$，$\boldsymbol{\alpha}_3=(2, 1, 2, 1)$，$\boldsymbol{\alpha}_4=(5, 6, 10, 9)$

$\boldsymbol{A}_2$：$\boldsymbol{\alpha}_1=(1, -1, 2, 2)$，$\boldsymbol{\alpha}_2=(1, -1, 3, 1)$，$\boldsymbol{\alpha}_3=(2, 2, -1, 1)$，$\boldsymbol{\alpha}_4=(9, 3, 5, 7)$

$\boldsymbol{A}_3$：$\boldsymbol{\alpha}_1=(1, -1, -2, 2)$，$\boldsymbol{\alpha}_2=(1, 3, 2, -1)$，$\boldsymbol{\alpha}_3=(2, -2, -1, 1)$，$\boldsymbol{\alpha}_4=(4, 0, -1, 2)$.

2. 证明 $\boldsymbol{\alpha}_1=(2, 1, 0, 2)$，$\boldsymbol{\alpha}_2=(1, 1, 2, 3)$，$\boldsymbol{\alpha}_3=(1, 1, 2, 1)$，$\boldsymbol{\alpha}_4=(2, 1, 0, 4)$ 线性相关.

3. 证明 $\boldsymbol{\alpha}_1=(2, 1, 1, 1)$，$\boldsymbol{\alpha}_2=(1, 3, 1, 1)$，$\boldsymbol{\alpha}_3=(1, 1, 4, 1)$，$\boldsymbol{\alpha}_4=(1, 1, 1, 5)$ 线性无关.

4. 设 $\boldsymbol{\alpha}, \boldsymbol{\beta}, \boldsymbol{\gamma}$ 线性无关，证明：

(1) $\boldsymbol{\alpha}+\boldsymbol{\beta}, \boldsymbol{\beta}+\boldsymbol{\gamma}, \boldsymbol{\gamma}+\boldsymbol{\alpha}$ 线性无关；

(2) $2\boldsymbol{\alpha}+\boldsymbol{\beta}+\boldsymbol{\gamma}$，$\boldsymbol{\alpha}+2\boldsymbol{\beta}+\boldsymbol{\gamma}$，$\boldsymbol{\alpha}+\boldsymbol{\beta}+2\boldsymbol{\gamma}$ 线性无关；

(3) $2\boldsymbol{\alpha}+\boldsymbol{\beta}+\boldsymbol{\gamma}$，$\boldsymbol{\alpha}+3\boldsymbol{\beta}+\boldsymbol{\gamma}$，$\boldsymbol{\alpha}+\boldsymbol{\beta}+4\boldsymbol{\gamma}$ 线性无关.

5. 设向量组 $\boldsymbol{A}$：$\boldsymbol{\alpha}_1$，$\boldsymbol{\alpha}_2$，…，$\boldsymbol{\alpha}_m$ 线性无关，向量组 $\boldsymbol{B}$：$\boldsymbol{\alpha}_1$，$\boldsymbol{\alpha}_2$，…，$\boldsymbol{\alpha}_m$，$\boldsymbol{\beta}$ 线性相关，则向量 $\boldsymbol{\beta}$ 可由向量组 $\boldsymbol{A}$ 线性表出，且表示方法唯一.

3.4　向量组的秩与矩阵的秩

定义 1　设 n 维向量组 $\boldsymbol{A}$：$\boldsymbol{\alpha}_1$，$\boldsymbol{\alpha}_2$，…，$\boldsymbol{\alpha}_s$ 中有 r 个向量构成向量组，即

$$\boldsymbol{A}_j：\boldsymbol{\alpha}_{j_1}，\boldsymbol{\alpha}_{j_2}，\cdots，\boldsymbol{\alpha}_{j_r}$$

满足：① 向量组 $\boldsymbol{A}_j$：$\boldsymbol{\alpha}_{j_1}$，$\boldsymbol{\alpha}_{j_2}$，…，$\boldsymbol{\alpha}_{j_r}$ 线性无关；② $\boldsymbol{\alpha}_1$，$\boldsymbol{\alpha}_2$，…，$\boldsymbol{\alpha}_s$ 中每个向量 $\boldsymbol{\alpha}_k$ 可由 $\boldsymbol{A}_j$ 线性表示，则称 $\boldsymbol{A}_j$ 为向量组 $\boldsymbol{\alpha}_1$，$\boldsymbol{\alpha}_2$，…，$\boldsymbol{\alpha}_s$ 的极大无关组.

例 3.4.1　求向量组 $\boldsymbol{\alpha}_1=(1, 1, 2)$，$\boldsymbol{\alpha}_2=(0, 1, 1)$，$\boldsymbol{\alpha}_3=(-1, -2, -3)$的极大无关组.

解　$\boldsymbol{\alpha}_1$，$\boldsymbol{\alpha}_2$；$\boldsymbol{\alpha}_2$，$\boldsymbol{\alpha}_3$；$\boldsymbol{\alpha}_1$，$\boldsymbol{\alpha}_3$ 这三组向量的对应分量都不成比例而均线性无关. 而 $\boldsymbol{\alpha}_3=-\boldsymbol{\alpha}_1-\boldsymbol{\alpha}_2$，$\boldsymbol{\alpha}_1=-\boldsymbol{\alpha}_2-\boldsymbol{\alpha}_3$，$\boldsymbol{\alpha}_2=-\boldsymbol{\alpha}_1-\boldsymbol{\alpha}_3$，可得 $\boldsymbol{\alpha}_1$，$\boldsymbol{\alpha}_2$；$\boldsymbol{\alpha}_2$，$\boldsymbol{\alpha}_3$；$\boldsymbol{\alpha}_1$，$\boldsymbol{\alpha}_3$ 这三个向量组都是 $\boldsymbol{\alpha}_1$，$\boldsymbol{\alpha}_2$，$\boldsymbol{\alpha}_3$ 的极大无关组.

注意：① 向量组的极大无关组不唯一；② 极大无关组与向量组本身等价；③ 由等价的性质，极大无关组所含向量的个数相等.

定义 2　向量组 $\boldsymbol{\alpha}_1$，$\boldsymbol{\alpha}_2$，…，$\boldsymbol{\alpha}_s$ 的极大无关组所含向量的个数，称为这个向量组的秩，记作 $R(\boldsymbol{\alpha}_1, \boldsymbol{\alpha}_2, \cdots, \boldsymbol{\alpha}_s)$.

例 3.4.1 中，$R(\boldsymbol{\alpha}_1, \boldsymbol{\alpha}_2, \boldsymbol{\alpha}_3)=2$.

只有零向量构成的向量组无极大无关组，规定其秩为零.

1. 向量组的秩与矩阵的秩的关系

矩阵的行秩与列秩的定义：矩阵的行向量组成的向量组的秩称为矩阵的行秩；矩阵的列向量组成的向量组的秩称为矩阵的列秩.

定理　矩阵的行秩等于其列秩，都等于矩阵的秩.

证明　由于矩阵的行(列)初等变换可逆，且其逆变换还是行(列)初等变换，则矩阵的初等行(列)变换不改变行(列)秩.

设矩阵 $\boldsymbol{A}$ 的行秩为 r，则 $\boldsymbol{A}$ 有 r 行线性无关，把这 r 行构成的矩阵记为 $\boldsymbol{B}$，则 $\boldsymbol{B}$ 由初等行变换化为简化阶梯形矩阵后，非零行的行数也应是 r，即每行主元“1”的总个数也应是 r，故主元所在列构成的行列式值为 1. 又初等变换不改变矩阵的值，则 $\boldsymbol{A}$ 必有一个 r 阶子式非零，故 $R(\boldsymbol{A})>r$.

另一方面，设 $R(\boldsymbol{A})=s$，则 $\boldsymbol{A}$ 必有一个 s 阶子式非零，由这 s 阶子式的行构成的向量组线性无关(3.3 节定理 3). 又由 3.3 节定理 2 知，这 s 行在 $\boldsymbol{A}$ 所在的行向量线性无关，故 $s<r$，则 $s=r$，即矩阵的行秩等于其秩. 同理等于其列秩.

例 3.4.2　求向量组 $\boldsymbol{\alpha}_1=(2, 1, 0, 2)$，$\boldsymbol{\alpha}_2=(1, 1, 2, 3)$，$\boldsymbol{\alpha}_3=(1, 1, 2, 1)$，$\boldsymbol{\alpha}_4=(2, 1, 0, 4)$的秩与一个极大无关组.

解　取 4 个实数 x_1，x_2，x_3，x_4，若 $x_1\boldsymbol{\alpha}_1+x_2\boldsymbol{\alpha}_2+x_3\boldsymbol{\alpha}_3+x_4\boldsymbol{\alpha}_4=\mathbf{0}$，于是

$$\begin{cases}2x_1+x_2+x_3+2x_4=0\\x_1+x_2+x_3+x_4=0\\2x_2+2x_3=0\\2x_1+3x_2+x_3+4x_4=0\end{cases}$$

$$\boldsymbol{A}=\begin{pmatrix}2&1&1&2\\1&1&1&1\\0&2&2&0\\2&3&1&4\end{pmatrix}\rightarrow\begin{pmatrix}1&1&1&1\\0&-1&-1&0\\0&2&2&0\\0&2&0&2\end{pmatrix}\rightarrow\begin{pmatrix}1&0&0&1\\0&1&0&1\\0&0&1&-1\\0&0&0&0\end{pmatrix}$$

则其秩为 3，$\boldsymbol{\alpha}_1$，$\boldsymbol{\alpha}_2$，$\boldsymbol{\alpha}_3$ 线性无关，为一个极大无关组($\boldsymbol{\alpha}_4=\boldsymbol{\alpha}_1+\boldsymbol{\alpha}_2-\boldsymbol{\alpha}_3$).

例 3.4.3　求向量组 $\boldsymbol{\alpha}_1=\begin{pmatrix}1\\-1\\2\\4\end{pmatrix}$，$\boldsymbol{\alpha}_2=\begin{pmatrix}0\\3\\1\\2\end{pmatrix}$，$\boldsymbol{\alpha}_3=\begin{pmatrix}3\\0\\7\\14\end{pmatrix}$，$\boldsymbol{\alpha}_4=\begin{pmatrix}2\\1\\5\\6\end{pmatrix}$，$\boldsymbol{\alpha}_5=\begin{pmatrix}1\\-1\\2\\0\end{pmatrix}$ 的极大无关组与秩，且把其余向量写成该极大无关组的线性组合.

解　对矩阵 $\boldsymbol{A}=(\boldsymbol{\alpha}_1,\boldsymbol{\alpha}_2,\boldsymbol{\alpha}_3,\boldsymbol{\alpha}_4,\boldsymbol{\alpha}_5)$作初等行变换，化成简化阶梯形：

$$\boldsymbol{A}=(\boldsymbol{\alpha}_1,\boldsymbol{\alpha}_2,\boldsymbol{\alpha}_3,\boldsymbol{\alpha}_4,\boldsymbol{\alpha}_5)=\begin{pmatrix}1&0&3&2&1\\-1&3&0&1&-1\\2&1&7&5&2\\4&2&14&6&0\end{pmatrix}\rightarrow\begin{pmatrix}1&0&3&2&1\\0&3&3&3&0\\0&1&1&1&0\\0&2&2&-2&-4\end{pmatrix}$$

$$\rightarrow\begin{pmatrix}1&0&3&2&1\\0&1&1&1&0\\0&0&0&-4&-4\\0&0&0&0&0\end{pmatrix}\rightarrow\begin{pmatrix}1&0&3&0&-1\\0&1&1&0&-1\\0&0&0&1&1\\0&0&0&0&0\end{pmatrix}$$

则每行首元“1”所对应向量 $\boldsymbol{\alpha}_1$，$\boldsymbol{\alpha}_2$，$\boldsymbol{\alpha}_4$ 为其极大无关组，秩为 3，其余向量 $\boldsymbol{\alpha}_3=3\boldsymbol{\alpha}_1+\boldsymbol{\alpha}_2$，$\boldsymbol{\alpha}_5=-\boldsymbol{\alpha}_1-\boldsymbol{\alpha}_2+\boldsymbol{\alpha}_4$.

2. 向量组的极大无关组的性质

性质 1　向量组的每个极大无关组与自身等价.

性质 2　一个向量组的两个极大无关组等价.

性质 3　等价的两向量组的极大无关组等价，故必有相同的秩.

性质 4　同维向量组 $\boldsymbol{B}$：$\boldsymbol{\beta}_1,\boldsymbol{\beta}_2,\cdots,\boldsymbol{\beta}_l$ 可由向量组 $\boldsymbol{A}$：$\boldsymbol{\alpha}_1,\boldsymbol{\alpha}_2,\cdots,\boldsymbol{\alpha}_m$ 线性表出的充分必要条件是

$$R(\boldsymbol{\alpha}_1,\boldsymbol{\alpha}_2,\cdots,\boldsymbol{\alpha}_m)=R(\boldsymbol{\alpha}_1,\boldsymbol{\alpha}_2,\cdots,\boldsymbol{\alpha}_m,\boldsymbol{\beta}_1,\boldsymbol{\beta}_2,\cdots,\boldsymbol{\beta}_l)$$

习题 3.4

1. 求下列向量组的秩与极大无关组，并把其余向量用极大无关组线性表示.

(1) $\boldsymbol{\alpha}_1=(1, -1, 2, 2)$, $\boldsymbol{\alpha}_2=(2, -2, 2, 3)$, $\boldsymbol{\alpha}_3=(3, -3, 2, 1)$, $\boldsymbol{\alpha}_4=(1, -1, 1, 1)$

(2) $\boldsymbol{\alpha}_1=(1, 2, 3, 2)$, $\boldsymbol{\alpha}_2=(1, 1, 1, 3)$, $\boldsymbol{\alpha}_3=(2, 3, 4, 5)$, $\boldsymbol{\alpha}_4=(3, 5, 7, 7)$

(3) $\boldsymbol{\alpha}_1=(2, 1, 3, 2)$, $\boldsymbol{\alpha}_2=(1, 2, 2, 3)$, $\boldsymbol{\alpha}_3=(1, -1, 1, -1)$, $\boldsymbol{\alpha}_4=(2, 2, 0, 1)$

(4) $\boldsymbol{\alpha}_1=(1, 2, 3, 4)$, $\boldsymbol{\alpha}_2=(2, 3, 4, 3)$, $\boldsymbol{\alpha}_3=(1, 1, 1, 1)$, $\boldsymbol{\alpha}_4=(3, 4, 5, 1)$

2. 证明：向量组 $\boldsymbol{\alpha}_1, \boldsymbol{\alpha}_2, \cdots, \boldsymbol{\alpha}_s$ 线性无关$\Leftrightarrow R(\boldsymbol{\alpha}_1, \boldsymbol{\alpha}_2, \cdots, \boldsymbol{\alpha}_s)=s$.

3. 证明：向量组 $\boldsymbol{\alpha}_1, \boldsymbol{\alpha}_2, \cdots, \boldsymbol{\alpha}_s$ 线性相关$\Leftrightarrow R(\boldsymbol{\alpha}_1, \boldsymbol{\alpha}_2, \cdots, \boldsymbol{\alpha}_s)<s$.

4. 设向量组 $\boldsymbol{\alpha}_1, \boldsymbol{\alpha}_2, \cdots, \boldsymbol{\alpha}_s$ 的秩为 r，证明：$\boldsymbol{\alpha}_1, \boldsymbol{\alpha}_2, \cdots, \boldsymbol{\alpha}_s$ 中任意 r 个线性无关的向量均是它的极大无关组.

5. 设两向量组 $\boldsymbol{A}$, $\boldsymbol{B}$ 的秩相等，且向量组 $\boldsymbol{A}$ 可由向量组 $\boldsymbol{B}$ 线性表示，证明：$\boldsymbol{A}\cong\boldsymbol{B}$.

3.5 线性方程组解的判定

对于一般线性方程组

$$\begin{cases} a_{11}x_1+a_{12}x_2+\cdots+a_{1n}x_n=b_1 \\ a_{21}x_1+a_{22}x_2+\cdots+a_{2n}x_n=b_2 \\ \qquad\vdots \\ a_{m1}x_1+a_{m2}x_2+\cdots+a_{mn}x_n=b_m \end{cases} \tag{3.5.1}$$

$\boldsymbol{A}=(\boldsymbol{\alpha}_1, \boldsymbol{\alpha}_2, \cdots, \boldsymbol{\alpha}_n)$, $\overline{\boldsymbol{A}}=(\boldsymbol{\alpha}_1, \boldsymbol{\alpha}_2, \cdots, \boldsymbol{\alpha}_n, \boldsymbol{\beta})$, $\boldsymbol{\alpha}_i=(a_{1i}, a_{2i}, \cdots, a_{mi})^{\mathrm{T}}(i=1, 2, \cdots, n)$, $\boldsymbol{\beta}=(b_1, b_2, \cdots, b_m)^{\mathrm{T}}$，则方程组(3.5.1)有解 $\boldsymbol{X}=(c_1, c_2, \cdots, c_n)^{\mathrm{T}}$ 的充分必要条件是

$$\boldsymbol{\beta}=c_1\boldsymbol{\alpha}_1+c_2\boldsymbol{\alpha}_2+\cdots+c_n\boldsymbol{\alpha}_n$$

定理 线性方程组(3.5.1)有解的充分必要条件是 $R(\boldsymbol{A})=R(\overline{\boldsymbol{A}})$. 在线性方程组(3.5.1)有解的情况下：① $R(\boldsymbol{A})=R(\overline{\boldsymbol{A}})=r=n$ 时解唯一；② $R(\boldsymbol{A})=R(\overline{\boldsymbol{A}})=r<n$ 时解有无穷多个.

证明 若方程组(3.5.1)有解 $\boldsymbol{X}=(c_1, c_2, \cdots, c_n)^{\mathrm{T}}$，则 $\boldsymbol{\beta}=c_1\boldsymbol{\alpha}_1+c_2\boldsymbol{\alpha}_2+\cdots+c_n\boldsymbol{\alpha}_n$. 从而 $\{\boldsymbol{\alpha}_1, \boldsymbol{\alpha}_2, \cdots, \boldsymbol{\alpha}_n\}\cong\{\boldsymbol{\alpha}_1, \boldsymbol{\alpha}_2, \cdots, \boldsymbol{\alpha}_n, \boldsymbol{\beta}\}$，于是系数矩阵 $\boldsymbol{A}$ 的列秩等于增广矩阵 $\overline{\boldsymbol{A}}$ 的列秩，则 $R(\boldsymbol{A})=R(\overline{\boldsymbol{A}})$.

反之，若 $R(\boldsymbol{A})=R(\overline{\boldsymbol{A}})$，设为 r，则 $\boldsymbol{A}$ 的列向量组有极大无关组 $\boldsymbol{\alpha}_{j_1}, \boldsymbol{\alpha}_{j_2}, \cdots, \boldsymbol{\alpha}_{j_r}$. 但是 $\boldsymbol{\alpha}_{j_1}, \boldsymbol{\alpha}_{j_2}, \cdots, \boldsymbol{\alpha}_{j_r}$ 也是 $\overline{\boldsymbol{A}}$ 的 r 个线性无关的列向量，设 $\boldsymbol{\gamma}$ 是 $\overline{\boldsymbol{A}}$ 的任意一个列向量，则 $r+1$ 个列向量 $\boldsymbol{\alpha}_{j_1}, \boldsymbol{\alpha}_{j_2}, \cdots, \boldsymbol{\alpha}_{j_r}, \boldsymbol{\gamma}$ 可由 $\overline{\boldsymbol{A}}$ 的列向量组的极大无关组(含向量 r 个)线性表示，由替换定理，$\boldsymbol{\alpha}_{j_1}, \boldsymbol{\alpha}_{j_2}, \cdots, \boldsymbol{\alpha}_{j_r}, \boldsymbol{\gamma}$ 线性相关，则有不全为零的数 $d_1, d_2, \cdots, d_r, k$，使

$$d_1\boldsymbol{\alpha}_{j_1}+d_2\boldsymbol{\alpha}_{j_2}+\cdots+d_r\boldsymbol{\alpha}_{j_r}+k\boldsymbol{\gamma}=\boldsymbol{0}$$

若 $k=0$，则由 $\boldsymbol{\alpha}_{j_1}, \boldsymbol{\alpha}_{j_2}, \cdots, \boldsymbol{\alpha}_{j_r}$ 线性无关得 $d_1=d_2=\cdots=d_r=0$ 与 $d_1, d_2, \cdots, d_r, k$ 不全为零矛盾！故 $k\neq0$，于是

$$-\frac{d_1}{k}\boldsymbol{\alpha}_{j_1}-\frac{d_2}{k}\boldsymbol{\alpha}_{j_2}-\cdots-\frac{d_r}{k}\boldsymbol{\alpha}_{j_r}=\boldsymbol{\gamma}$$

从而 $\boldsymbol{\alpha}_{j_1}, \boldsymbol{\alpha}_{j_2}, \cdots, \boldsymbol{\alpha}_{j_r}$ 也是 $\overline{\boldsymbol{A}}$ 的列向量组的极大无关组，则 $\boldsymbol{\beta}$ 可由 $\boldsymbol{\alpha}_{j_1}, \boldsymbol{\alpha}_{j_2}, \cdots, \boldsymbol{\alpha}_{j_r}$ 线性表示，进而 $\boldsymbol{\beta}$ 可由 $\boldsymbol{A}$ 的列向量组线性表示，即线性方程组(3.5.1)有解.

若线性方程组(3.5.1)有解，设 $R(\boldsymbol{A})=R(\overline{\boldsymbol{A}})=r<n$，则 $\boldsymbol{A}$ 有一个 r 阶子式非零，不失

一般性，设 $\boldsymbol{A}$ 的左上角有 r 阶子式 $|a_{ij}|_r \neq 0$，取线性方程组(3.5.1)的 r 个方程构成的方程组：

$$\begin{cases} a_{11}x_1 + a_{12}x_2 + \cdots + a_{1n}x_n = b_1 \\ a_{21}x_1 + a_{22}x_2 + \cdots + a_{2n}x_n = b_2 \\ \quad\vdots \\ a_{r1}x_1 + a_{r2}x_2 + \cdots + a_{rn}x_n = b_r \end{cases}$$

即

$$\begin{cases} a_{11}x_1 + \cdots + a_{1r}x_r = b_1 - a_{1,\,r+1}x_{r+1} - \cdots - a_{1n}x_n \\ a_{21}x_1 + \cdots + a_{2r}x_r = b_2 - a_{2,\,r+1}x_{r+1} - \cdots - a_{2n}x_n \\ \quad\vdots \\ a_{r1}x_1 + \cdots + a_{rr}x_r = b_r - a_{r,\,r+1}x_{r+1} - \cdots - a_{rn}x_n \end{cases} \tag{3.5.2}$$

把方程组(3.5.2)的每个方程等号后面全都看做常数项，则原方程组(3.5.1)有公式解：

$$x_1 = \frac{D_1}{D},\ x_2 = \frac{D_2}{D}, \cdots,\ x_r = \frac{D_r}{D}$$

其中 $D = |a_{ij}|_r$，D_j 是 D 中第 j 列换成方程组(3.5.2)的常数项所得行列式. 把 D_j 按第 j 列展开，得

$$\begin{cases} x_1 = d_1 - c_{1,\,r+1}x_{r+1} - \cdots - c_{1n}x_n \\ x_2 = d_2 - c_{2,\,r+1}x_{r+1} - \cdots - c_{2n}x_n \\ \quad\vdots \\ x_r = d_r - c_{r,\,r+1}x_{r+1} - \cdots - c_{rn}x_n \end{cases}$$

例 3.5.1　λ 为何值时，下列线性方程组有唯一解、无解、无穷多解？在有无穷多解时，求其一般解.

$$\begin{cases} (2\lambda+1)x_1 - \lambda x_2 + (\lambda+1)x_3 = \lambda - 1 \\ (\lambda-2)x_1 + (\lambda-1)x_2 + (\lambda-2)x_3 = \lambda \\ (2\lambda-1)x_1 + (\lambda-1)x_2 + (2\lambda-1)x_3 = \lambda \end{cases}$$

分析　对含参数线性方程组的求解，常采取以下方法：

(1) 对其增广矩阵施行初等行变换化为阶梯形矩阵，然后根据系数矩阵秩与增广矩阵秩在参数为何值时相等来判断解的情况；

(2) 当方程的个数与未知数的个数相同时，可计算系数行列式不等于零(利用克莱姆法则)时的参数值为唯一解的情况，再计算等于零时的参数值，判断解的其它情况.

解　解法 1：

$$|\boldsymbol{A}| = \begin{vmatrix} 2\lambda+1 & -\lambda & \lambda+1 \\ \lambda-2 & \lambda-1 & \lambda-2 \\ 2\lambda-1 & \lambda-1 & 2\lambda-1 \end{vmatrix} = \begin{vmatrix} \lambda & -\lambda & \lambda+1 \\ 0 & \lambda-1 & \lambda-2 \\ 0 & \lambda-1 & 2\lambda-1 \end{vmatrix} = \lambda(\lambda-1)(\lambda+1)$$

(1) 当 $\lambda \neq 0$ 且 $\lambda \neq \pm 1$ 时，原方程组有唯一解；

(2) 当 $\lambda = 0$ 时，其增广矩阵为

$$\overline{\boldsymbol{A}} = \begin{pmatrix} 1 & 0 & 1 & -1 \\ -2 & -1 & -2 & 0 \\ -1 & -1 & -1 & 0 \end{pmatrix} \to \begin{pmatrix} 1 & 0 & 1 & -1 \\ 0 & -1 & 0 & -2 \\ 0 & -1 & 0 & -1 \end{pmatrix} \to \begin{pmatrix} 1 & 0 & 1 & -1 \\ 0 & -1 & 0 & -2 \\ 0 & 0 & 0 & 1 \end{pmatrix}$$

0=1 矛盾，故原方程组无解；

(3) 当 $\lambda=1$ 时，其增广矩阵为

$$\overline{\mathbf{A}}=\begin{pmatrix}3&-1&2&0\\-1&0&-1&1\\1&0&1&1\end{pmatrix}\to\begin{pmatrix}3&-1&2&0\\-1&0&-1&1\\0&0&0&2\end{pmatrix}$$

0=2 矛盾，故原方程组无解；

(4) 当 $\lambda=-1$ 时，其增广矩阵为

$$\overline{\mathbf{A}}=\begin{pmatrix}-1&1&0&-2\\-3&-2&-3&-1\\-3&-2&-3&-1\end{pmatrix}\to\begin{pmatrix}1&-1&0&2\\0&-5&-3&5\\0&0&0&0\end{pmatrix}\to\begin{pmatrix}1&0&\frac{3}{5}&1\\0&1&\frac{3}{5}&-1\\0&0&0&0\end{pmatrix}$$

故一般解为

$$\begin{cases}x_1=1-\frac{3}{5}x_3\\x_2=-1-\frac{3}{5}x_3\end{cases}$$

解法 2

$$\overline{\mathbf{A}}=\begin{pmatrix}2\lambda+1&-\lambda&\lambda+1&\lambda-1\\\lambda-2&\lambda-1&\lambda-2&\lambda\\2\lambda-1&\lambda-1&2\lambda-1&\lambda\end{pmatrix}\to\begin{pmatrix}2\lambda+1&-\lambda&\lambda+1&\lambda-1\\\lambda-2&\lambda-1&\lambda-2&\lambda\\\lambda+1&0&\lambda+1&0\end{pmatrix}$$

$$\to\begin{pmatrix}-1&-\lambda&-\lambda-1&\lambda-1\\-3&\lambda-1&-3&\lambda\\\lambda+1&0&\lambda+1&0\end{pmatrix}\to\begin{pmatrix}-1&-\lambda&-\lambda-1&\lambda-1\\0&4\lambda-1&3\lambda&3-2\lambda\\0&-\lambda(\lambda+1)&-\lambda(\lambda+1)&\lambda^2-1\end{pmatrix}$$

$$\to\begin{pmatrix}-1&-\lambda&-\lambda-1&\lambda-1\\0&4\lambda-1&3\lambda&3-2\lambda\\0&-\frac{1}{3}(\lambda-1)(\lambda+1)&0&\frac{1}{3}\lambda(\lambda+1)\end{pmatrix}$$

故得出以下结论：

(1) 当 $\lambda\neq0$ 且 $\lambda\neq\pm1$ 时，$r(\mathbf{A})=r(\overline{\mathbf{A}})=3$，原方程组有唯一解；

(2) 当 $\lambda=0$ 时，$r(\mathbf{A})=2$，$r(\overline{\mathbf{A}})=3$，原方程组无解；

(3) 当 $\lambda=1$ 时，$r(\mathbf{A})=2$，$r(\overline{\mathbf{A}})=3$，原方程组无解；

(4) 当 $\lambda=-1$ 时，$r(\mathbf{A})=r(\overline{\mathbf{A}})=2<3$，原方程组有无穷多解，且

$$\overline{\mathbf{A}}\to\begin{pmatrix}-1&1&0&-2\\0&-5&-3&5\\0&0&0&0\end{pmatrix}\to\begin{pmatrix}1&0&\frac{3}{5}&1\\0&1&\frac{3}{5}&-1\\0&0&0&0\end{pmatrix}$$

故原方程组一般解为

$$\begin{cases} x_1 = 1 - \dfrac{3}{5}x_3 \\ x_2 = -1 - \dfrac{3}{5}x_3 \end{cases}$$

习题 3.5

1. λ 为何值时，线性方程组$\begin{cases}\lambda x_1 + x_2 + x_3 = 1 \\ x_1 + \lambda x_2 + x_3 = \lambda \\ x_1 + x_2 + \lambda x_3 = \lambda^2\end{cases}$有唯一解、无解、无穷多解？在有无穷多解时，求其一般解.

2. λ 为何值时，线性方程组$\begin{cases}(2\lambda-1)x + \lambda y + (\lambda+1)z = \lambda \\ (\lambda+1)x + (\lambda+1)y + (\lambda-2)z = \lambda+1 \\ (2\lambda-1)x + \lambda y + 2\lambda z = 1\end{cases}$有唯一解、无解、无穷多解？在有解时，求其一般解.

3. λ 为何值时，线性方程组$\begin{cases}(\lambda+3)x + y + 2z = \lambda \\ \lambda x + (\lambda-1)y + z = 2\lambda \\ \lambda x + \lambda z = 3(1-\lambda)\end{cases}$有唯一解、无解、无穷多解？在有无穷多解时，求其一般解.

3.6　线性方程组解的结构

本节我们讨论有解线性方程组，当解的个数有无穷多个时解的表示问题.

3.6.1　齐次线性方程组解的结构

齐次线性方程组的矩阵形式为

$$\boldsymbol{AX} = \boldsymbol{O} \tag{3.6.1}$$

性质 1　若 $\boldsymbol{\xi}_1$，$\boldsymbol{\xi}_2$ 是齐次线性方程组(3.6.1)的两个解，则 $\boldsymbol{\xi}_1+\boldsymbol{\xi}_2$ 也是它的解.

证明　由已知 $A\boldsymbol{\xi}_1=\boldsymbol{O}$, $A\boldsymbol{\xi}_2=\boldsymbol{O}$, 则 $\boldsymbol{A}(\boldsymbol{\xi}_1+\boldsymbol{\xi}_2)=\boldsymbol{A\xi}_1+\boldsymbol{A\xi}_2=\boldsymbol{O}+\boldsymbol{O}=\boldsymbol{O}$, 故 $\boldsymbol{\xi}_1+\boldsymbol{\xi}_2$ 也是方程组(3.6.1)的解.

性质 2　若 $\boldsymbol{\xi}$ 是齐次线性方程组(3.6.1)的解，则 $c\boldsymbol{\xi}$ 也是它的解(c 为常数).

证明　由已知 $\boldsymbol{A\xi}=\boldsymbol{O}$, 则 $\boldsymbol{A}(c\boldsymbol{\xi})=c\boldsymbol{A\xi}=c\boldsymbol{O}=\boldsymbol{O}$, 故 $c\boldsymbol{\xi}$ 也是(3.6.1)的解.

结论：齐次线性方程组解的线性组合仍是它的解.

齐次线性方程组(3.6.1)解集的极大无关组称为方程组(3.6.1)的一个基础解系.

齐次线性方程组(3.6.1)的通解是基础解系的线性组合.

定理　若齐次线性方程组(3.6.1)的系数矩阵 $\boldsymbol{A}$ 的秩 $R(\boldsymbol{A})=r<n$, 则方程组的基础解系存在，且每个基础解系中恰含有 $n-r$ 个解向量.

证明　因线性方程组(3.6.1)有解，$R(\boldsymbol{A})=r<n$, 则 $\boldsymbol{A}$ 有一个 r 阶子式非零，不失一般性，设 $\boldsymbol{A}$ 的左上角有 r 阶子式 $|a_{ij}|_r\neq 0$, 取方程组(3.6.1)的前 r 个方程构成的方程组为

$$\begin{cases} a_{11}x_1 + a_{12}x_2 + \cdots + a_{1n}x_n = 0 \\ a_{21}x_1 + a_{22}x_2 + \cdots + a_{2n}x_n = 0 \\ \quad\vdots \\ a_{r1}x_1 + a_{r2}x_2 + \cdots + a_{rn}x_n = 0 \end{cases}$$

即

$$\begin{cases} a_{11}x_1 + \cdots + a_{1r}x_r = -a_{1,r+1}x_{r+1} - \cdots - a_{1n}x_n \\ a_{21}x_1 + \cdots + a_{2r}x_r = -a_{2,r+1}x_{r+1} - \cdots - a_{2n}x_n \\ \quad\vdots \\ a_{r1}x_1 + \cdots + a_{rr}x_r = -a_{r,r+1}x_{r+1} - \cdots - a_{rn}x_n \end{cases} \tag{3.6.2}$$

把方程组(3.6.2)的每个方程等号后面都看做常数项，则原方程组(3.6.1)有公式解：

$$x_1 = \frac{D_1}{D},\ x_2 = \frac{D_2}{D},\cdots,\ x_r = \frac{D_r}{D}$$

其中 $D=|a_{ij}|_r$，D_j 是 D 中第 j 列换成方程组(3.6.2)的常数项所得行列式. 把 D_j 按第 j 列展开，得

$$\begin{cases} x_1 = -c_{1,r+1}x_{r+1} - \cdots - c_{1n}x_n \\ x_2 = -c_{2,r+1}x_{r+1} - \cdots - c_{2n}x_n \\ \quad\vdots \\ x_r = -c_{r,r+1}x_{r+1} - \cdots - c_{rn}x_n \end{cases}$$

令 $(x_{r+1}, x_{r+2},\cdots, x_n)^{\mathrm{T}}$ 分别取单位列向量 $\boldsymbol{\varepsilon}_1, \boldsymbol{\varepsilon}_2,\cdots, \boldsymbol{\varepsilon}_{n-r}$，得到原方程组一组解：

$$\boldsymbol{\xi}_1 = \begin{pmatrix} -c_{1,r+1} \\ -c_{2,r+1} \\ \vdots \\ -c_{r,r+1} \\ 1 \\ 0 \\ \vdots \\ 0 \end{pmatrix},\ \boldsymbol{\xi}_2 = \begin{pmatrix} -c_{1,r+2} \\ -c_{2,r+2} \\ \vdots \\ -c_{r,r+2} \\ 0 \\ 1 \\ \vdots \\ 0 \end{pmatrix},\cdots,\ \boldsymbol{\xi}_{n-r} = \begin{pmatrix} -c_{1n} \\ -c_{2n} \\ \vdots \\ -c_{rn} \\ 0 \\ 0 \\ \vdots \\ 1 \end{pmatrix}$$

由于 $\boldsymbol{\varepsilon}_1, \boldsymbol{\varepsilon}_2,\cdots, \boldsymbol{\varepsilon}_{n-r}$ 线性无关，则 $\boldsymbol{\xi}_1, \boldsymbol{\xi}_2,\cdots, \boldsymbol{\xi}_{n-r}$ 也线性无关(3.3 节定理 2). 对于方程组(3.6.1)的任一解 $\boldsymbol{X}=(g_1, g_2,\cdots, g_n)^{\mathrm{T}}$，则

$$\boldsymbol{X} = \begin{pmatrix} -c_{1,r+1}g_{r+1} - \cdots - c_{1n}g_n \\ -c_{2,r+1}g_{r+1} - \cdots - c_{2n}g_n \\ \vdots \\ -c_{r,r+1}g_{r+1} - \cdots - c_{rn}g_n \\ g_{r+1} \\ g_{r+2} \\ \vdots \\ g_n \end{pmatrix} = g_{r+1}\boldsymbol{\xi}_1 + g_{r+2}\boldsymbol{\xi}_2 + \cdots + g_n\boldsymbol{\xi}_{n-r}$$

故 $\boldsymbol{\xi}_1, \boldsymbol{\xi}_2,\cdots, \boldsymbol{\xi}_{n-r}$ 是 $\boldsymbol{AX}=\boldsymbol{O}$ 的一个基础解系.

注意：$\boldsymbol{AX}=\boldsymbol{O}$ 的通解为 $\boldsymbol{X}=k_1\boldsymbol{\xi}_1+k_2\boldsymbol{\xi}_2+\cdots+k_{n-r}\boldsymbol{\xi}_{n-r}$，其中 $\boldsymbol{\xi}_1,\boldsymbol{\xi}_2,\cdots,\boldsymbol{\xi}_{n-r}$ 是 $\boldsymbol{AX}=\boldsymbol{O}$ 的一个基础解系.

例 3.6.1　求下列齐次线性方程组的基础解系与通解.

(1) $\begin{cases}x_1+2x_2+5x_3+x_4=0\\x_1+3x_2-2x_3+2x_4=0\\3x_1+7x_2+8x_3+4x_4=0\\x_1+4x_2-9x_3+3x_4=0\end{cases}$　(2) $\begin{cases}2x-3y+z+w=0\\4x-6y+3z-5w=0\\6x-9y+4z-4w=0\\2x-3y+3z-6w=0\end{cases}$　(3) $\begin{cases}ax+y+z+w=0\\x+ay+z+w=0\\x+y+az+w=0\\x+y+z+aw=0\end{cases}$

分析　求基础解系是基本计算题，可对其系数矩阵作初等行变换得出简化阶梯形矩阵而有一般解. 下面有两种办法得出基础解系：① 令自由变量组成的向量分别取单位向量，由一般解可得基础解系，再得通解；② 把一般解变形为所有未知数的列向量等于以自由未知数为系数的线性组合，即通解，其自由未知数的系数列向量即基础解系.

解　方程组(1)的系数矩阵为

$$\boldsymbol{A}=\begin{pmatrix}1&2&5&1\\1&3&-2&2\\3&7&8&4\\1&4&-9&3\end{pmatrix}\rightarrow\begin{pmatrix}1&2&5&1\\0&1&-7&1\\0&1&-7&1\\0&2&-14&2\end{pmatrix}\rightarrow\begin{pmatrix}1&0&19&-1\\0&1&-7&1\\0&0&0&0\\0&0&0&0\end{pmatrix}$$

故方程组(1)的一般解为

$$\begin{cases}x_1=-19x_3+x_4\\x_2=7x_3-x_4\end{cases}$$

解法 1：令 $\begin{pmatrix}x_3\\x_4\end{pmatrix}$ 分别为 $\boldsymbol{\varepsilon}_1=\begin{pmatrix}1\\0\end{pmatrix}$，$\boldsymbol{\varepsilon}_2=\begin{pmatrix}0\\1\end{pmatrix}$，得方程组(1)的基础解系为

$$\boldsymbol{\eta}_1=\begin{pmatrix}-19\\7\\1\\0\end{pmatrix},\ \boldsymbol{\eta}_2=\begin{pmatrix}1\\-1\\0\\1\end{pmatrix}$$

通解为

$$\boldsymbol{X}=\begin{pmatrix}x_1\\x_2\\x_3\\x_4\end{pmatrix}=a\begin{pmatrix}-19\\7\\1\\0\end{pmatrix}+b\begin{pmatrix}1\\-1\\0\\1\end{pmatrix}$$

其中 a, b 为任意数.

解法 2　由一般解可得通解为

$$\boldsymbol{X}=\begin{pmatrix}x_1\\x_2\\x_3\\x_4\end{pmatrix}=\begin{pmatrix}-19x_3+x_4\\7x_3-x_4\\x_3\\x_4\end{pmatrix}=x_3\begin{pmatrix}-19\\7\\1\\0\end{pmatrix}+x_4\begin{pmatrix}1\\-1\\0\\1\end{pmatrix}$$

其中 x_3，x_4 是任意数. 基础解系为

$$\boldsymbol{\eta}_1=(-19,7,1,0)^{\mathrm{T}},\ \boldsymbol{\eta}_2=(1,-1,0,1)^{\mathrm{T}}$$

方程组(2)的系数矩阵为

$$\boldsymbol{B}=\begin{pmatrix}2&-3&1&1\\4&-6&3&-5\\6&-9&4&-4\\2&-3&3&-6\end{pmatrix}\to\begin{pmatrix}2&-3&1&1\\0&0&1&-7\\0&0&1&-7\\0&0&2&-7\end{pmatrix}\to\begin{pmatrix}1&-\dfrac{3}{2}&0&0\\0&0&1&0\\0&0&0&1\\0&0&0&0\end{pmatrix}$$

故方程组(2)一般解为

$$\begin{cases}x=\dfrac{3}{2}y\\z=0\\w=0\end{cases}$$

基础解系为

$$\boldsymbol{\eta}=\begin{pmatrix}\dfrac{3}{2}\\1\\0\\0\end{pmatrix}$$

通解为

$$\boldsymbol{X}=k\boldsymbol{\eta}=k\begin{pmatrix}\dfrac{3}{2}\\1\\0\\0\end{pmatrix}$$

其中 k 为任意数.

方程组(3)的系数矩阵为

$$\boldsymbol{C}=\begin{pmatrix}a&1&1&1\\1&a&1&1\\1&1&a&1\\1&1&1&a\end{pmatrix}\to\begin{pmatrix}1&1&1&1\\1&a&1&1\\1&1&a&1\\1&1&1&a\end{pmatrix}\to\begin{pmatrix}1&1&1&1\\0&a-1&0&0\\0&0&a-1&0\\0&0&0&a-1\end{pmatrix}$$

可以看出，当 $a\neq-3$ 且 $a\neq1$ 时，方程组(3)只有零解；

当 $a=-3$ 时，有

$$\boldsymbol{C}=\begin{pmatrix}-3&1&1&1\\1&-3&1&1\\1&1&-3&1\\1&1&1&-3\end{pmatrix}\to\begin{pmatrix}0&0&0&0\\0&-4&0&4\\0&0&-4&4\\1&1&1&-3\end{pmatrix}\to\begin{pmatrix}1&0&0&-1\\0&1&0&-1\\0&0&1&-1\\0&0&0&0\end{pmatrix}$$

一般解为

$$\begin{cases} x = w \\ y = w \\ z = w \end{cases}$$

基础解系为

$$\boldsymbol{\eta} = \begin{pmatrix} 1 \\ 1 \\ 1 \\ 1 \end{pmatrix}$$

通解为

$$\boldsymbol{X} = k\begin{pmatrix} 1 \\ 1 \\ 1 \\ 1 \end{pmatrix}$$

其中 k 为任意数.

当 $a=1$ 时，四个方程变成一个方程，即方程组(3)一般解为

$$x = -y - z - w$$

基础解系为

$$\boldsymbol{\eta}_1 = (-1, 1, 0, 0)^{\mathrm{T}}, \boldsymbol{\eta}_2 = (-1, 0, 1, 0)^{\mathrm{T}}, \boldsymbol{\eta}_3 = (-1, 0, 0, 1)^{\mathrm{T}}$$

通解为

$$\boldsymbol{X} = a\boldsymbol{\eta}_1 + b\boldsymbol{\eta}_2 + c\boldsymbol{\eta}_3 = a(-1, 1, 0, 0)^{\mathrm{T}} + b(-1, 0, 1, 0)^{\mathrm{T}} + c(-1, 0, 0, 1)^{\mathrm{T}}$$

其中 a，b，c 为任意数.

例 3.6.2　求齐次线性方程组 $\begin{cases} x_1+x_2+x_3+x_4+x_5=0 \\ 3x_1+2x_2+x_3+x_4-3x_5=0 \\ x_2+2x_3+2x_4+6x_5=0 \\ 5x_1+4x_2+3x_3+3x_4-x_5=0 \end{cases}$ 的一基础解系与通解.

解　对系数矩阵 $\boldsymbol{A}$ 进行初等行变换，化成简化阶梯形.

$$\boldsymbol{A} = \begin{pmatrix} 1 & 1 & 1 & 1 & 1 \\ 3 & 2 & 1 & 1 & -3 \\ 0 & 1 & 2 & 2 & 6 \\ 5 & 4 & 3 & 3 & -1 \end{pmatrix} \to \begin{pmatrix} 1 & 1 & 1 & 1 & 1 \\ 0 & -1 & -2 & -2 & -6 \\ 0 & 1 & 2 & 2 & 6 \\ 0 & -1 & -2 & -2 & -6 \end{pmatrix} \to \begin{pmatrix} 1 & 0 & -1 & -1 & -5 \\ 0 & 1 & 2 & 2 & 6 \\ 0 & 0 & 0 & 0 & 0 \\ 0 & 0 & 0 & 0 & 0 \end{pmatrix}$$

则

$$\begin{cases} x_1 = x_3 + x_4 + 5x_5 \\ x_2 = -2x_3 - 2x_4 - 6x_5 \end{cases}$$

其中 x_3，x_4，x_5 为自由未知量. 让自由未知量 $\begin{pmatrix} x_3 \\ x_4 \\ x_5 \end{pmatrix}$ 分别取单位向量 $\begin{pmatrix} 1 \\ 0 \\ 0 \end{pmatrix}$，$\begin{pmatrix} 0 \\ 1 \\ 0 \end{pmatrix}$，$\begin{pmatrix} 0 \\ 0 \\ 1 \end{pmatrix}$，分别得方程组解为

$$\boldsymbol{\xi}_1=\begin{pmatrix}1\\-2\\1\\0\\0\end{pmatrix},\boldsymbol{\xi}_2=\begin{pmatrix}1\\-2\\0\\1\\0\end{pmatrix},\boldsymbol{\xi}_3=\begin{pmatrix}5\\-6\\0\\0\\1\end{pmatrix}$$

就是所给方程组的一个基础解系. 其通解为

$$\boldsymbol{X}=k_1\boldsymbol{\xi}_1+k_2\boldsymbol{\xi}_2+k_3\boldsymbol{\xi}_3=k_1\begin{pmatrix}1\\-2\\1\\0\\0\end{pmatrix}+k_2\begin{pmatrix}1\\-2\\0\\1\\0\end{pmatrix}+k_3\begin{pmatrix}5\\-6\\0\\0\\1\end{pmatrix}$$

3.6.2 非齐次线性方程组解的结构

非齐次线性方程组为

$$\boldsymbol{AX}=\boldsymbol{\beta} \tag{3.6.3}$$

取 $\boldsymbol{\beta}=\boldsymbol{O}$, 得到对应的齐次线性方程组 $\boldsymbol{AX}=\boldsymbol{O}$. 对于非齐次线性方程组 $\boldsymbol{AX}=\boldsymbol{\beta}$, 我们容易得到：

性质 3 非齐次线性方程组的任两解之差是其对应的齐次线性方程组的解.

性质 4 非齐次线性方程组的解加上对应的齐次线性方程组的解仍是该非齐次线性方程组的一个解.

定理 2 若 $\boldsymbol{AX}=\boldsymbol{\beta}$ 有解，则其通解为

$$\boldsymbol{X}=\boldsymbol{\eta}^*+k_1\boldsymbol{\xi}_1+k_2\boldsymbol{\xi}_2+\cdots+k_{n-r}\boldsymbol{\xi}_{n-r}$$

其中 $\boldsymbol{\xi}_1,\boldsymbol{\xi}_2,\cdots,\boldsymbol{\xi}_{n-r}$ 是 $\boldsymbol{AX}=\boldsymbol{O}$ 的一个基础解系，$\boldsymbol{\eta}^*$ 是 $\boldsymbol{AX}=\boldsymbol{\beta}$ 的一个特解，r 是系数矩阵 $\boldsymbol{A}$ 的秩.

推论 在方程组 $\boldsymbol{AX}=\boldsymbol{\beta}$ 有解的情况下，解是唯一的充分必要条件是它的导出组 $\boldsymbol{AX}=\boldsymbol{O}$ 只有零解.

证明 充分性：如果方程组 $\boldsymbol{AX}=\boldsymbol{\beta}$ 有两个不同的解，那么它的差就是导出组 $\boldsymbol{AX}=\boldsymbol{O}$ 的一个非零解. 因之，如果导出组 $\boldsymbol{AX}=\boldsymbol{O}$ 只有零解，那么方程组 $\boldsymbol{AX}=\boldsymbol{\beta}$ 有唯一解.

必要性：如果导出组 $\boldsymbol{AX}=\boldsymbol{O}$ 有非零解，那么这个解与方程组 $\boldsymbol{AX}=\boldsymbol{\beta}$ 的一个解(因为它有解)的和就是 $\boldsymbol{AX}=\boldsymbol{\beta}$ 的另一个解，也就是说，$\boldsymbol{AX}=\boldsymbol{\beta}$ 不止一个解. 因之，如果 $\boldsymbol{AX}=\boldsymbol{\beta}$ 有唯一解，那么它的导出组 $\boldsymbol{AX}=\boldsymbol{O}$ 只有零解.

例 3.6.3 求方程组 $\begin{cases}3x_1+5x_2-2x_3+x_4=-8\\5x_1-3x_2+8x_3+2x_4=-4\\4x_1-2x_2+6x_3+3x_4=-4\\2x_1+4x_2-2x_3+4x_4=-7\end{cases}$ 的通解.

解 其增广矩阵为

$$\bar{\boldsymbol{A}}=\begin{pmatrix}3&5&-2&1&-8\\5&-3&8&2&-4\\4&-2&6&3&-4\\2&4&-2&4&-7\end{pmatrix}\to\begin{pmatrix}1&1&0&-3&-1\\5&-3&8&2&-4\\4&-2&6&3&-4\\2&4&-2&4&-7\end{pmatrix}$$

$$\to\begin{pmatrix}1&1&0&-3&-1\\0&-8&8&17&1\\0&-6&6&15&0\\0&2&-2&10&-5\end{pmatrix}\to\begin{pmatrix}1&0&1&-8&\frac{3}{2}\\0&1&-1&5&-\frac{5}{2}\\0&0&0&45&-15\\0&0&0&57&-19\end{pmatrix}$$

$$\to\begin{pmatrix}1&0&1&-8&\frac{3}{2}\\0&1&-1&5&-\frac{5}{2}\\0&0&0&1&-\frac{1}{3}\\0&0&0&1&-\frac{1}{3}\end{pmatrix}\to\begin{pmatrix}1&0&1&0&-\frac{7}{6}\\0&1&-1&0&-\frac{5}{6}\\0&0&0&1&-\frac{1}{3}\\0&0&0&0&0\end{pmatrix}$$

故其一般解为

$$\begin{cases}x_1=-\dfrac{7}{6}-x_3\\x_2=-\dfrac{5}{6}+x_3\\x_4=-\dfrac{1}{3}\end{cases}$$

其通解为

$$\boldsymbol{X}=\begin{pmatrix}x_1\\x_2\\x_3\\x_4\end{pmatrix}=\begin{pmatrix}-\frac{7}{6}-x_3\\-\frac{5}{6}+x_3\\x_3\\-\frac{1}{3}\end{pmatrix}=-\frac{1}{6}\begin{pmatrix}7\\5\\0\\2\end{pmatrix}+k\begin{pmatrix}-1\\1\\1\\0\end{pmatrix},\ k=x_3$$

例 3.6.4　求线性方程组$\begin{cases}x_1-x_2+x_3+2x_4-x_5=-1\\2x_1+x_2+2x_3-x_4+x_5=2\\4x_1-x_2+4x_3+3x_4-x_5=0\end{cases}$的通解.

解　对方程组的增广矩阵作初等行变换，化成简化阶梯形：

$$\bar{\boldsymbol{A}}=\begin{pmatrix}1&-1&1&2&-1&-1\\2&1&2&-1&1&2\\4&-1&4&3&-1&0\end{pmatrix}\to\begin{pmatrix}1&-1&1&2&-1&-1\\0&3&0&-5&3&4\\0&3&0&-5&3&4\end{pmatrix}$$

$$\rightarrow\begin{pmatrix}1 & 0 & 1 & \frac{1}{3} & 0 & \frac{1}{3}\\ 0 & 1 & 0 & -\frac{5}{3} & 1 & \frac{4}{3}\\ 0 & 0 & 0 & 0 & 0 & 0\end{pmatrix}$$

则原方程组的一般解为

$$\begin{cases}x_1=\frac{1}{3}-x_3-\frac{1}{3}x_4\\ x_2=\frac{4}{3}+\frac{5}{3}x_4-x_5\end{cases}$$

其中 x_3，x_4，x_5 为自由未知量. 令自由未知量 $\begin{pmatrix}x_3\\x_4\\x_5\end{pmatrix}=\begin{pmatrix}0\\0\\0\end{pmatrix}$，得非齐线性方程组的特解为

$$\boldsymbol{\eta}^*=\left(\frac{1}{3},\ \frac{4}{3},\ 0,\ 0,\ 0\right)^{\mathrm{T}}$$

令自由未知量 $\begin{pmatrix}x_3\\x_4\\x_5\end{pmatrix}$ 分别取单位向量 $\begin{pmatrix}1\\0\\0\end{pmatrix}$，$\begin{pmatrix}0\\1\\0\end{pmatrix}$，$\begin{pmatrix}0\\0\\1\end{pmatrix}$，得

$$\boldsymbol{\xi}_1=\begin{pmatrix}-1\\0\\1\\0\\0\end{pmatrix},\ \boldsymbol{\xi}_2=\frac{1}{3}\begin{pmatrix}-1\\5\\0\\3\\0\end{pmatrix},\ \boldsymbol{\xi}_3=\begin{pmatrix}0\\-1\\0\\0\\1\end{pmatrix}$$

就是所给方程组对应齐次线性方程组的一个基础解系. 因此所给方程组的通解为

$$\boldsymbol{u}=\boldsymbol{\eta}^*+k_1\boldsymbol{\xi}_1+k_2\boldsymbol{\xi}_2+k_3\boldsymbol{\xi}_3=\frac{1}{3}\begin{pmatrix}1\\4\\0\\0\\0\end{pmatrix}+k_1\begin{pmatrix}-1\\0\\1\\0\\0\end{pmatrix}+\frac{1}{3}k_2\begin{pmatrix}-1\\5\\0\\3\\0\end{pmatrix}+k_3\begin{pmatrix}0\\-1\\0\\0\\1\end{pmatrix}$$

其中 k_1，k_2，k_3 为任意常数.

习题 3.6

1. 求下列齐次线性方程组的基础解系与通解.

$$\begin{cases}2x_1+3x_2-x_3+5x_4=0\\3x_1+x_2+2x_3-7x_4=0\\5x_1+4x_2+x_3-2x_4=0\\x_1+5x_2-4x_3+17x_4=0\end{cases},\ \begin{cases}x_1-3x_2+x_3+2x_4=0\\5x_1-x_2+2x_3-3x_4=0\\x_1+11x_2-2x_3+5x_4=0\\3x_1+5x_2+x_4=0\end{cases},\ \begin{cases}2x_1-5x_2+x_3-3x_4=0\\-3x_1+4x_2-2x_3+x_4=0\\x_1+2x_2-x_3+3x_4=0\\2x_2-x_3+2x_4=0\end{cases}$$

2. 证明：任何一个线性无关的与某一个基础解系等价的向量组都是基础解系.

3. 证明：如果 $\eta_1, \eta_2, \cdots, \eta_t$ 是一线性方程组的解，那么 $u_1\eta_1+u_2\eta_2+\cdots+u_t\eta_t$（其中 $u_1+u_2+\cdots+u_t=1$）也是它的一个解.

4. 求下列线性方程组的通解.

$$\begin{cases}x_1+3x_2+5x_3-4x_4=1\\2x_1+x_2+3x_3-3x_4=2\\x_1-2x_2+x_3-x_4-x_5=3\\x_1-4x_2+x_3+x_4-x_5=3\\x_1+2x_2+x_3-x_4+x_5=-1\end{cases},\quad\begin{cases}x_1+2x_2+3x_3-x_4=1\\3x_1+2x_2+x_3-x_4=1\\2x_1+3x_2+x_3+x_4=1\\2x_1+2x_2+2x_3-x_4=1\\5x_1+5x_2+2x_3=2\end{cases},\quad\begin{cases}3x_1+4x_2-5x_3+7x_4=9\\2x_1-3x_2+3x_3-2x_4=0\\x_1+7x_2-8x_3+9x_4=9\\7x_1-2x_2+x_3+3x_4=9\end{cases}$$

第 3 章总复习题

一、单项选择

1. 若向量组 $\boldsymbol{\alpha}_1, \boldsymbol{\alpha}_2, \cdots, \boldsymbol{\alpha}_s$ 线性相关，则在 $\boldsymbol{\alpha}_1, \boldsymbol{\alpha}_2, \cdots, \boldsymbol{\alpha}_s$ 中(　　).

A. 有一个是零向量　　B. 有一个是其余的线性组合

C. 任去掉一个仍线性相关　　D. 每一个都是其余的线性组合

2. 对于向量组来说，下列论断正确的是(　　).

A. 整体相关则部分相关　　B. 整体无关则部分无关

C. 两两无关则整体无关　　D. 两两相关则未必整体相关

3. 若 $\boldsymbol{\beta}=k_1\boldsymbol{\alpha}_1+k_2\boldsymbol{\alpha}_2+\cdots+k_s\boldsymbol{\alpha}_s$，则(　　).

A. $k_1, k_2, \cdots, k_s$ 不全为零　　B. $k_1, k_2, \cdots, k_s$ 全为零

C. $k_1, k_2, \cdots, k_s$ 全不为零　　D. $\boldsymbol{\alpha}_1, \boldsymbol{\alpha}_2, \cdots, \boldsymbol{\alpha}_s, \boldsymbol{\beta}$ 线性相关

4. 若向量组 $\boldsymbol{\alpha}_1, \boldsymbol{\alpha}_2, \cdots, \boldsymbol{\alpha}_s$ 线性无关，$k_1\boldsymbol{\alpha}_1+k_2\boldsymbol{\alpha}_2+\cdots+k_s\boldsymbol{\alpha}_s=\boldsymbol{O}$，则 $k_1, k_2, \cdots, k_s$(　　).

A. 不全为零　　B. 全为零　　C. 全不为零　　D. 以上均不对

5. 若向量组 $\boldsymbol{\alpha}_1, \boldsymbol{\alpha}_2, \cdots, \boldsymbol{\alpha}_s$ 线性相关，$k_1\boldsymbol{\alpha}_1+k_2\boldsymbol{\alpha}_2+\cdots+k_s\boldsymbol{\alpha}_s=\boldsymbol{O}$，则 $k_1, k_2, \cdots, k_s$(　　).

A. 全不为零　　B. $k_1\neq 0$　　C. 不全为零　　D. 以上均不对

6. 秩{(1, 1, −1, −1), (1, 1, 0, 0), (0, 0, −1, −1), (1, 0, −1, −1)}=(　　).

A. 4　　B. 3　　C. 2　　D. 1

7. 若向量组 $\boldsymbol{\alpha}, \boldsymbol{\beta}, \boldsymbol{\gamma}$ 线性无关，则下列向量组线性相关的是(　　).

A. $\boldsymbol{\alpha}+\boldsymbol{\beta}, \boldsymbol{\beta}+\boldsymbol{\gamma}, \boldsymbol{\gamma}+\boldsymbol{\alpha}$　　B. $\boldsymbol{\alpha}, \boldsymbol{\alpha}+\boldsymbol{\beta}, \boldsymbol{\alpha}+\boldsymbol{\beta}+\boldsymbol{\gamma}$

C. $\boldsymbol{\alpha}-\boldsymbol{\beta}, \boldsymbol{\beta}-\boldsymbol{\gamma}, \boldsymbol{\gamma}-\boldsymbol{\alpha}$　　D. $\boldsymbol{\alpha}+\boldsymbol{\beta}, 2\boldsymbol{\beta}+\boldsymbol{\gamma}, 3\boldsymbol{\gamma}+\boldsymbol{\alpha}$

8. 下列向量组线性无关的是(　　).

A. {(1, 2, 1), (2, 1, 2), (0, 3, 0)}

B. $\{(1,1,1),(1,2,1),(1,1,3)\}$

C. $\{(1,-1,2),(3,1,2),(1,-3,4)\}$

D. $\{(1,0,0),(0,1,0),(1,1,0)\}$

9. 下列向量组线性相关的是(　　).

A. $\{(1,1,0),(0,1,1),(0,0,1)\}$　　B. $\{(1,0,1),(0,0,1),(1,1,1)\}$

C、$\{(1,0,0),(1,1,0),(1,1,1)\}$　　D. $\{(1,-1,2),(1,2,-1),(3,0,3)\}$

10. 下列矩阵是简化梯形矩阵的是(　　).

A. $\begin{pmatrix}1&0&-1&0\\0&1&1&0\\0&0&0&1\\0&0&0&0\end{pmatrix}$　B. $\begin{pmatrix}1&0&-1&0\\0&0&1&0\\0&0&0&1\\0&0&0&0\end{pmatrix}$　C. $\begin{pmatrix}1&0&-1&0\\0&1&0&0\\0&0&1&0\\0&0&0&1\end{pmatrix}$　D. $\begin{pmatrix}1&0&-1&0\\0&0&0&2\\0&0&0&0\\0&0&0&0\end{pmatrix}$

11. $\begin{cases}\lambda x_1+x_2+x_3=1\\x_1+\lambda x_2+x_3=1\\x_1+x_2+\lambda x_3=1\end{cases}$，当 $\lambda=$(　　)时，解唯一.

A. 1　　B. -2　　C. 3　　D. 1 或 -2

12. $x_1-x_2-x_3=0$ 的基础解系是(　　).

A. $\varepsilon_1,\varepsilon_2$　　B. $\varepsilon_1+\varepsilon_2,\varepsilon_2+\varepsilon_3$　　C. $\varepsilon_2,\varepsilon_3$　　D. $\varepsilon_1+\varepsilon_2,\varepsilon_1+\varepsilon_3$

13. $x_1+x_2+x_3=0$ 的基础解系是(　　).

A. $\varepsilon_1,\varepsilon_2$　　B. $\varepsilon_1+\varepsilon_2,\varepsilon_2+\varepsilon_3$　　C. $\varepsilon_2,\varepsilon_3$　　D. $\varepsilon_1-\varepsilon_2,\varepsilon_1-\varepsilon_3$

14. 对于齐次线性方程组 $\boldsymbol{AX}=\boldsymbol{O}$，必有(　　).

A. 若 $\boldsymbol{A}$ 的列线性无关，则 $\boldsymbol{AX}=\boldsymbol{O}$ 只有零解

B. 若 $\boldsymbol{A}$ 的行线性无关，则 $\boldsymbol{AX}=\boldsymbol{O}$ 只有零解

C. 若 $\boldsymbol{A}$ 的行线性相关，则 $\boldsymbol{AX}=\boldsymbol{O}$ 有非零解

D. 若 $\boldsymbol{A}$ 的列线性相关，则 $\boldsymbol{AX}=\boldsymbol{O}$ 只有零解

15. 对于非齐次线性方程组 $\boldsymbol{AX}=\boldsymbol{\beta}$，必有(　　).

A. 若 $R(\boldsymbol{A})=R(\boldsymbol{A},\boldsymbol{\beta})$，则 $\boldsymbol{AX}=\boldsymbol{\beta}$ 有无穷多解

B. 若 $R(\boldsymbol{A})=R(\boldsymbol{A},\boldsymbol{\beta})$，则 $\boldsymbol{AX}=\boldsymbol{\beta}$ 有唯一解

C. 若 $R(\boldsymbol{A})<R(\boldsymbol{A},\boldsymbol{\beta})$，则 $\boldsymbol{AX}=\boldsymbol{\beta}$ 有解

D. 若 $R(\boldsymbol{A})=R(\boldsymbol{A},\boldsymbol{\beta})$，则 $\boldsymbol{AX}=\boldsymbol{\beta}$ 有解

二、填空

1. 已知 $\boldsymbol{\alpha}=(3,5,7,9)$，$\boldsymbol{\beta}=(-1,5,2,0)$，且 $2\boldsymbol{\alpha}+\boldsymbol{\gamma}=\boldsymbol{\beta}$，则 $\boldsymbol{\gamma}=$ ________.

2. 设 $\boldsymbol{\alpha}=(k,1,1)$，$\boldsymbol{\beta}=(0,2,3)$，$\boldsymbol{\gamma}=(1,2,1)$，则当 $k=$ ________时，$\boldsymbol{\alpha},\boldsymbol{\beta},\boldsymbol{\gamma}$ 线性相关. $k=$ ________时，$\boldsymbol{\alpha},\boldsymbol{\beta},\boldsymbol{\gamma}$ 线性无关.

3. 设 $(1,1,1)$，$(a,0,b)$，$(1,2,3)$ 线性相关，则 a，b 应满足 ________.

4. 若 $\boldsymbol{\alpha},\boldsymbol{\beta},\boldsymbol{\gamma}$ 线性无关，则 $\boldsymbol{\alpha}+\boldsymbol{\beta},\boldsymbol{\beta}+\boldsymbol{\gamma},\boldsymbol{\gamma}+\boldsymbol{\alpha}$ 线性 ________.

5. 当 $k=$ ________时，$(1,k,5)$ 可由 $(1,-3,2)$，$(2,-1,1)$ 线性表示.

6. 已知(2，−1，0，5)，(4，2，−3，0)，(−1，0，1，k)，(−1，0，2，1)线性相关，则 $k=$ ________.

7. $\begin{cases} x_1+2x_2-3x_3=5 \\ 2x_1-3x_2+x_3=6 \end{cases}$ 的系数矩阵 $\boldsymbol{A}=$ ________，增广矩阵 $\boldsymbol{B}=$ ________.

8. $a=$ ________时，方程组$\begin{cases} x_1-x_2+3x_3=1 \\ x_1-ax_2+11x_3=2 \\ -x_1-2x_2-x_3=3 \end{cases}$有唯一解.

9. $x_1=x_2=\cdots=x_n$ 较简单的系数矩阵 $\boldsymbol{A}=$ ________.

10. $x_1+x_2+\cdots+x_n=1$ 有 ____个解，系数矩阵 $\boldsymbol{A}=$ ____，增广矩阵 $\boldsymbol{B}=$ ________.

11. $x_1-x_2-\cdots-x_n=1$ 的一般解是 ________，通解是 ________.

12. k 为 ________时，$\begin{cases} x_1-x_2=1 \\ x_1+kx_2=2 \end{cases}$有解.

13. k 为 ________时，$\begin{cases} x_1+x_2+x_3=0 \\ 3x_1-2x_2+6x_3=0 \\ 2x_1+2x_2-kx_3=0 \end{cases}$有唯一解.

14. 线性方程组有解⇔ ________.

15. 齐次线性方程组有非零解⇔ ________.

16. 若线性方程组有解，则当 ________时，解唯一；当 ________时，解有无穷多个.

17. 未知数个数与方程个数相等的齐次线性方程组有非零解⇔ ________.

18. 未知数个数大于方程个数的齐次线性方程组必有 ________解.

19. 齐次线性方程组的基础解系中所含向量的个数＝ ________.

20. $x_1-x_2-x_3-x_4=0$ 的基础解系为 ________.

三、计算

1. 求 $\boldsymbol{\alpha}=(1,3,2,0)$，$\boldsymbol{\beta}=(2,-1,0,1)$，$\boldsymbol{\gamma}=(5,1,6,2)$，$\boldsymbol{\delta}=(2,-1,4,1)$的秩和一个极大线性无关组，并把其余向量用该极大无关组线性表示.

2. 求 $\boldsymbol{\alpha}=(1,2,1,3)$，$\boldsymbol{\beta}=(4,-1,-5,-6)$，$\boldsymbol{\gamma}=(1,3,4,7)$，$\boldsymbol{\delta}=(3,2,0,2)$的秩和一个极大线性无关组，并把其余向量用该极大无关组线性表示.

3. 求 $\boldsymbol{\alpha}=(1,-1,2,4)$，$\boldsymbol{\beta}=(0,3,1,2)$，$\boldsymbol{\gamma}=(3,0,7,14)$，$\boldsymbol{\delta}=(1,-2,2,0)$，$\boldsymbol{\xi}=(2,1,5,10)$的秩和一个极大线性无关组，并把其余向量用该极大无关组线性表示.

4. 求下列方程组的一般解与通解.

(1) $\begin{cases} x_1+3x_2+x_3+2x_4=4 \\ 3x_1+4x_2+2x_3-3x_4=6 \\ -x_1-5x_2+4x_3+x_4=11 \\ 2x_1+7x_2+x_3-6x_4=-5 \end{cases}$，　(2) $\begin{cases} x_1-3x_2+x_3+2x_4=0 \\ 5x_1-x_2+2x_3-3x_4=0 \\ x_1+11x_2-2x_3+5x_4=0 \\ 3x_1+5x_2+x_4=0 \end{cases}$

(3) $\begin{cases} x_1-x_2-3x_3+x_4=1 \\ x_1-x_2+2x_3-x_4=3 \\ 4x_1-4x_2+3x_3-2x_4=10 \\ 2x_1-2x_2-11x_3+4x_4=0 \end{cases}$，(4) $\begin{cases} 2x_1-5x_2+x_3-3x_4=0 \\ -3x_1+4x_2-2x_3+x_4=0 \\ x_1+2x_2-x_3+3x_4=0 \\ 2x_2-x_3+2x_4=0 \end{cases}$

(5) $\begin{cases} x_1+2x_2+3x_3+x_4=6 \\ 2x_1+4x_2-x_4=3 \\ x_1+2x_2+x_3=3 \\ 4x_1+8x_2+6x_3+x_4=15 \end{cases}$，(6) $\begin{cases} 3x_1-9x_2+6x_3+5x_4=1 \\ x_1-3x_2+2x_3+x_4=2 \\ -x_1+4x_2-3x_3=2 \\ x_1-2x_2+x_3+4x_4=1 \end{cases}$

(7) $\begin{cases} 2x_1-x_2+3x_3=3 \\ 3x_1-x_2+4x_3-2x_4=0 \\ x_1-x_3-2x_4=-3 \\ 5x_1-2x_2+7x_3-2x_4=3 \end{cases}$，(8) $\begin{cases} x_1-2x_2+x_3+x_4=1 \\ 2x_1-4x_2+2x_3+x_4=1 \\ x_1-2x_2+x_3=0 \\ x_1-2x_2+2x_3+5x_4=5 \end{cases}$.

5. a 取何值时，$\begin{cases} (a+2)x_1+2x_2-2x_3=a \\ 2x_1+(a+2)x_2-4x_3=4 \\ 2x_1-4x_2+(a+2)x_3=-4a \end{cases}$ 无解、有唯一解、有无穷多个解？

6. a 取何值时，$\begin{cases} (a+3)x_1+x_2+2x_3=a \\ ax_1+(a-1)x_2+x_3=2a \\ 3(a+1)x_1+ax_2+(a+3)x_3=5 \end{cases}$ 无解、有唯一解、有无穷多个解？

7. a 取何值时，$\begin{cases} x_1+(a^2+1)x_2+2x_3=a \\ ax_1+ax_2+(2a+1)x_3=0 \\ x_1+(2a+1)x_2+2x_3=2 \end{cases}$ 无解、有唯一解、有无穷多个解？

四、证明

1. 证明：(1，1，0)，(0，1，1)，(1，0，1)线性无关.

2. 证明 $\boldsymbol{\alpha}_1=(3,2,2,2)$，$\boldsymbol{\alpha}_2=(2,4,2,2)$，$\boldsymbol{\alpha}_3=(2,2,5,2)$，$\boldsymbol{\alpha}_4=(2,2,2,6)$线性无关.

3. 设 $\boldsymbol{\alpha}$，$\boldsymbol{\beta}$，$\boldsymbol{\gamma}$ 线性无关，证明：$\boldsymbol{\alpha}+\boldsymbol{\beta}$，$\boldsymbol{\beta}+\boldsymbol{\gamma}$，$\boldsymbol{\gamma}+\boldsymbol{\alpha}$ 线性无关.

4. 设 $\boldsymbol{\alpha}_1+\boldsymbol{\alpha}_2$，$\boldsymbol{\alpha}_2+\boldsymbol{\alpha}_3$，$\boldsymbol{\alpha}_3+\boldsymbol{\alpha}_1$ 线性无关，证明：$\boldsymbol{\alpha}_1$，$\boldsymbol{\alpha}_2$，$\boldsymbol{\alpha}_3$ 线性无关.

5. 设 $\boldsymbol{\alpha}_1,\boldsymbol{\alpha}_2,\cdots,\boldsymbol{\alpha}_s$ 线性无关，证明：$\boldsymbol{\alpha}_1,\boldsymbol{\alpha}_1+\boldsymbol{\alpha}_2,\cdots,\boldsymbol{\alpha}_1+\boldsymbol{\alpha}_2+\cdots+\boldsymbol{\alpha}_s$ 线性无关.

6. 设 $\boldsymbol{\alpha}_1=\begin{pmatrix}1\\1\\2\end{pmatrix}$，$\boldsymbol{\alpha}_2=\begin{pmatrix}1\\2\\1\end{pmatrix}$，$\boldsymbol{\beta}_1=\begin{pmatrix}1\\3\\0\end{pmatrix}$，$\boldsymbol{\beta}_2=\begin{pmatrix}2\\1\\5\end{pmatrix}$，$\boldsymbol{\beta}_3=\begin{pmatrix}3\\4\\5\end{pmatrix}$，证明：$\boldsymbol{\alpha}_1$，$\boldsymbol{\alpha}_2$ 与 $\boldsymbol{\beta}_1$，$\boldsymbol{\beta}_2$，$\boldsymbol{\beta}_3$ 等价.

7. 设 $\boldsymbol{\beta}_1=\boldsymbol{\alpha}_2+\boldsymbol{\alpha}_3+\cdots+\boldsymbol{\alpha}_n$，$\boldsymbol{\beta}_2=\boldsymbol{\alpha}_1+\boldsymbol{\alpha}_3+\cdots+\boldsymbol{\alpha}_n$，…，$\boldsymbol{\beta}_n=\alpha_1+\boldsymbol{\alpha}_2+\cdots+\boldsymbol{\alpha}_{n-1}$，证明：$\{\boldsymbol{\alpha}_1,\boldsymbol{\alpha}_2,\cdots,\boldsymbol{\alpha}_n\}$与$\{\boldsymbol{\beta}_1,\boldsymbol{\beta}_2,\cdots,\boldsymbol{\beta}_n\}$等价.

8. 已知$|a_{ij}|_n\neq 0$，求证：$\begin{cases} a_{11}x_1+a_{12}x_2+\cdots+a_{1n}x_n=0 \\ a_{21}x_1+a_{22}x_2+\cdots+a_{2n}x_n=0 \\ \qquad\vdots \\ a_{n1}x_1+a_{n2}x_2+\cdots+a_{nn}x_n=0 \end{cases}$ 无非零解.

9. 证明：当 $a_1+a_2=b_1+b_2$ 时，$\begin{cases} x_1+x_2=a_1 \\ x_3+x_4=a_2 \\ x_1+x_3=b_1 \\ x_2+x_4=b_2 \end{cases}$ 有解，且系数矩阵的秩为 3.

第4章 特征值与特征向量

方阵的特征值与特征向量是线性代数中的重要概念. 数学中诸如方阵的对角化、二次曲线、二次曲面、二次型的标准化、微分方程组的求解等都要用到特征值的理论，而工程技术的许多实际问题，如振动问题和稳定性问题，也常常归结为求一个矩阵的特征值与特征向量问题.

本章首先介绍向量组的正交性与正交矩阵；然后引入方阵的特征值与特征向量的概念与计算，在此基础上，研究实对称矩阵的正交对角化问题.

4.1 向量的正交性与正交矩阵

类似于二、三维向量的内积与长度，本节讨论有限维向量的内积与长度. 本章如无特别说明，所有向量均指实向量.

4.1.1 向量的内积与长度

把解析几何中向量的内积推广到 n 维向量，即

定义1 设 n 维列向量

$$\boldsymbol{X}=\begin{pmatrix}x_1\\x_2\\\vdots\\x_n\end{pmatrix},\quad \boldsymbol{Y}=\begin{pmatrix}y_1\\y_2\\\vdots\\y_n\end{pmatrix}$$

令

$$[\boldsymbol{X},\boldsymbol{Y}]=x_1y_1+x_2y_2+\cdots+x_ny_n$$

称 $[\boldsymbol{X},\boldsymbol{Y}]$ 为向量 $\boldsymbol{X},\boldsymbol{Y}$ 的内积(行向量亦类似).

内积作为一种运算满足下列运算规律(下面 $\boldsymbol{X},\boldsymbol{Y},\boldsymbol{Z}$ 为 n 维列向量，k 为实数)：

(1) 对称性(交换性)：$[\boldsymbol{X},\boldsymbol{Y}]=[\boldsymbol{Y},\boldsymbol{X}]$；

(2) 与数乘的结合性：$[k\boldsymbol{X},\boldsymbol{Y}]=k[\boldsymbol{X},\boldsymbol{Y}]$；

(3) 对加法的分配性：$[\boldsymbol{X}+\boldsymbol{Y},\boldsymbol{Z}]=[\boldsymbol{X},\boldsymbol{Z}]+[\boldsymbol{Y},\boldsymbol{Z}]$；

(4) 非负性：$[\boldsymbol{X},\boldsymbol{X}]\geqslant 0$；且 $[\boldsymbol{X},\boldsymbol{X}]=0\Leftrightarrow \boldsymbol{X}=\boldsymbol{0}$.

根据内积的定义可证明施瓦兹不等式：

$$[\boldsymbol{X},\boldsymbol{Y}]^2\leqslant[\boldsymbol{X},\boldsymbol{X}][\boldsymbol{Y},\boldsymbol{Y}]$$

等号成立当且仅当 $\boldsymbol{X},\boldsymbol{Y}$ 线性相关.

证明 对于任意实数 t，由内积的性质，有

$$[t\boldsymbol{X}+\boldsymbol{Y},t\boldsymbol{X}+\boldsymbol{Y}]=[\boldsymbol{X},\boldsymbol{X}]t^2+2[\boldsymbol{X},\boldsymbol{Y}]t+[\boldsymbol{Y},\boldsymbol{Y}]\geqslant 0$$

上式作为 t 的二次三项式大于或等于零，则其判别式小于或等于零，即$[\boldsymbol{X},\boldsymbol{Y}]^2\leqslant[\boldsymbol{X},\boldsymbol{X}][\boldsymbol{Y},\boldsymbol{Y}]$.

定义 2　$\|\boldsymbol{X}\|=\sqrt{[\boldsymbol{X},\boldsymbol{X}]}=\sqrt{x_1^2+x_2^2+\cdots+x_n^2}$称为 n 维向量 $\boldsymbol{X}$ 的长度. 特别地，当$\|\boldsymbol{X}\|=1$时，称 $\boldsymbol{X}$ 为单位向量.

向量的长度有下列性质：

(1) 非负性：$\|\boldsymbol{X}\|\geqslant 0$；且$\|\boldsymbol{X}\|=0\Leftrightarrow\boldsymbol{X}=\boldsymbol{0}$；

(2) 齐次性：$\|k\boldsymbol{X}\|=|k|\,\|\boldsymbol{X}\|$；

(3) 三角不等式：$\|\boldsymbol{X}+\boldsymbol{Y}\|\leqslant\|\boldsymbol{X}\|+\|\boldsymbol{Y}\|$.

定义 3　当向量 $\boldsymbol{X}\neq 0$，$\boldsymbol{Y}\neq 0$ 时，

$$\theta=\arccos\frac{[\boldsymbol{X},\boldsymbol{Y}]}{\|\boldsymbol{X}\|\cdot\|\boldsymbol{Y}\|}$$

称为 n 维向量 $\boldsymbol{X}$，$\boldsymbol{Y}$ 的夹角.

如 $\boldsymbol{X}=(1,0,1)$，$\boldsymbol{Y}=(1,-1,2)$，$\boldsymbol{X}$，$\boldsymbol{Y}$ 的夹角为

$$\theta=\arccos\frac{[\boldsymbol{X},\boldsymbol{Y}]}{\|\boldsymbol{X}\|\cdot\|\boldsymbol{Y}\|}=\arccos\frac{3}{\sqrt{2}\cdot\sqrt{6}}=\arccos\frac{\sqrt{3}}{2}=\frac{\pi}{6}$$

4.1.2　正交向量组的概念与求法

定义 4　当$[\boldsymbol{X},\boldsymbol{Y}]=0$时，即 $\boldsymbol{X}$，$\boldsymbol{Y}$ 的夹角为$\frac{\pi}{2}$时称 n 维向量 $\boldsymbol{X}$，$\boldsymbol{Y}$ 正交.

由正交的定义，零向量与任何向量正交.

定义 5　两两正交的非零向量构成的向量组称为正交向量组.

定理 1　正交向量组必线性无关.

证明　设 $\boldsymbol{\alpha}_1,\boldsymbol{\alpha}_2,\cdots,\boldsymbol{\alpha}_s$ 为正交向量组，任取 s 个实数 $x_1,x_2,\cdots,x_s$，若

$$x_1\boldsymbol{\alpha}_1+x_2\boldsymbol{\alpha}_2+\cdots+x_s\boldsymbol{\alpha}_s=\boldsymbol{O}$$

两边都与 $\boldsymbol{\alpha}_i(i=1,2,\cdots,s)$作内积，则

$$[\boldsymbol{\alpha}_1,\boldsymbol{\alpha}_i]x_1+[\boldsymbol{\alpha}_2,\boldsymbol{\alpha}_i]x_2+\cdots+[\boldsymbol{\alpha}_s,\boldsymbol{\alpha}_i]x_s=0(i=1,2,\cdots,s)$$

由已知，$[\boldsymbol{\alpha}_i,\boldsymbol{\alpha}_i]x_i=0(i=1,2,\cdots,s)$，又 $\boldsymbol{\alpha}_i\neq\boldsymbol{0}$，$[\boldsymbol{\alpha}_i,\boldsymbol{\alpha}_i]>0(i=1,2,\cdots,s)$，于是 $x_i=0$ $(i=1,2,\cdots,s)$，则 $\boldsymbol{\alpha}_1,\boldsymbol{\alpha}_2,\cdots,\boldsymbol{\alpha}_s$ 线性无关.

例 4.1.1　已知 3 维向量 $\boldsymbol{\alpha}_1=\begin{pmatrix}1\\1\\1\end{pmatrix}$，$\boldsymbol{\alpha}_2=\begin{pmatrix}1\\-2\\1\end{pmatrix}$，求 $\boldsymbol{\alpha}_3$，使 $\boldsymbol{\alpha}_1,\boldsymbol{\alpha}_2,\boldsymbol{\alpha}_3$ 为正交向量组.

解　设 $\boldsymbol{\alpha}_3=\begin{pmatrix}x_1\\x_2\\x_3\end{pmatrix}$，由$[\boldsymbol{\alpha}_1,\boldsymbol{\alpha}_3]=[\boldsymbol{\alpha}_2,\boldsymbol{\alpha}_3]=0$，有

$$\begin{cases}x_1+x_2+x_3=0\\x_1-2x_2+x_3=0\end{cases},\ \boldsymbol{\alpha}_3=k\begin{pmatrix}1\\0\\-1\end{pmatrix}$$

可以验证，当 $k\neq 0$ 时，α_1，α_2，α_3 为正交向量组.

4.1.3 标准正交组的概念与求法

定义 6 n 维单位向量构成的正交组称为标准正交组.

n 维单位向量组 $\varepsilon_1, \varepsilon_2, \cdots, \varepsilon_n$ 既是正交组，也是其标准正交组. 又如，2 维向量：

$$\boldsymbol{\alpha}_1=\frac{1}{5}\begin{bmatrix}3\\4\end{bmatrix},\ \boldsymbol{\alpha}_2=\frac{1}{5}\begin{bmatrix}-4\\3\end{bmatrix}\text{与}\ \boldsymbol{\alpha}_1=\frac{1}{\sqrt{2}}\begin{bmatrix}1\\1\end{bmatrix},\ \boldsymbol{\alpha}_2=\frac{1}{\sqrt{2}}\begin{bmatrix}-1\\1\end{bmatrix}$$

都是标准正交组；

3 维向量：

$$\boldsymbol{\alpha}_1=\frac{1}{3}\begin{pmatrix}1\\2\\2\end{pmatrix},\ \boldsymbol{\alpha}_2=\frac{1}{3}\begin{pmatrix}2\\1\\-2\end{pmatrix},\ \boldsymbol{\alpha}_3=\frac{1}{3}\begin{pmatrix}2\\-2\\1\end{pmatrix}$$

是标准正交组；

4 维向量：

$$\boldsymbol{\alpha}_1=\frac{1}{2}\begin{pmatrix}1\\1\\1\\1\end{pmatrix},\ \boldsymbol{\alpha}_2=\frac{1}{2}\begin{pmatrix}1\\1\\-1\\-1\end{pmatrix},\ \boldsymbol{\alpha}_3=\frac{1}{2}\begin{pmatrix}1\\-1\\1\\-1\end{pmatrix},\ \boldsymbol{\alpha}_3=\frac{1}{2}\begin{pmatrix}1\\-1\\-1\\1\end{pmatrix}$$

是标准正交组.

n 维向量组 $\boldsymbol{\alpha}_1, \boldsymbol{\alpha}_2, \cdots, \boldsymbol{\alpha}_s$ 是标准正交组 $\Leftrightarrow[\boldsymbol{\alpha}_i, \boldsymbol{\alpha}_j]=\begin{cases}0, & i\neq j\\1, & i=j\end{cases}(i, j=1, 2, \cdots, s)$.

施密特正交化法：设 n 维线性无关向量组 $\boldsymbol{\alpha}_1, \boldsymbol{\alpha}_2, \cdots, \boldsymbol{\alpha}_s$，令

$$\boldsymbol{\beta}_1=\boldsymbol{\alpha}_1$$
$$\boldsymbol{\beta}_2=\boldsymbol{\alpha}_2-\frac{(\boldsymbol{\alpha}_2, \boldsymbol{\beta}_1)}{(\boldsymbol{\beta}_1, \boldsymbol{\beta}_1)}\boldsymbol{\beta}_1$$
$$\boldsymbol{\beta}_3=\boldsymbol{\alpha}_3-\frac{(\boldsymbol{\alpha}_3, \boldsymbol{\beta}_1)}{(\boldsymbol{\beta}_1, \boldsymbol{\beta}_1)}\boldsymbol{\beta}_1-\frac{(\boldsymbol{\alpha}_3, \boldsymbol{\beta}_2)}{(\boldsymbol{\beta}_2, \boldsymbol{\beta}_2)}\boldsymbol{\beta}_2$$
$$\vdots$$
$$\boldsymbol{\beta}_s=\boldsymbol{\alpha}_s-\frac{(\boldsymbol{\alpha}_s, \boldsymbol{\beta}_1)}{(\boldsymbol{\beta}_1, \boldsymbol{\beta}_1)}\boldsymbol{\beta}_1-\frac{(\boldsymbol{\alpha}_s, \boldsymbol{\beta}_2)}{(\boldsymbol{\beta}_2, \boldsymbol{\beta}_2)}\boldsymbol{\beta}_2-\cdots-\frac{(\boldsymbol{\alpha}_s, \boldsymbol{\beta}_{s-1})}{(\boldsymbol{\beta}_{s-1}, \boldsymbol{\beta}_{s-1})}\boldsymbol{\beta}_{s-1}$$

可以验证 $\boldsymbol{\beta}_1, \boldsymbol{\beta}_2, \cdots, \boldsymbol{\beta}_s$ 是正交组. 这个计算过程称为施密特正交化过程.

例 4.1.2 设 $\boldsymbol{\alpha}_1=(1, 1, 0, 0)$，$\boldsymbol{\alpha}_2=(1, 0, 1, 0)$，$\boldsymbol{\alpha}_3=(-1, 0, 0, 1)$，$\boldsymbol{\alpha}_4=(1, -1, -1, 1)$，用施密特正交化过程把它们变成标准正交组.

解 $\boldsymbol{\beta}_1=\boldsymbol{\alpha}_1=(1, 1, 0, 0)$

$$\boldsymbol{\beta}_2=\boldsymbol{\alpha}_2-\frac{(\boldsymbol{\alpha}_2, \boldsymbol{\beta}_1)}{(\boldsymbol{\beta}_1, \boldsymbol{\beta}_1)}\boldsymbol{\beta}_1=\left(\frac{1}{2}, -\frac{1}{2}, 1, 0\right)$$

$$\boldsymbol{\beta}_3=\boldsymbol{\alpha}_3-\frac{(\boldsymbol{\alpha}_3, \boldsymbol{\beta}_1)}{(\boldsymbol{\beta}_1, \boldsymbol{\beta}_1)}\boldsymbol{\beta}_1-\frac{(\boldsymbol{\alpha}_3, \boldsymbol{\beta}_2)}{(\boldsymbol{\beta}_2, \boldsymbol{\beta}_2)}\boldsymbol{\beta}_2=\left(-\frac{1}{3}, \frac{1}{3}, \frac{1}{3}, 1\right)$$

$$\boldsymbol{\beta}_4=\boldsymbol{\alpha}_4-\frac{(\boldsymbol{\alpha}_4, \boldsymbol{\beta}_1)}{(\boldsymbol{\beta}_1, \boldsymbol{\beta}_1)}\boldsymbol{\beta}_1-\frac{(\boldsymbol{\alpha}_4, \boldsymbol{\beta}_2)}{(\boldsymbol{\beta}_2, \boldsymbol{\beta}_2)}\boldsymbol{\beta}_2-\frac{(\boldsymbol{\alpha}_4, \boldsymbol{\beta}_3)}{(\boldsymbol{\beta}_3, \boldsymbol{\beta}_3)}\boldsymbol{\beta}_3=(1, -1, -1, 1)$$

再进行单位化，得

$$\boldsymbol{\eta}_1=\left(\frac{1}{\sqrt{2}},\frac{1}{\sqrt{2}},0,0\right)$$

$$\boldsymbol{\eta}_2=\left(\frac{1}{\sqrt{6}},-\frac{1}{\sqrt{6}},\frac{2}{\sqrt{6}},0\right)$$

$$\boldsymbol{\eta}_3=\left(-\frac{1}{\sqrt{12}},\frac{1}{\sqrt{12}},\frac{1}{\sqrt{12}},\frac{3}{\sqrt{12}}\right)$$

$$\boldsymbol{\eta}_4=\left(\frac{1}{2},-\frac{1}{2},-\frac{1}{2},\frac{1}{2}\right)$$

是所求标准正交组.

例 4.1.3　已知 $\boldsymbol{\alpha}_1=\begin{pmatrix}1\\1\\1\end{pmatrix}$，求 $\boldsymbol{\alpha}_2$，$\boldsymbol{\alpha}_3$，使 $\boldsymbol{\alpha}_1$，$\boldsymbol{\alpha}_2$，$\boldsymbol{\alpha}_3$ 两两正交.

解　任取 R^3 中向量 $\boldsymbol{X}=\begin{pmatrix}x_1\\x_2\\x_3\end{pmatrix}$，使$[\boldsymbol{\alpha}_1, \boldsymbol{X}]=0$，可得 $x_1+x_2+x_3=0$，于是有

$$\boldsymbol{\xi}_2=\begin{pmatrix}-1\\1\\0\end{pmatrix},\ \boldsymbol{\xi}_3=\begin{pmatrix}-1\\0\\1\end{pmatrix}$$

则

$$\boldsymbol{\alpha}_2=\begin{pmatrix}-1\\1\\0\end{pmatrix},\ \boldsymbol{\alpha}_3=\boldsymbol{\xi}_3-\frac{[\boldsymbol{\xi}_3, \boldsymbol{\alpha}_2]}{[\boldsymbol{\alpha}_2, \boldsymbol{\alpha}_2]}\boldsymbol{\alpha}_2=\begin{pmatrix}-1\\0\\1\end{pmatrix}-\frac{1}{2}\begin{pmatrix}-1\\1\\0\end{pmatrix}=\frac{1}{2}\begin{pmatrix}-1\\-1\\2\end{pmatrix}$$

为所求向量.

4.1.4　正交矩阵

定义 7　满足 $\boldsymbol{A}^{\mathrm{T}}\boldsymbol{A}=E$(即 $\boldsymbol{A}^{-1}=\boldsymbol{A}^{\mathrm{T}}$)的 n 阶实方阵称为正交矩阵.

由标准正交组与正交矩阵的定义，我们有以下定理 2.

定理 2　n 阶实方阵 $\boldsymbol{A}$ 称为正交矩阵的充分必要条件是 $\boldsymbol{A}$ 的行(列)向量组为 $\mathbf{R}^n$ 的标准正交基.

如：

$$\frac{1}{5}\begin{pmatrix}3&-4\\4&3\end{pmatrix},\ \frac{1}{\sqrt{2}}\begin{pmatrix}1&-1\\1&1\end{pmatrix},\ \frac{1}{3}\begin{pmatrix}1&2&2\\2&1&-2\\2&-2&1\end{pmatrix},\ \frac{1}{2}\begin{pmatrix}1&1&1&1\\1&1&-1&-1\\1&-1&1&-1\\1&-1&-1&1\end{pmatrix}$$

四个都是正交矩阵.

正交矩阵 $\boldsymbol{A}$，$\boldsymbol{B}$ 具有以下两个性质：

(1) $|\boldsymbol{A}|=\pm 1$；

(2) $\boldsymbol{AB}$ 还是正交矩阵.

例 4.1.4 验证 $\boldsymbol{A}=\begin{pmatrix}\frac{1}{2} & -\frac{1}{2} & \frac{1}{2} & -\frac{1}{2}\\ \frac{1}{2} & -\frac{1}{2} & -\frac{1}{2} & \frac{1}{2}\\ \frac{1}{\sqrt{2}} & \frac{1}{\sqrt{2}} & 0 & 0\\ 0 & 0 & \frac{1}{\sqrt{2}} & \frac{1}{\sqrt{2}}\end{pmatrix}$ 是正交矩阵.

证明 由正交矩阵的定义，有

$$\boldsymbol{A}^{\mathrm{T}}\boldsymbol{A}=\begin{pmatrix}\frac{1}{2} & -\frac{1}{2} & \frac{1}{2} & -\frac{1}{2}\\ \frac{1}{2} & -\frac{1}{2} & -\frac{1}{2} & \frac{1}{2}\\ \frac{1}{\sqrt{2}} & \frac{1}{\sqrt{2}} & 0 & 0\\ 0 & 0 & \frac{1}{\sqrt{2}} & \frac{1}{\sqrt{2}}\end{pmatrix}\begin{pmatrix}\frac{1}{2} & \frac{1}{2} & \frac{1}{\sqrt{2}} & 0\\ -\frac{1}{2} & -\frac{1}{2} & \frac{1}{\sqrt{2}} & 0\\ \frac{1}{2} & -\frac{1}{2} & 0 & \frac{1}{\sqrt{2}}\\ -\frac{1}{2} & \frac{1}{2} & 0 & \frac{1}{\sqrt{2}}\end{pmatrix}=\begin{pmatrix}1 & 0 & 0 & 0\\ 0 & 1 & 0 & 0\\ 0 & 0 & 1 & 0\\ 0 & 0 & 0 & 1\end{pmatrix}$$

故 $\boldsymbol{A}$ 是正交矩阵.

习题 4.1

1. 已知 3 维向量 $\boldsymbol{\alpha}_1=\begin{pmatrix}1\\-1\\0\end{pmatrix}$，$\boldsymbol{\alpha}_2=\begin{pmatrix}1\\1\\2\end{pmatrix}$，求 $\boldsymbol{\alpha}_3$，使 $\boldsymbol{\alpha}_1$，$\boldsymbol{\alpha}_2$，$\boldsymbol{\alpha}_3$ 为正交向量组.

2. 设 $\boldsymbol{\alpha}_1=(1, 1, 1, 1)$，$\boldsymbol{\alpha}_2=(1, 0, 1, 0)$，$\boldsymbol{\alpha}_3=(1, 0, 0, -1)$，$\boldsymbol{\alpha}_4=(1, -1, -1, 1)$，用施密特正交化过程把它们变成标准正交组.

3. 已知 $\boldsymbol{\alpha}_1=\frac{1}{3}(1, 2, 2, 0)$，求 $\boldsymbol{\alpha}_2$，$\boldsymbol{\alpha}_3$，$\boldsymbol{\alpha}_4$，使 $\boldsymbol{\alpha}_1$，$\boldsymbol{\alpha}_2$，$\boldsymbol{\alpha}_3$，$\boldsymbol{\alpha}_4$ 为标准正交组.

4. 证明 $\boldsymbol{A}=\begin{pmatrix}\frac{1}{\sqrt{2}} & \frac{1}{\sqrt{6}} & \frac{1}{\sqrt{12}} & \frac{1}{2}\\ \frac{1}{\sqrt{2}} & -\frac{1}{\sqrt{6}} & -\frac{1}{\sqrt{12}} & -\frac{1}{2}\\ 0 & \frac{2}{\sqrt{6}} & -\frac{1}{\sqrt{12}} & -\frac{1}{2}\\ 0 & 0 & -\frac{3}{\sqrt{12}} & \frac{1}{2}\end{pmatrix}$ 是正交矩阵.

5. 设 $\boldsymbol{\alpha}_1=(0, 1, 1, 1)$，$\boldsymbol{\alpha}_2=(1, 0, 1, 1)$，$\boldsymbol{\alpha}_3=(1, 1, 0, 1)$，$\boldsymbol{\alpha}_4=(1, 1, 1, 0)$，用施密特正交化过程把它们变成标准正交组.

4.2 整系数多项式的有理根

在中学，我们学习了一元二次方程的求根公式，使一元二次方程的求根问题得到解决. 那么对于高次方程的求根，特别是整系数代数方程的有理根求法，是非常重要的现实问题. 对此，我们详细讨论.

设 $f(x)=a_nx^n+a_{n-1}x^{n-1}+\cdots+a_1x+a_0$ 是整系数多项式，$bx+c$ 是 1 次整系数多项式，用 $bx+c$ 去除 $f(x)$，得到的商式与余数分别设为

$$g(x)=d_{n-1}x^{n-1}+d_{n-2}x^{n-2}+\cdots+d_1x+d_0 \text{ 与 } r$$

它们一般是有理系数多项式，即

$$f(x)=(bx+c)g(x)+r$$

这是带余除法的特殊情况.

对于数 c，$f(c)=a_nc^n+a_{n-1}c^{n-1}+\cdots+a_1c+a_0$ 称为 $f(x)$ 当 $x=c$ 时的值.

定理 1(余数定理) 若 $f(x)=(x-c)g(x)+r$，则 $f(c)=r$.

当 $f(x)=(bx+c)g(x)+r$，$r=0$ 时，称 $bx+c$ 整除 $f(x)$，记作 $bx+c\mid f(x)$，否则就称 $bx+c$ 不整除 $f(x)$.

对于有理数 $\frac{u}{v}$(u，v 是互质整数)，若 $f\left(\frac{u}{v}\right)=0$，则 $\frac{u}{v}$ 称为 $f(x)$ 的有理根.

定理 2 $\frac{u}{v}$(u，v 是互质整数)是整系数多项式

$$f(x)=a_nx^n+a_{n-1}x^{n-1}+\cdots+a_1x+a_0$$

的有理根的充分必要条件是

$$(vx-u)\mid f(x)$$

且商式为整系数多项式.

证明 $f\left(\frac{u}{v}\right)=0$ 的充分必要条件是 $\left(x-\frac{u}{v}\right)\mid f(x)$，$\left(x-\frac{u}{v}\right)\mid f(x)$ 的充分必要条件是存在有理多项式 $g(x)$，使 $f(x)=\left(x-\frac{u}{v}\right)g(x)$，于是存在整数 s，使 $sf(x)=(vx-u)h(x)$，$h(x)$ 是所有系数互质的整系数多项式，即

$$h(x)=b_{n-1}x^{n-1}+b_{n-2}x^{n-2}+\cdots+b_1x+b_0$$

则 s 整除 vb_{n-1}，$vb_{n-2}-ub_{n-1}$，$vb_{n-3}-ub_{n-2}$，…，vb_0-ub_1，$-ub_0$ 中的每一个，若 s 有质因数 p，而 p 不能同时整除 u，v，若 p 不能整除 v，则 $p\mid b_{n-1}$，从而由 $p\mid(vb_{n-2}-ub_{n-1})$ 得到 $p\mid vb_{n-2}$，于是 $p\mid b_{n-2}$. 依此类推，$p\mid b_{n-3}$，…，$p\mid b_1$，$p\mid b_0$ 而矛盾. 同理，当 p 不能整除 u 时，也可得到 $p\mid b_{n-1}$，…，$p\mid b_1$，$p\mid b_0$ 而矛盾，故 $s=\pm1$，定理得证.

如果 $(vx-u)\mid f(x)$，$f(x)=(vx-u)g(x)$，又 $(vx-u)\mid g(x)$，就称 $(vx-u)^2\mid f(x)$，否则就称 $(vx-u)^2$ 不整除 $f(x)$. 依此类推，可以定义 $(vx-u)^k\mid f(x)$ 与 $(vx-u)^k$ 不整除 $f(x)$. 如果 $(vx-u)^k\mid f(x)$，$(vx-u)^{k+1}$ 不整除 $f(x)$，就称 $\frac{u}{v}$ 为 $f(x)$ 的 k 重根.

定理 3(整系数多项式有理根定理) 设有理数$\frac{u}{v}$(u, v 是互质整数)是整系数多项式

$$f(x) = a_n x^n + a_{n-1}x^{n-1} + \cdots + a_1 x + a_0$$

的有理根，则根 u/v 的分子 u 是多项式 $f(x)$ 常数项 a_0 的因数，根的分母 v 是 $f(x)$ 首项系数 a_n 的因数，且有整系数多项式 $q(x)$，使

$$f(x) = \left(x - \frac{u}{v}\right)q(x)$$

证明 由已知，$f\left(\frac{u}{v}\right)=0$，根据定理 2，有整系数多项式

$$g(x) = d_{n-1}x^{n-1} + d_{n-2}x^{n-2} + \cdots + d_1 x + d_0$$

使 $f(x)=(vx-u)g(x)$，比较两边多项式的系数，得到

$$a_n = vd_{n-1},\ a_0 = u(-d_0)$$

故 u 是多项式 $f(x)$ 常数项 a_0 的因数，根的分母 v 是 $f(x)$ 首项系数 a_n 的因数.

$f(x)=\left(x-\frac{u}{v}\right)q(x)$，$q(x)=vg(x)$是整系数多项式.

定理 3 是判断整系数多项式有理根的一个必要条件，而非充分条件.

已知一个整系数多项式 $f(x)$，设它的最高次项系数的因数是 v_1，v_2，…，v_k，常数项的因数是 u_1，u_2，…，u_t，根据定理 3，欲求 $f(x)$的有理根，只需对有限个有理数

$$\frac{u_i}{v_j} \quad (i = 1,\ 2, \cdots,\ t;\ j = 1,\ 2, \cdots,\ k)$$

用综合除法来进行检验.

当有理数 u_i/v_j 的个数很多时，对它们逐个进行检验比较麻烦. 下面的讨论能够简化计算.

首先，1 和 −1 永远在有理数 u_i/v_j 中出现，而计算 $f(1)$ 与 $f(-1)$ 并不困难. 另一方面，若有理数 $a(\neq\pm1)$是 $f(x)$的根，那么由定理 3 可得

$$f(x) = (x-a)q(x)$$

而 $q(x)$也是一个整系数多项式. 因此商

$$\frac{f(1)}{1-a} = q(1),\ \frac{f(-1)}{1+a} = -q(-1)$$

都应该是整数. 这样只需对那些使商$\frac{f(1)}{1-a}$与$\frac{f(-1)}{1+a}$都是整数的 u_i/v_j 来进行检验(我们可以假定 $f(1)$与 $f(-1)$都不等于零. 否则可以用 $x-1$ 或 $x+1$ 除 $f(x)$而考虑所得的商式).

其次，根据余数定理，要求 $f(x)$当 $x=c$ 时的值，只需用带余除法求出用 $x-c$ 除 $f(x)$所得的余数. 但是还有一个更简便的方法，叫做综合除法.

设 $f(x)=a_0x^n+a_1x^{n-1}+a_2x^{n-2}+\cdots+a_{n-1}x+a_n$ 并且设 $f(x)=(x-c)q(x)+r$. 其中：

$$q(x) = b_0x^{n-1} + b_1x^{n-2} + b_2x^{n-3} + \cdots + b_{n-2}x + b_{n-1}$$

比较等式 $f(x)=(x-c)q(x)+r$ 中两端同次项的系数，得到

$$\begin{cases} a_0 = b_0 \\ a_1 = b_1 - cb_0 \\ a_2 = b_2 - cb_1 \\ \quad\vdots \\ a_{n-1} = b_{n-1} - cb_{n-2} \\ a_n = r - cb_{n-1} \end{cases} \Rightarrow \begin{cases} b_0 = a_0 \\ b_1 = cb_0 + a_1 \\ b_2 = cb_1 + a_2 \\ \quad\vdots \\ b_{n-1} = cb_{n-2} + a_{n-1} \\ r = cb_{n-1} + a_n \end{cases}$$

这样，欲求系数 b_k，只要把前一系数 b_{k-1} 乘以 c 再加上对应系数 a_k，而余式 r 也可以按照类似的规律求出. 因此按照如下算法就可以很快地陆续求出商式的系数和余式：

$$\begin{array}{r|cccccc} c & a_0 & a_1 & a_2 & \cdots & a_{n-1} & a_n \\ +) & & cb_0 & cb_1 & \cdots & cb_{n-2} & cb_{n-1} \\ \hline & b_0 & b_1 & b_2 & \cdots & b_{n-1} & r \end{array}$$

其中的加号通常略去不写，这种除法称为综合除法.

例 4.2.1　求 $f(x)=x^4+x^2+4x-9$ 在 $x=-3$ 处的函数值.

解法一　把 $x=-3$ 代入 $f(x)$，求 $f(-3)$；

解法二　用 $x+3$ 去除 $f(x)$，所得余数就是 $f(-3)$；

解法三　综合除法：

$$\begin{array}{r|ccccc} -3 & 1 & 0 & 1 & 4 & -9 \\ & & -3 & 9 & -30 & 78 \\ \hline & 1 & -3 & 10 & -26 & 69 \end{array}$$

故 $f(-3)=69$.

例 4.2.2　求多项式 $f(x)=3x^4+8x^3+6x^2+3x-2$ 的根.

解　可能有理根为 ±1，±2，$\pm\frac{1}{3}$，$\pm\frac{2}{3}$.

$$f(1) = 18,\ f(-1) = -4$$

$$\frac{-4}{1+2},\ \frac{18}{1-\left(-\frac{1}{3}\right)}$$

$\dfrac{-4}{1+\frac{2}{3}}$，$\dfrac{18}{1-\left(-\frac{2}{3}\right)}$都不为整数，只需用综合除法来验证$-2$，$\dfrac{1}{3}$.

$$\begin{array}{r|ccccc} -2 & 3 & 8 & 6 & 3 & -2 \\ & & -6 & -4 & -4 & 2 \\ \hline & 3 & 2 & 2 & -1 & 0 \\ & & -6 & 8 & -20 & \\ \hline & 3 & -4 & 10 & -21\neq 0 & \end{array}$$

$$f(x)=(x+2)(3x^3+2x^2+2x-1)$$

$$\begin{array}{r|cccc} \frac{1}{3} & 3 & 2 & 2 & -1 \\ & & 1 & 1 & 1 \\ \hline & 3 & 3 & 3 & 0 \end{array}$$

$$f(x)=3(x+2)\left(x-\frac{1}{3}\right)(x^2+x+1)$$

故 $f(x)$的 4 个根：-2，$\frac{1}{3}$，$\frac{-1\pm\sqrt{3}i}{2}$.

例 4.2.3 求多项式 $f(x)=4x^4-7x^2-5x-1$ 的根.

解 $f(x)$的可能有理根是：±1，$\pm\frac{1}{2}$，$\pm\frac{1}{4}$，因为 $f(1)=-9$，$f(-1)=1$，只能排除 ±1；

$$\frac{f(1)}{1-\alpha}:\ \frac{-9}{1+\frac{1}{2}}=-6,\ \frac{-9}{1-\frac{1}{2}}=-18,\ \frac{-9}{1+\frac{1}{4}}=\frac{-36}{5},\ \frac{-9}{1-\frac{1}{4}}=-12$$

只能排除 $-\frac{1}{4}$.

$$\frac{f(-1)}{1+\alpha}:\ \frac{1}{1-\frac{1}{2}}=2,\ \frac{1}{1+\frac{1}{2}}=\frac{2}{3},\ \frac{1}{1+\frac{1}{4}}=\frac{4}{5},\ \frac{1}{1-\frac{1}{4}}=\frac{4}{3}$$

只能排除 $\frac{1}{2}$，$\frac{1}{4}$.

所以，$f(x)$的有理根只可能是 $-\frac{1}{2}$.

$-\frac{1}{2}$	4	0	-7	-5	-1
		-2	1	3	1
	4	-2	-6	-2	0
		-2	2	2	
	4	-4	-4	0	
		-2	3		
	4	-6	$-1\neq0$		

$-\frac{1}{2}$是 $f(x)=4x^4-7x^2-5x-1$ 的二重根.

$$f(x)=4\left(x+\frac{1}{2}\right)^2(x^2-x-1)$$

$f(x)$的根：$-\frac{1}{2}$，$-\frac{1}{2}$，$\frac{1\pm\sqrt{5}}{2}$(注意：重根要按重数计算).

例 4.2.4 求多项式 $g(x)=x^3+\frac{3}{2}x^2+3x-2$ 的根.

解 令 $g(x)=\frac{1}{2}(2x^3+3x^2+6x-4)=\frac{1}{2}h(x)$

即

$$h(x)=2x^3+3x^2+6x-4$$

$h(x)$的可能有理根是：±1，±2，±4，$\pm\frac{1}{2}$.

$$h(1)=7,\ h(-1)=-9$$

	2	-2	4	-4	$\frac{1}{2}$	$-\frac{1}{2}$
$\frac{h(1)}{1-\alpha}$	-7	$\frac{7}{3}$	$-\frac{7}{3}$	$\frac{7}{5}$	14	$\frac{14}{3}$
$\frac{h(-1)}{1+\alpha}$	-3				-6	

因此，2，$\frac{1}{2}$有可能是 $h(x)$的有理根.

检验知 2 不是有理根.

$$\begin{array}{c|cccc} \frac{1}{2} & 2 & 3 & 6 & -4 \\ & & 1 & 2 & 4 \\ \hline & 2 & 4 & 8 & 0 \end{array}$$

即

$$h(x)=\left(x-\frac{1}{2}\right)(2x^2+4x+8)$$

所以

$$g(x)=\left(x-\frac{1}{2}\right)(x^2+2x+4)$$

则 $g(x)$的根：$\frac{1}{2}$，$-1\pm\sqrt{3}i$.

习题 4.2

求下列多项式的根.

(1) $f(x)=x^3-6x^2+11x-6$

(2) $f(x)=x^5+x^4-6x^3-14x^2-11x-3$

(3) $f(x)=3x^4+4x^3-14x^2-11x-2$

(4) $f(x)=x^7+x^5+2x^4-8x^3+8x^2-12x+8$

(5) $f(x)=2x^5+7x^4+3x^3-11x^2-16x-12$

(6) $f(x)=x^4+\frac{3}{2}x^3-3x^2+4x-\frac{3}{2}$

(7) $f(x)=x^5-x^4-\frac{3}{2}x^3-2x^2+\frac{1}{2}x+3$

(8) $f(x)=\frac{3}{2}x^5+\frac{11}{4}x^4-4x^3-\frac{13}{2}x^2+2x+2$

4.3　方阵的特征值与特征向量

方阵的特征值与特征向量是方阵最主要的本质特性.

4.3.1 特征值与特征向量的概念与计算

定义 设 $\boldsymbol{A}$ 是 n 阶方阵，若数 λ(可以是复数)和 n 维非零列向量 $\boldsymbol{X}$ 使关系 $\boldsymbol{AX}=\lambda\boldsymbol{X}$ 成立，则数 λ 称为方阵 $\boldsymbol{A}$ 的特征值，非零列向量 $\boldsymbol{X}$ 称为 $\boldsymbol{A}$ 的属于特征值 λ 的特征向量.

$\boldsymbol{AX}=\lambda\boldsymbol{X}$ 可写为 $(\boldsymbol{A}-\lambda\boldsymbol{E})\boldsymbol{X}=\boldsymbol{O}$，它作为齐次线性方程组有非零解的充要条件是系数行列式 $|\boldsymbol{A}-\lambda\boldsymbol{E}|=0$，即

$$\begin{vmatrix} a_{11}-\lambda & a_{12} & \cdots & a_{1n} \\ a_{21} & a_{22}-\lambda & \cdots & a_{2n} \\ \vdots & \vdots & \ddots & \vdots \\ a_{n1} & a_{n2} & \cdots & a_{nn}-\lambda \end{vmatrix}=0$$

该式是以 λ 为未知数的一元 n 次方程，称为方阵 $\boldsymbol{A}$ 的特征方程，其左端 $|\boldsymbol{A}-\lambda\boldsymbol{E}|$ 是 λ 的 n 次多项式，记作 $f(\lambda)$，称为方阵 $\boldsymbol{A}$ 的特征多项式. 显然，$\boldsymbol{A}$ 的特征值就是其特征方程的解，而 $\boldsymbol{A}$ 属于特征值 λ 的特征向量 $\boldsymbol{X}$ 是齐次线性方程组 $(\boldsymbol{A}-\lambda\boldsymbol{E})\boldsymbol{X}=\boldsymbol{O}$ 的非零解向量.

例 4.3.1 求矩阵 $\boldsymbol{A}=\begin{pmatrix} 4 & 1 & 2 \\ 2 & 5 & 4 \\ -2 & -2 & -1 \end{pmatrix}$ 的特征值与特征向量.

解 $|\boldsymbol{A}-\lambda\boldsymbol{E}|=\begin{vmatrix} 4-\lambda & 1 & 2 \\ 2 & 5-\lambda & 4 \\ -2 & -2 & -1-\lambda \end{vmatrix}=-\lambda^3+8\lambda^2-21\lambda+18$

令

$$f(\lambda)=-\lambda^3+8\lambda^2-21\lambda+18$$

18 的因数为 ±1，±2，±3，±6，±9，±18，$f(1)=4$，$f(-1)=48$，

由于

$$\frac{f(1)}{1-(-2)}=\frac{4}{3},\ \frac{f(1)}{1-6}=-\frac{4}{5},\ \frac{f(1)}{1-(-6)}=\frac{4}{7},\ \frac{f(1)}{1-9}=-\frac{4}{8},$$

$$\frac{f(1)}{1-(-9)}=\frac{4}{10},\ \frac{f(1)}{1-18}=-\frac{4}{17}$$

$$\frac{f(1)}{1-(-18)}=\frac{4}{19}$$

都不是整数，因此，只有 2，±3 可能是 $f(\lambda)$的有理根.

检验知 2 是否有理根.

$$\begin{array}{r|rrrr} 2 & -1 & 8 & -21 & 18 \\ & & -2 & 12 & -18 \\ \hline & -1 & 6 & -9 & 0 \end{array}$$

即 $f(\lambda)=-(\lambda-2)(\lambda^2-6\lambda+9)=-(\lambda-3)^2(\lambda-2)$，所以 $\boldsymbol{A}$ 的特征值为

$$\lambda_1=3,\ \lambda_2=3,\ \lambda_3=2$$

当 $\lambda_1=3$，$\lambda_2=3$ 时，由 $(\boldsymbol{A}-3\boldsymbol{E})\boldsymbol{X}=\boldsymbol{O}$，得

$$\begin{cases} x_1+x_2+2x_3=0 \\ 2x_1+2x_2+4x_3=0 \\ -2x_1-2x_2-4x_3=0 \end{cases}$$

得线性无关的特征向量 $\boldsymbol{X}_1=\begin{pmatrix}-1\\1\\0\end{pmatrix}$，$\boldsymbol{X}_2=\begin{pmatrix}-2\\0\\1\end{pmatrix}$，$k_1\boldsymbol{X}_1+k_2\boldsymbol{X}_2$（$k_1$，$k_2$ 不同时为 0）是对应于特征值 $\lambda_1=\lambda_2=3$ 的全部特征向量.

对于 $\lambda_3=2$ 时，由 $(\boldsymbol{A}-2\boldsymbol{E})\boldsymbol{X}=\boldsymbol{O}$，即

$$\begin{cases}2x_1+x_2+2x_3=0\\2x_1+3x_2+4x_3=0\\-2x_1-2x_2-3x_3=0\end{cases}$$

得线性无关的特征向量 $\boldsymbol{X}_3=\begin{pmatrix}-1\\-2\\2\end{pmatrix}$，$k_3\boldsymbol{X}_3$（$k_3\neq0$）是对应于特征值 $\lambda_3=2$ 的全部特征向量.

注意： 若 $\boldsymbol{X}_i$ 是 $\boldsymbol{A}$ 的对应于特征值 λ_i 的特征向量，则 $k\boldsymbol{X}_i$（$k\neq0$）也是对应于特征值 λ_i 的特征向量.

例 4.3.2　求矩阵 $\boldsymbol{A}=\begin{pmatrix}1&2&2\\2&1&2\\2&2&1\end{pmatrix}$ 的特征值和特征向量.

解　$$|\boldsymbol{A}-\lambda\boldsymbol{E}|=\begin{vmatrix}1-\lambda&2&2\\2&1-\lambda&2\\2&2&1-\lambda\end{vmatrix}=(5-\lambda)\begin{vmatrix}1&1&1\\0&-1-\lambda&0\\0&0&-1-\lambda\end{vmatrix}$$
$$=-(\lambda+1)^2(\lambda-5)$$

则 $\boldsymbol{A}$ 的特征值为 $\lambda_1=\lambda_2=-1$，$\lambda_3=5$.

对于 $\lambda_1=\lambda_2=-1$ 时，由 $(\boldsymbol{A}+\boldsymbol{E})\boldsymbol{X}=\boldsymbol{O}$，即

$$\begin{cases}2x_1+2x_2+2x_3=0\\2x_1+2x_2+2x_3=0\\2x_1+2x_2+2x_3=0\end{cases}$$

得线性无关的特征向量 $\boldsymbol{X}_1=\begin{pmatrix}-1\\1\\0\end{pmatrix}$，$\boldsymbol{X}_2=\begin{pmatrix}-1\\0\\1\end{pmatrix}$，$k_1\boldsymbol{X}_1+k_2\boldsymbol{X}_2$（$k_2$，$k_1$ 不同时为 0）是对应于特征值 $\lambda_1=\lambda_2=-1$ 的全部特征向量.

对于 $\lambda_3=5$ 时，由 $(\boldsymbol{A}-5\boldsymbol{E})\boldsymbol{X}=\boldsymbol{O}$，即

$$\begin{cases}-4x_1+2x_2+2x_3=0\\2x_1-4x_2+2x_3=0\\2x_1+2x_2-4x_3=0\end{cases}$$

得线性无关的特征向量 $\boldsymbol{X}_3=\begin{pmatrix}1\\1\\1\end{pmatrix}$，$k_3\boldsymbol{X}_3$（$k_3\neq0$）是对应于特征值 $\lambda_3=5$ 的全部特征向量.

注意： 例 4.3.1 与例 4.3.2 中都是矩阵的重特征值对应线性无关的特征向量个数与重特征值的重数相等.

例 4.3.3 求矩阵 $\boldsymbol{A}=\begin{pmatrix}4&2&-5\\6&4&-9\\5&3&-7\end{pmatrix}$ 的特征值和特征向量.

解 $|\boldsymbol{A}-\lambda\boldsymbol{E}|=\begin{vmatrix}4-\lambda&2&-5\\6&4-\lambda&-9\\5&3&-7-\lambda\end{vmatrix}=(1-\lambda)\begin{vmatrix}1&0&0\\1&2-\lambda&-4\\1&1&-2-\lambda\end{vmatrix}=(1-\lambda)\lambda^2$

$\boldsymbol{A}$ 的特征值为 $\lambda_1=\lambda_2=0$，$\lambda_3=1$.

对于 $\lambda_1=\lambda_2=0$ 时，由 $\boldsymbol{AX}=\boldsymbol{O}$，即

$$\begin{cases}4x_1+2x_2-5x_3=0\\6x_1+4x_2-9x_3=0\\5x_1+3x_2-7x_3=0\end{cases}$$

系数矩阵为

$$\begin{pmatrix}4&2&-5\\6&4&-9\\5&3&-7\end{pmatrix}\rightarrow\begin{pmatrix}-3&1&0\\-2&0&1\\0&0&0\end{pmatrix},\ \begin{cases}x_2=3x_1\\x_3=2x_1\end{cases}$$

可得线性无关的特征向量 $\boldsymbol{X}_1=\begin{pmatrix}1\\3\\2\end{pmatrix}$，$k_1\boldsymbol{X}_1(k_1\neq0)$是对应于特征值 $\lambda_1=\lambda_2=0$ 的全部特征向量.

对于 $\lambda_3=1$ 时，由$(\boldsymbol{A}-\boldsymbol{E})\boldsymbol{X}=\boldsymbol{O}$，即

$$\begin{cases}3x_1+2x_2-5x_3=0\\6x_1+3x_2-9x_3=0\\5x_1+3x_2-8x_3=0\end{cases}$$

系数阵 $\begin{pmatrix}3&2&-5\\6&3&-9\\5&3&-8\end{pmatrix}\rightarrow\begin{pmatrix}1&0&-1\\0&1&-1\\0&0&0\end{pmatrix}$

$\begin{cases}x_1=x_3\\x_2=x_3\end{cases}$，得线性无关的特征向量 $\boldsymbol{X}_2=\begin{pmatrix}1\\1\\1\end{pmatrix}$，$k_2\boldsymbol{X}_2(k_2\neq0)$是对应于特征值 $\lambda_3=1$ 的全部特征向量.

注意：例 4.3.3 中矩阵的重特征值对应线性无关的特征向量个数与重特征值的重数不相等.

综上，可得求矩阵 $\boldsymbol{A}$ 的特征值和特征向量的方法步骤：

(1) 求 $\boldsymbol{A}$ 的特征多项式 $f(\lambda)=|\boldsymbol{A}-\lambda\boldsymbol{E}|$；

(2) 求出特征方程 $f(\lambda)=0$ 的全部根，即 $\boldsymbol{A}$ 的全部特征值 $\lambda_1,\lambda_2,\cdots,\lambda_n$；

(3) 对于每个特征值 λ，求出对应齐次线性方程组$(\boldsymbol{A}-\lambda\boldsymbol{E})\boldsymbol{X}=\boldsymbol{O}$ 的基础解系，即 $\boldsymbol{A}$ 属于特征值 λ 的线性无关特征向量 $\boldsymbol{\xi}_1,\boldsymbol{\xi}_2,\cdots,\boldsymbol{\xi}_s$，得 $\boldsymbol{A}$ 属于特征值 λ 的全部特征向量：

$$k_1\boldsymbol{\xi}_1+k_2\boldsymbol{\xi}_2+\cdots+k_s\boldsymbol{\xi}_s(k_1,k_2,\cdots,k_s\text{ 不同时为 }0)$$

4.3.2 特征值的性质

性质 1　在复数范围内，方阵 $\boldsymbol{A}$ 的特征方程有 n 个根，设 n 阶方阵 $\boldsymbol{A}$ 的特征值为 λ_1，λ_2，…，λ_n(可能有相等的)，则有

(1) $\lambda_1+\lambda_2+\cdots+\lambda_n=a_{11}+a_{22}+\cdots+a_{nn}$；

(2) $\lambda_1\lambda_2\cdots\lambda_n=|\boldsymbol{A}|$.

一个 n 阶方阵 $\boldsymbol{A}$ 的对角线上的元素之和，称为矩阵的迹，记作 $\mathrm{Tr}(\boldsymbol{A})$，即

$$\mathrm{Tr}(\boldsymbol{A})=a_{11}+a_{22}+\cdots+a_{nn}=\lambda_1+\lambda_2+\cdots+\lambda_n$$

推论 1　方阵 $\boldsymbol{A}$ 可逆的充分必要条件是 $\boldsymbol{A}$ 的所有特征值全不为 0.

性质 2　设 λ 是方阵 $\boldsymbol{A}$ 的一个特征值，$\boldsymbol{X}$ 是对应的特征向量，则对于任意正整数 k，λ^k 是 $\boldsymbol{A}^k$ 的特征值；对于任意数 a，$a\lambda$ 是 $a\boldsymbol{A}$ 的特征值，且 $\boldsymbol{X}$ 仍是它们对应的特征向量.

推论 2　设 λ 是方阵 $\boldsymbol{A}$ 的一个特征值，$\boldsymbol{X}$ 是对应的特征向量，$\phi(x)$是多项式，则 $\phi(\lambda)$ 是 $\phi(\boldsymbol{A})$的特征值，且 $\boldsymbol{X}$ 仍是对应的特征向量.

性质 3　设 λ 是可逆矩阵 $\boldsymbol{A}$ 的一个特征值，$\boldsymbol{X}$ 是对应的特征向量，则 $\dfrac{1}{\lambda}$ 是 $\boldsymbol{A}^{-1}$ 的特征值，且 $\boldsymbol{X}$ 仍是对应的特征向量.

例 4.3.4　设 3 阶方阵 $\boldsymbol{A}$ 的特征值 1，-1，2，求值 $|\boldsymbol{A}^*+3\boldsymbol{A}-2\boldsymbol{E}|$.

解　由题设，$\boldsymbol{A}$ 可逆. $\boldsymbol{A}^*=|\boldsymbol{A}|\boldsymbol{A}^{-1}=-2\boldsymbol{A}^{-1}$，故 $\boldsymbol{A}^*+3\boldsymbol{A}-2\boldsymbol{E}=-2\boldsymbol{A}^{-1}+3\boldsymbol{A}-2\boldsymbol{E}$ 的特征值为 -1，-3，3，故 $|\boldsymbol{A}^*+3\boldsymbol{A}-2\boldsymbol{E}|=9$.

例 4.3.5　求矩阵 $\boldsymbol{A}=\begin{pmatrix}1&-1&3&-2\\-1&1&-2&3\\3&-2&1&-1\\-2&3&-1&1\end{pmatrix}$ 的特征值和特征向量.

解

$$|\boldsymbol{A}-\lambda\boldsymbol{E}|=\begin{vmatrix}1-\lambda&-1&3&-2\\-1&1-\lambda&-2&3\\3&-2&1-\lambda&-1\\-2&3&-1&1-\lambda\end{vmatrix}=(1-\lambda)\begin{vmatrix}1&0&0&0\\1&2-\lambda&-5&5\\1&-1&-2-\lambda&1\\1&4&-4&3-\lambda\end{vmatrix}$$

$$=(1-\lambda)(-\lambda^3+3\lambda^2+25\lambda+21)=(1-\lambda)(1+\lambda)(-\lambda^2+4\lambda+21)$$

$$=(\lambda-1)(\lambda+1)(\lambda-7)(\lambda+3)$$

得 $\boldsymbol{A}$ 的特征值为 $\lambda_1=1$，$\lambda_2=7$，$\lambda_3=-1$，$\lambda_4=-3$.

对于 $\lambda_1=1$，由$(\boldsymbol{A}-\boldsymbol{E})\boldsymbol{X}=\boldsymbol{O}$，即

$$\begin{cases}-x_2+3x_3-2x_4=0\\-x_1-2x_3+3x_4=0\\3x_1-2x_2-x_4=0\\-2x_1+3x_2-x_3=0\end{cases}$$

系数矩阵为

$$\begin{pmatrix}0&-1&3&-2\\-1&0&-2&3\\3&-2&0&-1\\-2&3&-1&0\end{pmatrix}\rightarrow\begin{pmatrix}1&0&0&-1\\0&1&0&-1\\0&0&1&-1\\0&0&0&0\end{pmatrix}$$

$$\begin{cases} x_1 = x_4 \\ x_2 = x_4 \\ x_3 = x_4 \end{cases}$$

得线性无关的特征向量：

$$X_1 = \begin{pmatrix} 1 \\ 1 \\ 1 \\ 1 \end{pmatrix}$$

$k_1X_1(k_1 \neq 0)$是对应于特征值 $\lambda_1 = 1$ 的全部特征向量.

对于 $\lambda_2 = 7$，由$(A - 7E)X = O$，即

$$\begin{cases} -6x_1 - x_2 + 3x_3 - 2x_4 = 0 \\ -x_1 - 6x_2 - 2x_3 + 3x_4 = 0 \\ 3x_1 - 2x_2 - 6x_3 - x_4 = 0 \\ -2x_1 + 3x_2 - x_3 - 6x_4 = 0 \end{cases}$$

系数矩阵为

$$A - 7E = \begin{pmatrix} -6 & -1 & 3 & -2 \\ -1 & -6 & -2 & 3 \\ 3 & -2 & -6 & -1 \\ -2 & 3 & -1 & -6 \end{pmatrix} \to \begin{pmatrix} 1 & 0 & 0 & 1 \\ 0 & 1 & 0 & -1 \\ 0 & 0 & 1 & 1 \\ 0 & 0 & 0 & 0 \end{pmatrix}$$

$$\begin{cases} x_1 = -x_4 \\ x_2 = x_4 \\ x_3 = -x_4 \end{cases}$$

得线性无关的特征向量：

$$X_2 = \begin{pmatrix} -1 \\ 1 \\ -1 \\ 1 \end{pmatrix}$$

$k_2X_2(k_2 \neq 0)$是对应于特征值 $\lambda_2 = 7$ 的全部特征向量.

对于 $\lambda_3 = -1$，由$(A + E)X = O$，即

$$\begin{cases} 2x_1 - x_2 + 3x_3 - 2x_4 = 0 \\ -x_1 + 2x_2 - 2x_3 + 3x_4 = 0 \\ 3x_1 - 2x_2 + 2x_3 - x_4 = 0 \\ -2x_1 + 3x_2 - x_3 + 2x_4 = 0 \end{cases}$$

系数矩阵为

$$A + E = \begin{pmatrix} 2 & -1 & 3 & -2 \\ -1 & 2 & -2 & 3 \\ 3 & -2 & 2 & -1 \\ -2 & 3 & -1 & 2 \end{pmatrix} \to \begin{pmatrix} 1 & 0 & 0 & 1 \\ 0 & 1 & 0 & 1 \\ 0 & 0 & 1 & -1 \\ 0 & 0 & 0 & 0 \end{pmatrix}$$

$$\begin{cases} x_1 = -x_4 \\ x_2 = -x_4 \\ x_3 = x_4 \end{cases}$$

得线性无关的特征向量：

$$X_3 = \begin{pmatrix} -1 \\ -1 \\ 1 \\ 1 \end{pmatrix}$$

$k_3\boldsymbol{X}_3(k_3 \neq 0)$是对应于特征值 $\lambda_3=-1$ 的全部特征向量.

对于 $\lambda_4=-3$，由$(\boldsymbol{A}+3\boldsymbol{E})\boldsymbol{X}=\boldsymbol{O}$，即

$$\begin{cases} 4x_1 - x_2 + 3x_3 - 2x_4 = 0 \\ -x_1 + 4x_2 - 2x_3 + 3x_4 = 0 \\ 3x_1 - 2x_2 + 4x_3 - x_4 = 0 \\ -2x_1 + 3x_2 - x_3 + 4x_4 = 0 \end{cases}$$

系数矩阵为

$$\boldsymbol{A} + 3\boldsymbol{E} = \begin{pmatrix} 4 & -1 & 3 & -2 \\ -1 & 4 & -2 & 3 \\ 3 & -2 & 4 & -1 \\ -2 & 3 & -1 & 4 \end{pmatrix} \rightarrow \begin{pmatrix} 1 & 0 & 0 & -1 \\ 0 & 1 & 0 & 1 \\ 0 & 0 & 1 & 1 \\ 0 & 0 & 0 & 0 \end{pmatrix}$$

$$\begin{cases} x_1 = x_4 \\ x_2 = -x_4 \\ x_3 = -x_4 \end{cases}$$

得线性无关的特征向量 $\boldsymbol{X}_4 = \begin{pmatrix} 1 \\ -1 \\ -1 \\ 1 \end{pmatrix}$，$k_4\boldsymbol{X}_4(k_4 \neq 0)$是对应于特征值 $\lambda_4=-3$ 的全部特征向量.

习题 4.3

求下列矩阵矩阵的特征值和特征向量.

(1) $\boldsymbol{A}=\begin{pmatrix} 2 & 1 & 1 \\ 1 & 2 & 1 \\ 1 & 1 & 2 \end{pmatrix}$；(2) $\boldsymbol{A}=\begin{pmatrix} 0 & 0 & 1 \\ 0 & 1 & 0 \\ 1 & 0 & 0 \end{pmatrix}$；(3) $\boldsymbol{A}=\begin{pmatrix} 3 & 1 & 1 & 1 \\ 1 & 3 & 1 & 1 \\ 1 & 1 & 3 & 1 \\ 1 & 1 & 1 & 3 \end{pmatrix}$

(4) $\boldsymbol{A}=\begin{pmatrix} 1 & 1 & 1 & 1 \\ 1 & 1 & -1 & -1 \\ 1 & -1 & 1 & -1 \\ 1 & -1 & -1 & 1 \end{pmatrix}$；(5) $\boldsymbol{A}=\begin{pmatrix} 1 & -2 & 0 \\ -2 & 2 & -2 \\ 0 & -2 & 3 \end{pmatrix}$；(6) $\boldsymbol{A}=\begin{pmatrix} 2 & 2 & -2 \\ 2 & 5 & -4 \\ -2 & -4 & 5 \end{pmatrix}$

$$(7)\ \boldsymbol{A}=\begin{pmatrix}1&3&-3&3\\3&1&3&-3\\-3&3&1&3\\3&-3&3&1\end{pmatrix};\ (8)\ \boldsymbol{A}=\begin{pmatrix}1&1&1&1\\1&1&1&1\\1&1&1&1\\1&1&1&1\end{pmatrix}$$

4.4 矩阵的相似对角化

矩阵的相似对角化是线性代数研究的主要问题之一.

4.4.1 相似矩阵的概念与性质

定义 设 $\boldsymbol{A}$, $\boldsymbol{B}$ 都是 n 阶方阵，若有可逆矩阵 $\boldsymbol{P}$, 使 $\boldsymbol{P}^{-1}\boldsymbol{AP}=\boldsymbol{B}$, 则称矩阵 $\boldsymbol{A}$, $\boldsymbol{B}$ 相似，或 $\boldsymbol{B}$ 是 $\boldsymbol{A}$ 的相似矩阵，记作 $\boldsymbol{A}\sim\boldsymbol{B}$.

对矩阵 $\boldsymbol{A}$ 作运算 $\boldsymbol{P}^{-1}\boldsymbol{AP}$, 称为对 $\boldsymbol{A}$ 作相似变换，并称可逆矩阵 $\boldsymbol{P}$ 为矩阵 $\boldsymbol{A}$ 的相似变换矩阵.

矩阵的相似具有反身性、对称性和传递性.

定理 1 若 n 阶方阵 $\boldsymbol{A}$, $\boldsymbol{B}$ 相似，则 $\boldsymbol{A}$, $\boldsymbol{B}$ 有相等的特征多项式，从而 $\boldsymbol{A}$, $\boldsymbol{B}$ 有相同的特征值.

证明 由已知，有可逆矩阵 $\boldsymbol{P}$, 使 $\boldsymbol{P}^{-1}\boldsymbol{AP}=\boldsymbol{B}$. 因

$$\begin{aligned}f_{\boldsymbol{B}}(\lambda)&=|\boldsymbol{B}-\lambda\boldsymbol{E}|=|\boldsymbol{P}^{-1}\boldsymbol{AP}-\lambda\boldsymbol{E}|\\&=|\boldsymbol{P}^{-1}\boldsymbol{AP}-\boldsymbol{P}^{-1}\lambda\boldsymbol{EP}|=|\boldsymbol{P}^{-1}|\,|\boldsymbol{A}-\lambda\boldsymbol{E}|\,|\boldsymbol{P}|=|\boldsymbol{A}-\lambda\boldsymbol{E}|=f_{\boldsymbol{A}}(\lambda)\end{aligned}$$

故相似矩阵有相等的特征多项式，从而有相同的特征值.

定理的逆命题未必成立，如 $\boldsymbol{A}=\begin{pmatrix}0&0\\0&0\end{pmatrix}$, $\boldsymbol{B}=\begin{pmatrix}0&0\\1&0\end{pmatrix}$ 的特征多项式均为 λ^2 而相等，故有相同的特征值，但它们不相似.

推论 若 n 阶方阵 $\boldsymbol{A}$ 与对角矩阵 $\boldsymbol{\Lambda}=\begin{pmatrix}\lambda_1&&&\\&\lambda_2&&\\&&\ddots&\\&&&\lambda_n\end{pmatrix}$ 相似，则 $\boldsymbol{A}$ 的特征值为 λ_1, λ_2, $\cdots$, λ_n.

4.4.2 矩阵相似对角化的概念与基本性质

矩阵相似对角化：对于 n 阶方阵 $\boldsymbol{A}$, 若有可逆矩阵 $\boldsymbol{P}$, 使 $\boldsymbol{P}^{-1}\boldsymbol{AP}=\boldsymbol{\Lambda}$ 为对角矩阵，则称方阵 $\boldsymbol{A}$ 可对角化.

若方阵 $\boldsymbol{A}$ 可对角化，$\boldsymbol{P}^{-1}\boldsymbol{AP}=\boldsymbol{\Lambda}$, 则设可逆矩阵 $\boldsymbol{P}=(\boldsymbol{P}_1, \boldsymbol{P}_2, \cdots, \boldsymbol{P}_n)$, 由于 $\boldsymbol{P}$ 可逆，则 $\boldsymbol{P}$ 的列向量 $\boldsymbol{P}_1, \boldsymbol{P}_2, \cdots, \boldsymbol{P}_n$ 线性无关. 由 $\boldsymbol{AP}=\boldsymbol{P\Lambda}$, 则

$$\boldsymbol{AP} = \boldsymbol{A}(\boldsymbol{P}_1, \boldsymbol{P}_2, \cdots, \boldsymbol{P}_n) = (\boldsymbol{AP}_1, \boldsymbol{AP}_2, \cdots, \boldsymbol{AP}_n)$$

$$= \boldsymbol{P\Lambda} = (\boldsymbol{P}_1, \boldsymbol{P}_2, \cdots, \boldsymbol{P}_n)\begin{pmatrix} \lambda_1 & & & \\ & \lambda_2 & & \\ & & \ddots & \\ & & & \lambda_n \end{pmatrix} = (\lambda_1\boldsymbol{P}_1, \lambda_2\boldsymbol{P}_2, \cdots, \lambda_n\boldsymbol{P}_n)$$

故$(\boldsymbol{AP}_1, \boldsymbol{AP}_2, \cdots, \boldsymbol{AP}_n) = (\lambda_1\boldsymbol{P}_1, \lambda_2\boldsymbol{P}_2, \cdots, \lambda_n\boldsymbol{P}_n)$，于是，$\boldsymbol{AP}_i = \lambda_i\boldsymbol{P}_i (i=1, 2, \cdots, n)$，即得$\boldsymbol{P}_1, \boldsymbol{P}_2, \cdots, \boldsymbol{P}_n$ 是$\boldsymbol{A}$ 的 n 个线性无关的特征向量.

反之，若$\boldsymbol{A}$ 有 n 个线性无关的特征向量$\boldsymbol{P}_1, \boldsymbol{P}_2, \cdots, \boldsymbol{P}_n$，则可得可逆矩阵

$$\boldsymbol{P} = (\boldsymbol{P}_1, \boldsymbol{P}_2, \cdots, \boldsymbol{P}_n)$$

使

$$\boldsymbol{AP} = \boldsymbol{A}(\boldsymbol{P}_1, \boldsymbol{P}_2, \cdots, \boldsymbol{P}_n) = (\boldsymbol{AP}_1, \boldsymbol{AP}_2, \cdots, \boldsymbol{AP}_n) = (\lambda_1\boldsymbol{P}_1, \lambda_2\boldsymbol{P}_2, \cdots, \lambda_n\boldsymbol{P}_n)$$

$$= (\boldsymbol{P}_1, \boldsymbol{P}_2, \cdots, \boldsymbol{P}_n)\begin{pmatrix} \lambda_1 & & & \\ & \lambda_2 & & \\ & & \ddots & \\ & & & \lambda_n \end{pmatrix} = \boldsymbol{P\Lambda}$$

从而方阵$\boldsymbol{A}$ 可对角化. 于是，我们有以下定理 2.

定理 2　n 阶方阵$\boldsymbol{A}$ 可对角化的充分必要条件是$\boldsymbol{A}$ 有 n 个线性无关的特征向量.

4.4.3　特征向量的性质

性质 1　不同特征值所对应的特征向量线性无关.

证明　设$\boldsymbol{A}$ 属于不同特征值$\lambda_1, \lambda_2, \cdots, \lambda_k$ 的特征向量$\boldsymbol{\xi}_1, \boldsymbol{\xi}_2, \cdots, \boldsymbol{\xi}_k$，来证明它们线性无关.

对特征值个数 k 作数学归纳法.

当 $k=1$ 时，由于特征向量非零，因此 $\boldsymbol{\xi}_1$ 线性无关.

设 $k=s$ 时结论成立，则当 $k=s+1$ 时，任取 k 个数 $a_1, a_2, \cdots, a_k$，使

$$a_1\boldsymbol{\xi}_1 + a_2\boldsymbol{\xi}_2 + \cdots + a_k\boldsymbol{\xi}_k = \boldsymbol{O} \tag{4.4.1}$$

用矩阵$\boldsymbol{A}$ 乘以式(4.4.1)两端，得

$$\lambda_1 a_1\boldsymbol{\xi}_1 + \lambda_2 a_2\boldsymbol{\xi}_2 + \cdots + \lambda_k a_k\boldsymbol{\xi}_k = \boldsymbol{O} \tag{4.4.2}$$

用 λ_k 乘以式(4.4.1)两端，得

$$\lambda_k a_1\boldsymbol{\xi}_1 + \lambda_k a_2\boldsymbol{\xi}_2 + \cdots + \lambda_k a_k\boldsymbol{\xi}_k = \boldsymbol{O} \tag{4.4.3}$$

由式(4.4.2)和式(4.4.3)得

$$a_1(\lambda_1 - \lambda_k)\boldsymbol{\xi}_1 + a_2(\lambda_2 - \lambda_k)\boldsymbol{\xi}_2 + \cdots + a_s(\lambda_s - \lambda_k)\boldsymbol{\xi}_s = \boldsymbol{O}$$

由归纳假设知 $\boldsymbol{\xi}_1, \boldsymbol{\xi}_2, \cdots, \boldsymbol{\xi}_{k-1}$ 线性无关，因此有

$$a_1(\lambda_1 - \lambda_k) = a_2(\lambda_2 - \lambda_k) = \cdots = a_s(\lambda_s - \lambda_k) = 0$$

$$\lambda_1 - \lambda_k \neq 0, \lambda_2 - \lambda_k \neq 0, \cdots, \lambda_s - \lambda_k \neq 0$$

所以有

$$a_1 = a_2 = \cdots = a_{k-1} = 0$$

将此结果代入式(4.4.1)，则由于 $\boldsymbol{\xi}_k \neq \boldsymbol{O}$，所以 $a_k=0$. 因此，$\boldsymbol{\xi}_1, \boldsymbol{\xi}_2, \cdots, \boldsymbol{\xi}_k$ 线性无关. 由归纳原理，定理得证.

性质 2　不同特征值所对应线性无关的特征向量组合起来仍线性无关，即设 $\lambda_1, \lambda_2, \cdots, \lambda_k$ 是矩阵 $\boldsymbol{A}$ 的互不相同的特征值，$\boldsymbol{\xi}_{i1}, \boldsymbol{\xi}_{i2}, \cdots, \boldsymbol{\xi}_{ir_i}$ 是 $\boldsymbol{A}$ 的属于 λ_i 的线性无关的特征向量，那么

$$\boldsymbol{\xi}_{11}, \boldsymbol{\xi}_{12}, \cdots, \boldsymbol{\xi}_{1r_1}, \boldsymbol{\xi}_{21}, \boldsymbol{\xi}_{22}, \cdots, \boldsymbol{\xi}_{2r_2}, \cdots, \boldsymbol{\xi}_{k1}, \boldsymbol{\xi}_{k2}, \cdots, \boldsymbol{\xi}_{kr_k}$$

也线性无关.

证明　对特征值个数 k 作数学归纳法.

当 $k=1$ 时，由已知得特征向量 $\boldsymbol{\xi}_{11}, \boldsymbol{\xi}_{12}, \cdots, \boldsymbol{\xi}_{1r_1}$ 线性无关.

设 $k=s$ 时结论成立，则当 $k=s+1$ 时，任取 $r_1+r_2+\cdots+r_k$ 个数：

$$a_{11}, a_{12}, \cdots, a_{1r_1}, a_{21}, a_{22}, \cdots, a_{2r_2}, \cdots, a_{k1}, a_{k2}, \cdots, a_{kr_k}$$

使

$$\begin{aligned} a_{11}\boldsymbol{\xi}_{11} + a_{12}\boldsymbol{\xi}_{12} + \cdots + a_{1r_1}\boldsymbol{\xi}_{1r_1} + a_{21}\boldsymbol{\xi}_{21} + a_{22}\boldsymbol{\xi}_{22} + \cdots + a_{2r_2}\boldsymbol{\xi}_{2r_2} + \cdots \\ + a_{k1}\boldsymbol{\xi}_{k1} + a_{k2}\boldsymbol{\xi}_{k2} + \cdots + a_{kr_k}\boldsymbol{\xi}_{kr_k} = \boldsymbol{O} \end{aligned} \tag{4.4.4}$$

用矩阵 $\boldsymbol{A}$ 乘以式(4.4.4)两端，得

$$\begin{aligned} \lambda_1 a_{11}\boldsymbol{\xi}_{11} + \lambda_1 a_{12}\boldsymbol{\xi}_{12} + \cdots + \lambda_1 a_{1r_1}\boldsymbol{\xi}_{1r_1} + \lambda_2 a_{21}\boldsymbol{\xi}_{21} + \lambda_2 a_{22}\boldsymbol{\xi}_{22} + \cdots + \lambda_2 a_{2r_2}\boldsymbol{\xi}_{2r_2} + \cdots \\ + \lambda_k a_{k1}\boldsymbol{\xi}_{k1} + \lambda_k a_{k2}\boldsymbol{\xi}_{k2} + \cdots + \lambda_k a_{kr_k}\boldsymbol{\xi}_{kr_k} = \boldsymbol{O} \end{aligned} \tag{4.4.5}$$

用 λ_k 乘以式(4.4.4)两端，得

$$\begin{aligned} \lambda_k a_{11}\boldsymbol{\xi}_{11} + \lambda_k a_{12}\boldsymbol{\xi}_{12} + \cdots + \lambda_k a_{1r_1}\boldsymbol{\xi}_{1r_1} + \lambda_k a_{21}\boldsymbol{\xi}_{21} + \lambda_k a_{22}\boldsymbol{\xi}_{22} + \cdots + \lambda_k a_{2r_2}\boldsymbol{\xi}_{2r_2} + \cdots \\ + \lambda_k a_{k1}\boldsymbol{\xi}_{k1} + \lambda_k a_{k2}\boldsymbol{\xi}_{k2} + \cdots + \lambda_k a_{kr_k}\boldsymbol{\xi}_{kr_k} = \boldsymbol{O} \end{aligned} \tag{4.4.6}$$

由式(4.4.5)和式(4.4.6)得

$$\begin{aligned} (\lambda_1-\lambda_k)a_{11}\boldsymbol{\xi}_{11} + (\lambda_1-\lambda_k)a_{12}\boldsymbol{\xi}_{12} + \cdots + (\lambda_1-\lambda_k)a_{1r_1}\boldsymbol{\xi}_{1r_1} + (\lambda_2-\lambda_k)a_{21}\boldsymbol{\xi}_{21} \\ + (\lambda_2-\lambda_k)a_{22}\boldsymbol{\xi}_{22} + \cdots + (\lambda_2-\lambda_k)a_{2r_2}\boldsymbol{\xi}_{2r_2} + \cdots + (\lambda_s-\lambda_k)a_{s1}\boldsymbol{\xi}_{s1} \\ + (\lambda_s-\lambda_k)a_{s2}\boldsymbol{\xi}_{s2} + \cdots + (\lambda_s-\lambda_k)a_{sr_s}\boldsymbol{\xi}_{sr_s} = \boldsymbol{O} \end{aligned}$$

由归纳假设知

$$\boldsymbol{\xi}_{11}, \boldsymbol{\xi}_{12}, \cdots, \boldsymbol{\xi}_{1r_1}, \boldsymbol{\xi}_{21}, \boldsymbol{\xi}_{22}, \cdots, \boldsymbol{\xi}_{2r_2}, \cdots, \boldsymbol{\xi}_{s1}, \boldsymbol{\xi}_{s2}, \cdots, \boldsymbol{\xi}_{sr_s}$$

线性无关，且 $\lambda_1-\lambda_k\neq 0, \lambda_2-\lambda_k\neq 0, \cdots, \lambda_s-\lambda_k\neq 0$，因此有

$$a_{11}=a_{12}=\cdots=a_{1r_1}=a_{21}=a_{22}=\cdots=a_{2r_2}=\cdots=a_{s1}=a_{s2}=a_{sr_s}=0$$

将此结果代入式(4.4.4)，又由于 $\boldsymbol{\xi}_{k1}, \boldsymbol{\xi}_{k2}, \cdots, \boldsymbol{\xi}_{kr_k}$ 线性无关，所以有

$$a_{k1}=a_{k2}=\cdots=a_{kr_k}=0$$

因此，$\boldsymbol{\xi}_{11}, \boldsymbol{\xi}_{12}, \cdots, \boldsymbol{\xi}_{1r_1}, \boldsymbol{\xi}_{21}, \boldsymbol{\xi}_{22}, \cdots, \boldsymbol{\xi}_{2r_2}, \cdots, \boldsymbol{\xi}_{k1}, \boldsymbol{\xi}_{k2}, \cdots, \boldsymbol{\xi}_{kr_k}$ 线性无关. 由归纳原理，定理得证.

由性质 1 与性质 2，要判断 n 阶方阵 $\boldsymbol{A}$ 是否可对角化，只需求出 $\boldsymbol{A}$ 的所有不同特征值，然后对于每个特征值，求出所有线性无关的特征向量. 若这些线性无关的特征向量的总个数等于 n，则说明 $\boldsymbol{A}$ 可对角化，否则 $\boldsymbol{A}$ 不可对角化. 于是，我们得到以下定理 3.

定理 3　n 阶方阵 $\boldsymbol{A}$ 可对角化的充要条件是：

(1) $\boldsymbol{A}$ 有 n 个特征值(重根按重数计算)；

(2) 对于每个特征值 λ，$(\boldsymbol{A}-\lambda\boldsymbol{E})\boldsymbol{X}=\boldsymbol{O}$ 的基础解系中所含向量个数(几何重数)$n-R(\boldsymbol{A}$

$-\lambda\boldsymbol{E})=\lambda$ 在特征方程中的重数(代数重数).

例 4.4.1　设 $\boldsymbol{A}=\begin{pmatrix}2&0&1\\3&1&x\\4&0&5\end{pmatrix}$，问 x 为何值时，$\boldsymbol{A}$ 可对角化? 并求可逆矩阵 $\boldsymbol{P}$，使 $\boldsymbol{P}^{-1}\boldsymbol{A}\boldsymbol{P}=\boldsymbol{\Lambda}$.

解　$|\boldsymbol{A}-\lambda\boldsymbol{E}|=\begin{vmatrix}2-\lambda&0&1\\3&1-\lambda&x\\4&0&5-\lambda\end{vmatrix}=(1-\lambda)\begin{vmatrix}2-\lambda&1\\4&5-\lambda\end{vmatrix}=-(\lambda-1)^2(\lambda-6)$

得 $\lambda_1=\lambda_2=1$，$\lambda_3=6$. 而当 $\lambda_1=\lambda_2=1$ 时，对应特征矩阵为

$$\boldsymbol{A}-\boldsymbol{E}=\begin{pmatrix}1&0&1\\3&0&x\\4&0&4\end{pmatrix}\to\begin{pmatrix}1&0&1\\0&0&x-3\\0&0&0\end{pmatrix}$$

因此只有当 $x=3$ 时，几何重数 $R(\boldsymbol{A}-\boldsymbol{E})=2$ 为 $\lambda_1=\lambda_2=1$ 的代数重数，即对应特征值 1 的特征向量才有 2 个线性无关的，即 $x_1=-x_3$ 的解向量 $\boldsymbol{P}_1=(1,0,-1)^{\mathrm{T}}$，$\boldsymbol{P}_2=(0,1,0)^{\mathrm{T}}$. 再加上特征值 6 必有一个线性无关的特征向量，合起来就是 3 个线性无关的特征向量，故当且仅当 $x=3$ 时，$\boldsymbol{A}$ 可对角化. 这时，对于 $\lambda_3=6$，特征矩阵为

$$\boldsymbol{A}-6\boldsymbol{E}=\begin{pmatrix}-4&0&1\\3&-3&3\\4&0&-1\end{pmatrix}\to\begin{pmatrix}-4&0&1\\-5&1&0\\0&0&0\end{pmatrix}$$

从而$\begin{cases}x_3=4x_1\\x_2=5x_1\end{cases}$，线性无关的特征向量 $\boldsymbol{P}_2=(1,5,4)^{\mathrm{T}}$. 于是有

$$\boldsymbol{P}=(\boldsymbol{P}_1,\boldsymbol{P}_2,\boldsymbol{P}_3)=\begin{pmatrix}1&0&1\\0&1&5\\-1&0&4\end{pmatrix}$$

$$\boldsymbol{P}^{-1}\boldsymbol{A}\boldsymbol{P}=\begin{pmatrix}1&&\\&1&\\&&6\end{pmatrix}$$

例 4.4.2　求矩阵 $\boldsymbol{A}=\begin{pmatrix}1&0&-1&-1\\0&1&-1&-1\\-1&-1&0&-2\\1&1&2&4\end{pmatrix}$的相似对角化.

解　$|\boldsymbol{A}-\lambda\boldsymbol{E}|=\begin{vmatrix}1-\lambda&0&-1&-1\\0&1-\lambda&-1&-1\\-1&-1&0-\lambda&-2\\1&1&2&4-\lambda\end{vmatrix}=\begin{vmatrix}1-\lambda&0&0&0\\0&1-\lambda&0&-1\\-1&-2&2-\lambda&-2\\0&0&0&2-\lambda\end{vmatrix}$

$=(\lambda-1)^2(\lambda-2)^2$

$$\lambda_1=\lambda_2=1,\ \lambda_3=\lambda_4=2$$

即特征值 1 的代数重数是 2，2 的代数重数也是 2.

对于 $\lambda_1=\lambda_2=1$，对应特征向量满足的线性方程组的系数矩阵，即特征矩阵为

$$\boldsymbol{A}-\boldsymbol{E}=\begin{pmatrix}0&0&-1&-1\\0&0&-1&-1\\-1&-1&-1&-2\\1&1&2&3\end{pmatrix}\rightarrow\begin{pmatrix}1&1&2&3\\0&0&1&1\\0&0&0&0\\0&0&0&0\end{pmatrix}\rightarrow\begin{pmatrix}1&1&0&1\\0&0&1&1\\0&0&0&0\\0&0&0&0\end{pmatrix}$$

特征值 1 的几何重数也是 2，特征向量的线性方程组的一般解为

$$\begin{cases}x_1=-x_2-x_4\\x_3=\qquad\ -x_4\end{cases}$$

得

$$\boldsymbol{P}_1=\begin{pmatrix}-1\\1\\0\\0\end{pmatrix},\ \boldsymbol{P}_2=\begin{pmatrix}-1\\0\\-1\\1\end{pmatrix}$$

为属于特征值 1 的线性无关的特征向量.

对于 $\lambda_3=\lambda_4=2$，对应特征向量满足的线性方程组的系数矩阵，即特征矩阵为

$$\boldsymbol{A}-2\boldsymbol{E}=\begin{pmatrix}-1&0&-1&-1\\0&-1&-1&-1\\-1&-1&-2&-2\\1&1&2&2\end{pmatrix}\rightarrow\begin{pmatrix}1&1&2&2\\0&1&1&1\\0&0&0&0\\0&0&0&0\end{pmatrix}\rightarrow\begin{pmatrix}1&0&1&1\\0&1&1&1\\0&0&0&0\\0&0&0&0\end{pmatrix}$$

特征值 2 的几何重数也是 2，特征向量的线性方程组的一般解为

$$\begin{cases}x_1=-x_3-x_4\\x_2=-x_3-x_4\end{cases}$$

得

$$\boldsymbol{P}_3=\begin{pmatrix}-1\\-1\\1\\0\end{pmatrix},\ \boldsymbol{P}_4=\begin{pmatrix}-1\\-1\\0\\1\end{pmatrix}$$

为属于特征值 2 的线性无关的特征向量. 故

$$\boldsymbol{P}=(\boldsymbol{P}_1,\boldsymbol{P}_2,\boldsymbol{P}_3,\boldsymbol{P}_4)=\begin{pmatrix}-1&-1&-1&-1\\1&0&-1&-1\\0&-1&1&0\\0&1&0&1\end{pmatrix}$$

$$\boldsymbol{P}^{-1}\boldsymbol{A}\boldsymbol{P}=\begin{pmatrix}1&&&\\&1&&\\&&2&\\&&&2\end{pmatrix}$$

习题 4.4

求下列矩阵的可对角化.

(1) $\begin{pmatrix}0&2&1\\2&3&2\\3&6&2\end{pmatrix}$；(2) $\begin{pmatrix}3&2&1\\2&6&2\\3&6&5\end{pmatrix}$；(3) $\begin{pmatrix}2&2&1\\1&2&1\\-1&-1&0\end{pmatrix}$；(4) $\begin{pmatrix}6&0&1\\3&5&3\\4&0&9\end{pmatrix}$；

(5) $\begin{pmatrix}3&2&-2\\2&6&-4\\-2&-4&6\end{pmatrix}$；(6) $\begin{pmatrix}1&-1&-1&-1\\0&2&1&1\\-1&-1&0&-2\\1&1&1&3\end{pmatrix}$；(7) $\begin{pmatrix}1&2&2&-2\\2&1&-2&2\\2&-2&1&2\\-2&2&2&1\end{pmatrix}$；

(8) $\begin{pmatrix}-1&1&1&-1\\1&-1&-1&1\\1&-1&-1&1\\-1&1&1&-1\end{pmatrix}$.

4.5　实对称矩阵的对角化

实对称矩阵的对角化是线性代数研究的重要问题之一.

4.5.1　实对称矩阵的性质

代数基本定理：次数大于等于 1 的实系数多项式必有实根.

定理 1　实对称矩阵的特征值都是实数.

证明　设 λ 为 $\boldsymbol{A}$ 的任一特征值，$\boldsymbol{X}=(x_1, x_2, \cdots, x_n)^{\mathrm{T}}$ 为其对应的特征向量，则

$$\boldsymbol{A}(x_1, x_2, \cdots, x_n)^{\mathrm{T}}=\lambda(x_1, x_2, \cdots, x_n)^{\mathrm{T}}$$

$$(\bar{x}_1, \bar{x}_2, \cdots, \bar{x}_n)\boldsymbol{A}(x_1, x_2, \cdots, x_n)^{\mathrm{T}}=\lambda(\bar{x}_1x_1+\bar{x}_2x_2+\cdots+\bar{x}_nx_n)$$

$$=\bar{\lambda}(x_1\bar{x}_1+x_2\bar{x}_2+\cdots+x_n\bar{x}_n)$$

而 $x_1\bar{x}_1+x_2\bar{x}_2+\cdots+x_n\bar{x}_n=|x_1|^2+|x_2|^2+\cdots+|x_n|^2>0$，从而 $\lambda=\bar{\lambda}$，得 λ 为实数.

定理 2　实对称矩阵不同特征值对应特征向量正交.

证明　设 λ, μ 为实对称矩阵 $\boldsymbol{A}$ 的任意两个不同的特征值，$\boldsymbol{\alpha}$, $\boldsymbol{\beta}$ 为其对应的特征向量，则 $\boldsymbol{A\alpha}=\lambda\boldsymbol{\alpha}$, $\boldsymbol{A\beta}=\mu\boldsymbol{\beta}$. 由于 $\boldsymbol{A}$ 实对称，则 $\boldsymbol{\alpha}^{\mathrm{T}}\boldsymbol{A\beta}=(\boldsymbol{\alpha}^{\mathrm{T}}\boldsymbol{A\beta})^{\mathrm{T}}=\boldsymbol{\beta}^{\mathrm{T}}\boldsymbol{A\alpha}$，即

$$\mu\boldsymbol{\alpha}^{\mathrm{T}}\boldsymbol{\beta}=\lambda\boldsymbol{\alpha}^{\mathrm{T}}\boldsymbol{\beta}$$

而 $\lambda\neq\mu$，得 $\boldsymbol{\alpha}^{\mathrm{T}}\boldsymbol{\beta}=0$，有 $\boldsymbol{\alpha}$, $\boldsymbol{\beta}$ 正交.

定理 3　对于 n 阶实对称矩阵 $\boldsymbol{A}$，存在正交矩阵 $\boldsymbol{P}$，使得 $\boldsymbol{P}^{-1}\boldsymbol{AP}=\boldsymbol{\Lambda}$ 为对角矩阵.

证明　直接对 $\boldsymbol{A}$ 的阶数 n 作数学归纳法. 当 $n=1$ 时结论成立. 设对于任意 $n-1$ 阶实对称矩阵结论成立，则 $\boldsymbol{A}$ 为 n 阶实对称矩阵时，由代数基本定理与定理 1，$\boldsymbol{A}$ 有实特征值 λ_1，对应实特征向量 $\boldsymbol{\alpha}_1$，单位化后仍记作 $\boldsymbol{\alpha}_1$. 扩充 $\boldsymbol{\alpha}_1$ 为标准正交组 $\boldsymbol{\alpha}_1, \boldsymbol{\alpha}_2, \cdots, \boldsymbol{\alpha}_n$(扩充法：

设 $\boldsymbol{\alpha}_1=(a_1, a_2, \cdots, a_n)^{\mathrm{T}}$，构造线性方程组 $a_1x_1+a_2x_2+\cdots+a_nx_n=0$，其基础解系为 $\boldsymbol{\xi}_2$，$\boldsymbol{\xi}_3, \cdots, \boldsymbol{\xi}_n$，经过正交化和单位化后，得 $\boldsymbol{\alpha}_2, \cdots, \boldsymbol{\alpha}_n$，与 $\boldsymbol{\alpha}_1$ 合在一起为标准正交组 $\boldsymbol{\alpha}_1, \boldsymbol{\alpha}_2, \cdots, \boldsymbol{\alpha}_n$，得正交矩阵 $\boldsymbol{P}_1$，$\boldsymbol{P}_1^{\mathrm{T}}\boldsymbol{A}\boldsymbol{P}_1=\boldsymbol{P}_1^{-1}\boldsymbol{A}\boldsymbol{P}_1=\begin{pmatrix}\lambda_1 & \boldsymbol{0}\\ \boldsymbol{0} & \boldsymbol{B}_1\end{pmatrix}$，而 $\boldsymbol{B}_1$ 为 $n-1$ 阶实对称矩阵，根据归纳假设，有 $n-1$ 阶正交矩阵 $\boldsymbol{P}_2$，使

$$\boldsymbol{P}_2^{\mathrm{T}}\boldsymbol{B}_1\boldsymbol{P}_2=\boldsymbol{P}_2^{-1}\boldsymbol{B}_1\boldsymbol{P}_2=\begin{pmatrix}\lambda_2 & & & \\ & \lambda_3 & & \\ & & \ddots & \\ & & & \lambda_n\end{pmatrix}$$

故取 $\boldsymbol{P}=\boldsymbol{P}_1\begin{pmatrix}1 & \boldsymbol{0}\\ \boldsymbol{0} & \boldsymbol{P}_2\end{pmatrix}$，则 $\boldsymbol{P}$ 为正交矩阵：

$$\boldsymbol{P}^{\mathrm{T}}\boldsymbol{A}\boldsymbol{P}=\boldsymbol{P}^{-1}\boldsymbol{A}\boldsymbol{P}=\begin{pmatrix}1 & \boldsymbol{0}\\ \boldsymbol{0} & \boldsymbol{P}_2\end{pmatrix}^{\mathrm{T}}\boldsymbol{P}_1^{\mathrm{T}}\boldsymbol{A}\boldsymbol{P}_1\begin{pmatrix}1 & \boldsymbol{0}\\ \boldsymbol{0} & \boldsymbol{P}_2\end{pmatrix}=\begin{pmatrix}1 & \boldsymbol{0}\\ \boldsymbol{0} & \boldsymbol{P}_2^{-1}\end{pmatrix}\boldsymbol{P}_1^{-1}\boldsymbol{A}\boldsymbol{P}_1\begin{pmatrix}1 & \boldsymbol{0}\\ \boldsymbol{0} & \boldsymbol{P}_2\end{pmatrix}$$

$$=\begin{pmatrix}1 & \boldsymbol{0}\\ \boldsymbol{0} & \boldsymbol{P}_2^{-1}\end{pmatrix}\begin{pmatrix}\lambda_1 & \boldsymbol{0}\\ \boldsymbol{0} & \boldsymbol{B}_1\end{pmatrix}\begin{pmatrix}1 & \boldsymbol{0}\\ \boldsymbol{0} & \boldsymbol{P}_2^{-1}\end{pmatrix}=\begin{pmatrix}\lambda_1 & \boldsymbol{0}\\ \boldsymbol{0} & \boldsymbol{P}_2^{\mathrm{T}}\boldsymbol{B}_1\boldsymbol{P}_2\end{pmatrix}=\begin{pmatrix}\lambda_1 & & & \\ & \lambda_2 & & \\ & & \ddots & \\ & & & \lambda_n\end{pmatrix}$$

4.5.2 实对称矩阵对角化的方法步骤

(1) 求 n 阶实对称矩阵 $\boldsymbol{A}$ 的所有不同特征值，即求 $|\boldsymbol{A}-\lambda\boldsymbol{E}|=0$ 的所有不同根；

(2) 对于 A 的每个特征值，求其对应线性无关的特征向量，即求 $(\boldsymbol{A}-\lambda\boldsymbol{E})\boldsymbol{X}=\boldsymbol{O}$ 的基础解系，然后把它们正交化、单位化，即可得 n 个两两正交的单位向量构成正交矩阵 $\boldsymbol{P}$，使得 $\boldsymbol{P}^{-1}\boldsymbol{A}\boldsymbol{P}=\boldsymbol{\Lambda}$ 为对角矩阵.

例 4.5.1 设 $\boldsymbol{A}=\begin{pmatrix}2 & -2 & 0\\ -2 & 1 & -2\\ 0 & -2 & 0\end{pmatrix}$，求正交矩阵 $\boldsymbol{P}$，使得 $\boldsymbol{P}^{-1}\boldsymbol{A}\boldsymbol{P}=\boldsymbol{\Lambda}$ 为对角矩阵.

解 $|\boldsymbol{A}-\lambda\boldsymbol{E}|=(\lambda+2)(\lambda-1)(4-\lambda)$，得 $\lambda_1=-2$，$\lambda_2=1$，$\lambda_3=4$.

对于 $\lambda_1=-2$，有

$$\boldsymbol{A}+2\boldsymbol{E}=\begin{pmatrix}4 & -2 & 0\\ -2 & 3 & -2\\ 0 & -2 & 2\end{pmatrix}\rightarrow\begin{pmatrix}1 & 0 & -1/2\\ 0 & 1 & -1\\ 0 & 0 & 0\end{pmatrix}$$

得

$$\boldsymbol{\xi}_1=\begin{pmatrix}1/2\\ 1\\ 1\end{pmatrix}$$

对于 $\lambda_2=1$，有

$$\boldsymbol{A}-\boldsymbol{E}=\begin{pmatrix}1 & -2 & 0\\ -2 & 0 & -2\\ 0 & -2 & -1\end{pmatrix}\rightarrow\begin{pmatrix}1 & 0 & 1\\ 0 & 1 & 1/2\\ 0 & 0 & 0\end{pmatrix}$$

得
$$\boldsymbol{\xi}_2=\begin{pmatrix}-1\\-1/2\\1\end{pmatrix}$$

对于 $\lambda_3=4$，有
$$\boldsymbol{A}-4\boldsymbol{E}=\begin{pmatrix}-2&-2&0\\-2&-3&-2\\0&-2&-4\end{pmatrix}\rightarrow\begin{pmatrix}1&0&-2\\0&1&2\\0&0&0\end{pmatrix}$$

得
$$\boldsymbol{\xi}_1=\begin{pmatrix}2\\-2\\1\end{pmatrix}$$

它们是正交的，只需单位化，故取正交矩阵：
$$\boldsymbol{P}=\frac{1}{3}\begin{pmatrix}1&-2&2\\2&-1&-2\\2&2&1\end{pmatrix}$$

使
$$\boldsymbol{P}^{-1}\boldsymbol{A}\boldsymbol{P}=\begin{pmatrix}-2&&\\&1&\\&&4\end{pmatrix}$$

例 4.5.2　设 $\boldsymbol{A}=\begin{pmatrix}4&0&0\\0&3&1\\0&1&3\end{pmatrix}$，求正交矩阵 $\boldsymbol{P}$，使得 $\boldsymbol{P}^{-1}\boldsymbol{A}\boldsymbol{P}=\boldsymbol{\Lambda}$ 为对角矩阵.

解　$|\boldsymbol{A}-\lambda\boldsymbol{E}|=(\lambda-4)^2(2-\lambda)$，得 $\lambda_1=\lambda_2=4$，$\lambda_3=2$.

对于 $\lambda_1=\lambda_2=4$，有
$$\boldsymbol{A}-4\boldsymbol{E}=\begin{pmatrix}0&0&0\\0&-1&1\\0&1&-1\end{pmatrix}\rightarrow\begin{pmatrix}0&1&-1\\0&0&0\\0&0&0\end{pmatrix}$$

得 $\boldsymbol{\xi}_1=\begin{pmatrix}1\\0\\0\end{pmatrix}$，$\boldsymbol{\xi}_2=\begin{pmatrix}0\\1\\1\end{pmatrix}$，已正交.

对于 $\lambda_3=2$，有
$$\boldsymbol{A}-2\boldsymbol{E}=\begin{pmatrix}2&0&0\\0&1&1\\0&1&1\end{pmatrix}\rightarrow\begin{pmatrix}1&0&0\\0&1&1\\0&0&0\end{pmatrix}$$

得
$$\boldsymbol{\xi}_3=\begin{pmatrix}0\\-1\\1\end{pmatrix}$$

全单位化作列，得正交矩阵：

$$P=\frac{1}{\sqrt{2}}\begin{pmatrix}\sqrt{2} & 0 & 0\\ 0 & 1 & -1\\ 0 & 1 & 1\end{pmatrix}$$

使

$$P^{-1}AP=\begin{pmatrix}4 & & \\ & 4 & \\ & & 2\end{pmatrix}$$

例 4.5.3　设 $A=\begin{pmatrix}2 & -1\\ -1 & 2\end{pmatrix}$，求 A^n.

解　$|A-\lambda E|=(\lambda-1)(\lambda-3)$，得 $\lambda_1=1$，$\lambda_2=3$.

对于 $\lambda_1=1$，有

$$A-E=\begin{pmatrix}1 & -1\\ 1 & -1\end{pmatrix}\to\begin{pmatrix}1 & -1\\ 0 & 0\end{pmatrix}$$

得

$$\xi_1=\begin{pmatrix}1\\ 1\end{pmatrix}$$

对于 $\lambda_2=3$，有

$$A-3E=\begin{pmatrix}-1 & -1\\ -1 & -1\end{pmatrix}\to\begin{pmatrix}1 & 1\\ 0 & 0\end{pmatrix}$$

得

$$\xi_1=\begin{pmatrix}1\\ -1\end{pmatrix}$$

对它们进行单位化得正交矩阵：

$$P=\frac{1}{\sqrt{2}}\begin{pmatrix}1 & 1\\ 1 & -1\end{pmatrix},\ P^{-1}AP=\begin{pmatrix}1 & 0\\ 0 & 3\end{pmatrix}$$

$$A^n=\left[P\begin{pmatrix}1 & 0\\ 0 & 3\end{pmatrix}P^{-1}\right]^n=P\begin{pmatrix}1 & 0\\ 0 & 3\end{pmatrix}^nP^{-1}=\frac{1}{\sqrt{2}}\begin{pmatrix}1 & 1\\ 1 & -1\end{pmatrix}\begin{pmatrix}1 & 0\\ 0 & 3^n\end{pmatrix}\frac{1}{\sqrt{2}}\begin{pmatrix}1 & 1\\ 1 & -1\end{pmatrix}$$

$$=\frac{1}{2}\begin{pmatrix}1+3^n & 1-3^n\\ 1-3^n & 1+3^n\end{pmatrix}$$

例 4.5.4　已知 $A=\begin{pmatrix}0 & 1 & 1 & -1\\ 1 & 0 & -1 & 1\\ 1 & -1 & 0 & 1\\ -1 & 1 & 1 & 0\end{pmatrix}$，求正交矩阵 P，使得 $P^{-1}AP=\Lambda$ 为对角矩阵.

解　先求 A 的特征值，由

$$|A-\lambda E|=\begin{vmatrix}-\lambda & 1 & 1 & -1\\ 1 & -\lambda & -1 & 1\\ 1 & -1 & -\lambda & 1\\ -1 & 1 & 1 & -\lambda\end{vmatrix}=\begin{vmatrix}-\lambda & 1 & 1 & -1\\ 1-\lambda & 1-\lambda & 0 & 0\\ 0 & 0 & 1-\lambda & 1-\lambda\\ -1 & 1 & 1 & -\lambda\end{vmatrix}$$

$$= (\lambda-1)^2\begin{vmatrix} -1-\lambda & 1 & 1 & -2 \\ 0 & 1 & 0 & 0 \\ 0 & 0 & 1 & 0 \\ -2 & 1 & 1 & -1-\lambda \end{vmatrix} = (\lambda-1)^2(\lambda^2+2\lambda-3) = (\lambda-1)^3(\lambda+3)$$

得 $\boldsymbol{A}$ 的特征值为 1，1，1，−3.

其次，对于特征值为 $\lambda_1=\lambda_2=\lambda_3=1$，有

$$\begin{cases} x_1 - x_2 - x_3 + x_4 = 0 \\ -x_1 + x_2 + x_3 - x_4 = 0 \\ -x_1 + x_2 + x_3 - x_4 = 0 \\ x_1 - x_2 - x_3 + x_4 = 0 \end{cases}$$

得基础解系：

$$\boldsymbol{\alpha}_1 = (1,\ 1,\ 0,\ 0)^{\mathrm{T}},\ \boldsymbol{\alpha}_2 = (1,\ 0,\ 1,\ 0)^{\mathrm{T}},\ \boldsymbol{\alpha}_1 = (-1,\ 0,\ 0,\ 1)^{\mathrm{T}}$$

把它正交化，得

$$\boldsymbol{\beta}_1 = (1,\ 1,\ 0,\ 0)^{\mathrm{T}},\ \boldsymbol{\beta}_2 = (1,\ -1,\ 2,\ 0)^{\mathrm{T}},\ \boldsymbol{\beta}_3 = (-1,\ 1,\ 1,\ 3)^{\mathrm{T}}$$

再进行单位化得

$$\boldsymbol{\gamma}_1 = \frac{1}{\sqrt{2}}(1,\ 1,\ 0,\ 0)^{\mathrm{T}},\ \boldsymbol{\gamma}_2 = \frac{1}{\sqrt{6}}(1,\ -1,\ 2,\ 0)^{\mathrm{T}},\ \boldsymbol{\gamma}_3 = \frac{1}{\sqrt{12}}(-1,\ 1,\ 1,\ 3)^{\mathrm{T}}$$

对于 $\lambda_4=-3$，有

$$\begin{cases} -3x_1 - x_2 - x_3 + x_4 = 0 \\ -x_1 - 3x_2 + x_3 - x_4 = 0 \\ -x_1 + x_2 - 3x_3 - x_4 = 0 \\ x_1 - x_2 - x_3 - 3x_4 = 0 \end{cases}$$

得基础解系 $\boldsymbol{\alpha}_4=(1,\ -1,\ -1,\ 1)^{\mathrm{T}}$，再进行单位化得 $\boldsymbol{\gamma}_4=\frac{1}{2}(1,\ -1,\ -1,\ 1)^{\mathrm{T}}$. 令

$$\boldsymbol{P} = \begin{pmatrix} \frac{1}{\sqrt{2}} & \frac{1}{\sqrt{6}} & \frac{-1}{\sqrt{12}} & \frac{1}{2} \\ \frac{1}{\sqrt{2}} & \frac{-1}{\sqrt{6}} & \frac{1}{\sqrt{12}} & \frac{-1}{2} \\ 0 & \frac{2}{\sqrt{6}} & \frac{1}{\sqrt{12}} & \frac{-1}{2} \\ 0 & 0 & \frac{3}{\sqrt{12}} & \frac{1}{2} \end{pmatrix}$$

$$\boldsymbol{P}^{-1}\boldsymbol{A}\boldsymbol{P} = \boldsymbol{P}^{\mathrm{T}}\boldsymbol{A}\boldsymbol{P} = \begin{pmatrix} 1 & & & \\ & 1 & & \\ & & 1 & \\ & & & -3 \end{pmatrix}$$

习题 4.5

1. 求下列实对称矩阵的正交可对角化.

(1) $\begin{pmatrix}5&1&1\\1&5&1\\1&1&5\end{pmatrix}$；(2) $\begin{pmatrix}2&3&3\\3&2&3\\3&3&2\end{pmatrix}$；(3) $\begin{pmatrix}3&-2&0\\-2&4&-2\\0&-2&5\end{pmatrix}$；(4) $\begin{pmatrix}2&-2&0\\-2&3&-2\\0&-2&4\end{pmatrix}$；

(5) $\begin{pmatrix}0&2&-2\\2&3&-4\\-2&-4&3\end{pmatrix}$；(6) $\begin{pmatrix}0&1&1&1\\1&0&1&1\\1&1&0&1\\1&1&1&0\end{pmatrix}$；(7) $\begin{pmatrix}3&2&2&-2\\2&3&-2&2\\2&-2&3&2\\-2&2&2&3\end{pmatrix}$；

(8) $\begin{pmatrix}2&1&1&-1\\1&2&-1&1\\1&-1&2&1\\-1&1&1&2\end{pmatrix}$.

2. 设 $\boldsymbol{A}=\begin{pmatrix}1&1&1&1\\1&1&-1&-1\\1&-1&1&-1\\1&-1&-1&1\end{pmatrix}$，求 $\boldsymbol{A}^k$.

第 4 章总复习题

一、单项选择

1. 下列 $\mathbf{R}^3$ 的向量为单位向量的是(　　).

A. (1, 1, 1)　　B. $\frac{1}{3}(1, 1, 1)$　　C. $\frac{1}{2}(1, 1, 0)$　　D. $\frac{1}{5}(3, 0, 4)$

2. 下列 $\mathbf{R}^3$ 的向量非单位向量的是(　　).

A. $\frac{1}{3}(1, 2, 2)$　　B. $\frac{1}{3}(2, -2, 1)$　　C. $\frac{1}{2}(1, 0, 1)$　　D. $\frac{1}{3}(2, -1, 2)$

3. 下列与(1, 1, 0, −1), (1, 0, 1, 1), (1, −1, 1, 0)都正交的单位向量是(　　).

A. $\frac{1}{15}(2, -1, 3, 1)$　　B. $\frac{1}{\sqrt{15}}(2, -1, 3, 1)$

C. $\frac{1}{15}(2, -1, -3, 1)$　　D. $\frac{1}{\sqrt{15}}(2, -1, -3, 1)$

4. 下列矩阵为正交矩阵的是(　　).

A. $\begin{pmatrix}1&0\\-1&1\end{pmatrix}$　　B. $\begin{pmatrix}1&0\\0&-1\end{pmatrix}$　　C. $\begin{pmatrix}1&-1\\1&0\end{pmatrix}$　　D. $\begin{pmatrix}1&-1\\1&1\end{pmatrix}$

5. 设 $\lambda=2$ 是可逆矩阵 $\boldsymbol{A}$ 的特征值，则 $\left(\frac{2}{3}\boldsymbol{A}\right)^{-1}$ 有一特征值为(　　).

A. $\frac{4}{3}$　　B. $\frac{3}{4}$　　C. $\frac{1}{2}$　　D. $\frac{1}{4}$

6. 设方阵 $\boldsymbol{A}$ 的任一列元素的和都是 a，则 $\boldsymbol{A}$ 的一个特征值为(　　).

A. a　　B. $-a$　　C. 0　　D. a^{-1}

7. 设 $\boldsymbol{A}$ 为 n 阶可逆矩阵，λ 为 $\boldsymbol{A}$ 的特征值，则 $\boldsymbol{A}^*$ 的一个特征值为(　　).

A. $\lambda^{-1}|\boldsymbol{A}|^n$　　B. $\lambda^{-1}|\boldsymbol{A}|$　　C. $\lambda|\boldsymbol{A}|$　　D. $\lambda|\boldsymbol{A}|^n$

8. 设 $\boldsymbol{\xi}_1$，$\boldsymbol{\xi}_2$ 为方阵 $\boldsymbol{A}$ 的属于特征值 λ_1，λ_2 的特征向量，则(　　).

A. $\lambda_1=\lambda_2$ 时，$\boldsymbol{\xi}_1$，$\boldsymbol{\xi}_2$ 必成比例　　B. $\lambda_1=\lambda_2$ 时，$\boldsymbol{\xi}_1$，$\boldsymbol{\xi}_2$ 不一定成比例

C. $\lambda_1\neq\lambda_2$ 时，$\boldsymbol{\xi}_1$，$\boldsymbol{\xi}_2$ 必成比例　　D. $\lambda_1\neq\lambda_2$ 时，$\boldsymbol{\xi}_1$，$\boldsymbol{\xi}_2$ 不一定成比例

9. 若 $\boldsymbol{A}$ 与 $\boldsymbol{B}$ 相似，则必有(　　).

A. $\lambda\boldsymbol{E}-\boldsymbol{A}=\lambda\boldsymbol{E}-\boldsymbol{B}$　　B. 对于同一特征值 $\boldsymbol{A}$，$\boldsymbol{B}$ 有相同的特征向量

C. $|\boldsymbol{A}|=|\boldsymbol{B}|$　　D. $\boldsymbol{A}$，$\boldsymbol{B}$ 均相似于同一对角矩阵

10. 下列可对角化的矩阵是(　　).

A. $\begin{bmatrix}1 & 0\\1 & 1\end{bmatrix}$　　B. $\begin{bmatrix}0 & 1\\0 & 1\end{bmatrix}$　　C. $\begin{bmatrix}0 & 0\\1 & 0\end{bmatrix}$　　D. $\begin{bmatrix}1 & 1\\0 & 1\end{bmatrix}$

11. 0 为方阵 $\boldsymbol{A}$ 的特征值是 $\boldsymbol{A}$ 不可逆的(　　)条件.

A. 充分　　B. 必要　　C. 充要　　D. 非充分也非必要

12. 设 $\boldsymbol{\alpha}$，$\boldsymbol{\beta}$ 为 $\boldsymbol{A}$ 的分别属于不同的特征值 λ_1，λ_2 的特征向量，则 $\boldsymbol{\alpha}$，$\boldsymbol{\beta}$(　　).

A. 线性相关　　B. 线性无关　　C. 成比例　　D. 可能有零向量

13. 设 λ 为 $\boldsymbol{A}$ 的特征值，$(\lambda\boldsymbol{E}-\boldsymbol{A})\boldsymbol{X}=\boldsymbol{O}$ 的基础解系为 $\boldsymbol{\alpha}$，$\boldsymbol{\beta}$，则 $\boldsymbol{A}$ 的属于 λ 的全部特征向量(　　).

A. $\boldsymbol{\alpha}$，$\boldsymbol{\beta}$　　B. $\boldsymbol{\alpha}$ 或 $\boldsymbol{\beta}$

C. $a\boldsymbol{\alpha}+b\boldsymbol{\beta}$　　D. $a\boldsymbol{\alpha}+b\boldsymbol{\beta}$($a$，$b$ 不全为 0)

14. n 阶方阵 $\boldsymbol{A}$ 有 n 个不同的特征值是 $\boldsymbol{A}$ 可对角化的(　　)条件.

A. 充分　　B. 必要

C. 充要　　D. 非充分也非必要

15. 若 n 阶方阵 $\boldsymbol{A}$ 可对角化，则(　　).

A. $R(\boldsymbol{A})=n$　　B. $\boldsymbol{A}$ 有 n 个不同的特征值

C. $\boldsymbol{A}$ 有 n 个线性无关的特征向量　　D. $\boldsymbol{A}$ 必对称

16. n 阶方阵 $\boldsymbol{A}$ 可对角化的充要条件为(　　).

A. A 有 n 个不同的特征值　　B. A 有 n 个不同的特征向量

C. A 有 n 个相同的特征值　　D. A 有 n 个线性无关的特征向量

二、填空

1. 特征值的定义是 ________，特征向量的定义是 ________.

2. 设 $\boldsymbol{A}$ 为方阵，$\boldsymbol{A}\boldsymbol{X}=\boldsymbol{O}$ 有非零解，则 $\boldsymbol{A}$ 必有一特征值为 ________.

3. 设 λ 为 $\boldsymbol{A}$ 的特征值，则 $\boldsymbol{A}^k(k\in N^*)$ 有特征值为 ________.

4. 设 $\boldsymbol{\alpha}$ 为 $\boldsymbol{A}$ 的特征向量，则 ________ 为 $\boldsymbol{P}^{-1}\boldsymbol{A}\boldsymbol{P}$ 的特征向量.

5. 设 $\boldsymbol{\alpha}$ 为可逆矩阵 $\boldsymbol{A}$ 的特征向量，则 ________ 为 $\boldsymbol{A}^{-1}$ 的特征向量.

6. 若 n 阶方阵 $\boldsymbol{A}$ 有 n 个属于特征值 λ 的线性无关的特征向量，则 $\boldsymbol{A}=$ ________.

7. 设三阶矩阵 $\boldsymbol{A}$ 的三个特征值为 1，2，3，则 $|\boldsymbol{A}|=$ ________，$\boldsymbol{A}^{-1}$ 的特征值为 ________.

8. n 阶零矩阵的全部特征值为 ________，特征向量为 ________.

9. 若 $\boldsymbol{A}$ 和 $k\boldsymbol{E}$ 相似，则 $\boldsymbol{A}=$ ________.

10. n 阶方阵 $\boldsymbol{A}$ 可对角化的$\Leftrightarrow$ ________.

11. 若 $|\boldsymbol{A}|=24$，$\boldsymbol{B}$ 是主对角线上元为 λ，2，3 的对角矩阵，且 $\boldsymbol{A}$ 与 $\boldsymbol{B}$ 相似，则 $\lambda=$ ________.

12. 若 $|\boldsymbol{A}|=5$，则 $\boldsymbol{A}\boldsymbol{A}^*$ 的特征值为 ________，特征向量为 ________.

13. 设三阶矩阵 $\boldsymbol{A}$ 的三个特征值为 1，-1，2，则 $2\boldsymbol{A}^3-3\boldsymbol{A}^2$ 的特征值为 ________.

14. 设 $\boldsymbol{A}$，$\boldsymbol{B}$ 均 n 及可逆矩阵，且 $\boldsymbol{AB}$ 与 $\boldsymbol{BA}$ 相似，则使 $\boldsymbol{P}^{-1}\boldsymbol{ABP}=\boldsymbol{BA}$ 的可逆阵 $\boldsymbol{P}=$ ________.

15. 属于不同特征值的特征向量必 ________.

16. $\begin{pmatrix} 1 & 1 & 0 \\ 0 & 3 & 0 \\ 1 & 0 & 2 \end{pmatrix}$的特征值为 ________.

17. $\begin{pmatrix} 2 & 0 & 0 \\ x & 0 & 1 \\ y & 1 & 0 \end{pmatrix}$的特征值为 ________.

18. $\begin{pmatrix} 0 & 0 & 1 \\ 0 & 1 & 0 \\ 1 & 0 & 0 \end{pmatrix}$的特征值为 ________.

19. $\begin{pmatrix} -1 & 1 & 0 \\ -4 & 3 & 0 \\ 1 & 0 & 2 \end{pmatrix}$的特征值为 ________.

20. $\begin{pmatrix} 1 & 0 & 0 \\ -4 & 3 & 0 \\ 1 & 6 & 2 \end{pmatrix}$的特征值为 ________.

三、计算

1. 在 $\mathbf{R}^4$ 中，求单位向量，使其同时与向量 $\boldsymbol{\alpha}=(2, 1, 4, 0)$，$\boldsymbol{\beta}=(1, 1, 2, 2)$，$\boldsymbol{\gamma}=(3, 2, 5, 4)$都正交.

2. 在 $\mathbf{R}^4$ 中，求 $\boldsymbol{\alpha}=(1, 1, -1, 1)$，$\boldsymbol{\beta}=(1, 1, 0, 1)$的夹角.

3. 在 $\mathbf{R}^4$ 中，求一个单位向量与$(1, 1, -1, 1)$，$(1, -1, -1, 1)$，$(2, 1, 1, 3)$都正交.

4. 在 $\mathbf{R}^4$ 中，求一个单位向量与$(1, 1, -1, 0)$，$(-1, 1, 2, 2)$，$(1, 2, 1, 1)$都正交.

5. 设 $\boldsymbol{A}=\begin{pmatrix}-1 & 2 & 2\\ 2 & -1 & -2\\ 2 & -2 & -1\end{pmatrix}$，(1) 求 $\boldsymbol{A}$ 的特征值；(2) 求 $\boldsymbol{E}+\boldsymbol{A}^{-1}$ 的特征值.

6. 设 $\boldsymbol{A}=\begin{pmatrix}1 & -3 & 3\\ 3 & -5 & 3\\ 6 & -6 & 4\end{pmatrix}$，求 $\boldsymbol{A}$ 的特征值与对应特征向量.

7. 设 $\boldsymbol{A}=\begin{bmatrix}\boldsymbol{B} & \boldsymbol{O}\\ \boldsymbol{O} & \boldsymbol{C}\end{bmatrix}$，$\boldsymbol{B}=\begin{bmatrix}0 & 1\\ 1 & 0\end{bmatrix}$，$\boldsymbol{C}=\begin{bmatrix}y & 1\\ 1 & 2\end{bmatrix}$，且 3 为 $\boldsymbol{A}$ 的特征值，求 y.

8. 设三阶方阵 $\boldsymbol{A}$ 的特征值 1，2，3 对应的特征向量分别是 $\boldsymbol{\alpha}=(1,1,1)^{\mathrm{T}}$，$\boldsymbol{\beta}=(1,1,0)^{\mathrm{T}}$，$\boldsymbol{\gamma}=(1,0,0)^{\mathrm{T}}$，若 $\boldsymbol{\delta}=(3,2,0)^{\mathrm{T}}$，(1) 将 $\boldsymbol{\delta}$ 用 $\boldsymbol{\alpha}$，$\boldsymbol{\beta}$，$\boldsymbol{\gamma}$ 线性表示；(2) 求 $\boldsymbol{A}^n\boldsymbol{\delta}$.

9. 设 3 阶方阵 $\boldsymbol{A}$ 的特征值 -1，1，3 对应的特征向量分别是 $\boldsymbol{\alpha}=(1,-1,0)^{\mathrm{T}}$，$\boldsymbol{\beta}=(1,1,0)^{\mathrm{T}}$，$\boldsymbol{\gamma}=(0,1,-1)^{\mathrm{T}}$，求 $\boldsymbol{A}$.

10. 已知矩阵 $\begin{pmatrix}-2 & 0 & 0\\ 2 & x & 2\\ 3 & 1 & 1\end{pmatrix}$ 与矩阵 $\begin{pmatrix}-1 & 0 & 0\\ 0 & 2 & 0\\ 0 & 0 & y\end{pmatrix}$ 相似，求 x，y.

11. 设 $\boldsymbol{A}=\begin{pmatrix}0 & 0 & 1\\ x & 1 & y\\ 1 & 0 & 0\end{pmatrix}$ 有三个线性无关的特征向量，求 x，y 满足的条件.

12. 设三阶方阵 $\boldsymbol{A}$ 的特征值 1，-1，2，求 $\boldsymbol{B}=\boldsymbol{A}^3-5\boldsymbol{A}^2$ 的特征值，并计算 $|\boldsymbol{A}-5\boldsymbol{E}|$.

13. 设 n 阶方阵 $\boldsymbol{A}$ 的特征值为 2，4，…，$2n$，求 $|\boldsymbol{A}-3\boldsymbol{E}|$.

14. 已知 $\boldsymbol{A}=\begin{pmatrix}3 & 3 & 2\\ 1 & 1 & -2\\ 3 & 1 & 0\end{pmatrix}$，求可逆矩阵 $\boldsymbol{T}$，使 $\boldsymbol{T}^{-1}\boldsymbol{A}\boldsymbol{T}$ 为对角阵.

15. 设三阶矩阵 $\boldsymbol{A}$ 满足 $\boldsymbol{A}\boldsymbol{\alpha}_i=\lambda_i\boldsymbol{\alpha}_i$，$\lambda_1=\lambda_2=1$，$\lambda_3=2$，$\boldsymbol{\alpha}_1=(1,2,1)^{\mathrm{T}}$，$\boldsymbol{\alpha}_2=(1,1,0)^{\mathrm{T}}$，$\boldsymbol{\alpha}_3=(2,0,-1)^{\mathrm{T}}$，求 $\boldsymbol{A}^*$.

16. 已知 $\boldsymbol{A}=\begin{pmatrix}4 & 10 & 0\\ 2 & 5 & 0\\ 1 & -1 & 1\end{pmatrix}$，求 $\boldsymbol{A}^5$.

17. 已知 $\boldsymbol{A}=\begin{pmatrix}1 & 2 & -2\\ 2 & 1 & -2\\ -2 & -2 & 1\end{pmatrix}$，求正交矩阵 $\boldsymbol{T}$，使 $\boldsymbol{T}^{-1}\boldsymbol{A}\boldsymbol{T}$ 为对角阵.

18. 已知 $\boldsymbol{A}=\begin{pmatrix}5 & 3 & 3\\ 3 & 5 & 3\\ 3 & 3 & 5\end{pmatrix}$，求正交矩阵 $\boldsymbol{T}$，使 $\boldsymbol{T}^{-1}\boldsymbol{A}\boldsymbol{T}$ 为对角阵.

19. 已知 $\boldsymbol{A}=\begin{pmatrix}2 & -1 & -1\\ -1 & 2 & -1\\ -1 & -1 & 2\end{pmatrix}$，求正交矩阵 $\boldsymbol{T}$，使 $\boldsymbol{T}^{-1}\boldsymbol{A}\boldsymbol{T}$ 为对角阵.

20. 已知 $\boldsymbol{A}=\begin{pmatrix}0 & 1 & 1 & -1\\ 1 & 0 & -1 & 1\\ 1 & -1 & 0 & 1\\ -1 & 1 & 1 & 0\end{pmatrix}$，求正交矩阵 $\boldsymbol{T}$，使 $\boldsymbol{T}^{-1}\boldsymbol{AT}$ 为对角阵.

21. 设三阶实对称矩阵 $\boldsymbol{A}$ 的特征值为 $\lambda_1=\lambda_2=1$，$\lambda_3=-1$，$\lambda_3=-1$ 对应的特征向量为 $\boldsymbol{\xi}_3=(0, 1, 1)^{\mathrm{T}}$，求 $\boldsymbol{A}$.

四、证明

1. 设 $0\neq\alpha\in\mathbf{R}^n$(列)，证明 $\boldsymbol{A}=\boldsymbol{E}-\dfrac{2}{\boldsymbol{\alpha}^{\mathrm{T}}\boldsymbol{\alpha}}\boldsymbol{\alpha}\boldsymbol{\alpha}^{\mathrm{T}}$ 为正交矩阵.

2. 设 $[\boldsymbol{\xi}, \boldsymbol{\eta}]=0$，证明：$\|\boldsymbol{\xi}+\boldsymbol{\eta}\| = \|\boldsymbol{\xi}\| + \|\boldsymbol{\eta}\|$.

3. 设 $\boldsymbol{Q}_1$，$\boldsymbol{Q}_2$ 为正交矩阵，证明：$\boldsymbol{Q}_1^{\mathrm{T}}$，$\boldsymbol{Q}_1^*$，$\boldsymbol{Q}_1^{-1}$，$\boldsymbol{Q}_1\boldsymbol{Q}_2$ 均为正交矩阵.

4. 设 $\boldsymbol{\alpha}=(a_1, a_2, \cdots, a_n)$，$\|\boldsymbol{\alpha}\|=1$，证明：$\boldsymbol{E}-2\boldsymbol{\alpha}^{\mathrm{T}}\boldsymbol{\alpha}$ 为正交矩阵.

5. 若矩阵 $\boldsymbol{A}$ 可逆，证明：矩阵 $\boldsymbol{AB}$ 与矩阵 $\boldsymbol{BA}$ 相似.

6. 若矩阵 $\boldsymbol{A}$ 与 $\boldsymbol{B}$ 相似，矩阵 $\boldsymbol{C}$ 与 $\boldsymbol{D}$ 相似，证明：矩阵 $\begin{bmatrix}\boldsymbol{A} & \boldsymbol{O}\\ \boldsymbol{O} & \boldsymbol{C}\end{bmatrix}$ 与 $\begin{bmatrix}\boldsymbol{B} & \boldsymbol{O}\\ \boldsymbol{O} & \boldsymbol{D}\end{bmatrix}$ 相似.

7. 设矩阵 $\boldsymbol{A}$ 与 $\boldsymbol{B}$ 相似，证明：$|\boldsymbol{A}|=|\boldsymbol{B}|$.

8. 设矩阵 $\boldsymbol{A}$ 与 $\boldsymbol{B}$ 相似，证明：矩阵 $(\boldsymbol{A}^{\mathrm{T}})^k$ 与 $(\boldsymbol{B}^{\mathrm{T}})^k$ 相似，k 为正整数.

9. 设矩阵 $\boldsymbol{A}$ 与 $\boldsymbol{B}$ 相似，证明：当 $|\boldsymbol{A}|\neq 0$ 时，$\boldsymbol{A}^*$ 与 $\boldsymbol{B}^*$ 相似.

10. 证明：幂等矩阵的特征值只能是 1 或 0.

11. 证明：对合矩阵的特征值只能是 1 或 -1.

12. 证明：幂零矩阵的特征值只能是 0.

13. 若 $\boldsymbol{A}$ 满足 $\boldsymbol{A}^2-3\boldsymbol{A}+2\boldsymbol{E}=\boldsymbol{O}$，证明：$\boldsymbol{A}$ 的特征值只能是 1 或 2.

14. 证明：$\begin{pmatrix}2 & 0 & 0\\ 0 & 0 & 1\\ 0 & 1 & 0\end{pmatrix}$ 与 $\begin{pmatrix}1 & 0 & 0\\ 0 & -1 & 0\\ 0 & -6 & 2\end{pmatrix}$ 相似.

15. 设二阶矩阵 $\boldsymbol{A}$，满足 $|\boldsymbol{A}|<0$，证明：$\boldsymbol{A}$ 可对角化.

第 5 章　二　次　型

二次型是解决实际问题常用的理论. 在解析几何中，有心的二次曲线与二次曲面通过坐标系的移轴变换可以将二次曲线与二次曲面的中心移到原点(无心二次曲线与二次曲面通过坐标系的移轴变换可以将二次曲线与二次曲面的顶点移到原点)，以坐标原点为中心(顶点)的二次曲线方程为

$$a_{11}x^2 + a_{22}y^2 + 2a_{12}xy = d$$

二次曲面方程为

$$a_{11}x^2 + a_{22}y^2 + a_{33}z^2 + 2a_{12}xy + 2a_{13}xz + 2a_{23}yz = d$$

即简单的二次型. 可以通过坐标的旋转变换消去交叉项(xy，xz，yz)，变成标准方程以便研究它的性质. 在数学理论、科学技术、经济管理的许多领域中也常常会遇到类似的问题，即将一个一般二次齐次多项式(二次型)化为仅仅含有完全平方项(不含交叉项)的和式，以便研究它的有关性质. 这就是本章要讨论的二次型理论.

5.1　二次型的标准形

二次型的标准形是二次型研究的中心问题，本节介绍用正交线性替换化二次型为标准形.

5.1.1　二次型的矩阵与正交线性替换

定义 1　系数为实数的 n 元 x_1，x_2，…，x_n 的二次齐次多项式

$$f(x_1, x_2, \cdots, x_n) = a_{11}x_1^2 + 2a_{12}x_1x_2 + \cdots + 2a_{1n}x_1x_n + a_{22}x_2^2 + \cdots + 2a_{2n}x_2x_n + \cdots + a_{nn}x_n^2 \tag{5.1.1}$$

称为一个实 n 元二次型.

定义 2　设 x_1，…，x_n；y_1，…，y_n 是两组文字，系数为实数的一组关系式：

$$\begin{cases} x_1 = c_{11}y_1 + c_{12}y_2 + \cdots + c_{1n}y_n \\ x_2 = c_{21}y_1 + c_{22}y_2 + \cdots + c_{2n}y_n \\ \qquad\vdots \\ x_n = c_{n1}y_1 + c_{n2}y_2 + \cdots + c_{nn}y_n \end{cases} \tag{5.1.2}$$

称为由 x_1，…，x_n 到 y_1，…，y_n 的一个线性替换，简称为线性替换. 如果系数矩阵 $\boldsymbol{C}=(c_{ij})_n$ 为正交矩阵，那么线性替换方程组(5.1.2)就称为正交的线性替换，简称为正交替换.

可以很清楚地看出，线性替换把二次型变成二次型.

二次型的书写过于复杂，为了简单化，我们可以根据它的规律，利用矩阵及其运算把它简单地表示出来. 由于二次型的交叉项有 x_ix_j 与 x_jx_i，为此，我们可以令 $a_{ij}=a_{ji}$，$i<j$，

由于 $x_ix_j=x_jx_i$，所以式(5.1.1)可以写成

$$\begin{aligned}f(x_1, x_2,\cdots, x_n)&= a_{11}x_1^2+a_{12}x_1x_2+\cdots+a_{1n}x_1x_n+a_{21}x_2x_1+a_{22}x_2^2+\cdots+a_{2n}x_2x_n\\&\quad+\cdots+a_{n1}x_nx_1+a_{n2}x_nx_2+\cdots+a_{nn}x_n^2\\&=\sum_{i=1}^{n}\sum_{j=1}^{n}a_{ij}x_ix_j \qquad (5.1.3)\\&=x_1(a_{11}x_1+a_{12}x_2+\cdots+a_{1n}x_n)+x_2(a_{12}x_1+a_{22}x_2+\cdots+a_{2n}x_n)+\\&\quad\cdots+x_n(a_{1n}x_1+a_{2n}x_2+\cdots+a_{nn}x_n)\\&=(x_1, x_2,\cdots, x_n)\begin{pmatrix}a_{11}x_1+a_{12}x_2+\cdots+a_{1n}x_n\\a_{12}x_1+a_{22}x_2+\cdots+a_{2n}x_n\\\vdots\\a_{1n}x_1+a_{2n}x_2+\cdots+a_{nn}x_n\end{pmatrix}\\&=(x_1, x_2,\cdots, x_n)\begin{pmatrix}a_{11}&a_{12}&\cdots&a_{1n}\\a_{12}&a_{22}&\cdots&a_{2n}\\&&\vdots&\\a_{1n}&a_{2n}&\cdots&a_{nn}\end{pmatrix}\begin{pmatrix}x_1\\x_2\\\vdots\\x_n\end{pmatrix}\end{aligned}$$

把式(5.1.3)的系数排成一个 $n\times n$ 矩阵：

$$\boldsymbol{A}=\begin{pmatrix}a_{11}&a_{12}&\cdots&a_{1n}\\a_{12}&a_{22}&\cdots&a_{2n}\\&&\vdots&\\a_{1n}&a_{2n}&\cdots&a_{nn}\end{pmatrix}$$

称为原二次型 $f(x_1, x_2,\cdots, x_n)$的矩阵.

因为 $a_{ij}=a_{ji}$，i，$j=1, 2,\cdots, n$，所以 $\boldsymbol{A}^{\mathrm{T}}=\boldsymbol{A}$，故 $\boldsymbol{A}$ 为实对称矩阵，因此，二次型的矩阵都是实对称的. 令

$$\boldsymbol{X}^{\mathrm{T}}=(x_1, x_2,\cdots, x_n)$$

$$\boldsymbol{X}^{\mathrm{T}}\boldsymbol{A}\boldsymbol{X}=(x_1, x_2,\cdots, x_n)\begin{pmatrix}a_{11}&a_{12}&\cdots&a_{1n}\\a_{12}&a_{22}&\cdots&a_{2n}\\&&\vdots&\\a_{1n}&a_{2n}&\cdots&a_{nn}\end{pmatrix}\begin{pmatrix}x_1\\x_2\\\vdots\\x_n\end{pmatrix}$$

或

$$f(x_1, x_2,\cdots, x_n)=\boldsymbol{X}^{\mathrm{T}}\boldsymbol{A}\boldsymbol{X} \qquad (5.1.4)$$

可以看到式(5.1.1)中矩阵 $\boldsymbol{A}$ 的元素，当 $i\neq j$ 时 $a_{ij}=a_{ji}$ 正是它的 x_ix_j 项的系数的一半，而 a_{ii} 是 x_i^2 项的系数，因此二次型和它的矩阵是相互唯一决定的. 由此可得，若二次型

$$f(x_1, x_2,\cdots, x_n)=\boldsymbol{X}^{\mathrm{T}}\boldsymbol{A}\boldsymbol{X}=\boldsymbol{X}^{\mathrm{T}}\boldsymbol{B}\boldsymbol{X}$$

且 $\boldsymbol{A}^{\mathrm{T}}=\boldsymbol{A}$，$\boldsymbol{B}^{\mathrm{T}}=\boldsymbol{B}$，则 $\boldsymbol{A}=\boldsymbol{B}$. 令

$$\boldsymbol{C}=\begin{pmatrix}c_{11}&c_{12}&\cdots&c_{1n}\\c_{21}&c_{22}&\cdots&c_{2n}\\&&\vdots&\\c_{n1}&c_{n2}&\cdots&c_{nn}\end{pmatrix}, Y=\begin{pmatrix}y_1\\y_2\\\vdots\\y_n\end{pmatrix}$$

于是正交的线性替换式(5.1.2)可以写成

$$\begin{pmatrix} x_1 \\ x_2 \\ \vdots \\ x_n \end{pmatrix} = \begin{pmatrix} c_{11} & c_{12} & \cdots & c_{1n} \\ c_{21} & c_{22} & \cdots & c_{2n} \\ & & \vdots & \\ c_{n1} & c_{n2} & \cdots & c_{nn} \end{pmatrix} \begin{pmatrix} y_1 \\ y_2 \\ \vdots \\ y_n \end{pmatrix}$$

或

$$\boldsymbol{X} = \boldsymbol{CY}$$

经过一次正交替换，二次型仍然变为二次型，研究替换后的二次型与原来的二次型之间的关系，即研究替换后的二次型的矩阵与原二次型的矩阵之间的关系.

设

$$f(x_1, x_2, \cdots, x_n) = \boldsymbol{X}^{\mathrm{T}}\boldsymbol{AX}, \ \boldsymbol{A} = \boldsymbol{A}^{\mathrm{T}} \tag{5.1.5}$$

是一个实二次型，作线性替换，即

$$\boldsymbol{X} = \boldsymbol{CY} \tag{5.1.6}$$

得到一个 $y_1, y_2, \cdots, y_n$ 的实二次型 $\boldsymbol{Y}^{\mathrm{T}}\boldsymbol{BY}$，称二次型 $\boldsymbol{X}^{\mathrm{T}}\boldsymbol{AX}$ 与 $\boldsymbol{X}^{\mathrm{T}}\boldsymbol{BX}$ 等价.

5.1.2　矩阵的合同关系

现在来看矩阵 $\boldsymbol{A}$ 与 $\boldsymbol{B}$ 的关系. 把式(5.1.6)代入式(5.1.5)，有

$$f(x_1, x_2, \cdots, x_n) = \boldsymbol{X}^{\mathrm{T}}\boldsymbol{AX} = (\boldsymbol{CY})^{\mathrm{T}}\boldsymbol{A}(\boldsymbol{CY}) = \boldsymbol{Y}^{\mathrm{T}}\boldsymbol{C}^{\mathrm{T}}\boldsymbol{ACY} = \boldsymbol{Y}^{\mathrm{T}}(\boldsymbol{C}^{\mathrm{T}}\boldsymbol{AC})\boldsymbol{Y} = \boldsymbol{Y}^{\mathrm{T}}\boldsymbol{BY}$$

容易看出，矩阵 $\boldsymbol{C}^{\mathrm{T}}\boldsymbol{AC}$ 也是对称的，由此即得 $\boldsymbol{B}=\boldsymbol{C}^{\mathrm{T}}\boldsymbol{AC}$. 这是前后两个二次型矩阵之间的关系.

定义 3　两个 n 阶实对称矩阵 $\boldsymbol{A}$，$\boldsymbol{B}$ 称为合同的，如果有可逆的 $n\times n$ 实矩阵 $\boldsymbol{C}$，使得 $\boldsymbol{B}=\boldsymbol{C}^{\mathrm{T}}\boldsymbol{AC}$.

合同是矩阵之间的一个等价关系，具有以下性质：

(1) 自反性：任意矩阵 $\boldsymbol{A}$ 都与自身合同.

(2) 对称性：如果 $\boldsymbol{B}$ 与 $\boldsymbol{A}$ 合同，那么 $\boldsymbol{A}$ 与 $\boldsymbol{B}$ 合同.

(3) 传递性：如果 $\boldsymbol{B}$ 与 $\boldsymbol{A}$ 合同，$\boldsymbol{C}$ 与 $\boldsymbol{B}$ 合同，那么 $\boldsymbol{C}$ 与 $\boldsymbol{A}$ 合同.

于是，两个二次型等价的充分必要条件是它们的矩阵合同.

5.1.3　实系数二次型的标准形

定理 1　任意一个实系数二次型 $f(x_1, x_2, \cdots, x_n)=\boldsymbol{X}^{\mathrm{T}}\boldsymbol{AX}$，$\boldsymbol{A}=\boldsymbol{A}^{\mathrm{T}}$ 都可以经过正交的线性替换 $\boldsymbol{X}=\boldsymbol{CY}$ 变成标准形(不含交叉项的平方和)：

$$\lambda_1 y_1^2 + \lambda_2 y_2^2 + \cdots + \lambda_n y_n^2$$

其中平方项的系数 $\lambda_1, \lambda_2, \cdots, \lambda_n$ 就是矩阵 $\boldsymbol{A}$ 的特征多项式全部的根.

证明　由实对称矩阵 $\boldsymbol{A}$ 可正交对角化，即存在正交矩阵 $\boldsymbol{C}$，使

$$\boldsymbol{C}^{\mathrm{T}}\boldsymbol{AC} = \boldsymbol{\Lambda} = \begin{pmatrix} \lambda_1 & & & \\ & \lambda_2 & & \\ & & \ddots & \\ & & & \lambda_n \end{pmatrix}$$

则令 $\boldsymbol{X}=\boldsymbol{C}\boldsymbol{Y}$ 为正交替换，使

$$f(x_1, x_2, \cdots, x_n)=\boldsymbol{X}^{\mathrm{T}}\boldsymbol{A}\boldsymbol{X}=\boldsymbol{Y}^{\mathrm{T}}\boldsymbol{C}^{\mathrm{T}}\boldsymbol{A}\boldsymbol{C}\boldsymbol{Y}=(y_1, y_2, \cdots, y_n)\begin{pmatrix}\lambda_1 & & & \\ & \lambda_2 & & \\ & & \ddots & \\ & & & \lambda_n\end{pmatrix}\begin{pmatrix}y_1\\ y_2\\ \vdots\\ y_n\end{pmatrix}$$

$$=\lambda_1 y_1^2+\lambda_2 y_2^2+\cdots+\lambda_n y_n^2$$

利用正交替换将一个实二次型变成标准形的过程称为二次型正交标准化.

根据这个定理，对于任意一个实二次型，只要写出它的实对称矩阵，由上一章的知识，我们对这个实对称矩阵进行正交对角化，就可以得到正交对角化的正交矩阵. 这个正交矩阵就是我们要找的把原实二次型正交标准化的正交替换的系数矩阵.

例 5.1.1　求一正交替换，将下列实二次型变为标准形

$$f=x_1^2+4x_2^2+4x_3^2-4x_1x_2+4x_1x_3-8x_2x_3$$

解　实二次型 f 的矩阵为

$$\boldsymbol{A}=\begin{pmatrix}1 & -2 & 2\\ -2 & 4 & -4\\ 2 & -4 & 4\end{pmatrix}$$

其特征行列式为

$$|\boldsymbol{A}-\lambda\boldsymbol{E}|=\begin{vmatrix}1-\lambda & -2 & 2\\ -2 & 4-\lambda & -4\\ 2 & -4 & 4-\lambda\end{vmatrix}=\begin{vmatrix}1-\lambda & -2 & 2\\ -2 & 4-\lambda & -4\\ 0 & -\lambda & -\lambda\end{vmatrix}$$

$$=-\lambda\begin{vmatrix}1-\lambda & -4 & 2\\ -2 & 8-\lambda & -4\\ 0 & 0 & 1\end{vmatrix}=\lambda^2(9-\lambda)$$

得 $\lambda_1=\lambda_2=0$，$\lambda_3=9$.

对于 $\lambda_1=\lambda_2=0$，有

$$\begin{pmatrix}1 & -2 & 2\\ -2 & 4 & -4\\ 2 & -4 & 4\end{pmatrix}\begin{pmatrix}x\\ y\\ z\end{pmatrix}=0$$

得基础解系：

$$\boldsymbol{\xi}_1=\begin{pmatrix}2\\ 2\\ 1\end{pmatrix}, \boldsymbol{\xi}_2=\begin{pmatrix}-2\\ 1\\ 2\end{pmatrix}$$

对于 $\lambda_3=9$，有

$$\begin{pmatrix}-8 & -2 & 2\\ -2 & -5 & -4\\ 2 & -4 & -5\end{pmatrix}\begin{pmatrix}x\\ y\\ z\end{pmatrix}=0$$

得基础解系：

$$\boldsymbol{\xi}_3 = \begin{pmatrix} 1 \\ -2 \\ 2 \end{pmatrix}$$

经过正交化和单位化后，正交替换为

$$\boldsymbol{X} = \frac{1}{3}\begin{pmatrix} 2 & -2 & 1 \\ 2 & 1 & -2 \\ 1 & 2 & 2 \end{pmatrix}\boldsymbol{Y}$$

得 $f=9y_3^2$.

在此处，利用了三维向量除单位向量组 $\boldsymbol{\varepsilon}_1$，$\boldsymbol{\varepsilon}_2$，$\boldsymbol{\varepsilon}_3$ 外的最简正交组：

$$\boldsymbol{\alpha}_1 = \begin{pmatrix} 2 \\ 2 \\ 1 \end{pmatrix},\ \boldsymbol{\alpha}_2 = \begin{pmatrix} -2 \\ 1 \\ 2 \end{pmatrix},\ \boldsymbol{\alpha}_3 = \begin{pmatrix} 1 \\ -2 \\ 2 \end{pmatrix}$$

从而省去了正交化的过程.

例 5.1.2　求一正交替换，将下列实二次型变为标准形.

$$f = 3x_1^2 + 3x_2^2 + 3x_3^2 + 3x_4^2 + 4x_1x_2 + 4x_1x_3 + 4x_1x_4 + 4x_2x_3 + 4x_2x_4 + 4x_3x_4$$

解　实二次型 f 的矩阵为

$$\boldsymbol{A} = \begin{pmatrix} 3 & 2 & 2 & 2 \\ 2 & 3 & 2 & 2 \\ 2 & 2 & 3 & 2 \\ 2 & 2 & 2 & 3 \end{pmatrix}$$

其特征行列式为

$$|\boldsymbol{A} - \lambda\boldsymbol{E}| = \begin{vmatrix} 3-\lambda & 2 & 2 & 2 \\ 2 & 3-\lambda & 2 & 2 \\ 2 & 2 & 3-\lambda & 2 \\ 2 & 2 & 2 & 3-\lambda \end{vmatrix} = (9-\lambda)\begin{vmatrix} 1 & 1 & 1 & 1 \\ 0 & 1-\lambda & 0 & 0 \\ 0 & 0 & 1-\lambda & 0 \\ 0 & 0 & 0 & 1-\lambda \end{vmatrix}$$

$$= (\lambda-1)^3(\lambda-9)$$

得 $\lambda_1=\lambda_2=\lambda_3=1$，$\lambda_4=9$.

对于 $\lambda_1=\lambda_2=\lambda_3=1$，有

$$\begin{pmatrix} 2 & 2 & 2 & 2 \\ 2 & 2 & 2 & 2 \\ 2 & 2 & 2 & 2 \\ 2 & 2 & 2 & 2 \end{pmatrix}\begin{pmatrix} x_1 \\ x_2 \\ x_3 \\ x_4 \end{pmatrix} = 0$$

一般解 $x_1=-x_2-x_3-x_4$，得基础解系：

$$\boldsymbol{\xi}_1 = \begin{pmatrix} -1 \\ 1 \\ 0 \\ 0 \end{pmatrix},\ \boldsymbol{\xi}_2 = \begin{pmatrix} -1 \\ 0 \\ 1 \\ 0 \end{pmatrix},\ \boldsymbol{\xi}_3 = \begin{pmatrix} -1 \\ 0 \\ 0 \\ 1 \end{pmatrix}$$

正交化为

$$\boldsymbol{\beta}_1=\begin{pmatrix}-1\\1\\0\\0\end{pmatrix},\ \bar{\boldsymbol{\beta}}_2=\begin{pmatrix}-1\\0\\1\\0\end{pmatrix}-\frac{1}{2}\begin{pmatrix}-1\\1\\0\\0\end{pmatrix}=\begin{pmatrix}-\frac{1}{2}\\-\frac{1}{2}\\1\\0\end{pmatrix}$$

于是，取

$$\boldsymbol{\beta}_2=\begin{pmatrix}-1\\-1\\2\\0\end{pmatrix},\ \bar{\boldsymbol{\beta}}_3=\begin{pmatrix}-1\\0\\0\\1\end{pmatrix}-\frac{1}{2}\begin{pmatrix}-1\\1\\0\\0\end{pmatrix}-\frac{1}{6}\begin{pmatrix}-1\\-1\\2\\0\end{pmatrix}=\begin{pmatrix}-\frac{1}{3}\\-\frac{1}{3}\\-\frac{1}{3}\\1\end{pmatrix},\ \boldsymbol{\beta}_3=\begin{pmatrix}-1\\-1\\-1\\3\end{pmatrix}$$

对于 $\lambda_3=9$，有

$$\begin{pmatrix}-6&2&2&2\\2&-6&2&2\\2&2&-6&2\\2&2&2&-6\end{pmatrix}\begin{pmatrix}x_1\\x_2\\x_3\\x_4\end{pmatrix}=0$$

$$\begin{pmatrix}-6&2&2&2\\2&-6&2&2\\2&2&-6&2\\2&2&2&-6\end{pmatrix}\to\begin{pmatrix}1&0&0&-1\\0&1&0&-1\\0&0&1&-1\\0&0&0&0\end{pmatrix}$$

一般解 $x_1=x_2=x_3=x_4$，得基础解系：

$$\boldsymbol{\xi}_4=\begin{pmatrix}1\\1\\1\\1\end{pmatrix}$$

经过单位化后，正交线性替换为

$$\boldsymbol{X}=\frac{1}{3}\begin{pmatrix}-\frac{1}{\sqrt{2}}&-\frac{1}{\sqrt{6}}&-\frac{1}{\sqrt{12}}&\frac{1}{2}\\\frac{1}{\sqrt{2}}&-\frac{1}{\sqrt{6}}&-\frac{1}{\sqrt{12}}&\frac{1}{2}\\0&\frac{2}{\sqrt{6}}&-\frac{1}{\sqrt{12}}&\frac{1}{2}\\0&0&\frac{3}{\sqrt{12}}&\frac{1}{2}\end{pmatrix}\boldsymbol{Y}$$

则 $f=y_1^2+y_2^2+y_3^2+9y_4^2$.

注意，一般特征方程有重根，在计算特征向量时，要先考虑计算重根所对应的特征向量，因为它们要进行正交化与单位化. 对于单根，只需进行单位化，不需进行正交化，这是因为对称矩阵不同的特征值对应的特征向量正交.

5.1.4　二次曲线、二次曲面方程的化简

二次型的正交标准化过程可以代替二次曲线与二次曲面方程在化简时消去交叉项的旋转变换，只留下移轴变换从而化为标准形的过程. 这使得二次曲线与二次曲面方程的化简无论是在思想上还是在具体计算上都变得简单与可操作.

例 5.1.3　化简下列二次曲线方程为标准形.

$$2x^2+5y^2-4xy-2x+2y-\frac{1}{2}=0$$

解　该二次曲线方程的二次项为

$$2x^2+5y^2-4xy$$

其矩阵为

$$\boldsymbol{A}=\begin{bmatrix}2 & -2\\ -2 & 5\end{bmatrix}$$

$$|\boldsymbol{A}-\lambda\boldsymbol{E}|=\begin{vmatrix}2-\lambda & -2\\ -2 & 5-\lambda\end{vmatrix}=\lambda^2-7\lambda+6=(\lambda-1)(\lambda-6)$$

得 $\lambda_1=1$，$\lambda_2=6$.

对于 $\lambda_1=1$，得特征向量：

$$\boldsymbol{\xi}_1=\begin{bmatrix}2\\ 1\end{bmatrix}$$

对于 $\lambda_2=6$，得特征向量：

$$\boldsymbol{\xi}_2=\begin{bmatrix}-1\\ 2\end{bmatrix}$$

于是可得旋转变换：

$$\begin{bmatrix}x\\ y\end{bmatrix}=\frac{1}{\sqrt{5}}\begin{bmatrix}2 & -1\\ 1 & 2\end{bmatrix}\begin{bmatrix}x'\\ y'\end{bmatrix}$$

这个旋转变换使得原二次曲线化为

$$x'^2+6y'^2-\frac{2}{\sqrt{5}}x'+\frac{6}{\sqrt{5}}y'-\frac{1}{2}=0$$

$$\left(x'-\frac{\sqrt{5}}{5}\right)^2+6\left(y'+\frac{\sqrt{5}}{10}\right)^2=1$$

再经过移轴得

$$\begin{pmatrix}x''\\ y''\end{pmatrix}=\begin{pmatrix}x'-\dfrac{\sqrt{5}}{5}\\ y'+\dfrac{\sqrt{5}}{10}\end{pmatrix}$$

得标准方程：

$$x''^2+6y''^2=1\text{(椭圆)}$$

例 5.1.4　化简下列二次曲面方程为标准形.

$$3x^2+2y^2+4z^2+4xy-4xz+6x+12y+12z-27=0$$

解 该曲面方程的二次项为

$$3x^2+2y^2+4z^2+4xy-4xz$$

$$\boldsymbol{A}=\begin{pmatrix}3&2&-2\\2&2&0\\-2&0&4\end{pmatrix}$$

$$|\boldsymbol{A}-\lambda\boldsymbol{E}|=\begin{vmatrix}3-\lambda&2&-2\\2&2-\lambda&0\\-2&0&4-\lambda\end{vmatrix}=(3-\lambda)(2-\lambda)(4-\lambda)-8(3-\lambda)=(3-\lambda)\lambda(\lambda-6)$$

于是，$\boldsymbol{A}$ 的特征值为

$$\lambda_1=3，\lambda_2=6，\lambda_3=0$$

对于 $\lambda_1=3$，有

$$\boldsymbol{A}-3\boldsymbol{E}=\begin{pmatrix}0&2&-2\\2&-1&0\\-2&0&1\end{pmatrix}\to\begin{pmatrix}-2&0&1\\-2&1&0\\0&0&0\end{pmatrix}$$

可得

$$\begin{cases}z=2x\\y=2x\end{cases}$$

基础解系：

$$\boldsymbol{\xi}_1=\begin{pmatrix}1\\2\\2\end{pmatrix}$$

对于 $\lambda_2=6$，有

$$\boldsymbol{A}=\begin{pmatrix}-3&2&-2\\2&-4&0\\-2&0&-2\end{pmatrix}\to\begin{pmatrix}1&0&1\\0&1&1/2\\0&0&0\end{pmatrix}$$

可得

$$\begin{cases}x=-z\\y=-\dfrac{z}{2}\end{cases}$$

基础解系：

$$\boldsymbol{\xi}_2=\begin{pmatrix}2\\1\\-2\end{pmatrix}$$

对于 $\lambda_3=0$，有

$$\boldsymbol{A}=\begin{pmatrix}3&2&-2\\2&2&0\\-2&0&4\end{pmatrix}\to\begin{pmatrix}1&0&-2\\0&1&2\\0&0&0\end{pmatrix}$$

可得

$$\begin{cases} x = 2z \\ y = -2z \end{cases}$$

基础解系：

$$\xi_2 = \begin{pmatrix} 2 \\ -2 \\ 1 \end{pmatrix}$$

于是可得旋转变换：

$$\begin{pmatrix} x \\ y \\ z \end{pmatrix} = \frac{1}{3}\begin{pmatrix} 1 & 2 & 2 \\ 2 & 1 & -2 \\ 2 & -2 & 1 \end{pmatrix}\begin{pmatrix} x' \\ y' \\ z' \end{pmatrix}$$

使原方程化为 $3x'^2+6y'^2+18x'-27=0$，即

$$\frac{(x'+3)^2}{18}+\frac{y'^2}{9}=1$$

再进行移轴得

$$\begin{pmatrix} x'' \\ y'' \\ z'' \end{pmatrix} = \begin{pmatrix} x'+3 \\ y' \\ z' \end{pmatrix}$$

得到标准方程：

$$\frac{x''^2}{18}+\frac{y''^2}{9}=1\text{（椭圆柱面）}$$

习题 5.1

1. 求一正交替换，化下列实二次型为标准形.

(1) $x_1^2+2x_2^2+3x_3^2-4x_1x_2-4x_2x_3$

(2) $x_1^2-2_2^2-2x_3^2-4x_1x_2+4x_1x_3+8x_2x_3$

(3) $2x_1x_2+2x_3x_4$

(4) $x_1^2+x_2^2+x_3^2+x_4^2-2x_1x_2+6x_1x_3-4x_1x_4-4x_2x_3+6x_2x_4-2x_3x_4$

2. 化简二次曲线、二次曲面方程.

(1) $8x^2+5y^2-4xy+8x-16y-16=0$

(2) $4x^2+y^2-4xy+6x-8y+3=0$

(3) $5x^2+7y^2+6z^2-4xz-4yz-6x-10y-4z+7=0$

(4) $4x^2+y^2+4z^2-4xy+8xz-4yz-12x-12y+6z=0$

5.2　配方法化二次型为标准形

本节介绍化二次型为标准形的第二个方法，即用配方法化二次型为标准形.

5.2.1　配方法化二次型为标准形

二次型 $f(x_1, x_2, \cdots, x_n)$ 经过非退化线性替换所变成的平方和称为 $f(x_1, x_2, \cdots, x_n)$ 的标准形.

配方法化二次型为标准型主要是利用平方和公式 $(a+b)^2=a^2+2ab+b^2$，分为两种情况：有平方项(平方项的系数不为零)与无平方项(只有交叉项). 在有平方项时，把该平方项的底数看作 a，后面含有 a 的所有项提出 $2a$，剩下的和就是要找的 b，配上 b^2，前三项变为一个完全平方项，恒等变形加上 $-b^2$，这时除了第一项的完全平方外，后面的和是一个不再含有文字 a 的二次型；若无平方项时，选择系数较简单的一项如设为 ab，利用平方差公式，令 $a=x+y$，$b=x-y$，于是 $ab=(x+y)(x-y)=x^2-y^2$ 使其含有平方项. 依次类推，继续下去，就可以把 $f(x_1, x_2, \cdots, x_n)$ 经过非退化线性替换所变成的平方和.

例 5.2.1　求非退化线性替换 $\boldsymbol{X}=\boldsymbol{CY}$，化下列二次型为标准形.

(1) $2x_2^2+4x_1x_2-2x_1x_3-6x_2x_3$

(2) $2x_1x_2-4x_1x_3-8x_2x_3$

解　(1) 这个二次型中有平方项 $2x_2^2$，把含有文字 x_2(看作 a)的二次项放在一起直接配方，得

$$\begin{aligned}2x_2^2+4x_1x_2-2x_1x_3-6x_2x_3&=2(x_2^2+2x_1x_2-3x_2x_3)-2x_1x_3\\&=2\left[x_2^2+2x_2\left(x_1-\frac{3}{2}x_3\right)\right]-2x_1x_3\text{（找到 }b=x_1-\frac{3}{2}x_3\text{）}\\&=2\left(x_2+x_1-\frac{3}{2}x_3\right)^2-2\left(x_1-\frac{3}{2}x_3\right)^2-2x_1x_3\\&=2\left(x_1+x_2-\frac{3}{2}x_3\right)^2-2x_1^2-\frac{9}{2}x_3^2+4x_1x_3\\&=-2(x_1-x_3)^2+2\left(x_1+x_2-\frac{3}{2}x_3\right)^2-\frac{5}{2}x_3^2\end{aligned}$$

令

$$\begin{cases}y_1=x_1-x_3\\y_2=x_1+x_2-\dfrac{3}{2}x_3\\y_3=x_3\end{cases}$$

得

$$\begin{cases}x_1=y_1+y_3\\x_2=-y_1+y_2+\dfrac{1}{2}y_3\\x_3=y_3\end{cases},\ \left(\boldsymbol{C}=\begin{pmatrix}1&0&1\\-1&1&\dfrac{1}{2}\\0&0&1\end{pmatrix},\ |\boldsymbol{C}|=1,\ \boldsymbol{C}\text{ 非退化}\right)$$

使

$$2x_2^2+4x_1x_2-2x_1x_3-6x_2x_3=-2y_1^2+2y_2^2-\frac{5}{2}y_3^2$$

(2) 解法一：这个二次型没有平方项，需要利用平方差公式破项构建平方项后再进行

配方，选择第一项，令非退化的线性替换为

$$\begin{cases} x_1 = y_1 + y_2 \\ x_2 = y_1 - y_2 \\ x_3 = y_3 \end{cases}$$

$$\begin{aligned} 2x_1x_2 - 4x_1x_3 - 8x_2x_3 &= 2y_1^2 - 2y_2^2 - 12y_1y_3 + 4y_2y_3 \\ &= 2(y_1 - 3y_3)^2 - 2(y_2 - y_3)^2 - 16y_3^2 \end{aligned}$$

令

$$\begin{cases} z_1 = y_1 - 3y_3 \\ z_2 = y_2 - 2y_3 \\ z_3 = y_3 \end{cases}$$

得

$$\begin{cases} y_1 = z_1 + 3z_3 \\ y_2 = z_2 + 2z_3 \\ y_3 = z_3 \end{cases}, \begin{cases} x_1 = z_1 + z_2 + 5z_3 \\ x_2 = z_1 - z_2 + z_3 \\ x_3 = z_3 \end{cases} \left(\boldsymbol{C} = \begin{pmatrix} 1 & 1 & 5 \\ 1 & -1 & 1 \\ 0 & 0 & 1 \end{pmatrix}, |\boldsymbol{C}| = -2, \boldsymbol{C}\text{ 非退化}\right)$$

使

$$2x_1x_2 - 4x_1x_3 - 8x_2x_3 = 2z_1^2 - 2z_2^2 - 16z_3^2$$

解法二：令非退化的线性替换为

$$\begin{cases} x_1 = y_1 \\ x_2 = y_1 + y_2 \\ x_3 = y_3 \end{cases}$$

则

$$\begin{aligned} &2x_1x_2 - 4x_1x_3 - 8x_2x_3 = 2y_1^2 + 2y_1y_2 - 12y_1y_3 - 8y_2y_3 \\ &= 2\left(y_1 + \frac{1}{2}y_2 - 3y_3\right)^2 - 2\left(\frac{1}{2}y_2 - 3y_3\right)^2 - 8y_2y_3 \\ &= 2\left(y_1 + \frac{1}{2}y_2 - 3y_3\right)^2 - \frac{1}{2}y_2^2 - 18y_3^2 - 2y_2y_3 \\ &= 2\left(y_1 + \frac{1}{2}y_2 - 3y_3\right)^2 - \frac{1}{2}(y_2 + 2y_3)^2 - 16y_3^2 \end{aligned}$$

令

$$\begin{cases} z_1 = y_1 + \dfrac{y_2}{2} - 3y_3 \\ z_2 = y_2 + 2y_3 \\ z_3 = y_3 \end{cases}$$

则

$$\begin{cases} y_1 = z_1 - \dfrac{z_2}{2} + 4z_3 \\ y_2 = z_2 - 2z_3 \\ y_3 = z_3 \end{cases}, \begin{cases} x_1 = z_1 - \dfrac{z_2}{2} + 4z_3 \\ x_2 = z_1 + \dfrac{z_2}{2} + 2z_3 \\ x_3 = z_3 \end{cases} \left(\boldsymbol{C} = \begin{pmatrix} 1 & -\dfrac{1}{2} & 4 \\ 1 & \dfrac{1}{2} & 2 \\ 0 & 0 & 1 \end{pmatrix}, |\boldsymbol{C}| = 1 \neq 0, \boldsymbol{C}\text{ 非退化}\right)$$

使

$$2x_1x_2-4x_1x_3-8x_2x_3=2z_1^2-\frac{1}{2}z_2^2-16z_3^2$$

定理 1 任意一个二次型都可以经过非退化线性替换变成标准形，即有非退化线性替换 $\boldsymbol{X}=\boldsymbol{CY}$，使

$$f(x_1,x_2,\cdots,x_n)=d_1y_1^2+d_2y_2^2+\cdots+d_ny_n^2$$

证明 对二次型的文字个数 n 作数学归纳法，当 $n=1$ 时，$f(x_1)=a_{11}x_1^2$，结论成立；假定对于文字个数 $n-1$ 元时，结论成立；当为 n 元时：

(1) $a_{ii}(i=1,2,\cdots,n)$不全为零. 不失一般性，假定 $a_{11}\neq 0$，有

$$\begin{aligned}
f(x_1,x_2,\cdots,x_n)&=a_{11}x_1^2+2a_{12}x_1x_2+\cdots+2a_{1n}x_1x_n+a_{22}x_2^2+2a_{23}x_2x_3+\cdots\\
&\quad+2a_{2n}x_2x_n+\cdots+a_{n-1,n-1}x_{n-1}^2+2a_{n-1,n}x_{n-1}x_n+a_{nn}x_n^2\\
&=a_{11}\left[x_1^2+2x_1\left(\frac{a_{12}}{a_{11}}x_2+\cdots+\frac{a_{1n}}{a_{11}}x_n\right)+\left(\frac{a_{12}}{a_{11}}x_2+\cdots+\frac{a_{1n}}{a_{11}}x_n\right)^2\right]\\
&\quad-\left(\frac{a_{12}}{a_{11}}x_2+\cdots+\frac{a_{1n}}{a_{11}}x_n\right)^2+a_{22}x_2^2+2a_{23}x_2x_3+\cdots+2a_{2n}x_2x_n+\cdots\\
&\quad+a_{n-1,n-1}x_{n-1}^2+2a_{n-1,n}x_{n-1}x_n+a_{nn}x_n^2\\
&=a_{11}\left(x_1+\frac{a_{12}}{a_{11}}x_2+\cdots+\frac{a_{1n}}{a_{11}}x_n\right)^2-\left(\frac{a_{12}}{a_{11}}x_2+\cdots+\frac{a_{1n}}{a_{11}}x_n\right)^2+a_{22}x_2^2\\
&\quad+2a_{23}x_2x_3+\cdots+2a_{2n}x_2x_n+\cdots+a_{n-1,n-1}x_{n-1}^2+2a_{n-1,n}x_{n-1}x_n+a_{nn}x_n^2
\end{aligned}$$

令

$$\begin{cases}
y_1=x_1+\dfrac{a_{12}}{a_{11}}x_2+\cdots+\dfrac{a_{1n}}{a_{11}}x_n\\
y_2=x_2\\
\quad\vdots\\
y_n=x_n
\end{cases}$$

即

$$\begin{cases}
x_1=y_1-\dfrac{a_{12}}{a_{11}}y_2-\cdots-\dfrac{a_{1n}}{a_{11}}y_n\\
x_2=y_2\\
\quad\vdots\\
x_n=y_n
\end{cases}$$

$$\boldsymbol{C}_1=\begin{pmatrix}1 & -a_{11}^{-1}a_{12} & \cdots & -a_{11}^{-1}a_{1n}\\ 0 & 1 & \cdots & 0\\ \vdots & \vdots & & \vdots\\ 0 & 0 & \cdots & 1\end{pmatrix},\ (|\boldsymbol{C}_1|=1\neq 0,\ \boldsymbol{C}_1\ \text{非退化})$$

使 $f(x_1,x_2,\cdots,x_n)=a_{11}y_1^2+g(y_2,\cdots,y_n)$，其中：

$$\begin{aligned}
g(y_2,\cdots,y_n)=&-\left(\frac{a_{12}}{a_{11}}y_2+\cdots+\frac{a_{1n}}{a_{11}}y_n\right)^2+a_{22}y_2^2+2a_{23}y_2y_3+\cdots+2a_{2n}y_2y_n+\cdots\\
&+a_{n-1,n-1}y_{n-1}^2+2a_{n-1,n}y_{n-1}y_n+a_{nn}y_n^2
\end{aligned}$$

是 $n-1$ 个文字 $y_2,\cdots,y_n$ 的二次型. 由归纳假定，有非退化线性替换 $\boldsymbol{Y}=\boldsymbol{C}_2\boldsymbol{Z}$，即

$$\begin{cases} y_2 = c_{22}z_2 + c_{23}z_3 + \cdots + c_{2n}z_n \\ y_3 = c_{32}z_2 + c_{33}z_3 + \cdots + c_{3n}z_n \\ \qquad\vdots \\ y_n = c_{n2}z_2 + c_{n3}z_3 + \cdots + c_{nn}z_n \end{cases}$$

使得

$$g(y_2,\cdots,y_n) = d_2z_2^2 + d_3z_3^2 + \cdots + d_nz_n^2$$

即有非退化线性替换：

$$\begin{pmatrix} x_1 \\ x_2 \\ \vdots \\ x_n \end{pmatrix} = \begin{pmatrix} 1 & -a_{11}^{-1}a_{12} & \cdots & -a_{11}^{-1}a_{1n} \\ 0 & 1 & \cdots & 0 \\ \vdots & \vdots & & \vdots \\ 0 & 0 & \cdots & 1 \end{pmatrix} \begin{pmatrix} 1 & 0 & \cdots & 0 \\ 0 & c_{22} & \cdots & c_{2n} \\ \vdots & \vdots & & \vdots \\ 0 & c_{n2} & \cdots & c_{nn} \end{pmatrix} \begin{pmatrix} z_1 \\ z_2 \\ \vdots \\ z_n \end{pmatrix}$$

$$\boldsymbol{C} = \begin{pmatrix} 1 & -a_{11}^{-1}a_{12} & \cdots & -a_{11}^{-1}a_{1n} \\ 0 & 1 & \cdots & 0 \\ \vdots & \vdots & & \vdots \\ 0 & 0 & \cdots & 1 \end{pmatrix} \begin{pmatrix} 1 & 0 & \cdots & 0 \\ 0 & c_{22} & \cdots & c_{2n} \\ \vdots & \vdots & & \vdots \\ 0 & c_{n2} & \cdots & c_{nn} \end{pmatrix},\ |\boldsymbol{C}| = |\boldsymbol{C}_2| \neq 0$$

使 $f(x_1,x_2,\cdots,x_n)=d_1z_1^2+d_2z_2^2+\cdots+d_nz_n^2$，其中 $d_1=a_{11}$.

(2) $a_{ii}(i=1,2,\cdots,n)$全为零，但 $a_{1j}\neq 0$，$j\neq 1$. 不失一般性，设 $j=2$，作非退化线性替换：

$$\begin{cases} x_1 = y_1 + y_2 \\ x_2 = y_1 - y_2 \\ x_3 = y_3 \\ \quad\vdots \\ x_n = y_n \end{cases},\ \boldsymbol{C}_1 = \begin{pmatrix} 1 & 1 & 0 & \cdots & 0 \\ 1 & -1 & 0 & \cdots & 0 \\ 0 & 0 & 1 & \cdots & 0 \\ \vdots & \vdots & \vdots & & \vdots \\ 0 & 0 & 0 & \cdots & 1 \end{pmatrix} (|\boldsymbol{C}_1| = -2 \neq 0)$$

使得

$$f(x_1,x_2,\cdots,x_n) = 2a_{12}y_1^2 - 2a_{12}y_2^2 + g(y_1,y_2,\cdots,y_n)$$

$g(y_1,y_2,\cdots,y_n)$是一个不含平方项的二次型，归结到第一种情形.

(3) $a_{1j}=0$，$j=1,2,\cdots,n$. 由对称性，a_{j1}，$j=1,2,\cdots,n$. 也全为零. 于是

$$f(x_1,x_2,\cdots,x_n) = g(x_2,x_3,\cdots,x_n)$$

是一个 $n-1$ 元二次型，由归纳假定，结论成立.

总之，由数学归纳法原理，结论对于一切正整数都成立.

5.2.2 配方法化二次型为规范形

我们知道，二次型由非退化的线性替换化成标准形后，其标准形不是唯一的. 为此，引入规范形的概念，就是标准形中平方和的系数为正时是“1”，为负时是“-1”，把这样的标准形称为规范形，即

$$x_1^2 + x_2^2 + \cdots + x_p^2 - x_{p+1}^2 - \cdots - x_r^2$$

定理 2　任意一个实二次型，经过一适当的非退化实线性替换可以变成规范形，且规

范形是唯一的.

这个定理通常称为惯性定理.

证明 设 $f(x_1, x_2, \cdots, x_n)$ 是一实二次型，则经过某一个非退化实线性替换 $\boldsymbol{X}=\boldsymbol{CY}$，可使 $f(x_1, x_2, \cdots, x_n)$ 变成标准形：

$$d_1 y_1^2 + d_2 y_2^2 + \cdots + d_p y_p^2 - d_{p+1} y_{p+1}^2 - \cdots - d_r y_r^2 \tag{5.2.1}$$

其中 $d_i>0$，$i=1, 2, \cdots, r$；r 是 $f(x_1, x_2, \cdots, x_n)$ 的矩阵的秩. 因为在实数域中，正实数总可以开平方，所以再作一非退化线性替换：

$$\begin{cases} y_1 = \dfrac{1}{\sqrt{d_1}} z_1 \\ \quad\vdots \\ y_r = \dfrac{1}{\sqrt{d_r}} z_r \\ y_{r+1} = z_{r+1} \\ \quad\vdots \\ y_n = z_n \end{cases} \tag{5.2.2}$$

就变成

$$z_1^2 + z_2^2 + \cdots + z_p^2 - z_{p+1}^2 - \cdots - z_r^2 \tag{5.2.3}$$

这就证明了规范形的存在性. 下证唯一性.

若实二次型 $f(x_1, x_2, \cdots, x_n)$ 分别经过非退化实线性替换 $\boldsymbol{X}=\boldsymbol{BY}$，$\boldsymbol{X}=\boldsymbol{CZ}$，即

$$\begin{cases} x_1 = b_{11} y_1 + b_{12} y_2 + \cdots + b_{1n} y_n \\ x_2 = b_{21} y_1 + b_{22} y_2 + \cdots + b_{2n} y_n \\ \qquad\qquad \vdots \\ x_n = b_{n1} y_1 + b_{n2} y_2 + \cdots + b_{nn} y_n \end{cases}, \quad \begin{cases} x_1 = c_{11} y_1 + c_{12} y_2 + \cdots + c_{1n} y_n \\ x_2 = c_{21} y_1 + c_{22} y_2 + \cdots + c_{2n} y_n \\ \qquad\qquad \vdots \\ x_n = c_{n1} y_1 + c_{n2} y_2 + \cdots + c_{nn} y_n \end{cases}$$

使之变成两个规范形：

$$f(x_1, x_2, \cdots, x_n) = y_1^2 + y_2^2 + \cdots + y_p^2 - y_{p+1}^2 - \cdots - y_r^2 = z_1^2 + z_2^2 + \cdots + z_q^2 - z_{q+1}^2 - \cdots - z_r^2$$

我们来证 $p=q$. 用反证法，假若 $p>q$，则由 $\boldsymbol{Z}=\boldsymbol{C}^{-1}\boldsymbol{BY}$，可令 $\boldsymbol{G}=\boldsymbol{C}^{-1}\boldsymbol{B}=(g_{ij})_n$，构造线性方程组：

$$\begin{cases} g_{11} y_1 + g_{12} y_2 + \cdots + g_{1n} y_n = 0 \\ g_{21} y_1 + g_{22} y_2 + \cdots + g_{2n} y_n = 0 \\ \qquad\qquad \vdots \\ g_{q1} y_1 + g_{q2} y_2 + \cdots + g_{qn} y_n = 0 \\ y_{p+1} = 0 \\ \qquad\qquad \vdots \\ y_n = 0 \end{cases}$$

则该方程组由于方程的个数小于未知数的个数而有非零解：

$$(y_1, y_2, \cdots, y_q, y_{q+1}, \cdots, y_p, y_{p+1}, \cdots, y_n) = (k_1, k_2, \cdots, k_q, k_{q+1}, \cdots, k_p, k_{p+1}, \cdots, k_n)$$

而 $k_{p+1}=\cdots=k_n=0$，则 $k_1, k_2, \cdots, k_q, k_{q+1}, \cdots, k_p$ 不全为零，于是

$$0 < k_1^2 + k_2^2 + \cdots + k_p^2 = -z_{q+1}^2 - \cdots - z_r^2 \leqslant 0$$

而矛盾，所以 $p\leqslant q$，同理 $q\leqslant p$，这样就有 $p=q$.

定义 1　在实二次型 $f(x_1, x_2,\cdots, x_n)$ 的规范形中，正平方项的个数 p（正 1 的个数）称为 $f(x_1, x_2,\cdots, x_n)$ 的正惯性指数；负平方项的个数 $r-p$（负 1 的个数）称为 $f(x_1, x_2,\cdots, x_n)$ 的负惯性指数；它们的差 $p-(r-p)=2p-r$ 称为 $f(x_1, x_2,\cdots, x_n)$ 的符号差.

应该指出，虽然实二次型的标准形不是唯一的，但是由上面化成规范形的过程可以看出，标准形中系数为正的平方项的个数与规范形中正平方项的个数是一致的，因此，惯性定理也可以叙述为：实二次型的标准形中系数为正的平方项的个数是唯一的，它等于正惯性指数，而系数为负的平方项的个数就等于负惯性指数.

例 5.2.2　求非退化实系数线性替换 $\boldsymbol{X}=\boldsymbol{CY}$，化下列实二次型为规范形.

(1) $x_1^2+2x_2^2+x_3^2+5x_4^2+2x_1x_2-2x_1x_3+2x_1x_4-4x_2x_3+4x_2x_4-4x_3x_4$

(2) $2x_1x_2-2x_1x_3+4x_1x_4-6x_2x_3+12x_2x_4$

解　(1)这个二次型有平方项，可以直接配方：

$$
\begin{aligned}
&x_1^2+2x_2^2+x_3^2+5x_4^2+2x_1x_2-2x_1x_3+2x_1x_4-4x_2x_3+4x_2x_4-4x_3x_4\\
=&x_1^2+2x_1(x_2-x_3+x_4)+2x_2^2+x_3^2+5x_4^2-4x_2x_3+4x_2x_4-4x_3x_4\\
=&(x_1+x_2-x_3+x_4)^2-(x_2-x_3+x_4)^2+2x_2^2+x_3^2+5x_4^2-4x_2x_3+4x_2x_4-4x_3x_4\\
=&(x_1+x_2-x_3+x_4)^2+x_2^2+4x_4^2-2x_2x_3+2x_2x_4-2x_3x_4\\
=&(x_1+x_2-x_3+x_4)^2+x_2^2+2x_2(-x_3+x_4)+4x_4^2-2x_3x_4\\
=&(x_1+x_2-x_3+x_4)^2+(x_2-x_3+x_4)^2-(x_3-x_4)^2+4x_4^2-2x_3x_4\\
=&(x_1+x_2-x_3+x_4)^2+(x_2-x_3+x_4)^2-x_3^2+(\sqrt{3}x_4)^2
\end{aligned}
$$

令

$$
\begin{cases}
y_1=x_1+x_2-x_3+x_4\\
y_2=x_2-x_3+x_4\\
y_3=\sqrt{3}x_4\\
y_4=x_3
\end{cases}
$$

得

$$
\begin{cases}
x_1=y_1-y_2\\
x_2=y_2-\dfrac{\sqrt{3}}{3}y_3+y_4\\
x_3=y_4\\
x_4=\dfrac{\sqrt{3}}{3}y_3
\end{cases}
\quad \left(\boldsymbol{C}=\begin{pmatrix}1&-1&0&0\\0&1&-\dfrac{\sqrt{3}}{3}&1\\0&0&0&1\\0&0&\dfrac{\sqrt{3}}{3}&0\end{pmatrix}\right.
$$

行列式 $|\boldsymbol{C}|=-\dfrac{\sqrt{3}}{3}\neq 0$，$\boldsymbol{C}$ 非退化)，使原式 $=y_1^2+y_2^2+y_3^2-y_4^2$.

可以看出，其正惯性指数为 3，负惯性指数为 1，符号差为 2.

(2) 这个二次型无平方项，要利用平方差公式破项建立平方项，令

$$
\begin{cases}
x_1=y_1-y_2\\
x_2=y_1+y_2\\
x_3=y_3\\
x_4=y_4
\end{cases}
$$

$$\begin{aligned}&2x_1x_2-2x_1x_3+4x_1x_4-6x_2x_3+12x_2x_4\\=&2y_1^2-2y_2^2-8y_1y_3+16y_1y_4-4y_2y_3+8y_2y_4\\=&2(y_1-2y_3+2y_4)^2-2(y_2+y_3-2y_4)^2-8(y_3-y_4)^2+2(y_3-2y_4)^2\end{aligned}$$

令
$$\begin{cases}z_1=\sqrt{2}(y_1-2y_3+2y_4)\\z_2=\sqrt{2}(y_3-2y_4)\\z_3=\sqrt{2}(y_2+y_3-2y_4)\\z_4=2\sqrt{2}(y_3-y_4)\end{cases}$$

得
$$\begin{cases}y_1=\dfrac{\sqrt{2}}{2}(z_1+z_4)\\y_2=\dfrac{\sqrt{2}}{2}(-z_2+z_3)\\y_3=\dfrac{\sqrt{2}}{2}(-z_2+z_4)\\y_4=\dfrac{\sqrt{2}}{4}(-2z_2+z_4)\end{cases}$$

$$\begin{cases}x_1=\dfrac{\sqrt{2}}{2}(z_1+z_2-z_3+z_4)\\x_2=\dfrac{\sqrt{2}}{2}(z_1-z_2+z_3+z_4)\\x_3=\dfrac{\sqrt{2}}{2}(-z_2+z_4)\\x_4=\dfrac{\sqrt{2}}{4}(-2z_2+z_4)\end{cases}\left(\boldsymbol{C}=\frac{\sqrt{2}}{4}\begin{pmatrix}2&2&-2&2\\2&-2&2&2\\0&-2&0&2\\0&-2&0&1\end{pmatrix},\ |\boldsymbol{C}|=-\frac{1}{4}\neq0,\ \boldsymbol{C}\text{ 非退化}\right)$$

使得
$$2x_1x_2-2x_1x_3+4x_1x_4-6x_2x_3+12x_2x_4=z_1^2+z_2^2-z_3^2-z_4^2$$
该二次型的正惯性指数为 2，负惯性指数为 2，符号差为 0.

习题 5.2

1. 求非退化线性替换 $\boldsymbol{X}=\boldsymbol{CY}$，化下列二次型为标准形.

(1) $2x_2^2+x_3^2+2x_1x_2-2x_1x_3-4x_2x_3$

(2) $2x_1x_2-2x_1x_3-4x_2x_3$

(3) $x_1^2+x_2^2+2x_3^2+2x_4^2+2x_1x_2+2x_1x_3+2x_1x_4+4x_2x_3+4x_2x_4+4x_3x_4$

(4) $2x_1x_2+2x_1x_3+2x_1x_4-4x_2x_3-4x_2x_4-4x_3x_4$

2. 求非退化实线性替换 $\boldsymbol{X}=\boldsymbol{CY}$，化下列实二次型为规范形.

(1) $x_1^2+x_2^2+2x_3^2-2x_1x_2-2x_1x_3-4x_2x_3$

(2) $2x_1x_2+2x_1x_3-8x_2x_3$

(3) $x_1^2+2x_2^2+2x_3^2+x_4^2+2x_1x_2-2x_1x_3+2x_1x_4-4x_2x_3+4x_2x_4-4x_3x_4$

(4) $2x_1x_2-4x_1x_3+4x_1x_4-8x_2x_3+12x_2x_4$

5.3 对称矩阵合同变换法化实二次型为标准形

本节介绍二次型化标准形的第三种方法——对称矩阵合同变换法化实二次型为标准形.

5.3.1 对称矩阵的合同变换

设

$$\boldsymbol{A}=\begin{pmatrix} a_{11} & a_{12} & \cdots & a_{1n} \\ a_{21} & a_{22} & \cdots & a_{2n} \\ \vdots & \vdots & \ddots & \vdots \\ a_{n1} & a_{n2} & \cdots & a_{nn} \end{pmatrix} \quad (a_{ij}=a_{ji})$$

是对称矩阵. $\boldsymbol{C}$ 是可逆矩阵，可逆矩阵总能分解成初等矩阵的乘积，因此，设 $\boldsymbol{C}=\boldsymbol{P}_1\boldsymbol{P}_2\cdots\boldsymbol{P}_s$. 其中 $\boldsymbol{P}_1,\boldsymbol{P}_2,\cdots,\boldsymbol{P}_s$ 是初等矩阵，则 $\boldsymbol{C}^{\mathrm{T}}=(\boldsymbol{P}_1\boldsymbol{P}_2\cdots\boldsymbol{P}_s)^{\mathrm{T}}=P_s^{\mathrm{T}}\cdots P_2^{\mathrm{T}}P_1^{\mathrm{T}}$，当然 $P_1^{\mathrm{T}},P_2^{\mathrm{T}},\cdots,P_s^{\mathrm{T}}$ 还是初等矩阵. 那么

$$\boldsymbol{C}^{\mathrm{T}}\boldsymbol{AC}=(\boldsymbol{P}_s^{\mathrm{T}}\cdots\boldsymbol{P}_2^{\mathrm{T}}\boldsymbol{P}_1^{\mathrm{T}})\boldsymbol{A}(\boldsymbol{P}_1\boldsymbol{P}_2\cdots\boldsymbol{P}_s)=(\boldsymbol{P}_s^{\mathrm{T}}\cdots(\boldsymbol{P}_2^{\mathrm{T}}(\boldsymbol{P}_1^{\mathrm{T}}\boldsymbol{AP}_1)\boldsymbol{P}_2)\cdots\boldsymbol{P}_s)$$

上式中，除矩阵 $\boldsymbol{A}$ 以外，其余的都是初等矩阵，因此，与 $\boldsymbol{A}$ 合同的矩阵是矩阵 $\boldsymbol{A}$ 作了一系列的行、列初等变换所得的. 同时注意到初等矩阵转置的性质：

$$\boldsymbol{P}(i,j)^{\mathrm{T}}=\boldsymbol{P}(j,i),\ \boldsymbol{P}(i(k))^{\mathrm{T}}=\boldsymbol{P}(i(k)),\ \boldsymbol{P}(i,j(k))^{\mathrm{T}}=\boldsymbol{P}(j,i(k))$$

因此，初等矩阵的转置仍是同类型的初等矩阵，并且：

$\boldsymbol{P}(i,j)^{\mathrm{T}}\boldsymbol{AP}(i,j)=\boldsymbol{P}(j,i)\boldsymbol{AP}(i,j)$ 交换 i,j 两列，再交换 i,j 两行.

$\boldsymbol{P}(i(k))^{\mathrm{T}}\boldsymbol{AP}(i(k))=\boldsymbol{P}(i(k))\boldsymbol{AP}(i(k))$ 第 i 列乘以 k，第 i 行再乘以 k.

$\boldsymbol{P}(i,j(k))$可理解为 $\boldsymbol{E}$ 由列变换，即 i 列的 k 倍再加上 j 列而成.

$\boldsymbol{P}(i,j(k))$也可理解为 $\boldsymbol{E}$ 由行变换，即 j 行的 k 倍再加上 i 行而成.

$\boldsymbol{P}(i,j(k))^{\mathrm{T}}\boldsymbol{AP}(i,j(k))=\boldsymbol{P}(j,i(k))\boldsymbol{AP}(i,j(k))$，$i$ 列的 k 倍再加上 j 列，i 行的 k 倍再加上 j 行.

显然，对矩阵作一次列初等变换，再作一次对应相同的行初等变换，得到一个与原对称矩阵合同的对称矩阵.

定义 对称矩阵施一次行变换，再作一次对应相同的列变换，称为对矩阵的一次合同变换. 即

$$1\text{ 次合同变换}=1\text{ 次行初等变换}+1\text{ 次对应相同的列初等变换}$$

但是，要注意合同变换只能对对称矩阵实施.

例 5.3.1 用矩阵合同法求 5.2 节例 5.2.1 中二次型的标准形.

解 (1)的矩阵为

$$\boldsymbol{A}_1=\begin{pmatrix} 0 & 2 & -1 \\ 2 & 2 & -3 \\ -1 & -3 & 0 \end{pmatrix}$$

$$(\boldsymbol{A}_1,\boldsymbol{E})=\left(\begin{array}{ccc|ccc}0&2&-1&1&0&0\\2&2&-3&0&1&0\\-1&-3&0&0&0&1\end{array}\right)\rightarrow\left(\begin{array}{ccc|ccc}-2&0&2&1&-1&0\\0&2&0&0&1&0\\2&0&-\frac{9}{2}&0&\frac{3}{2}&1\end{array}\right)$$

$$\rightarrow\left(\begin{array}{ccc|ccc}-2&0&0&1&-1&0\\0&2&0&0&1&0\\0&0&-\frac{5}{2}&1&\frac{1}{2}&1\end{array}\right)$$

令

$$\boldsymbol{C}=\begin{pmatrix}1&0&1\\-1&1&\frac{1}{2}\\0&0&1\end{pmatrix}$$

$\boldsymbol{X}=\boldsymbol{CY}$ 非退化，使得

$$2x_2^2+4x_1x_2-2x_1x_3-6x_2x_3=-2y_1^2+2y_2^2-\frac{5}{2}y_3^2$$

(2)的矩阵为

$$\boldsymbol{A}_2=\begin{pmatrix}0&1&-2\\1&0&-4\\-2&-4&0\end{pmatrix}$$

$$(\boldsymbol{A}_2,\boldsymbol{E})=\left(\begin{array}{ccc|ccc}0&1&-2&1&0&0\\1&0&-4&0&1&0\\-2&-4&0&0&0&1\end{array}\right)\rightarrow\left(\begin{array}{ccc|ccc}2&1&-6&1&1&0\\1&0&-4&0&1&0\\-6&-4&0&0&0&1\end{array}\right)$$

$$\rightarrow\left(\begin{array}{ccc|ccc}2&0&0&1&1&0\\0&-\frac{1}{2}&-1&-\frac{1}{2}&\frac{1}{2}&0\\0&-1&-18&3&3&1\end{array}\right)\rightarrow\left(\begin{array}{ccc|ccc}2&0&0&1&1&0\\0&-\frac{1}{2}&0&-\frac{1}{2}&\frac{1}{2}&0\\0&0&-16&4&2&1\end{array}\right)$$

令

$$\boldsymbol{C}=\begin{pmatrix}1&-\frac{1}{2}&4\\1&\frac{1}{2}&2\\0&0&1\end{pmatrix},\ \boldsymbol{X}=\boldsymbol{CY}$$

非退化，使 $2x_1x_2-4x_1x_3-8x_2x_3=2y_1^2-\frac{1}{2}y_2^2-16y_3^2$.

5.3.2　对称矩阵合同变换法化二次型为标准型

易知，标准形的矩阵是对角矩阵，即

$$d_1x_1^2+d_2x_2^2+\cdots+d_nx_n^2$$

$$=(x_1, x_2, \cdots, x_n)\begin{pmatrix} d_1 & 0 & \cdots & 0 \\ 0 & d_2 & \cdots & 0 \\ \vdots & \vdots & & \vdots \\ 0 & 0 & \cdots & d_n \end{pmatrix}\begin{pmatrix} x_1 \\ x_2 \\ \vdots \\ x_n \end{pmatrix}$$

反过来，矩阵为对角形的二次型只包含平方项．按上一节的讨论，经过非退化的线性替换，二次型的矩阵变到一个与之合同的矩阵，因此用矩阵的语言，5.2 节定理 1 可以叙述为

定理 1　任意一个对称矩阵都合同于一对角矩阵.

定理 1 也就是说，对于任意一个对称矩阵 $\boldsymbol{A}$ 都可以找到一个可逆矩阵 $\boldsymbol{C}$，使

$$\boldsymbol{C}^{\mathrm{T}}\boldsymbol{A}\boldsymbol{C}=\begin{pmatrix} d_1 & 0 & \cdots & 0 \\ 0 & d_2 & \cdots & 0 \\ \vdots & \vdots & & \vdots \\ 0 & 0 & \cdots & d_n \end{pmatrix} \triangleq \operatorname{diag}\{d_1, d_2, \cdots, d_n\}$$

成对角矩阵.

证明　对对称矩阵的阶数 n 作数学归纳法，当 $n=1$ 时，$\boldsymbol{A}=(a_{11})$已是对角矩阵，结论成立；假定对对称矩阵的阶数为 $n-1$ 时，结论成立；当为 n 阶时：

(1) $a_{ii}(i=1, 2, \cdots, n)$不全为零．不失一般性，假定 $a_{11}\neq 0$，于是对于矩阵作$(\boldsymbol{A}|\boldsymbol{E})$，作初等变换$-a_{11}^{-1}a_{1i}r_1+r_i$，$-a_{11}^{-1}a_{1i}c_1+c_i$，$i=2, 3, \cdots, n$.

$$(\boldsymbol{A}\mid\boldsymbol{E})=\left(\begin{array}{cccc|cccc} a_{11} & a_{12} & \cdots & a_{1n} & 1 & 0 & \cdots & 0 \\ a_{12} & a_{22} & \cdots & a_{2n} & 0 & 1 & \cdots & 0 \\ \vdots & \vdots & & \vdots & \vdots & \vdots & & \vdots \\ a_{1n} & a_{2n} & \cdots & a_{nn} & 0 & 0 & \cdots & 1 \end{array}\right)$$

$$\rightarrow\left(\begin{array}{cccc|cccc} a_{11} & 0 & \cdots & 0 & 1 & 0 & \cdots & 0 \\ 0 & a_{22}-a_{11}^{-1}a_{12}^2 & \cdots & a_{2n}-a_{11}^{-1}a_{1n}a_{12} & -a_{11}^{-1}a_{12} & 1 & \vdots & 0 \\ \vdots & \vdots & & \vdots & \vdots & \vdots & & \vdots \\ 0 & a_{2n}-a_{11}^{-1}a_{1n}a_{12} & \cdots & a_{nn}-a_{11}^{-1}a_{1n}^2 & -a_{11}^{-1}a_{1n} & 0 & \cdots & 1 \end{array}\right)$$

即取

$$\boldsymbol{C}_1=\begin{pmatrix} 1 & -a_{11}^{-1}a_{12} & \cdots & -a_{11}^{-1}a_{1n} \\ 0 & 1 & \cdots & 0 \\ \vdots & \vdots & & \vdots \\ 0 & 0 & \cdots & 1 \end{pmatrix}, (|\boldsymbol{C}_1|=1\neq 0)$$

则

$$\boldsymbol{C}_1^{\mathrm{T}}\boldsymbol{A}\boldsymbol{C}_1=\begin{pmatrix} a_{11} & 0 & \cdots & 0 \\ 0 & a_{22}-a_{11}^{-1}a_{12}^2 & \cdots & a_{2n}-a_{11}^{-1}a_{1n}a_{12} \\ \vdots & \vdots & & \vdots \\ 0 & a_{2n}-a_{11}^{-1}a_{1n}a_{12} & \cdots & a_{nn}-a_{11}^{-1}a_{1n}^2 \end{pmatrix}$$

$$\boldsymbol{B}=\begin{pmatrix} a_{22}-a_{11}^{-1}a_{12}^2 & \cdots & a_{2n}-a_{11}^{-1}a_{1n}a_{12} \\ \vdots & \ddots & \vdots \\ a_{2n}-a_{11}^{-1}a_{1n}a_{12} & \cdots & a_{nn}-a_{11}^{-1}a_{1n}^2 \end{pmatrix}$$

是 $n-1$ 阶对称矩阵，由归纳假设有可逆矩阵：

$$
\boldsymbol{C}_2=\begin{pmatrix} c_{22} & \cdots & c_{2n} \\ \vdots & \ddots & \vdots \\ c_{n2} & \cdots & c_{nn} \end{pmatrix}
$$

使 $\boldsymbol{C}_2^{\mathrm{T}}\boldsymbol{B}\boldsymbol{C}_2=\mathrm{diag}\{d_2, d_3, \cdots, d_n\}$，则取

$$
\boldsymbol{C}=\begin{pmatrix} \boldsymbol{1} & \boldsymbol{O} \\ \boldsymbol{O} & \boldsymbol{C}_2 \end{pmatrix}=\begin{pmatrix} 1 & -a_{11}^{-1}a_{12} & \cdots & -a_{11}^{-1}a_{1n} \\ 0 & 1 & \cdots & 0 \\ \vdots & \vdots & & \vdots \\ 0 & 0 & \cdots & 1 \end{pmatrix}\begin{pmatrix} 1 & 0 & \cdots & 0 \\ 0 & c_{22} & \cdots & c_{2n} \\ \vdots & \vdots & & \vdots \\ 0 & c_{n2} & \cdots & c_{nn} \end{pmatrix},\ |\boldsymbol{C}|=|\boldsymbol{C}_2|\neq 0
$$

使 $\boldsymbol{C}^{\mathrm{T}}\boldsymbol{A}\boldsymbol{C}=\mathrm{diag}\{d_1, d_2, \cdots, d_n\}$，其中 $d_1=a_{11}$.

(2) $a_{ii}(i=1, 2, \cdots, n)$全为零，但有一 $a_{1j}\neq 0$，$j\neq 1$. 不失一般性，设 $j=2$，则对于矩阵作$(\boldsymbol{A}|\boldsymbol{E})$，作初等变换 r_2+r_1，c_2+c_1.

$$
(\boldsymbol{A}\mid\boldsymbol{E})=\left(\begin{array}{cccc|cccc} 0 & a_{12} & \cdots & a_{1n} & 1 & 0 & \cdots & 0 \\ a_{12} & 0 & \cdots & a_{2n} & 0 & 1 & \cdots & 0 \\ \vdots & \vdots & & \vdots & \vdots & \vdots & & \vdots \\ a_{1n} & a_{2n} & \cdots & 0 & 0 & 0 & \cdots & 1 \end{array}\right)
$$

$$
\to\left(\begin{array}{ccccc|ccccc} 2a_{12} & a_{12} & a_{12}+a_{23} & \cdots & a_{1n}+a_{2n} & 1 & 1 & \cdots & 0 & 0 \\ a_{12} & 0 & a_{23} & \cdots & q_{2n} & 0 & 1 & \cdots & 0 & 0 \\ a_{12}+a_{23} & a_{23} & 0 & \cdots & a_{3n} & \vdots & \vdots & & \vdots & \vdots \\ \vdots & \vdots & \vdots & & \vdots & 0 & 0 & \cdots & 1 & 0 \\ a_{1n}+a_{2n} & a_{2n} & a_{3n} & \cdots & 0 & 0 & 0 & \cdots & 0 & 1 \end{array}\right)
$$

$$
\boldsymbol{C}_1=\begin{pmatrix} 1 & 1 & 0 & \cdots & 0 \\ 1 & -1 & 0 & \cdots & 0 \\ 0 & 0 & 1 & \cdots & 0 \\ \vdots & \vdots & \vdots & & \vdots \\ 0 & 0 & 0 & \cdots & 1 \end{pmatrix}\quad(|\boldsymbol{C}_1|=-2\neq 0)
$$

使 $\boldsymbol{C}_1^{\mathrm{T}}\boldsymbol{A}\boldsymbol{C}_1$ 的(1，1)位置为 $2a_{12}\neq 0$，归结到第一种情形.

(3) $a_{1j}=0$，$j=1, 2, \cdots, n$. 由对称性，a_{j1}，$j=1, 2, \cdots, n$. 也全为零. 于是

$$
\boldsymbol{A}=\begin{pmatrix} 0 & 0 & \cdots & 0 \\ 0 & a_{22} & \cdots & a_{2n} \\ \vdots & \vdots & & \vdots \\ 0 & a_{2n} & \cdots & a_{nn} \end{pmatrix},\ \boldsymbol{B}=\begin{pmatrix} a_{22} & \cdots & a_{2n} \\ \vdots & & \vdots \\ a_{2n} & \cdots & a_{nn} \end{pmatrix}
$$

是一个 $n-1$ 阶对称矩阵，由归纳假定有可逆矩阵 $\boldsymbol{C}_2$，使得

$$
\boldsymbol{C}_2^{\mathrm{T}}\boldsymbol{B}\boldsymbol{C}_2=\mathrm{diag}\{d_2, d_3, \cdots, d_n\}
$$

则取

$$
\boldsymbol{C}=\boldsymbol{C}_1\begin{pmatrix} \boldsymbol{1} & \boldsymbol{O} \\ \boldsymbol{O} & \boldsymbol{C}_2 \end{pmatrix},\ |\boldsymbol{C}|=|\boldsymbol{C}_2|\neq 0
$$

使 $C^{\mathrm{T}}AC=\mathrm{diag}\{d_1, d_2, \cdots, d_n\}$. 结论成立.

总之，由数学归纳法原理，结论对于一切正整数都成立.

惯性定律用矩阵可以描述为

定理 2　对于实对称矩阵 A，有实可逆矩阵 C，使得

$$C^{\mathrm{T}}AC=\begin{pmatrix} E_p & O & O \\ O & -E_{r-p} & O \\ O & O & O \end{pmatrix}$$

该式可以称为实对称矩阵 A 的规范形，其中 r 是实对称矩阵 A 的秩，p 可以称为实对称矩阵 A 的正惯性指数. 且实对称矩阵 A 的规范形由它的秩与正惯性指数唯一确定.

例 5.3.2　用实对称矩阵的合同变换法求非退化实线性替换 $X=CY$，化下列实二次型为规范形.

(1) $x_1^2+2x_2^2+x_3^2+6x_4^2+2x_1x_2-2x_1x_3+2x_1x_4-4x_2x_3+4x_2x_4-4x_3x_4$

(2) $2x_1x_2+2x_1x_3+4x_1x_4-6x_2x_3-12x_2x_4$

解　(1) 原二次型的矩阵为

$$A=\begin{pmatrix} 1 & 1 & -1 & 1 \\ 1 & 2 & -2 & 2 \\ -1 & -2 & 1 & -2 \\ 1 & 2 & -2 & 6 \end{pmatrix}$$

对 A 作合同变换，得

$$(A \mid E)=\left(\begin{array}{cccc|cccc} 1 & 1 & -1 & 1 & 1 & 0 & 0 & 0 \\ 1 & 2 & -2 & 2 & 0 & 1 & 0 & 0 \\ -1 & -2 & 1 & -2 & 0 & 0 & 1 & 0 \\ 1 & 2 & -2 & 6 & 0 & 0 & 0 & 1 \end{array}\right) \to \left(\begin{array}{cccc|cccc} 1 & 0 & 0 & 0 & 1 & 0 & 0 & 0 \\ 0 & 1 & -1 & 1 & -1 & 1 & 0 & 0 \\ 0 & -1 & 0 & -1 & 1 & 0 & 1 & 0 \\ 0 & 1 & -1 & 5 & -1 & 0 & 0 & 1 \end{array}\right)$$

$$\to \left(\begin{array}{cccc|cccc} 1 & 0 & 0 & 0 & 1 & 0 & 0 & 0 \\ 0 & 1 & 0 & 0 & -1 & 1 & 0 & 0 \\ 0 & 0 & -1 & 0 & 0 & 1 & 1 & 0 \\ 0 & 0 & 0 & 4 & 0 & -1 & 0 & 1 \end{array}\right) \to \left(\begin{array}{cccc|cccc} 1 & 0 & 0 & 0 & 1 & 0 & 0 & 0 \\ 0 & 1 & 0 & 0 & -1 & 1 & 0 & 0 \\ 0 & 0 & 1 & 0 & 0 & -\frac{1}{2} & 0 & \frac{1}{2} \\ 0 & 0 & 0 & -1 & 0 & 1 & 1 & 0 \end{array}\right)$$

则

$$X=\begin{pmatrix} 1 & -1 & 0 & 0 \\ 0 & 1 & -\frac{1}{2} & 1 \\ 0 & 0 & 0 & 1 \\ 0 & 0 & \frac{1}{2} & 0 \end{pmatrix}Y$$

非退化，使原式 $=y_1^2+y_2^2+y_3^2-y_4^2$.

注意： 把合同变换与配方法相对比，合同变换的第一步相当于把 x_1 作为 a，矩阵 $\begin{pmatrix}1&0&0&0\\-1&1&0&0\\1&0&1&0\\-1&0&0&1\end{pmatrix}$（第一次合同变换所得矩阵的后一部分）的逆 $\begin{pmatrix}1&0&0&0\\1&1&0&0\\-1&0&1&0\\1&0&0&1\end{pmatrix}$ 第一列除(1，1)位置外的三个数字作为除 x_1 外的三个文字 x_2，x_3，x_4 的系数，就是将 $x_2-x_3+x_4$ 看作 b 进行配方，配方后的第一项吸收了后面所有含文字 x_1 的项，即

$$原式 = (x_1-x_2+x_3-x_4)^2+x_2^2+5x_4^2-2x_2x_3+2x_2x_4-2x_3x_4$$

把 $x_1-x_2+x_3-x_4$ 看成一个文字，这是一个矩阵

$$\begin{pmatrix}1&0&0&0\\0&1&-1&1\\0&-1&0&-1\\0&1&-1&5\end{pmatrix}（第一次合同变换所得矩阵的前一部分）$$

的二次型. 第二步是将第二项吸收后面的 x_2，x_2 作为配方公式中的 a，$-x_3+x_4$ 作为 b，对应矩阵：

$$\begin{pmatrix}1&0&0&0\\0&1&0&0\\0&1&1&0\\0&-1&0&1\end{pmatrix}（逆）$$

由于合同变换有叠加功能，这时合同变换的第二步所得矩阵为

$$\left(\begin{array}{cccc|cccc}1&0&0&0&1&0&0&0\\0&1&0&0&-1&1&0&0\\0&0&-1&0&0&1&1&0\\0&0&0&4&0&-1&0&1\end{array}\right)$$

其后一部分为

$$\begin{pmatrix}1&0&0&0\\-1&1&0&0\\0&1&1&0\\0&-1&0&1\end{pmatrix}=\begin{pmatrix}1&0&0&0\\0&1&0&0\\0&1&1&0\\0&-1&0&1\end{pmatrix}\begin{pmatrix}1&0&0&0\\-1&1&0&0\\1&0&1&0\\-1&0&0&1\end{pmatrix}$$

此时，有

$$原式 = (x_1-x_2+x_3-x_4)^2+(x_2-x_3+x_4)^2-x_3^2+4x_4^2$$

分别将

$$x_1-x_2+x_3-x_4，x_2-x_3+x_4$$

看成两个文字，这是一个矩阵

$$\begin{pmatrix}1&0&0&0\\0&1&0&0\\0&0&-1&0\\0&0&0&4\end{pmatrix}（第二次合同变换所得矩阵的前一部分）$$

的二次型. 即有非退化的线性替换：

$$X=\begin{pmatrix}1&0&0&0\\-1&1&0&0\\0&1&1&0\\0&-1&0&1\end{pmatrix}^{\mathrm{T}}Y$$

使原式化为标准形，即

$$y_1^2+y_2^2-y_3^2+4y_4^2$$

最后一步合同变换是把它规范化.

(2) 原二次型的矩阵为

$$A=\begin{pmatrix}0&1&1&2\\1&0&-3&-6\\1&-3&0&0\\2&-6&0&0\end{pmatrix}$$

对 A 作合同变换，得

$$(A\mid E)=\left(\begin{array}{cccc|cccc}2&1&-2&-4&1&1&0&0\\1&0&-3&-6&0&1&0&0\\-2&-3&0&0&0&0&1&0\\-4&-6&0&0&0&0&0&1\end{array}\right)\to\left(\begin{array}{cccc|cccc}2&0&0&0&1&1&0&0\\0&-\frac{1}{2}&-2&-4&-\frac{1}{2}&\frac{1}{2}&0&0\\0&-2&-2&-4&1&1&1&0\\0&-4&-4&-8&2&2&0&1\end{array}\right)$$

$$\to\left(\begin{array}{cccc|cccc}2&0&0&0&1&1&0&0\\0&-\frac{1}{2}&0&0&-\frac{1}{2}&\frac{1}{2}&0&0\\0&0&6&12&3&-1&1&0\\0&0&12&24&6&-2&0&1\end{array}\right)\to\left(\begin{array}{cccc|cccc}2&0&0&0&1&1&0&0\\0&-\frac{1}{2}&0&0&-\frac{1}{2}&\frac{1}{2}&0&0\\0&0&6&0&3&-1&1&0\\0&0&0&0&0&0&-2&1\end{array}\right)$$

$$\to\left(\begin{array}{cccc|cccc}1&0&0&0&\frac{1}{\sqrt{2}}&\frac{1}{\sqrt{2}}&0&0\\0&1&0&0&\frac{3}{\sqrt{6}}&-\frac{1}{\sqrt{6}}&\frac{1}{\sqrt{6}}&0\\0&0&-1&0&-\frac{1}{\sqrt{2}}&\frac{1}{\sqrt{2}}&0&0\\0&0&0&0&0&0&-2&1\end{array}\right)$$

则

$$X=\begin{pmatrix}\frac{1}{\sqrt{2}}&\frac{3}{\sqrt{6}}&-\frac{1}{\sqrt{2}}&0\\\frac{1}{\sqrt{2}}&-\frac{1}{\sqrt{6}}&\frac{1}{\sqrt{2}}&0\\0&\frac{1}{\sqrt{6}}&0&-2\\0&0&0&1\end{pmatrix}^{\mathrm{T}}Y$$

非退化，使原式$=y_1^2+y_2^2-y_3^2$.

注意: 也可以将合同变换与配方法相对应进行分析，但过程过于麻烦，此处就不一一赘述了.

习题 5.3

1. 用矩阵合同法化下列二次型为标准形.

(1) $x_1^2+2x_2^2+x_3^2+2x_1x_2-2x_1x_3-4x_2x_3$

(2) $2x_1x_2-4x_1x_3+8x_2x_3$

(3) $x_1^2+x_2^2+x_3^2+2x_4^2-2x_1x_2-2x_1x_3+2x_1x_4-2x_2x_3+2x_2x_4-4x_3x_4$

(4) $2x_1x_2-2x_1x_3+2x_1x_4-2x_2x_3+2x_2x_4-4x_3x_4$

2. 用矩阵合同法化下列实二次型为规范形.

(1) $x_1^2+x_2^2+2x_3^2+2x_1x_2-2x_1x_3-8x_2x_3$

(2) $2x_1x_2+4x_1x_3-8x_2x_3$

(3) $x_1^2+x_2^2+2x_3^2+4x_4^2-2x_1x_2-2x_1x_3+2x_1x_4-4x_2x_3+4x_2x_4-8x_3x_4$

(4) $2x_1x_2-2x_1x_3+2x_1x_4-4x_2x_3+4x_2x_4-4x_3x_4$

5.4 实二次型的正定性

由于每一实二次型都可以通过非退化的实线性替换 $\boldsymbol{X}=\boldsymbol{CY}(|\boldsymbol{C}|\neq 0)$化为规范形：

$$f(x_1, x_2, \cdots, x_n)=\boldsymbol{X}^{\mathrm{T}}\boldsymbol{AX}=y_1^2+y_2^2+\cdots+y_p^2-y_{p+1}^2-\cdots-y_r^2$$

因此，当 $y_1=y_2=\cdots=y_p=0$ 时，$f(x_1, x_2, \cdots, x_n)\leqslant 0$，实二次型 $f(x_1, x_2, \cdots, x_n)$作为自变量 $x_1, x_2, \cdots, x_n$ 的函数有最大值 0，同样 $p=0$ 时也是如此；则当 $y_{p+1}=y_{p+2}=\cdots=y_r=0$ 时，$f(x_1, x_2, \cdots, x_n)\geqslant 0$，实二次型 $f(x_1, x_2, \cdots, x_n)$作为自变量 $x_1, x_2, \cdots, x_n$ 的函数有最小值 0，同样 $p=r$ 时也是如此. 这样就可以用实二次型的正定性来研究二次函数的最值性.

5.4.1 正定二次型的概念

定义 1 对于实二次型 $f(x_1, x_2, \cdots, x_n)$，如果对于任意一组不全为零的实数 $c_1, c_2, \cdots, c_n$，都有 $f(c_1, c_2, \cdots, c_n)>0$，则 $f(x_1, x_2, \cdots, x_n)$称为正定的.

实二次型 $f(x_1, x_2, \cdots, x_n)=d_1x_1^2+d_2x_2^2+\cdots+d_nx_n^2$ 是正定的充分必要条件是 $d_i>0$，$i=1, 2, \cdots, n$.

设实二次型

$$f(x_1, x_2, \cdots, x_n)=\sum_{i=1}^{n}\sum_{j=1}^{n}a_{ij}x_ix_j,\ a_{ij}=a_{ji} \tag{5.4.1}$$

是正定的，经过非退化实线性替换

$$\boldsymbol{X}=\boldsymbol{CY} \tag{5.4.2}$$

变成二次型：

$$g(y_1, y_2, \cdots, y_n)=\sum_{i=1}^{n}\sum_{j=1}^{n}b_{ij}y_iy_j,\ b_{ij}=b_{ji} \tag{5.4.3}$$

则 $y_1, y_2, \cdots, y_n$ 的二次型 $g(y_1, y_2, \cdots, y_n)$ 也是正定的. 或者说，对于任意一组不全为零的实数 $k_1, k_2, \cdots, k_n$，都有 $g(k_1, k_2, \cdots, k_n)>0$.

因为式(5.4.3)也可以经非退化实线性替换 $\boldsymbol{X}=\boldsymbol{C}^{-1}\boldsymbol{Y}$ 变到二次型(5.4.1)，所以按同样理由，当式(5.4.3)正定时式(5.4.1)也正定. 这就是说，非退化实线性替换保持正定性不变.

5.4.2　正定二次型的判别

定理 1　实二次型 $f(x_1, x_2, \cdots, x_n)$ 是正定的充分必要条件是它的正惯性指数等于 n.

证明　必要性. 用反证法，若

$$f(x_1, x_2, \cdots, x_n)$$

的正惯性指数小于 n，则有非退化的线性替换：

$$\boldsymbol{X}=\boldsymbol{CY}$$

使

$$f(x_1, x_2, \cdots, x_n)=y_1^2+y_2^2+\cdots+y_p^2-y_{p+1}^2-\cdots-y_r^2 \quad (p<n)$$

取 $y_1=y_2=\cdots=y_p=0$，$y_{p+1}=\cdots=y_n=1$，得 $\boldsymbol{Y}_0\neq\boldsymbol{O}$，使 $\boldsymbol{X}_0=\boldsymbol{CY}_0\neq\boldsymbol{O}$，而有

$$f(x_{10}, x_{20}, \cdots, x_{n0})\leqslant 0$$

矛盾.

充分性. 由已知，有非退化的线性替换 $\boldsymbol{X}=\boldsymbol{CY}$，使

$$f(x_1, x_2, \cdots, x_n)=y_1^2+y_2^2+\cdots+y_n^2$$

可见只要 $\boldsymbol{X}\neq\boldsymbol{O}$，得 $\boldsymbol{Y}=\boldsymbol{C}^{-1}\boldsymbol{X}\neq\boldsymbol{O}$，从而

$$f(x_1, x_2, \cdots, x_n)=y_1^2+y_2^2+\cdots+y_n^2>0$$

而有实二次型：

$$f(x_1, x_2, \cdots, x_n)>0$$

即正定.

定理 1 说明，正定二次型 $f(x_1, x_2, \cdots, x_n)$ 的规范形为

$$y_1^2+y_2^2+\cdots+y_n^2 \tag{5.4.4}$$

5.4.3　矩阵的正定及判定

定义 2　实对称矩阵 $\boldsymbol{A}$ 称为正定的，如果二次型 $\boldsymbol{X}^{\mathrm{T}}\boldsymbol{AX}$ 正定.

因为式(5.4.4)的矩阵是单位矩阵 $\boldsymbol{E}$，所以实对称矩阵是正定的充分必要条件是它与单位矩阵合同.

推论　正定矩阵的行列式大于零.

定义 3　子式

$$\boldsymbol{P}_i=\begin{vmatrix} a_{11} & a_{12} & \cdots & a_{1i} \\ a_{21} & a_{22} & \cdots & a_{2i} \\ \vdots & \vdots & & \vdots \\ a_{i1} & a_{i2} & \cdots & a_{ii} \end{vmatrix} \quad (i=1, 2, \cdots, n)$$

称为矩阵 $\boldsymbol{A}=(a_{ij})_{nn}$ 的顺序主子式.

定理 2 实二次型

$$f(x_1, x_2, \cdots, x_n) = \sum_{i=1}^{n}\sum_{j=1}^{n} a_{ij}x_ix_j = \boldsymbol{X}^{\mathrm{T}}\boldsymbol{A}\boldsymbol{X}$$

是正定的充分必要条件是矩阵 $\boldsymbol{A}$ 的顺序主子式全大于零.

证明 先证必要性. 设

$$f(x_1, x_2, \cdots, x_n) = \sum_{i=1}^{n}\sum_{j=1}^{n} a_{ij}x_ix_j$$

正定，则对于每个 k，$1 \leqslant k \leqslant n$，令

$$f_k(x_1, x_2, \cdots, x_k) = \sum_{i=1}^{k}\sum_{j=1}^{k} a_{ij}x_ix_j$$

对于任一组不全为零的实数 $c_1, c_2, \cdots, c_k$，有

$$f_k(c_1, c_2, \cdots, c_k) = \sum_{i=1}^{k}\sum_{j=1}^{k} a_{ij}c_ic_j = f(c_1, c_2, \cdots, c_k, 0, \cdots, 0) > 0$$

故 $f_k(x_1, x_2, \cdots, x_k)$正定. 由上面的推论就证明了矩阵 $\boldsymbol{A}$ 的顺序主子式全大于零.

再证明充分性. 对二次型元的个数 n 作数学归纳法. 当 $n=1$ 时，$f(x_1)=a_{11}x_1^2$，由条件 $a_{11}>0$ 而正定.

假定充分性的论断对于 $n-1$ 元二次型已成立，现证 n 元的情况. 令

$$\boldsymbol{A}_1 = (a_{ij})_{n-1}, \boldsymbol{\alpha} = (a_{1n}, \cdots, a_{n-1,n})^{\mathrm{T}}$$

则

$$\boldsymbol{A} = \begin{pmatrix} \boldsymbol{A}_1 & \boldsymbol{\alpha} \\ \boldsymbol{\alpha}^{\mathrm{T}} & a_{nn} \end{pmatrix}$$

既然 $\boldsymbol{A}$ 的顺序主子式全大于零，则 $\boldsymbol{A}_1$ 的顺序主子式也全大于零. 由归纳假定，$\boldsymbol{A}_1$ 是正定矩阵，即有 $n-1$ 阶可逆矩阵 $\boldsymbol{G}$，使 $\boldsymbol{G}^{\mathrm{T}}\boldsymbol{A}_1\boldsymbol{G}=\boldsymbol{E}_{n-1}$，从而令 $\boldsymbol{C}_1=\begin{bmatrix} \boldsymbol{G} & \boldsymbol{O} \\ \boldsymbol{O} & 1 \end{bmatrix}$，则

$$\boldsymbol{C}_1^{\mathrm{T}}\boldsymbol{A}\boldsymbol{C}_1 = \begin{bmatrix} \boldsymbol{G}^{\mathrm{T}} & \boldsymbol{O} \\ \boldsymbol{O} & 1 \end{bmatrix}\begin{pmatrix} \boldsymbol{A}_1 & \boldsymbol{\alpha} \\ \boldsymbol{\alpha}^{\mathrm{T}} & a_{nn} \end{pmatrix}\begin{bmatrix} \boldsymbol{G} & \boldsymbol{O} \\ \boldsymbol{O} & 1 \end{bmatrix} = \begin{pmatrix} \boldsymbol{E}_{n-1} & \boldsymbol{G}^{\mathrm{T}}\boldsymbol{\alpha} \\ \boldsymbol{\alpha}^{\mathrm{T}}\boldsymbol{G} & a_{nn} \end{pmatrix}$$

再令 $\boldsymbol{C}_2=\begin{pmatrix} \boldsymbol{E}_{n-1} & -\boldsymbol{G}^{\mathrm{T}}\boldsymbol{\alpha} \\ \boldsymbol{O} & 1 \end{pmatrix}$，则

$$\boldsymbol{C}_2^{\mathrm{T}}\boldsymbol{C}_1^{\mathrm{T}}\boldsymbol{A}\boldsymbol{C}_1\boldsymbol{C}_2 = \begin{pmatrix} \boldsymbol{E}_{n-1} & \boldsymbol{O} \\ -\boldsymbol{\alpha}^{\mathrm{T}}\boldsymbol{G} & 1 \end{pmatrix}\begin{pmatrix} \boldsymbol{E}_{n-1} & \boldsymbol{G}^{\mathrm{T}}\alpha \\ \boldsymbol{\alpha}^{\mathrm{T}}\boldsymbol{G} & a_{nn} \end{pmatrix}\begin{pmatrix} \boldsymbol{E}_{n-1} & -\boldsymbol{G}^{\mathrm{T}}\boldsymbol{\alpha} \\ \boldsymbol{O} & 1 \end{pmatrix} = \begin{pmatrix} \boldsymbol{E}_{n-1} & \boldsymbol{O} \\ \boldsymbol{O} & a_{nn}-\boldsymbol{\alpha}^{\mathrm{T}}\boldsymbol{G}\boldsymbol{G}^{\mathrm{T}}\boldsymbol{\alpha} \end{pmatrix}$$

令 $\boldsymbol{C}=\boldsymbol{C}_1\boldsymbol{C}_2$，$a=a_{nn}-\boldsymbol{\alpha}^{\mathrm{T}}\boldsymbol{G}\boldsymbol{G}^{\mathrm{T}}\boldsymbol{\alpha}$，则 $\boldsymbol{C}^{\mathrm{T}}\boldsymbol{A}\boldsymbol{C}=\mathrm{diag}\{1, \cdots, 1, a\}$，两边取行列式 $|\boldsymbol{C}|^2|\boldsymbol{A}|=a>0$，而 $\mathrm{diag}\{1, \cdots, 1, a\}=(\mathrm{diag}\{1, \cdots, 1, \sqrt{a}\})^{\mathrm{T}}\boldsymbol{E}\mathrm{diag}\{1, \cdots, 1, \sqrt{a}\}$，即 $\boldsymbol{A}$ 与单位矩阵合同，因之 $\boldsymbol{A}$ 正定，从而得到二次型 $f(x_1, x_2, \cdots, x_n)$是正定的. 由数学归纳法原理，充分性得证.

例 5.4.1 判定二次型

$$f(x_1, x_2, x_3) = 5x_1^2 + x_2^2 + 5x_3^2 + 4x_1x_2 - 8x_1x_3 - 4x_2x_3$$

是否正定.

解 原二次型的矩阵为

$$A=\begin{pmatrix}5 & 2 & -4\\ 2 & 1 & -2\\ -4 & -2 & 5\end{pmatrix}$$

其各阶顺序主子式为

$$P_1=|5|=5>0$$

$$P_2=\begin{vmatrix}5 & 2\\ 2 & 1\end{vmatrix}=1>0$$

$$P_3=\begin{vmatrix}5 & 2 & -4\\ 2 & 1 & -2\\ -4 & -2 & 5\end{vmatrix}=25+16+16-20-20-16=1>0$$

故原二次型正定.

定义 4　设 $f(x_1, x_2,\cdots, x_n)$ 是一实二次型，如果对于任意一组不全为零的实数 $c_1, c_2,\cdots, c_n$，都有 $f(c_1, c_2,\cdots, c_n)<0$，那么 $f(x_1, x_2,\cdots, x_n)$ 称为负定的；如果都有 $f(c_1, c_2,\cdots, c_n)\geqslant 0$，那么 $f(x_1, x_2,\cdots, x_n)$ 称为半正定的；如果都有 $f(c_1, c_2,\cdots, c_n)\leqslant 0$，那么 $f(x_1, x_2,\cdots, x_n)$ 称为半负定的；如果它既不是半正定又不是半负定，那么 $f(x_1, x_2,\cdots, x_n)$ 就称为不定的.

由定理 2 不难看出负定二次型的判别条件. 这是因为当 $f(x_1, x_2,\cdots, x_n)$ 为负定的时，$-f(x_1, x_2,\cdots, x_n)$ 就是正定的.

定理 3　对于实二次型 $f(x_1, x_2,\cdots, x_n)=\boldsymbol{X}'\boldsymbol{A}\boldsymbol{X}$，其中 $\boldsymbol{A}$ 是实对称的，下列条件等价：

(1) $f(x_1, x_2,\cdots, x_n)$ 是半正定的；

(2) 它的正惯性指数与秩相等；

(3) 有可逆实矩阵 $\boldsymbol{C}$，使

$$\boldsymbol{C}^{\mathrm{T}}\boldsymbol{A}\boldsymbol{C}=\begin{pmatrix}d_1 & & & \\ & d_2 & & \\ & & \ddots & \\ & & & d_n\end{pmatrix}\quad (d_i\geqslant 0,\ i=1, 2,\cdots, n)$$

(4) 有实矩阵 $\boldsymbol{C}$，使 $\boldsymbol{A}=\boldsymbol{C}^{\mathrm{T}}\boldsymbol{C}$.

(5) $\boldsymbol{A}$ 的所有主子式皆大于或等于零.

注意：在(5)中，仅有顺序主子式大于或等于零是不能保证半正定性的. 比如：

$$f(x_1, x_2)=-x_2^2=(x_1, x_2)\begin{bmatrix}0 & 0\\ 0 & -1\end{bmatrix}\begin{pmatrix}x_1\\ x_2\end{pmatrix}$$

就是一个反例.

证明　定理 3(5)⇒(1). 设 $\boldsymbol{A}$ 的主子式全大于或等于零，$|\boldsymbol{A}_m|$ 是 $\boldsymbol{A}$ 的 m 阶顺序主子式，$\boldsymbol{A}_m$ 是对应的矩阵.

$$|\lambda\boldsymbol{E}_m+\boldsymbol{A}_m|=\begin{vmatrix}\lambda+a_{11} & a_{12} & \cdots & a_{1m}\\ a_{21} & \lambda+a_{22} & \cdots & a_{2m}\\ \vdots & \vdots & & \vdots\\ a_{m1} & a_{m2} & \cdots & \lambda+a_{mm}\end{vmatrix}=\lambda^m+\boldsymbol{P}_1\lambda^{m-1}+\cdots+\boldsymbol{P}_{m-1}\lambda+\boldsymbol{P}_m$$

其中 $\boldsymbol{P}_i$ 是 $\boldsymbol{A}_m$ 中一切 i 阶主子式之和，由题设 $\boldsymbol{P}_i>0$，故当 $\lambda>0$ 时，$|\lambda\boldsymbol{E}_m+\boldsymbol{A}_m|>0$，$\lambda\boldsymbol{E}+\boldsymbol{A}$ 是正定矩阵.

若 $\boldsymbol{A}$ 不是半正定矩阵，则存在一个非零向量 $\boldsymbol{X}_0^{\mathrm{T}}=(b_1, b_2, \cdots, b_n)$，使

$$\boldsymbol{X}_0^{\mathrm{T}}\boldsymbol{A}\boldsymbol{X}_0=-C(C>0)$$

令

$$\lambda=\frac{C}{\boldsymbol{X}_0^{\mathrm{T}}\boldsymbol{X}_0}=\frac{C}{b_1^2+b_2^2+\cdots+b_n^2}>0$$

$$\boldsymbol{X}_0^{\mathrm{T}}(\lambda\boldsymbol{E}+\boldsymbol{A})\boldsymbol{X}_0=\boldsymbol{X}_0^{\mathrm{T}}\lambda\boldsymbol{E}\boldsymbol{X}_0+\boldsymbol{X}_0^{\mathrm{T}}\boldsymbol{A}\boldsymbol{X}_0=C-C=0$$

与 $\lambda>0$ 时 $\lambda\boldsymbol{E}+\boldsymbol{A}$ 是正定矩阵矛盾，故 $\boldsymbol{A}$ 是半正定矩阵.

定理 3(1)⇒(5). 记 $\boldsymbol{A}$ 的行指标和列指标为 $i_1, i_2, \cdots, i_k$ 的 k 阶主子式为 $|\boldsymbol{A}_k|$，对应矩阵是 $\boldsymbol{A}_k$，对任意 $\boldsymbol{Y}_0=(b_{i_1}, b_{i_2}, \cdots, b_{i_k})^{\mathrm{T}}\neq\boldsymbol{0}$，有 $\boldsymbol{X}_0=(c_1, c_2, \cdots, c_n)^{\mathrm{T}}\neq\boldsymbol{0}$. 其中：

$$c_j=\begin{cases}b_j, & j=i_1, i_2, \cdots, i_k\\ 0, & j\neq i_1, i_2, \cdots, i_k\end{cases}$$

又 $\boldsymbol{A}$ 是半正定矩阵，从而 $\boldsymbol{Y}_0^{\mathrm{T}}\boldsymbol{A}_k\boldsymbol{Y}_0=\boldsymbol{X}_0^{\mathrm{T}}\boldsymbol{A}\boldsymbol{X}_0\geqslant 0$.

若 $|\boldsymbol{A}_k|<0$，则存在 $\boldsymbol{Y}\neq\boldsymbol{0}$，使 $\boldsymbol{Y}^{\mathrm{T}}\boldsymbol{A}_k\boldsymbol{Y}<0$，与 $\boldsymbol{Y}^{\mathrm{T}}A_k\boldsymbol{Y}\geqslant 0$ 矛盾，所以 $|\boldsymbol{A}_k|\geqslant 0$.

关于正定矩阵，有以下性质：

性质 1 正定矩阵的主对角线上的元素全大于零.

性质 2 设 $\boldsymbol{A}$ 为 n 阶实矩阵，且 $|\boldsymbol{A}|\neq 0$，则 $\boldsymbol{A}^{\mathrm{T}}\boldsymbol{A}$，$\boldsymbol{A}\boldsymbol{A}^{\mathrm{T}}$ 都是正定矩阵.

性质 3 设 $\boldsymbol{A}$ 为 $n\times m$ 实矩阵，则 $\boldsymbol{A}^{\mathrm{T}}\boldsymbol{A}$，$\boldsymbol{A}\boldsymbol{A}^{\mathrm{T}}$ 都是半正定矩阵.

证明 $\boldsymbol{A}^{\mathrm{T}}\boldsymbol{A}$ 是实对称矩阵，对于任意的 $\boldsymbol{X}\in\mathbf{R}^n$ 令 $\boldsymbol{U}=\boldsymbol{A}\boldsymbol{X}$，则 $\boldsymbol{U}$ 是 m 维实向量 $\boldsymbol{U}=(u_1, u_2, \cdots, u_m)^{\mathrm{T}}$，由

$$\boldsymbol{X}^{\mathrm{T}}(\boldsymbol{A}^{\mathrm{T}}\boldsymbol{A})\boldsymbol{X}=(\boldsymbol{X}^{\mathrm{T}}\boldsymbol{A}^{\mathrm{T}})(\boldsymbol{A}\boldsymbol{X})=\boldsymbol{U}^{\mathrm{T}}\boldsymbol{U}=u_1^2+u_2^2+\cdots+u_m^2\geqslant 0$$

得 $\boldsymbol{A}^{\mathrm{T}}\boldsymbol{A}$ 是半正定矩阵，同理可证 $\boldsymbol{A}\boldsymbol{A}^{\mathrm{T}}$ 是半正定矩阵.

性质 4 设 $\boldsymbol{A}$ 是 n 阶正定矩阵，当 $k>0$ 时，$\boldsymbol{A}^{-1}$，$k\boldsymbol{A}$，$\boldsymbol{A}^*$，$\boldsymbol{A}^m$ 都是正定矩阵.

证明 由于 $\boldsymbol{A}$ 正定，存在可逆矩阵 $\boldsymbol{C}$，使 $\boldsymbol{C}^{\mathrm{T}}\boldsymbol{A}\boldsymbol{C}=\boldsymbol{E}$，因 $\boldsymbol{C}^{-1}\boldsymbol{A}^{-1}(\boldsymbol{C}^{\mathrm{T}})^{-1}=\boldsymbol{E}$，从而 $\boldsymbol{A}^{-1}$ 为正定矩阵. 对于任意的 $\boldsymbol{X}\in\mathbf{R}^n$，$X\neq\boldsymbol{O}$，$\boldsymbol{X}^{\mathrm{T}}\boldsymbol{A}\boldsymbol{X}>0$，故 $\boldsymbol{X}^{\mathrm{T}}(k\boldsymbol{A})\boldsymbol{X}>0(k>0)$，$k\boldsymbol{A}$ 正定.

又 $\boldsymbol{A}$ 正定，$|\boldsymbol{A}|>0$，$\boldsymbol{A}^{-1}$ 正定，$\boldsymbol{A}^*=|\boldsymbol{A}|\boldsymbol{A}^{-1}$ 正定. $|\boldsymbol{A}^k|=|\boldsymbol{A}|^k\neq 0$，$\boldsymbol{A}^k$ 对称.

当 $m=2k$ 时，$\boldsymbol{A}^m=\boldsymbol{A}^{2k}=(\boldsymbol{A}^k)^{\mathrm{T}}\boldsymbol{E}\boldsymbol{A}^k$，从而 $\boldsymbol{A}^m$ 正定；

当 $m=2k+1$ 时，$\boldsymbol{A}^m=\boldsymbol{A}^{2k+1}=(\boldsymbol{A}^k)^{\mathrm{T}}\boldsymbol{A}(\boldsymbol{A}^k)$.

所以 $\boldsymbol{A}^m$ 与 $\boldsymbol{A}$ 合同，因而 $\boldsymbol{A}^m$ 正定.

性质 5 设 $\boldsymbol{A}$，$\boldsymbol{B}$ 是同阶正定矩阵，则 $\boldsymbol{A}+\boldsymbol{B}$ 也是正定矩阵.

证明 由 $\boldsymbol{A}$，$\boldsymbol{B}$ 是同阶正定矩阵，则对于任意 n 维向量 $\boldsymbol{X}\neq\boldsymbol{O}$，有

$$\boldsymbol{X}^{\mathrm{T}}(\boldsymbol{A}+\boldsymbol{B})\boldsymbol{X}=\boldsymbol{X}^{\mathrm{T}}\boldsymbol{A}\boldsymbol{X}+\boldsymbol{X}^{\mathrm{T}}\boldsymbol{B}\boldsymbol{X}>0$$

故 $\boldsymbol{X}^{\mathrm{T}}(\boldsymbol{A}+\boldsymbol{B})\boldsymbol{X}$ 为正定二次型，从而 $\boldsymbol{A}+\boldsymbol{B}$ 也是正定矩阵.

作为二次型正定的一个应用，我们来看

例 5.4.2 设在三角形 ABC 中，a，b，c 分别三顶点 A，B，C 对应三边，试证：

$$a^2+b^2+c^2\geqslant 2ab\cos C+2ac\cos B+2bc\cos A$$

证明 构造二次型

$$f(x_1, x_2, x_3) = x_1^2 + x_2^2 + x_3^2 - 2x_1x_2\cos C - 2x_1x_3\cos B - 2x_2x_3\cos A$$

则 $f(x_1, x_2, x_3)$是实二次型，其系数是实对称矩阵：

$$\mathbf{A} = \begin{pmatrix} 1 & -\cos C & -\cos B \\ -\cos C & 1 & -\cos A \\ -\cos B & -\cos A & 1 \end{pmatrix}$$

它的一级主子式是：1，1，1 均大于零.

它的二级主子式是：

$$\begin{vmatrix} 1 & -\cos C \\ -\cos C & 1 \end{vmatrix} = 1 - \cos^2 C \geqslant 0$$

$$\begin{vmatrix} 1 & -\cos B \\ -\cos B & 1 \end{vmatrix} = 1 - \cos^2 B \geqslant 0$$

$$\begin{vmatrix} 1 & -\cos A \\ -\cos A & 1 \end{vmatrix} = 1 - \cos^2 A \geqslant 0$$

它的三级主子式是：

$$\begin{vmatrix} 1 & -\cos C & -\cos B \\ -\cos C & 1 & -\cos A \\ -\cos B & -\cos A & 1 \end{vmatrix} = 1 - 2\cos A\cos B\cos C$$
$$- \cos^2 A - \cos^2 B - \cos^2 C = 0(\cos C = -\cos(A+B))$$

故 $f(x_1, x_2, x_3)$半正定，则

$$f(a, b, c) = a^2 + b^2 + c^2 - 2ab\cos C - 2ac\cos B - 2bc\cos A \geqslant 0$$

习题 5.4

1. 判断下列二次型是否正定.

(1) $f(x_1, x_2, x_3) = 6x_1^2 + 2x_2^2 + 7x_3^2 + 2x_1x_2 - 8x_1x_3 - 6x_2x_3$

(2) $f(x_1, x_2, x_3) = 3x_1^2 + 2x_2^2 + x_3^2 + 4x_1x_2 - 2x_1x_3 - 4x_2x_3$

(3) $f(x_1, x_2, x_3, x_4) = x_1^2 + 3x_2^2 + 2x_3^2 + x_4^2 - 2x_1x_2 - 2x_1x_3 + 2x_1x_4 - 4x_2x_3 + 4x_2x_4 + 2x_3x_4$

(4) $f(x_1, x_2, x_3, x_4) = 5x_1^2 + 5x_2^2 + 6x_3^2 + 8x_4^2 - 4x_1x_2 - 6x_1x_3 + 2x_1x_4 - 2x_2x_3 + 4x_2x_4 - 2x_3x_4$

2. t 取什么值时，下列二次型是正定的？

(1) $f(x_1, x_2, x_3) = x_1^2 + x_2^2 + 5x_3^2 + 2tx_1x_2 - 2x_1x_3 + 4x_2x_3$

(2) $f(x_1, x_2, x_3) = x_1^2 + 4x_2^2 + 2x_3^2 + 2tx_1x_2 + 2x_1x_3 + 4x_2x_3$

(3) $f(x_1, x_2, x_3, x_4) = x_1^2 + 4x_2^2 + 4x_3^2 + 2x_4^2 - 2tx_1x_2 - 2x_1x_3 + 2x_1x_4 - 4x_2x_3$

(4) $f(x_1, x_2, x_3, x_4) = 2x_1^2 + 2x_2^2 + 5x_3^2 + 4x_4^2 + 2tx_1x_2 - 2x_1x_3 + 2x_1x_4 - 2x_2x_3 + 2x_2x_4 + 4x_3x_4$

3. 设 $\mathbf{A}$ 是实对称矩阵. 证明：当实数 t 充分大之后，$t\mathbf{E} + \mathbf{A}$ 是正定矩阵.

4. 证明：如果 $\mathbf{A}$ 是正定矩阵，那么 $\mathbf{A}^{-1} + \mathbf{A}^*$ 也是正定矩阵.

5. 证明：如果 $\mathbf{A}$ 是正定矩阵，那么 $\mathbf{A}^2 + \mathbf{A}^3$ 也是正定矩阵.

6. 证明：如果 $\boldsymbol{A}$、$\boldsymbol{B}$ 是正定矩阵，那么 $\boldsymbol{A}+\boldsymbol{B}$ 也是正定矩阵.

7. 设 A 为正定矩阵，证明：$2\boldsymbol{A}^3+3(\boldsymbol{A}^*)^2$ 也是正定矩阵.

8. 证明：$n\sum\limits_{i=1}^{n}x_i^2-\left(\sum\limits_{i=1}^{n}x_i\right)^2$ 是半正定的.

第5章总复习题

一、单项选择

1. 二次型 $x_1^2+tx_2^2+3x_3^2+2x_1x_2$，其秩为 2，则 $t=$(　　).

A. 0　　B. 1　　C. 2　　D. 3

2. 二次型 $x_1x_2+x_2x_3$ 的秩为(　　).

A. 3　　B. 2　　C. 1　　D. 0

3. 在实对称矩阵 $\begin{pmatrix}1&1&0\\1&0&1\\0&1&0\end{pmatrix}$ 合同于(　　).

A. $\begin{pmatrix}1&0&0\\0&1&0\\0&0&-1\end{pmatrix}$　　B. $\begin{pmatrix}1&0&0\\0&-1&0\\0&0&-1\end{pmatrix}$

C. $\begin{pmatrix}-1&0&0\\0&-1&0\\0&0&-1\end{pmatrix}$　　D. $\boldsymbol{E}$

4. 实二次型 $x_1^2+x_2^2+2x_1x_2+2x_1x_3$ 的规范型为(　　).

A. $y_1^2+y_2^2+y_3^2$　　B. $y_1^2+y_2^2-y_3^2$

C. $y_1^2-y_2^2-y_3^2$　　D. $-y_1^2-y_2^2-y_3^2$

5. 实二次型 $x_1^2+2x_1x_2+2x_1x_3+2x_1x_4$ 的规范型为(　　).

A. $y_1^2+y_2^2$　　B. $y_1^2-y_2^2$

C. $y_1^2+y_2^2+y_3^2$　　D. $y_1^2-y_2^2-y_3^2-y_4^2$

6. n 元实二次型 $\boldsymbol{X}'\boldsymbol{A}\boldsymbol{X}$ 正定$\Leftrightarrow$(　　).

A. $|\boldsymbol{A}|>0$　　B. $r(\boldsymbol{A})=n$　　C. 符号差 $s=0$　　D. 正惯性指数 $p=n$

7. 设 $\boldsymbol{A}\in\mathbf{R}^{3\times3}$，$\forall\,\boldsymbol{X}\in\mathbf{R}^3$，都有 $\boldsymbol{X}^{\mathrm{T}}\boldsymbol{A}\boldsymbol{X}=0$，则(　　).

A. $|\boldsymbol{A}|=0$　　B. $|\boldsymbol{A}|>0$　　C. $|\boldsymbol{A}|<0$　　D. 以上都不对

8. n 阶实对称阵 $\boldsymbol{A}$ 正定$\Leftrightarrow$(　　).

A. $\boldsymbol{A}$ 的所有 k 阶子式为正　　B. $\boldsymbol{A}$ 的行列式大于零

C. $\boldsymbol{A}^{-1}$正定　　D. $R(\boldsymbol{A})=n$

9. 设 $\boldsymbol{A}$，$\boldsymbol{B}$ 均为 n 阶正定矩阵，则 $\boldsymbol{A}\boldsymbol{B}$ 是(　　).

A. 实对称阵　　B. 正定阵　　C. 可逆阵　　D. 正交阵

10. 设 $\boldsymbol{A}$，$\boldsymbol{B}$ 均为 n 阶方阵，二次型 $\boldsymbol{X}^{\mathrm{T}}\boldsymbol{A}\boldsymbol{X}=\boldsymbol{X}^{\mathrm{T}}\boldsymbol{B}\boldsymbol{X}$，当(　　)时 $\boldsymbol{A}=\boldsymbol{B}$.

A. $r(\boldsymbol{A})=r(\boldsymbol{B})$　　B. $\boldsymbol{A}'=\boldsymbol{A}$　　C. $\boldsymbol{B}'=\boldsymbol{B}$　　D. $\boldsymbol{A}'=\boldsymbol{A}$ 且 $\boldsymbol{B}'=\boldsymbol{B}$

11. 下列矩阵正定的是( ).

A. $\begin{pmatrix}1&2&0\\2&3&0\\0&0&2\end{pmatrix}$ B. $\begin{pmatrix}1&2&0\\2&4&0\\0&0&2\end{pmatrix}$ C. $\begin{pmatrix}1&-2&0\\-2&5&0\\0&0&-2\end{pmatrix}$ D. $\begin{pmatrix}2&0&0\\0&1&2\\0&2&5\end{pmatrix}$

12. 设 $\boldsymbol{A}$，$\boldsymbol{B}$ 均为 n 阶正定矩阵，则下列非正定矩阵的为( ).

A. $\boldsymbol{AB}$ B. $\boldsymbol{A}^{-1}$ C. $\boldsymbol{A}^*$ D. $\boldsymbol{A}^2$

13. 设 $\boldsymbol{A}$，$\boldsymbol{B}$ 均为 n 阶正定矩阵，则下列是正定矩阵的为( ).

A. $\boldsymbol{A}^*+\boldsymbol{B}^*$ B. $\boldsymbol{A}^*-\boldsymbol{B}^*$

C. $\boldsymbol{A}^*\boldsymbol{B}^*$ D. $k\boldsymbol{A}^*+t\boldsymbol{B}^*(k, t\in\mathbf{R})$

14. 下列二次型中为正定的是( ).

A. $x_1^2+x_2^2+x_3^2+2x_1x_2$ B. $x_1^2+5x_3^2+4x_1x_2$

C. $\boldsymbol{X}'\begin{pmatrix}1&0&4\\0&2&0\\4&0&3\end{pmatrix}\boldsymbol{X}$ D. $\boldsymbol{X}'\begin{pmatrix}1&1&2\\1&2&1\\2&1&14\end{pmatrix}\boldsymbol{X}$

15. 实二次型 $x_1^2+3x_2^2+4x_1x_2-4x_2x_3$ 的正惯性指数 $p=$( ).

A. 0 B. 1 C. 2 D. 3

16. 下列结论不正确的是( ).

A. 与对称矩阵合同的矩阵也对称 B. 合同的矩阵有相同的秩

C. 合同的矩阵行列式相等 D. 合同的矩阵其逆矩阵也合同

17. 实对称矩阵 $\boldsymbol{A}$ 正定的充分必要条件不是( ).

A. $\boldsymbol{A}$ 对应二次型正定 B. $\boldsymbol{A}$ 合同于单位矩阵

C. $\boldsymbol{A}$ 的逆正定 D. $\boldsymbol{A}$ 的所有子式都大于零

18. 设 $\boldsymbol{A}$，$\boldsymbol{B}$ 均为 n 阶正定矩阵，则 $2\boldsymbol{A}+3\boldsymbol{B}$，$\frac{1}{2}\boldsymbol{A}+\frac{1}{3}\boldsymbol{B}$，$3\boldsymbol{AB}$，$\boldsymbol{A}^{-1}+\boldsymbol{B}$，$\boldsymbol{A}^*+\boldsymbol{B}^{-1}$ 中正定的个数是( ).

A. 5 B. 4 C. 3 D. 2

二、填空

1. n 元二次型的一般表达式是 $f(x_1, x_2, \cdots, x_n)=$ ________.

2. 设 n 元二次型 $f(x_1, x_2, \cdots, x_n)$ 的矩阵是 $\boldsymbol{A}$，则其矩阵表示式为 ________.

3. $f(x_1, x_2, x_3, x_n)=x_1x_3-x_2x_4$ 的矩阵 $\boldsymbol{A}$ 为 ________.

4. $f(x_1, x_2, x_3, x_n)=3x_1^2-x_2^2-2x_1x_2+8x_2x_3$ 的矩阵 $\boldsymbol{A}$ 为 ________.

5. $f(x_1, x_2, x_3, x_n)=x_1x_2+x_1x_3+x_1x_4+x_2x_3+x_2x_4+x_3x_4$ 的矩阵 $\boldsymbol{A}=$ ________.

6. 实二次型 $x_1^2-x_2^2+2x_1x_3-2x_2x_3$ 的秩= ________，正惯性指数= ________.

7. 一般实 n 元二次型的规范型是 ________.

8. 实二次型 $x_1^2+2x_2^2+2x_1x_3-2x_2x_3$ 的秩= ________，正惯性指数= ________.

9. 实二次型 $x_1^2+2x_2^2+4x_2x_3$ 的规范形为 ________.

10. 实二次型 $x_1^2+2x_2^2+x_3^2+2x_1x_3+2x_2x_3$ 的规范形为 ________.

11. 实二次型 $x_1^2-x_2^2+x_3^2+2x_1x_2$ 的秩为 ________，正惯性指数 $p=$ ________，符号差 $s=$ ________.

12. 实二次型 $x_1^2-x_2^2+3x_3^2$ 的秩为 ________，正惯性指数 $p=$ ________，符号差 $s=$ ________.

13. 实 n 元二次型 $f(x_1, x_2, \cdots, x_n)$正定的定义为 ________.

14. 实 n 元二次型 $\boldsymbol{X}'\boldsymbol{A}\boldsymbol{X}$ 正定$\Leftrightarrow$________$\Leftrightarrow$________$\Leftrightarrow$________.

15. 实 n 元二次型的正惯性指数是 ________，符号差是 ________.

16. 两个实二次型等价的充要条件为 ________.

17. $f(x_1, x_2, x_3)=x_1^2+4x_2^2+2x_3^2+2tx_1x_2+2x_1x_3$ 正定，则 t 满足 ________.

18. $\begin{pmatrix}1 & 1 & 0\\ 1 & k & 0\\ 0 & 0 & k^2\end{pmatrix}$正定，则 k 满足 ________.

19. 设 $\boldsymbol{A}$ 为实对称可逆阵，把 $\boldsymbol{X}^{\mathrm{T}}\boldsymbol{A}\boldsymbol{X}$ 化为 $\boldsymbol{Y}^{\mathrm{T}}\boldsymbol{A}^{-1}\boldsymbol{Y}$ 的线性变换为 ________.

20. 实对称可逆阵 $\boldsymbol{A}$ 正定的充要条件是 ________.

三、计算

1. 设 $\boldsymbol{A}=\begin{bmatrix}1 & 0\\ 0 & -1\end{bmatrix}$，求可逆矩阵 $\boldsymbol{P}$，使 $\boldsymbol{P}^{\mathrm{T}}\boldsymbol{A}\boldsymbol{P}=\begin{bmatrix}0 & 1\\ 1 & 0\end{bmatrix}$.

2. 设 $\boldsymbol{A}=\begin{pmatrix}E_n & 0\\ 0 & -E_n\end{pmatrix}$，求可逆矩阵 $\boldsymbol{P}$，使 $\boldsymbol{P}^{\mathrm{T}}\boldsymbol{A}\boldsymbol{P}=\begin{pmatrix}0 & E_n\\ E_n & 0\end{pmatrix}$.

3. 对下列对称矩阵，求可逆矩阵 $\boldsymbol{P}$，使 $\boldsymbol{P}^{\mathrm{T}}\boldsymbol{A}\boldsymbol{P}$ 为对角阵.

(1) $\begin{pmatrix}1 & 2 & 1\\ 2 & 1 & 1\\ 1 & 1 & 3\end{pmatrix}$　(2) $\begin{pmatrix}0 & 1 & 1\\ 1 & 0 & 1\\ 1 & 1 & 0\end{pmatrix}$　(3) $\begin{pmatrix}0 & 1 & 2\\ 1 & 1 & 2\\ 2 & 2 & 0\end{pmatrix}$

(4) $\begin{pmatrix}-1 & 1 & 1 & 1\\ 1 & -1 & 1 & 1\\ 1 & 1 & -1 & 1\\ 1 & 1 & 1 & -1\end{pmatrix}$　(5) $\begin{pmatrix}1 & 1 & -1 & 1\\ 1 & 4 & 2 & 1\\ -1 & 2 & 4 & -1\\ 1 & 1 & -1 & -1\end{pmatrix}$　(6) $\begin{pmatrix}1 & -1 & -1 & 1\\ -1 & 0 & 0 & 1\\ -1 & 0 & 1 & 1\\ 1 & 1 & 1 & -1\end{pmatrix}$

4. 对下列二次型，求非奇异线性变换 $\boldsymbol{X}=\boldsymbol{P}\boldsymbol{Y}$，将其化为标准型.

(1) $x_1^2-2x_2^2+2x_3^2+2x_1x_2-4x_1x_3-6x_2x_3$

(2) $2x_2^2-3x_3^2+4x_1x_2+2x_2x_3$

(3) $2x_1x_2+2x_1x_3+4x_2x_3$

5. 求下列实二次型的规范型，并求出所需的线性变换.

(1) $2x_1^2-3x_2^2+x_3^2+2x_1x_2-12x_1x_3-6x_2x_3$

(2) $x_3^2+2x_1x_2-4x_2x_3$

(3) $2x_1x_3+2x_2x_4$

6. 求非退化线性替换 $\boldsymbol{X}=\boldsymbol{P}\boldsymbol{Y}$，使实二次型

$$f(x_1, x_2, x_3)=2x_2^2+3x_3^2+12x_1x_2-18x_1x_3-6x_2x_3$$

化为标准形，并求其正惯性指数，判断其是否正定.

7. 求非退化的线性替换 $\boldsymbol{X}=\boldsymbol{PY}$，使实二次型

$$f(x_1, x_2, x_3)=x_2^2-2x_1x_2+2x_1x_3-4x_2x_3$$

化为标准形，并求其正惯性指数，判断其是否正定.

8. t 满足何条件，$f(x_1, x_2, x_3)=x_1^2+4x_2^2+2x_3^2+2tx_1x_2+2x_1x_3+2x_2x_3$ 正定？

9. λ 取何值时，$f(x_1, x_2, x_3)=\lambda(x_1^2+x_2^2+x_3^2)+x_4^2+2x_1x_2+2x_1x_3+2x_2x_3$ 正定？

10. 求实数 $a_1, a_2, \cdots, a_n$ 满足何种条件时，下列 n 元二次型为正定二次型？

$$f(x_1, x_2, \cdots, x_n)=(x_1+a_1x_2)^2+(x_2+a_2x_3)^2+\cdots+(x_{n-1}+a_{n-1}x_n)^2+(x_n+a_nx_1)^2$$

11. 已知二次型 $f(x_1, x_2, x_3)=5x_1^2+5x_2^2+cx_3^2-2x_1x_2+6x_1x_3-6x_2x_3$ 的秩为2，求参数 c 以及在实数域上的规范形.

四、证明

1. 设 $\boldsymbol{A}$ 为 n 阶实对称矩阵，$\forall \boldsymbol{X}\in\mathbf{R}^n$，均有 $\boldsymbol{X}^{\mathrm{T}}\boldsymbol{AX}=0$，证明：$\boldsymbol{A}=\boldsymbol{O}$.

2. 设 $\boldsymbol{A}=\begin{pmatrix} a & 0 & 0 \\ 0 & b & 0 \\ 0 & 0 & c \end{pmatrix}$，$\boldsymbol{B}=\begin{pmatrix} b & 0 & 0 \\ 0 & c & 0 \\ 0 & 0 & a \end{pmatrix}$，试证：$\boldsymbol{A}$ 与 $\boldsymbol{B}$ 合同.

3. 两 n 元二次型 $\boldsymbol{X}^{\mathrm{T}}\boldsymbol{AX}$ 与 $\boldsymbol{X}^{\mathrm{T}}\boldsymbol{BX}$ 等价$\Leftrightarrow\boldsymbol{A}$ 与 $\boldsymbol{B}$ 合同.

4. 设 $\boldsymbol{A}$ 为 n 阶可逆对称矩阵，证明：$\boldsymbol{A}$ 与 $\boldsymbol{A}^{-1}$合同.

5. 设 $\boldsymbol{A}$ 为 n 阶实对称矩阵，证明：存在 n 阶实矩阵 $\boldsymbol{S}$，使 $\boldsymbol{A}=\boldsymbol{S}^{\mathrm{T}}\boldsymbol{S}$.

6. 设 $\boldsymbol{A}$ 为正定矩阵，证明：$\boldsymbol{A}$ 的主对角线上元素全大于零.

7. 证明：正定二次型的矩阵合同于单位矩阵.

8. 证明：正定矩阵的主子式都大于零.

9. 若 $\boldsymbol{A}$ 为正定矩阵，证明：$\boldsymbol{A}^{-1}$，$\boldsymbol{A}^*$，$\boldsymbol{A}^2$ 都正定.

10. 设 $\boldsymbol{A}$，$\boldsymbol{B}$ 为正定矩阵，证明：$\boldsymbol{A}+\boldsymbol{B}$，$\boldsymbol{A}^*+\boldsymbol{B}^*$ 都是正定矩阵.

11. 若 $\boldsymbol{A}$ 为 n 阶实对称矩阵，试证：当实数 t 充分大时，$t\boldsymbol{E}+A$ 正定.

12. 若 $\boldsymbol{A}$ 为 n 阶实对称矩阵，且 $|\boldsymbol{A}|<0$，试证：必有 $\boldsymbol{X}=(x_1, x_2, \cdots, x_n)\neq\boldsymbol{O}$，使 $\boldsymbol{X}^{\mathrm{T}}\boldsymbol{AX}<0$.

13. 设 $\boldsymbol{A}=(a_{ij})_n$ 正定，$b_1, b_2, \cdots, b_n$ 全非零实数，试证：$\boldsymbol{B}=(a_{ij}b_ib_j)_n$ 也正定.

14. 设 $\boldsymbol{A}$ 为 n 阶实对称矩阵，试证：$\boldsymbol{A}^{\mathrm{T}}\boldsymbol{A}$ 正定$\Leftrightarrow r(\boldsymbol{A})=n$.

15. 若 $\boldsymbol{A}$ 为 n 阶实对称矩阵，试证：当实数 t 充分小时，$\boldsymbol{E}+t\boldsymbol{A}$ 正定.

16. 证明：秩 r 的对称矩阵可表成 r 个秩为1的对称矩阵的和.

第 6 章　向量空间与线性变换

向量空间与线性变换是线性代数最基本的两个概念，它们来源于解析几何中的平面几何空间 $\mathbf{R}^2$ 与立体几何空间 $\mathbf{R}^3$ 以及与它们相关的坐标变换. 向量空间与线性变换既是线性代数研究的基本平台与对象，又是科学技术、经济管理的许多领域中研究问题的重要工具.

6.1　向量空间与子空间

向量空间是线性代数中比较抽象的概念.

6.1.1　向量空间

定义 1　设 V 是含有同维向量的非空集合，对于任意 $\boldsymbol{\alpha}$，$\boldsymbol{\beta}\in V$，任意 $k\in\mathbf{R}$，都有 $\boldsymbol{\alpha}+\boldsymbol{\beta}$，$k\boldsymbol{\alpha}\in V$，即就是说 V 对于向量的加法与数乘两运算封闭，由于同维向量的加法数乘满足 8 条算律，即对于任意 $\boldsymbol{\alpha}$，$\boldsymbol{\beta}$，$\boldsymbol{\gamma}\in V$，任意 k，$l\in\mathbf{R}$，有

(1) 加法交换律：$\boldsymbol{\alpha}+\boldsymbol{\beta}=\boldsymbol{\beta}+\boldsymbol{\alpha}$；

(2) 加法结合律：$(\boldsymbol{\alpha}+\boldsymbol{\beta})+\boldsymbol{\gamma}=\boldsymbol{\alpha}+(\boldsymbol{\beta}+\boldsymbol{\gamma})$；

(3) 加法有零元：存在 $\boldsymbol{o}\in V$，使得 $\boldsymbol{o}+\boldsymbol{\alpha}=\boldsymbol{\alpha}+\boldsymbol{o}=\boldsymbol{\alpha}$；

(4) 加法有负元：存在 $-\boldsymbol{\alpha}\in V$，使得 $-\boldsymbol{\alpha}+\boldsymbol{\alpha}=\boldsymbol{\alpha}+(-\boldsymbol{\alpha})=\boldsymbol{o}$；

(5) 数乘有单位元 1：$1\boldsymbol{\alpha}=\boldsymbol{\alpha}$；

(6) 数乘与数的乘法有结合律：$(kl)\boldsymbol{\alpha}=k(l\boldsymbol{\alpha})$；

(7) 数乘对数的加法有分配律：$(k+l)\boldsymbol{\alpha}=k\boldsymbol{\alpha}+l\boldsymbol{\alpha}$；

(8) 数乘对向量的加法有分配律：$k(\boldsymbol{\alpha}+\boldsymbol{\beta})=k\boldsymbol{\alpha}+k\boldsymbol{\beta}$，这时称 V 为向量空间.

按照向量空间的定义，$\mathbf{R}^n$ 就是一个向量空间，所以 $\mathbf{R}(n=1)$ 称为直线空间，$\mathbf{R}^2(n=2)$ 称为平面几何空间，$\mathbf{R}^3(n=3)$ 称为立体几何空间.

例 6.1.1　设 W 是齐次线性方程组的解集，由于齐次线性方程组的任意两解之和与任意一解的数乘倍仍是其解，故齐次线性方程组的解集 W 构成一个向量空间，从而齐次线性方程组的解集 W 也称该齐次线性方程组的解空间.

6.1.2　子空间

定义 2　若 W 是向量空间 V 的非空子集，W 对于向量的加法与数乘两运算封闭，则 W 也构成了一个向量空间，称 W 为 V 的子空间.

按子空间的定义，几何空间 $\mathbf{R}^3$ 的 6 个特殊子集：坐标轴 $V_x=\{(x,0,0)\mid x\in\mathbf{R}\}$，$V_y=\{(0,y,0)\mid y\in\mathbf{R}\}$，$V_z=\{(0,0,z)\mid z\in\mathbf{R}\}$；坐标平面 $V_{xy}=\{(x,y,0)\mid x,y\in\mathbf{R}\}$，$V_{xz}=\{(x,0,z)\mid x,z\in\mathbf{R}\}$，$V_{yz}=\{(0,y,z)\mid y,z\in\mathbf{R}\}$都是 $\mathbf{R}^3$ 的子空间.

设 $\boldsymbol{\alpha}_1, \boldsymbol{\alpha}_2, \cdots, \boldsymbol{\alpha}_r$ 是向量空间 V 的向量，令

$$W = L(\boldsymbol{\alpha}_1, \boldsymbol{\alpha}_2, \cdots, \boldsymbol{\alpha}_r)$$

$$L(\boldsymbol{\alpha}_1, \boldsymbol{\alpha}_2, \cdots, \boldsymbol{\alpha}_r) = \{k_1\boldsymbol{\alpha}_1 + k_2\boldsymbol{\alpha}_2 + \cdots + k_r\boldsymbol{\alpha}_r \mid k_1, k_2, \cdots, k_r \in \mathbf{R}\}$$

可以验证，$W=L(\boldsymbol{\alpha}_1, \boldsymbol{\alpha}_2, \cdots, \boldsymbol{\alpha}_r)$是 V 的子空间，称为由 $\boldsymbol{\alpha}_1, \boldsymbol{\alpha}_2, \cdots, \boldsymbol{\alpha}_r$ 生成的子空间，$\boldsymbol{\alpha}_1, \boldsymbol{\alpha}_2, \cdots, \boldsymbol{\alpha}_r$ 称为 $W=L(\boldsymbol{\alpha}_1, \boldsymbol{\alpha}_2, \cdots, \boldsymbol{\alpha}_r)$的生成元.

由于 $\boldsymbol{o}=0\boldsymbol{\alpha}_1+0\boldsymbol{\alpha}_2+\cdots+0\boldsymbol{\alpha}_r\in L(\boldsymbol{\alpha}_1, \boldsymbol{\alpha}_2, \cdots, \boldsymbol{\alpha}_r)\neq\varnothing$，$L(\boldsymbol{\alpha}_1, \boldsymbol{\alpha}_2, \cdots, \boldsymbol{\alpha}_r)$的任意两个元素 $k_1\boldsymbol{\alpha}_1+k_2\boldsymbol{\alpha}_2+\cdots+k_r\boldsymbol{\alpha}_r$，$l_1\boldsymbol{\alpha}_1+l_2\boldsymbol{\alpha}_2+\cdots+l_r\boldsymbol{\alpha}_r$，则它们的和

$$\begin{aligned}&(k_1\boldsymbol{\alpha}_1 + k_2\boldsymbol{\alpha}_2 + \cdots + k_r\boldsymbol{\alpha}_r) + (l_1\boldsymbol{\alpha}_1 + l_2\boldsymbol{\alpha}_2 + \cdots + l_r\boldsymbol{\alpha}_r)\\ &= (k_1 + l_1)\boldsymbol{\alpha}_1 + (k_2 + l_2)\boldsymbol{\alpha}_2 + \cdots + (k_r + l_r)\boldsymbol{\alpha}_r\end{aligned}$$

仍然是 $L(\boldsymbol{\alpha}_1, \boldsymbol{\alpha}_2, \cdots, \boldsymbol{\alpha}_r)$的元素；任意 $a\in\mathbf{R}$，有

$$a(k_1\boldsymbol{\alpha}_1 + k_2\boldsymbol{\alpha}_2 + \cdots + k_r\boldsymbol{\alpha}_r) = (ak_1)\boldsymbol{\alpha}_1 + (ak_2)\boldsymbol{\alpha}_2 + \cdots + (ak_r)\boldsymbol{\alpha}_r$$

也仍然是 $L(\boldsymbol{\alpha}_1, \boldsymbol{\alpha}_2, \cdots, \boldsymbol{\alpha}_r)$的元素，故 $W=L(\boldsymbol{\alpha}_1, \boldsymbol{\alpha}_2, \cdots, \boldsymbol{\alpha}_r)$是 V 的子空间.

由于每个 n 维向量 $\boldsymbol{\alpha}=(a_1, a_2, \cdots, a_n)$都可以写成单位向量组 $\varepsilon_1, \varepsilon_2, \cdots, \varepsilon_n$ 的线性组合，故 $\mathbf{R}^n=L(\varepsilon_1, \varepsilon_2, \cdots, \varepsilon_n)$. 作为特殊情况，有

$$\mathbf{R} = L(1)$$

$$\mathbf{R}^2 = L(\varepsilon_1, \varepsilon_2) = L((1, 0), (0, 1))$$

$$\mathbf{R}^3 = L(\varepsilon_1, \varepsilon_2, \varepsilon_3) = L((1, 0, 0), (0, 1, 0), (0, 0, 1))$$

6.1.3　子空间的交与和

定理 1　设 W_1，W_2 都是向量空间 V 的子空间，则 $W_1\cap W_2$ 也是向量空间 V 的子空间.

证明　因为 W_1，W_2 都是向量空间 V 的子空间，W_1，W_2 都非空，有 $\boldsymbol{\alpha}_1\in W_1$，$\boldsymbol{\alpha}_2\in W_2$，则 $-1\boldsymbol{\alpha}_1=-\boldsymbol{\alpha}_1\in W_1$，$\boldsymbol{o}=\boldsymbol{\alpha}_1+(-\boldsymbol{\alpha}_1)\in W_1$，$-1\boldsymbol{\alpha}_2=-\boldsymbol{\alpha}_2\in W_2$，$\boldsymbol{o}=\boldsymbol{\alpha}_2+(-\boldsymbol{\alpha}_2)\in W_2$，于是 $\boldsymbol{o}\in W_1\cap W_2\neq\varnothing$. 任意 $\boldsymbol{\beta}_1, \boldsymbol{\beta}_2\in W_1\cap W_2$，任意 $k\in\mathbf{R}$，则 $\boldsymbol{\beta}_1, \boldsymbol{\beta}_2\in W_1$，$\boldsymbol{\beta}_1, \boldsymbol{\beta}_2\in W_2$，且 $\boldsymbol{\beta}_1+\boldsymbol{\beta}_2$，$k\boldsymbol{\beta}_1\in W_1$，$\boldsymbol{\beta}_1+\boldsymbol{\beta}_2$，$k\boldsymbol{\beta}_1\in W_2$，从而 $\boldsymbol{\beta}_1+\boldsymbol{\beta}_2$，$k\boldsymbol{\beta}_1\in W_1\cap W_2$，则 $W_1\cap W_2$ 也是向量空间 V 的子空间.

由于子集的交满足交换律与结合律，故子空间的交也满足交换律与结合律.

子空间的并未必是子空间，如 $V_x=\{(x, 0, 0)\mid x\in\mathbf{R}\}$，$V_y=\{(0, y, 0)\mid y\in\mathbf{R}\}$都是 $\mathbf{R}^3$ 的子空间，它们的 $V_x\cup V_y$ 并不是 $\mathbf{R}^3$ 的子空间，因为$(1, 0, 0)\in V_x$，$(0, 1, 0)\in V_y$，其和 $(1, 0, 0)+(0, 1, 0)=(1, 1, 0)\notin\in V_x\cup V_y$.

定义 3　设 W_1，W_2 都是向量空间 V 的子空间，定义集合

$$W_1 + W_2 = \{\boldsymbol{\alpha}_1 + \boldsymbol{\alpha}_2 \mid \boldsymbol{\alpha}_1 \in W_1, \boldsymbol{\alpha}_2 \in W_2\}$$

为 W_1，W_2 的和.

定理 2　设 W_1，W_2 都是向量空间 V 的子空间，则其和

$$W_1 + W_2 = \{\boldsymbol{\alpha}_1 + \boldsymbol{\alpha}_2 \mid \boldsymbol{\alpha}_1 \in W_1, \boldsymbol{\alpha}_2 \in W_2\}$$

是 V 的子空间.

证明　由于 W_1，W_2 都是向量空间 V 的子空间，定理 1 的证明过程表明，有 $\boldsymbol{o}\in W_1$，$\boldsymbol{o}\in W_2$，则 $\boldsymbol{o}=\boldsymbol{o}+\boldsymbol{o}\in W_1+W_2\neq\varnothing$，又任意 $\boldsymbol{\alpha}, \boldsymbol{\beta}\in W_1+W_2$，则由 W_1+W_2 的定义，$\boldsymbol{\alpha}_1, \boldsymbol{\beta}_1\in W_1$，

$\boldsymbol{\alpha}_2$，$\boldsymbol{\beta}_2\in W_2$，使 $\boldsymbol{\alpha}=\boldsymbol{\alpha}_1+\boldsymbol{\alpha}_2$，$\boldsymbol{\beta}=\boldsymbol{\beta}_1+\boldsymbol{\beta}_2$，而 $\boldsymbol{\alpha}_1+\boldsymbol{\beta}_1\in W_1$，$\boldsymbol{\alpha}_2+\boldsymbol{\beta}_2\in W_2$，则 $\boldsymbol{\alpha}+\boldsymbol{\beta}=(\boldsymbol{\alpha}_1+\boldsymbol{\alpha}_2)+(\boldsymbol{\beta}_1+\boldsymbol{\beta}_2)=(\boldsymbol{\alpha}_1+\boldsymbol{\beta}_1)+(\boldsymbol{\alpha}_2+\boldsymbol{\beta}_2)\in W_1+W_2$，$W_1+W_2$ 关于 V 的加法封闭. 任意 $\boldsymbol{\alpha}\in V_1+V_2$，$k\in\mathbf{R}$，存在 $\boldsymbol{\alpha}_1\in W_1$，$\boldsymbol{\alpha}_2\in W_2$，使得 $\boldsymbol{\alpha}=\boldsymbol{\alpha}_1+\boldsymbol{\alpha}_2$，而另一方面，由于 $k\boldsymbol{\alpha}_1\in W_1$，$k\boldsymbol{\alpha}_2\in W_2$，则 $k\boldsymbol{\alpha}=k(\boldsymbol{\alpha}_1+\boldsymbol{\alpha}_2)=k\boldsymbol{\alpha}_1+k\boldsymbol{\alpha}_2\in W_1+W_2$，$W_1+W_2$ 关于数乘封闭. 故 W_1+W_2 也是 V 的子空间.

由和空间的定义可得，若 W_1，W_2，W_3 都是向量空间 V 的子空间，则

$$W_1+W_2=W_2+W_1,\ (W_1+W_2)+W_3=W_1+(W_2+W_3)$$

而 $W=L(\boldsymbol{\alpha}_1,\boldsymbol{\alpha}_2,\cdots,\boldsymbol{\alpha}_r)=L(\boldsymbol{\alpha}_1)+L(\boldsymbol{\alpha}_2)+\cdots+L(\boldsymbol{\alpha}_r)$；特别地，有

$$\mathbf{R}^2=L(\varepsilon_1,\varepsilon_2)=L(\varepsilon_1)+L(\varepsilon_2)=L((1,0))+L((0,1))$$

$$\begin{aligned}\mathbf{R}^3&=L(\varepsilon_1,\varepsilon_2,\varepsilon_3)=L(\varepsilon_1)+L(\varepsilon_2,\varepsilon_3)=L((1,0,0))+L((0,1,0),(0,0,1))\\&=L(\varepsilon_1)+L(\varepsilon_2)+L(\varepsilon_3)=L((1,0,0))+L((0,1,0))+L((0,0,1))\end{aligned}$$

$$\mathbf{R}^n=L(\varepsilon_1,\varepsilon_2,\cdots,\varepsilon_n)=L(\varepsilon_1)+L(\varepsilon_2)+\cdots+L(\varepsilon_n)$$

例 6.1.2 设 $W=\{(x_1,x_2,x_3)\mid x_1+x_2+x_3=0\}$，证明：$W$ 是 $\mathbf{R}^3$ 的子空间.

证明 由于 $0+0+0=0$，$\boldsymbol{o}=(0,0,0)\in W\neq\varnothing$，任意 (x_1,x_2,x_3)，$(y_1,y_2,y_3)\in W$，任意 $k\in\mathbf{R}$，则 $x_1+x_2+x_3=0$，$y_1+y_2+y_3=0$. 两元素的和为

$$(x_1,x_2,x_3)+(y_1,y_2,y_3)=(x_1+y_1,x_2+y_2,x_3+y_3)$$

$$(x_1+y_1)+(x_2+y_2)+(x_3+y_3)=(x_1+x_2+x_3)+(y_1+y_2+y_3)=0$$

$$k(x_1,x_2,x_3)=(kx_1,kx_2,kx_3)$$

$$kx_1+kx_2+kx_3=k(x_1+x_2+x_3)=0$$

故 $(x_1,x_2,x_3)+(y_1,y_2,y_3)$，$k(x_1,x_2,x_3)\in W$，则 W 是 $\mathbf{R}^3$ 的子空间.

设齐次线性方程组为

$$\begin{cases}a_{11}x_1+a_{12}x_2+\cdots+a_{1n}x_n=0\\a_{21}x_1+a_{22}x_2+\cdots+a_{2n}x_n=0\\\quad\vdots\\a_{s1}x_1+a_{s2}x_2+\cdots+a_{sn}x_n=0\end{cases}\tag{6.1.1}$$

其基础解系是 $\xi_1,\xi_2,\cdots,\xi_m$.

齐次线性方程组为

$$\begin{cases}b_{11}x_1+b_{12}x_2+\cdots+b_{1n}x_n=0\\b_{21}x_1+b_{22}x_2+\cdots+b_{2n}x_n=0\\\quad\vdots\\b_{t1}x_1+b_{t2}x_2+\cdots+b_{tn}x_n=0\end{cases}\tag{6.1.2}$$

其基础解系是 $\eta_1,\eta_2,\cdots,\eta_l$，则方程组(6.1.1)的解空间 $W_1=L(\xi_1,\xi_2,\cdots,\xi_m)$，方程组(6.1.2)的解空间 $W_2=L(\eta_1,\eta_2,\cdots,\eta_l)$. 它们作为 $\mathbf{R}^n$ 的子空间，其和空间 $W_1+W_2=L(\xi_1,\xi_2,\cdots,\xi_m,\eta_1,\eta_2,\cdots,\eta_l)$；交空间 $W_1\cap W_2$ 是齐次线性方程组

$$\begin{cases}a_{11}x_1+a_{12}x_2+\cdots+a_{1n}x_n=0\\\quad\vdots\\a_{s1}x_1+a_{s2}x_2+\cdots+a_{sn}x_n=0\\b_{11}x_1+b_{12}x_2+\cdots+b_{1n}x_n=0\\\quad\vdots\\b_{t1}x_1+b_{t2}x_2+\cdots+b_{tn}x_n=0\end{cases}$$

的解空间.

习题 6.1

1. 设 V 是向量空间，证明：V 的零元素 $\boldsymbol{o}$ 构成的集合 $\{\boldsymbol{o}\}$ 是 V 的子空间.
2. 设 $W=\{(x_1, x_2, x_3) \mid x_1=x_2=x_3\}$，证明：$W$ 是 $\mathbf{R}^3$ 的子空间.
3. 证明：$\mathbf{R}^3=V_{xy}+V_{xz}=V_{xy}+V_{yz}$.
4. 证明：$\mathbf{R}^2=V_x+V_y$，且 $V_x \cap V_y=\{\boldsymbol{o}\}$.

6.2　基、维数与坐标

向量空间的基是向量空间的本质特性，是研究向量空间的基础.

6.2.1　基与维数

定义 1　向量空间 V 的极大无关组称为向量空间 V 的基，即：如果在 V 中有 m 个线性无关的向量 $\boldsymbol{\alpha}_1, \boldsymbol{\alpha}_2, \cdots, \boldsymbol{\alpha}_m$，而 V 中每个向量 $\boldsymbol{\alpha}$，都可以由向量组 $\boldsymbol{\alpha}_1, \boldsymbol{\alpha}_2, \cdots, \boldsymbol{\alpha}_m$ 线性表示，$\boldsymbol{\alpha}_1, \boldsymbol{\alpha}_2, \cdots, \boldsymbol{\alpha}_m$ 就是 V 的一组基. m 称 V 的维数，记作维(V)，也说 V 是 m 维的. 特别地，若 $V=\{\boldsymbol{o}\}$，即零空间，此时 V 无基，规定维$(\{\boldsymbol{o}\})=0$.

例 6.2.1　n 维单位向量组 $\boldsymbol{\varepsilon}_1, \boldsymbol{\varepsilon}_2, \cdots, \boldsymbol{\varepsilon}_n$ 是 $\mathbf{R}^n$ 的 n 个线性无关的向量，且 $\mathbf{R}^n$ 的每个向量 $\boldsymbol{\alpha}=(a_1, a_2, \cdots, a_n)=a_1\boldsymbol{\varepsilon}_1+a_2\boldsymbol{\varepsilon}_2+\cdots+a_n\boldsymbol{\varepsilon}_n$，故 $\boldsymbol{\varepsilon}_1, \boldsymbol{\varepsilon}_2, \cdots, \boldsymbol{\varepsilon}_n$ 是 $\mathbf{R}^n$ 的基，该基称为 $\mathbf{R}^n$ 的标准基，且 $\mathbf{R}^n$ 是 n 维的. 特别地，$\boldsymbol{\varepsilon}=1$ 是 1 维向量空间 $\mathbf{R}$ 的标准基；$\boldsymbol{\varepsilon}_1=(1, 0)$，$\boldsymbol{\varepsilon}_2=(0, 1)$是 2 维向量空间 $\mathbf{R}^2$ 的标准基；$\boldsymbol{\varepsilon}_1=(1, 0, 0)$，$\boldsymbol{\varepsilon}_2=(0, 1, 0)$，$\boldsymbol{\varepsilon}_3=(0, 0, 1)$是 3 维向量空间 $\mathbf{R}^3$ 的标准基；$\boldsymbol{\varepsilon}_1=(1, 0, 0, 0)$，$\boldsymbol{\varepsilon}_2=(0, 1, 0, 0)$，$\boldsymbol{\varepsilon}_3=(0, 0, 1, 0)$，$\boldsymbol{\varepsilon}_4=(0, 0, 0, 1)$是 4 维向量空间 $\mathbf{R}^4$ 的标准基.

例 6.2.2　系数矩阵秩小于未知数个数的齐次线性方程组，即有基础解系的齐次线性方程组的基础解系是它的解空间的基，从而求齐次线性方程组的基础解系就是求它的解空间的基.

定理　m 维向量空间 V 的任意 m 个线性无关的向量组 $\boldsymbol{\beta}_1, \boldsymbol{\beta}_2, \cdots, \boldsymbol{\beta}_m$ 都是它的基.

证明　设 $\boldsymbol{\alpha}_1, \boldsymbol{\alpha}_2, \cdots, \boldsymbol{\alpha}_m$ 是 m 维向量空间 V 的基，对于 V 中每个向量 $\boldsymbol{\alpha}$，则 $\boldsymbol{\beta}_1, \boldsymbol{\beta}_2, \cdots, \boldsymbol{\beta}_m, \boldsymbol{\alpha}$ 可由 $\boldsymbol{\alpha}_1, \boldsymbol{\alpha}_2, \cdots, \boldsymbol{\alpha}_m$ 线性表示. 而 $m+1>m$，由第 3.3 节的定理 1，有 $\boldsymbol{\beta}_1, \boldsymbol{\beta}_2, \cdots, \boldsymbol{\beta}_m, \boldsymbol{\alpha}$ 线性相关，则存在不全为零的 $m+1$ 个数 $b_1, b_2, \cdots, b_m, a$，使

$$b_1\boldsymbol{\beta}_1+b_2\boldsymbol{\beta}_2+\cdots+b_m\boldsymbol{\beta}_m+a\boldsymbol{\alpha}=\boldsymbol{o}$$

若 $a=0$，则由 $\boldsymbol{\beta}_1, \boldsymbol{\beta}_2, \cdots, \boldsymbol{\beta}_m$ 线性无关，于是 $b_1=b_2=\cdots=b_m=0$ 与 $b_1, b_2, \cdots, b_m, a$ 不全为零矛盾，故 $a\neq 0$. 这时 $\boldsymbol{\alpha}=-\dfrac{b_1}{a}\boldsymbol{\beta}_1-\dfrac{b_2}{a}\boldsymbol{\beta}_2-\cdots-\dfrac{b_m}{a}\boldsymbol{\beta}_m$. 由向量空间基的定义，$\boldsymbol{\beta}_1, \boldsymbol{\beta}_2, \cdots, \boldsymbol{\beta}_m$ 是向量空间 V 的基.

例 6.2.3　试证 $\boldsymbol{\alpha}_1=(1, 2, 3)$，$\boldsymbol{\alpha}_2=(2, 1, 1)$，$\boldsymbol{\alpha}_3=(2, 2, 1)$是 $\mathbf{R}^3$ 的基.

证明　设 x_1, x_2, x_3 是任意 3 个数，若 $x_1\boldsymbol{\alpha}_1+x_2\boldsymbol{\alpha}_2+x_3\boldsymbol{\alpha}_3=\boldsymbol{o}$，由向量相等的定义，有

$$\begin{cases} x_1 + 2x_2 + 2x_3 = 0 \\ 2x_1 + x_2 + 2x_3 = 0 \\ 3x_1 + x_2 + x_3 = 0 \end{cases}$$

它的系数行列式为

$$\begin{vmatrix} 1 & 2 & 2 \\ 2 & 1 & 2 \\ 3 & 1 & 1 \end{vmatrix} = \begin{vmatrix} 1 & 2 & 2 \\ 0 & -3 & -2 \\ 0 & -5 & -5 \end{vmatrix} = 5 \neq 0$$

则它的唯一解为 $x_1 = x_2 = x_3 = 0$，故 $\boldsymbol{\alpha}_1$，$\boldsymbol{\alpha}_2$，$\boldsymbol{\alpha}_3$ 线性无关是 $\mathbf{R}^3$ 的基.

6.2.2 坐标

定义 2 设 $\boldsymbol{\alpha}_1, \boldsymbol{\alpha}_2, \cdots, \boldsymbol{\alpha}_m$ 是 m 维向量空间 V 的基，则 V 中任意向量 $\boldsymbol{\alpha}$ 都可由 $\boldsymbol{\alpha}_1, \boldsymbol{\alpha}_2, \cdots, \boldsymbol{\alpha}_m$ 线性表示，即 $\boldsymbol{\alpha} = a_1\boldsymbol{\alpha}_1 + a_2\boldsymbol{\alpha}_2 + \cdots + a_m\boldsymbol{\alpha}_m$，称 $(a_1, a_2, \cdots, a_m)$ 为向量 $\boldsymbol{\alpha}$ 在基 $\boldsymbol{\alpha}_1, \boldsymbol{\alpha}_2, \cdots, \boldsymbol{\alpha}_m$ 下的坐标.

如 $(a_1, a_2, \cdots, a_n)$ 就是 n 维向量 $\boldsymbol{\alpha} = (a_1, a_2, \cdots, a_n)$ 在 $\mathbf{R}^n$ 的基 $\boldsymbol{\varepsilon}_1, \boldsymbol{\varepsilon}_2, \cdots, \boldsymbol{\varepsilon}_n$ 下的坐标；(a_1, a_2) 就是 2 维向量 $\boldsymbol{\alpha} = (a_1, a_2)$ 在 $\mathbf{R}^2$ 的基 $\boldsymbol{\varepsilon}_1, \boldsymbol{\varepsilon}_2$ 下的坐标；(a_1, a_2, a_3) 就是 3 维向量 $\boldsymbol{\alpha} = (a_1, a_2, a_3)$ 在 $\mathbf{R}^3$ 的基 $\boldsymbol{\varepsilon}_1, \boldsymbol{\varepsilon}_2, \boldsymbol{\varepsilon}_3$ 下的坐标；(a_1, a_2, a_3, a_4) 就是 4 维向量 $\boldsymbol{\alpha} = (a_1, a_2, a_3, a_4)$ 在 $\mathbf{R}^4$ 的基 $\boldsymbol{\varepsilon}_1, \boldsymbol{\varepsilon}_2, \boldsymbol{\varepsilon}_3, \boldsymbol{\varepsilon}_4$ 下的坐标.

例 6.2.4 试证 n 维向量组

$$\boldsymbol{\alpha}_1 = (1, 1, 1, \cdots, 1), \boldsymbol{\alpha}_2 = (0, 1, 1, \cdots, 1),$$
$$\boldsymbol{\alpha}_3 = (0, 0, 1, \cdots, 1), \cdots, \boldsymbol{\alpha}_n = (0, 0, 0, \cdots, 1)$$

是 $\mathbf{R}^n$ 的一组基，并求 $\boldsymbol{\alpha} = (a_1, a_2, \cdots, a_n)$ 在这组基下的坐标.

证明 设 $x_1, x_2, x_3, \cdots, x_n$ 是任意 n 个数，若 $x_1\boldsymbol{\alpha}_1 + x_2\boldsymbol{\alpha}_2 + x_3\boldsymbol{\alpha}_3 + \cdots + x_n\boldsymbol{\alpha}_n = \boldsymbol{o}$，即

$$\begin{cases} x_1 = 0 \\ x_1 + x_2 = 0 \\ x_1 + x_2 + x_3 = 0 \\ \quad\vdots \\ x_1 + x_2 + x_3 + \cdots + x_n = 0 \end{cases}$$

其系数行列式为

$$\begin{vmatrix} 1 & 0 & 0 & \cdots & 0 \\ 1 & 1 & 0 & \cdots & 0 \\ 1 & 1 & 1 & \cdots & 0 \\ \vdots & \vdots & \vdots & & \vdots \\ 1 & 1 & 1 & \cdots & 1 \end{vmatrix} = 1 \neq 0$$

故它的唯一解为 $x_1 = x_2 = x_3 = \cdots = x_n = 0$，$\boldsymbol{\alpha}_1, \boldsymbol{\alpha}_2, \cdots, \boldsymbol{\alpha}_n$ 线性无关是 $\mathbf{R}^n$ 的基.

设 $\boldsymbol{\alpha} = (a_1, a_2, \cdots, a_n) = x_1\boldsymbol{\alpha}_1 + x_2\boldsymbol{\alpha}_2 + x_3\boldsymbol{\alpha}_3 + \cdots + x_n\boldsymbol{\alpha}_n$，可得 $x_1 = a_1$，$x_2 = (a_2 - a_1)$，$x_3 = (a_3 - a_2)$，$\cdots$，$x_n = a_n - a_{n-1}$，所以 $(a_1, a_2 - a_1, a_3 - a_2, \cdots, a_n - a_{n-1})$ 就是向量 $\boldsymbol{\alpha}$ 在这组基下的坐标.

6.2.3 基变换与坐标变换

1. 基变换

在 m 维向量空间中，任意 m 个线性无关的向量都可以取作空间的基. 对于不同的基，同一个向量的坐标一般是不同的. 下面通过基的改变，讨论向量坐标是怎样变化的.

设 $\boldsymbol{\alpha}_1, \boldsymbol{\alpha}_2, \cdots, \boldsymbol{\alpha}_m$ 与 $\boldsymbol{\beta}_1, \boldsymbol{\beta}_2, \cdots, \boldsymbol{\beta}_m$ 是 m 维向量空间 V 中两组基，它们的关系表示为

$$\begin{cases} \boldsymbol{\beta}_1 = a_{11}\boldsymbol{\alpha}_1 + a_{21}\boldsymbol{\alpha}_2 + \cdots + a_{m1}\boldsymbol{\alpha}_m \\ \boldsymbol{\beta}_2 = a_{12}\boldsymbol{\alpha}_1 + a_{22}\boldsymbol{\alpha}_2 + \cdots + a_{m2}\boldsymbol{\alpha}_m \\ \qquad\vdots \\ \boldsymbol{\beta}_m = a_{1m}\boldsymbol{\alpha}_1 + a_{2m}\boldsymbol{\alpha}_2 + \cdots + a_{mm}\boldsymbol{\alpha}_m \end{cases} \tag{6.2.1}$$

设 V 的向量 $\boldsymbol{\xi}$ 在这两组基下的坐标分别是 $(x_1, x_2, \cdots, x_m)$ 与 $(y_1, y_2, \cdots, y_m)$，即

$$\boldsymbol{\xi} = x_1\boldsymbol{\alpha}_1 + x_2\boldsymbol{\alpha}_2 + \cdots + x_m\boldsymbol{\alpha}_m = y_1\boldsymbol{\beta}_1 + y_2\boldsymbol{\beta}_2 + \cdots + y_m\boldsymbol{\beta}_m \tag{6.2.2}$$

讨论 $(x_1, x_2, \cdots, x_m)$ 与 $(y_1, y_2, \cdots, y_m)$ 的关系.

首先指出，方程组(6.2.1)中各式的系数为

$$(a_{1j}, a_{2j}, \cdots, a_{mj}),\ j = 1, 2, \cdots, m$$

实际上就是第二组基向量 $\boldsymbol{\beta}_j (j=1, 2, \cdots, m)$ 在第一组基下的坐标. 向量 $\boldsymbol{\beta}_1, \boldsymbol{\beta}_2, \cdots, \boldsymbol{\beta}_m$ 的线性无关性就保证了方程组(6.2.1)中系数矩阵的行列式不为零. 换句话说，这个矩阵是可逆的.

为了书写方便，向量 $\boldsymbol{\xi} = x_1\boldsymbol{\alpha}_1 + x_2\boldsymbol{\alpha}_2 + \cdots + x_m\boldsymbol{\alpha}_m$
写成

$$\boldsymbol{\xi} = (\boldsymbol{\alpha}_1, \boldsymbol{\alpha}_2, \cdots, \boldsymbol{\alpha}_m)\begin{pmatrix} x_1 \\ x_2 \\ \vdots \\ x_m \end{pmatrix} \tag{6.2.3}$$

也就是把基写成一个 $1 \times m$ 矩阵，把向量的坐标写成一个 $m \times 1$ 矩阵，而把向量看作是这两个矩阵的乘积.

类似地，方程组(6.2.1)可以写成

$$(\boldsymbol{\beta}_1, \boldsymbol{\beta}_2, \cdots, \boldsymbol{\beta}_m) = (\boldsymbol{\alpha}_1, \boldsymbol{\alpha}_2, \cdots, \boldsymbol{\alpha}_m)\begin{pmatrix} a_{11} & a_{12} & \cdots & a_{1m} \\ a_{21} & a_{22} & \cdots & a_{2m} \\ \vdots & \vdots & & \vdots \\ a_{m1} & a_{m2} & \cdots & a_{mm} \end{pmatrix} \tag{6.2.4}$$

矩阵 $\boldsymbol{A} = \begin{pmatrix} a_{11} & a_{12} & \cdots & a_{1m} \\ a_{21} & a_{22} & \cdots & a_{2m} \\ \vdots & \vdots & & \vdots \\ a_{m1} & a_{m2} & \cdots & a_{mm} \end{pmatrix}$ 称为由基 $\boldsymbol{\alpha}_1, \boldsymbol{\alpha}_2, \cdots, \boldsymbol{\alpha}_m$ 到 $\boldsymbol{\beta}_1, \boldsymbol{\beta}_2, \cdots, \boldsymbol{\beta}_m$ 的过渡矩阵，它是可逆的.

反之，若 $\boldsymbol{\alpha}_1, \boldsymbol{\alpha}_2, \cdots, \boldsymbol{\alpha}_m$ 是向量空间 V 的基，$\boldsymbol{A} = (a_{ij})_m$ 是可逆矩阵，有

$$(\boldsymbol{\beta}_1, \boldsymbol{\beta}_2, \cdots, \boldsymbol{\beta}_m) = (\boldsymbol{\alpha}_1, \boldsymbol{\alpha}_2, \cdots, \boldsymbol{\alpha}_m)\boldsymbol{A}$$

则 $\boldsymbol{\beta}_1, \boldsymbol{\beta}_2, \cdots, \boldsymbol{\beta}_m$ 也是向量空间 V 的基.

设 $\boldsymbol{\alpha}_1, \boldsymbol{\alpha}_2, \cdots, \boldsymbol{\alpha}_m$ 和 $\boldsymbol{\beta}_1, \boldsymbol{\beta}_2, \cdots, \boldsymbol{\beta}_m$ 是 V 中两个向量组，$\boldsymbol{A}=(a_{ij})$，$\boldsymbol{B}=(b_{ij})$ 是两个 $m\times m$ 矩阵，有

$$((\boldsymbol{\alpha}_1, \boldsymbol{\alpha}_2, \cdots, \boldsymbol{\alpha}_m)\boldsymbol{A})\boldsymbol{B} = (\boldsymbol{\alpha}_1, \boldsymbol{\alpha}_2, \cdots, \boldsymbol{\alpha}_m)(\boldsymbol{AB})$$

$$(\boldsymbol{\alpha}_1, \boldsymbol{\alpha}_2, \cdots, \boldsymbol{\alpha}_m)\boldsymbol{A} + (\boldsymbol{\alpha}_1, \boldsymbol{\alpha}_2, \cdots, \boldsymbol{\alpha}_m)\boldsymbol{B} = (\boldsymbol{\alpha}_1, \boldsymbol{\alpha}_2, \cdots, \boldsymbol{\alpha}_m)(\boldsymbol{A}+\boldsymbol{B})$$

$$(\boldsymbol{\alpha}_1, \boldsymbol{\alpha}_2, \cdots, \boldsymbol{\alpha}_m)\boldsymbol{A} + (\boldsymbol{\beta}_1, \boldsymbol{\beta}_2, \cdots, \boldsymbol{\beta}_m)\boldsymbol{A} = (\boldsymbol{\alpha}_1+\boldsymbol{\beta}_1, \boldsymbol{\alpha}_2+\boldsymbol{\beta}_2, \cdots, \boldsymbol{\alpha}_m+\boldsymbol{\beta}_m)\boldsymbol{A}$$

2. 坐标变换

由式(6.2.2)有

$$\boldsymbol{\xi} = (\boldsymbol{\beta}_1, \boldsymbol{\beta}_2, \cdots, \boldsymbol{\beta}_m)\begin{pmatrix} y_1 \\ y_2 \\ \vdots \\ y_m \end{pmatrix}$$

将式(6.2.4)代入，得

$$\boldsymbol{\xi} = (\boldsymbol{\alpha}_1, \boldsymbol{\alpha}_2, \cdots, \boldsymbol{\alpha}_m)\begin{pmatrix} a_{11} & a_{12} & \cdots & a_{1m} \\ a_{21} & a_{22} & \cdots & a_{2m} \\ \vdots & \vdots & & \vdots \\ a_{m1} & a_{m2} & \cdots & a_{mm} \end{pmatrix}\begin{pmatrix} y_1 \\ y_2 \\ \vdots \\ y_m \end{pmatrix}$$

与式(6.2.3)比较，由基向量的线性无关性，得

$$\begin{pmatrix} x_1 \\ x_2 \\ \vdots \\ x_m \end{pmatrix} = \begin{pmatrix} a_{11} & a_{12} & \cdots & a_{1m} \\ a_{21} & a_{22} & \cdots & a_{2m} \\ \vdots & \vdots & & \vdots \\ a_{m1} & a_{m2} & \cdots & a_{mm} \end{pmatrix}\begin{pmatrix} y_1 \\ y_2 \\ \vdots \\ y_m \end{pmatrix} \tag{6.2.5}$$

或

$$\begin{pmatrix} y_1 \\ y_2 \\ \vdots \\ y_m \end{pmatrix} = \begin{pmatrix} a_{11} & a_{12} & \cdots & a_{1m} \\ a_{21} & a_{22} & \cdots & a_{2m} \\ \vdots & \vdots & & \vdots \\ a_{m1} & a_{m2} & \cdots & a_{mm} \end{pmatrix}^{-1}\begin{pmatrix} x_1 \\ x_2 \\ \vdots \\ x_n \end{pmatrix} \tag{6.2.6}$$

式(6.2.5)与式(6.2.6)给出了在基变换式(6.2.4)下，向量的坐标变换公式.

例 6.2.5 在例 6.2.4 中有

$$(\boldsymbol{\alpha}_1, \boldsymbol{\alpha}_2, \cdots, \boldsymbol{\alpha}_n) = (\boldsymbol{\varepsilon}_1, \boldsymbol{\varepsilon}_2, \cdots, \boldsymbol{\varepsilon}_n)\begin{pmatrix} 1 & 0 & \cdots & 0 \\ 1 & 1 & \cdots & 0 \\ \vdots & \vdots & & \vdots \\ 1 & 1 & \cdots & 1 \end{pmatrix}$$

$$\boldsymbol{A} = \begin{pmatrix} 1 & 0 & \cdots & 0 \\ 1 & 1 & \cdots & 0 \\ \vdots & \vdots & & \vdots \\ 1 & 1 & \cdots & 1 \end{pmatrix}$$

就是过渡矩阵. 不难得出

$$A^{-1}=\begin{pmatrix}1&0&0&\cdots&0&0\\-1&1&0&\cdots&0&0\\0&-1&1&\cdots&0&0\\\vdots&\vdots&\vdots&&\vdots&\vdots\\0&0&0&\cdots&1&0\\0&0&0&\cdots&-1&1\end{pmatrix}$$

因此有

$$\begin{pmatrix}y_1\\y_2\\y_3\\\vdots\\y_{n-1}\\y_n\end{pmatrix}=\begin{pmatrix}1&0&0&\cdots&0&0\\-1&1&0&\cdots&0&0\\0&-1&1&\cdots&0&0\\\vdots&\vdots&\vdots&&\vdots&\vdots\\0&0&0&\cdots&1&0\\0&0&0&\cdots&-1&1\end{pmatrix}\begin{pmatrix}x_1\\x_2\\x_3\\\vdots\\x_{n-1}\\x_n\end{pmatrix}$$

也就是

$$y_1=x_1,\ y_i=x_i-x_{i-1}\quad(i=2,\cdots,n)$$

这与例 6.2.4 所得出的结果是一致的.

例 6.2.6　取 $\mathbf{R}^2$ 的两个彼此正交的单位向量 $\boldsymbol{\alpha}_1$，$\boldsymbol{\alpha}_2$，它们作成 $\mathbf{R}^2$ 的一个基. 令 $\boldsymbol{\beta}_1$，$\boldsymbol{\beta}_2$ 分别是由 $\boldsymbol{\alpha}_1$，$\boldsymbol{\alpha}_2$ 旋转角 θ 所得的向量，则 $\boldsymbol{\beta}_1$，$\boldsymbol{\beta}_2$ 也是 $\mathbf{R}^2$ 的一个基，有

$$\boldsymbol{\beta}_1=\boldsymbol{\alpha}_1\cos\theta+\boldsymbol{\alpha}_2\sin\theta,\ \boldsymbol{\beta}_2=-\boldsymbol{\alpha}_1\sin\theta+\boldsymbol{\alpha}_2\sin\theta$$

所以$\{\boldsymbol{\alpha}_1,\boldsymbol{\alpha}_2\}$到$\{\boldsymbol{\beta}_1,\boldsymbol{\beta}_2\}$的过渡矩阵是$\begin{bmatrix}\cos\theta&-\sin\theta\\\sin\theta&\cos\theta\end{bmatrix}$.

设 $\mathbf{R}^2$ 的一个向量 $\boldsymbol{\xi}$ 关于基$\{\boldsymbol{\alpha}_1,\boldsymbol{\alpha}_2\}$和$\{\boldsymbol{\beta}_1,\boldsymbol{\beta}_2\}$的坐标分别为$(x_1,x_2)$与$(y_1,y_2)$. 于是由(5)得

$$\begin{pmatrix}x_1\\x_2\end{pmatrix}=\begin{bmatrix}\cos\theta&-\sin\theta\\\sin\theta&\cos\theta\end{bmatrix}\begin{pmatrix}y_1\\y_2\end{pmatrix}$$

即

$$\begin{cases}x_1=y_1\cos\theta-y_2\sin\theta\\x_2=y_1\sin\theta+y_2\cos\theta\end{cases}$$

这正是平面解析几何里，旋转坐标轴的坐标变换公式.

例 6.2.7　证明：(1) $\boldsymbol{\alpha}_1=(1,1,1)$，$\boldsymbol{\alpha}_2=(1,1,2)$，$\boldsymbol{\alpha}_3=(1,2,1)$；

(2) $\boldsymbol{\beta}_1=(0,1,1)$，$\boldsymbol{\beta}_2=(1,0,1)$，$\boldsymbol{\beta}_3=(1,1,0)$

是 $\mathbf{R}^3$ 的两基，并求两基间的过渡矩阵及在两基下有相同坐标的向量.

证明　由 $(\boldsymbol{\alpha}_1,\boldsymbol{\alpha}_2,\boldsymbol{\alpha}_3)=(\boldsymbol{\varepsilon}_1,\boldsymbol{\varepsilon}_2,\boldsymbol{\varepsilon}_3)\begin{pmatrix}1&1&1\\1&1&2\\1&2&1\end{pmatrix}$，$(\boldsymbol{\beta}_1,\boldsymbol{\beta}_2,\boldsymbol{\beta}_3)=(\boldsymbol{\varepsilon}_1,\boldsymbol{\varepsilon}_2,\boldsymbol{\varepsilon}_3)\begin{pmatrix}0&1&1\\1&0&1\\1&1&0\end{pmatrix}$，而 $\begin{vmatrix}1&1&1\\1&1&2\\1&2&1\end{vmatrix}=-1$，$\begin{vmatrix}0&1&1\\1&0&1\\1&1&0\end{vmatrix}=2$，得 $\begin{pmatrix}1&1&1\\1&1&2\\1&2&1\end{pmatrix}$，$\begin{pmatrix}0&1&1\\1&0&1\\1&1&0\end{pmatrix}$ 都可逆，故

(1)、(2)都是 $\mathbf{R}^3$ 的基，且 $(\boldsymbol{\beta}_1, \boldsymbol{\beta}_2, \boldsymbol{\beta}_3)=(\boldsymbol{\alpha}_1, \boldsymbol{\alpha}_2, \boldsymbol{\alpha}_3)\begin{pmatrix}1&1&1\\1&1&2\\1&2&1\end{pmatrix}^{-1}\begin{pmatrix}0&1&1\\1&0&1\\1&1&0\end{pmatrix}$，所求过度矩阵为 $\begin{pmatrix}-2&2&2\\1&0&-1\\1&-1&0\end{pmatrix}$.

设 $x\boldsymbol{\alpha}_1+y\boldsymbol{\alpha}_2+z\boldsymbol{\alpha}_3=x\boldsymbol{\beta}_1+y\boldsymbol{\beta}_2+z\boldsymbol{\beta}_3$，即 $x(1, 0, 0)+y(0, 1, 1)+z(0, 1, 1)=0$，解得 $x=0$，$y=k$，$z=-k$，故所求向量为 $(0, k, -k)$，$k\in\mathbf{R}$.

习题 6.2

1. 试证 $\boldsymbol{\alpha}_1=(2, 2, 3)$，$\boldsymbol{\alpha}_2=(1, 1, 1)$，$\boldsymbol{\alpha}_3=(1, 2, 1)$是 $\mathbf{R}^3$ 的基，并求向量 $\boldsymbol{\beta}=(4, 5, 5)$在这组基下的坐标.

2. 求齐次线性方程组 $x+2y+3z=0$ 解空间的一组基.

3. 求齐次线性方程组 $\begin{cases}x_1-2x_2-2x_3-3x_4+x_5=0\\2x_1-4x_2+8x_3-x_4+2x_5=0\\3x_1-6x_2+6x_3-4x_4+3x_5=0\\4x_1-8x_2+4x_3-7x_4+4x_5=0\end{cases}$ 解空间的一组基.

4. 试证 n 维向量组

$$\boldsymbol{\alpha}_1=(1, 1, 1, \cdots, 1), \boldsymbol{\alpha}_2=(1, 0, 1, \cdots, 1),$$
$$\boldsymbol{\alpha}_3=(1, 1, 0, \cdots, 1), \cdots, \boldsymbol{\alpha}_n=(1, 1, 1, \cdots, 0)$$

是 $\mathbf{R}^n$ 的一组基. 并求 $\boldsymbol{\alpha}=(a_1, a_2, \cdots, a_n)$在这组基下的坐标.

5. 证明：(1) $\boldsymbol{\alpha}_1=(2, 3, 2)$，$\boldsymbol{\alpha}_2=(1, 2, 0)$，$\boldsymbol{\alpha}_3=(1, 1, 1)$；

(2) $\boldsymbol{\beta}_1=(0, 1, 1)$，$\boldsymbol{\beta}_2=(1, 0, 1)$，$\boldsymbol{\beta}_3=(1, 1, 1)$

都是 $\mathbf{R}^3$ 的两基，并求两基间的过渡矩阵及在两基下有相同坐标的向量.

6. 证明：(1) $\boldsymbol{\alpha}_1=(1, 2, 2)$，$\boldsymbol{\alpha}_2=(2, 1, -2)$，$\boldsymbol{\alpha}_3=(2, -2, 1)$；

(2) $\boldsymbol{\beta}_1=(2, 1, 1)$，$\boldsymbol{\beta}_2=(1, 2, -1)$，$\boldsymbol{\beta}_3=(1, -1, -1)$

是 $\mathbf{R}^3$ 的两基，并求两基间的过渡矩阵及在两基下有相同坐标的向量.

6.3 线性变换

线性变换是向量空间最基本的变换.

6.3.1 线性变换的概念

定义 1 一个非空集合到自身的映射称为变换.

定义 2 设 $\boldsymbol{\sigma}$ 是向量空间 V 的一个变换，对于 V 中任意两个向量 $\boldsymbol{\alpha}$，$\boldsymbol{\beta}$ 和任意实数 k，若满足条件：

(1) $\boldsymbol{\sigma}(\boldsymbol{\alpha}+\boldsymbol{\beta})=\boldsymbol{\sigma}(\boldsymbol{\alpha})+\boldsymbol{\sigma}(\boldsymbol{\beta})$；

(2) $\boldsymbol{\sigma}(k\boldsymbol{\alpha})=k\boldsymbol{\sigma}(\boldsymbol{\alpha})$(称 $\boldsymbol{\sigma}$ 保持线性运算)

则称 $\boldsymbol{\sigma}$ 是向量空间 V 的一个线性变换.

例 6.3.1　试证 $\boldsymbol{\sigma}(x, y, z)=(x+2y+3z, x+y+2z, 2x+3y+5z)$ 是 $\mathbf{R}^3$ 的线性变换.

证明　任意 $(x, y, z)\in\mathbf{R}^3$, $\boldsymbol{\sigma}(x, y, z)=(x+2y+3z, x+y+2z, 2x+3y+5z)\in\mathbf{R}^3$ 且唯一，则 $\boldsymbol{\sigma}$ 是 $\mathbf{R}^3$ 的变换. 令 $\boldsymbol{X}=(x, y, z)$, $\boldsymbol{\sigma X}=\boldsymbol{XA}$, $\boldsymbol{A}=\begin{pmatrix}1&1&2\\2&1&3\\3&2&5\end{pmatrix}$，任意 $\boldsymbol{X},\boldsymbol{Y}\in\mathbf{R}^3$，任意 $k\in\mathbf{R}$, $\boldsymbol{\sigma}(\boldsymbol{X}+\boldsymbol{Y})=(\boldsymbol{X}+\boldsymbol{Y})\boldsymbol{A}=\boldsymbol{XA}+\boldsymbol{YA}=\boldsymbol{\sigma}(\boldsymbol{X})+\boldsymbol{\sigma}(\boldsymbol{Y})$, $\boldsymbol{\sigma}(k\boldsymbol{X})=k\boldsymbol{XA}=k\boldsymbol{\sigma}(\boldsymbol{X})$，则 $\boldsymbol{\sigma}$ 是 $\mathbf{R}^3$ 的线性变换.

一般地，行向量空间 $\mathbf{R}^3$ 的线性变换 $\boldsymbol{\sigma}$ 为

$$\boldsymbol{\sigma}(x, y, z)=(a_{11}x+a_{21}y+a_{31}z, a_{12}x+a_{22}y+a_{32}z, a_{13}x+a_{23}y+a_{33}z)=(x, y, z)\boldsymbol{A}$$

$$\boldsymbol{A}=\begin{pmatrix}a_{11}&a_{12}&a_{13}\\a_{21}&a_{22}&a_{23}\\a_{31}&a_{32}&a_{33}\end{pmatrix}$$

同样地，3 维列向量空间 $\mathbf{R}^3$ 的线性变换 $\boldsymbol{\sigma}$ 为

$$\boldsymbol{\sigma}\begin{pmatrix}x\\y\\z\end{pmatrix}=\begin{pmatrix}a_{11}x+a_{12}y+a_{13}z\\a_{21}x+a_{22}y+a_{23}z\\a_{31}x+a_{32}y+a_{33}z\end{pmatrix}=\boldsymbol{A}\begin{pmatrix}x\\y\\z\end{pmatrix}, \boldsymbol{A}=\begin{pmatrix}a_{11}&a_{12}&a_{13}\\a_{21}&a_{22}&a_{23}\\a_{31}&a_{32}&a_{33}\end{pmatrix}$$

推广到 n 维向量空间 $\mathbf{R}^n$，我们有

定理 1　n 维行向量空间 $\mathbf{R}^n$ 的线性变换 $\boldsymbol{\sigma}$ 为

$$\boldsymbol{\sigma}(x_1, x_2, \cdots, x_n)=(x_1, x_2, \cdots, x_n)\boldsymbol{A}, \boldsymbol{A}=(a_{ij})_n$$

n 维列向量空间 $\mathbf{R}^n$ 的线性变换 $\boldsymbol{\sigma}$ 为

$$\boldsymbol{\sigma}(x_1, x_2, \cdots, x_n)^{\mathrm{T}}=\boldsymbol{A}(x_1, x_2, \cdots, x_n)^{\mathrm{T}}, \boldsymbol{A}=(a_{ij})_n$$

6.3.2　线性变换的基本性质

设 $\boldsymbol{\sigma}$ 是向量空间 V 的线性变换，则

(1) $\boldsymbol{\sigma}$ 保持零向量与负向量，即 $\boldsymbol{\sigma}(\boldsymbol{o})=\boldsymbol{o}$, $\boldsymbol{\sigma}(-\boldsymbol{\alpha})=-\boldsymbol{\sigma}(\boldsymbol{\alpha})$, $\boldsymbol{\alpha}$ 是 V 的任意向量；

(2) $\boldsymbol{\sigma}$ 保持线性组合，即对于一切正整数 s 都有

$$\boldsymbol{\sigma}(k_1\boldsymbol{\alpha}_1+k_2\boldsymbol{\alpha}_2+\cdots+k_s\boldsymbol{\alpha}_s)=k_1\boldsymbol{\sigma}(\boldsymbol{\alpha}_1)+k_2\boldsymbol{\sigma}(\boldsymbol{\alpha}_2)+\cdots+k_s\boldsymbol{\sigma}(\boldsymbol{\alpha}_s)$$

$$k_1, k_2, \cdots, k_s\in\mathbf{R}, \boldsymbol{\alpha}_1, \boldsymbol{\alpha}_2, \cdots, \boldsymbol{\alpha}_s\in V$$

(3) $\boldsymbol{\sigma}$ 保持线性相关，即若 $\boldsymbol{\alpha}_1, \boldsymbol{\alpha}_2, \cdots, \boldsymbol{\alpha}_s$ 线性相关，则 $\boldsymbol{\sigma}(\boldsymbol{\alpha}_1), \boldsymbol{\sigma}(\boldsymbol{\alpha}_2), \cdots, \boldsymbol{\sigma}(\boldsymbol{\alpha}_s)$ 也线性相关.

证明　(1) 由线性变换定义中的条件(2)，分别取 k 为 0，-1 即可.

(2) 由线性变换定义中的条件(1)、(2)，对 s 作数学归纳法.

当 $s=1$ 时，即线性变换的定义(1)；假设当 $s=l$ 时，结论成立；当 $s=l+1$ 时，有

$$\begin{aligned}\boldsymbol{\sigma}(k_1\boldsymbol{\alpha}_1+k_2\boldsymbol{\alpha}_2+\cdots+k_s\boldsymbol{\alpha}_s)&=\boldsymbol{\sigma}[(k_1\boldsymbol{\alpha}_1+\cdots+k_l\boldsymbol{\alpha}_l)+k_s\boldsymbol{\alpha}_s]\\&=\boldsymbol{\sigma}(k_1\boldsymbol{\alpha}_1+\cdots+k_l\boldsymbol{\alpha}_l)+\boldsymbol{\sigma}(k_s\boldsymbol{\alpha}_s)=k_1\boldsymbol{\sigma}(\boldsymbol{\alpha}_1)+\cdots+k_l\boldsymbol{\sigma}(\boldsymbol{\alpha}_l)+k_s\boldsymbol{\sigma}(\boldsymbol{\alpha}_s)\end{aligned}$$

故结论对于一切正整数 s 都成立.

(3) 因为 $\boldsymbol{\alpha}_1$，$\boldsymbol{\alpha}_2$，…，$\boldsymbol{\alpha}_s$ 线性相关，故存在不全为零的数 k_1，k_2，…，k_s，使 $k_1\boldsymbol{\alpha}_1+k_2\boldsymbol{\alpha}_2+\cdots+k_s\boldsymbol{\alpha}_s=\boldsymbol{o}$，由 $\boldsymbol{\sigma}$ 变换，$\boldsymbol{\sigma}(k_1\boldsymbol{\alpha}_1+k_2\boldsymbol{\alpha}_2+\cdots+k_s\boldsymbol{\alpha}_s)=\boldsymbol{\sigma}(\boldsymbol{o})$，再由性质(1)、(2)，$k_1\boldsymbol{\sigma}(\boldsymbol{\alpha}_1)+\cdots+k_l\boldsymbol{\sigma}(\boldsymbol{\alpha}_l)+k_s\boldsymbol{\sigma}(\boldsymbol{\alpha}_s)=\boldsymbol{o}$，即 $\boldsymbol{\sigma}(\boldsymbol{\alpha}_1)$，$\boldsymbol{\sigma}(\boldsymbol{\alpha}_2)$，…，$\boldsymbol{\sigma}(\boldsymbol{\alpha}_s)$也线性相关.

一般地，$\boldsymbol{\sigma}$ 不能保持线性无关，若零变换 θ：$\theta(\boldsymbol{\alpha})=\boldsymbol{o}$，$\boldsymbol{\alpha}\in V$，则容易验证，$\boldsymbol{\alpha}$，$\boldsymbol{\beta}\in V$ 和任意数 k，$\theta(\boldsymbol{\alpha}+\boldsymbol{\beta})=\boldsymbol{o}=\boldsymbol{o}+\boldsymbol{o}=\theta(\boldsymbol{\alpha})+\theta(\boldsymbol{\beta})$，$\boldsymbol{\sigma}(k\boldsymbol{\alpha})=\boldsymbol{o}=k\boldsymbol{o}=k\theta(\boldsymbol{\alpha})$，故 θ 是向量空间 V 的线性变换，它把 V 的线性无关的向量组变成零向量组而线性相关.

6.3.3　线性变换的核与值域

定义 3　设 $\boldsymbol{\sigma}$ 是向量空间 V 的线性变换，$\boldsymbol{\sigma}$ 把 V 的那些变成 $\boldsymbol{o}$ 的所有元素收集在一起做成的集合记作 $\boldsymbol{\sigma}^{-1}(\boldsymbol{o})$称为线性变换 $\boldsymbol{\sigma}$ 的核. 于是 $\boldsymbol{\sigma}$ 的核为

$$\boldsymbol{\sigma}^{-1}(\boldsymbol{o})=\{\boldsymbol{\alpha}\in V\mid\boldsymbol{\sigma}(\boldsymbol{\alpha})=\boldsymbol{o}\}$$

$\boldsymbol{\sigma}$ 关于 V 的所有元素的像收集在一起做成的集合记作 $\boldsymbol{\sigma}(V)$称为线性变换 $\boldsymbol{\sigma}$ 的值域. 于是 $\boldsymbol{\sigma}$ 的值域为

$$\boldsymbol{\sigma}(V)=\{\boldsymbol{\sigma}(\boldsymbol{\alpha})\mid\boldsymbol{\alpha}\in V\}$$

定理 2　向量空间 V 的线性变换 $\boldsymbol{\sigma}$ 的核 $\boldsymbol{\sigma}^{-1}(\boldsymbol{o})$与值域 $\boldsymbol{\sigma}(V)$都是向量空间 V 的子空间.

证明　因 V 是向量空间，则 $\boldsymbol{o}\in V$，$\boldsymbol{\sigma}(\boldsymbol{o})=\boldsymbol{o}\in V$，故 $\boldsymbol{\sigma}$ 的核 $\boldsymbol{\sigma}^{-1}(\boldsymbol{o})$与值域 $\boldsymbol{\sigma}(V)$都是非空集. 任意 $\boldsymbol{\alpha}$，$\boldsymbol{\beta}\in\boldsymbol{\sigma}^{-1}(\boldsymbol{o})$，则 $\boldsymbol{\sigma}(\boldsymbol{\alpha})=\boldsymbol{\sigma}(\boldsymbol{\beta})=\boldsymbol{o}$，从而 $\boldsymbol{\sigma}(\boldsymbol{\alpha}+\boldsymbol{\beta})=\boldsymbol{\sigma}(\boldsymbol{\alpha})+\boldsymbol{\sigma}(\boldsymbol{\beta})=\boldsymbol{o}+\boldsymbol{o}=\boldsymbol{o}$，有 $\boldsymbol{\alpha}+\boldsymbol{\beta}\in\boldsymbol{\sigma}^{-1}(\boldsymbol{o})$. 任意 $k\in\mathbf{R}$，$\boldsymbol{\sigma}(k\boldsymbol{\alpha})=k\boldsymbol{\sigma}(\boldsymbol{\alpha})=k\boldsymbol{o}=\boldsymbol{o}$，则 $k\boldsymbol{\alpha}\in\boldsymbol{\sigma}^{-1}(\boldsymbol{o})$. 于是核 $\boldsymbol{\sigma}^{-1}(\boldsymbol{o})$是向量空间 V 的子空间. 而当任意 $\boldsymbol{\sigma}(\boldsymbol{\alpha})$，$\boldsymbol{\sigma}(\boldsymbol{\beta})\in\boldsymbol{\sigma}(V)$，$\boldsymbol{\alpha}$，$\boldsymbol{\beta}\in V$，则 $\boldsymbol{\sigma}(\boldsymbol{\alpha})+\boldsymbol{\sigma}(\boldsymbol{\beta})=\boldsymbol{\sigma}(\boldsymbol{\alpha}+\boldsymbol{\beta})\in\boldsymbol{\sigma}(V)$ $(\boldsymbol{\alpha}+\boldsymbol{\beta}\in V)$. 任意 $k\in\mathbf{R}$，$k\boldsymbol{\sigma}(\boldsymbol{\alpha})=\boldsymbol{\sigma}(k\boldsymbol{\alpha})\in\boldsymbol{\sigma}(V)$ $(k\boldsymbol{\alpha}\in V)$，故值域 $\boldsymbol{\sigma}(V)$也是向量空间 V 的子空间.

例 6.3.2　求例 6.3.1 的线性变换 $\boldsymbol{\sigma}$ 的核与值域.

解　$\boldsymbol{\sigma}(x,y,z)=(x+2y+3z,x+y+2z,2x+3y+5z)=\boldsymbol{o}$，即

$$\begin{cases}x+2y+3z=0\\x+y+2z=0\\2x+3y+5z=0\end{cases}$$

其系数矩阵为

$$\mathbf{A}=\begin{pmatrix}1&2&3\\1&1&2\\2&3&5\end{pmatrix}\rightarrow\begin{pmatrix}1&0&1\\0&1&1\\0&0&0\end{pmatrix}$$

一般解为

$$\begin{cases}x=-z\\y=-z\end{cases}$$

故　　$$\boldsymbol{\sigma}^{-1}(\boldsymbol{o})=L(-1,-1,1)$$

由于 $\mathbf{R}^3=L(\boldsymbol{\varepsilon}_1,\boldsymbol{\varepsilon}_2,\boldsymbol{\varepsilon}_3)$，任意 $\boldsymbol{\alpha}=(a_1,a_2,a_3)\in\mathbf{R}^3$，$\boldsymbol{\alpha}=a_1\boldsymbol{\varepsilon}_1+a_2\boldsymbol{\varepsilon}_2+a_3\boldsymbol{\varepsilon}_3$，于是 $\boldsymbol{\sigma}(\boldsymbol{\alpha})=a_1\boldsymbol{\sigma}(\boldsymbol{\varepsilon}_1)+a_2\boldsymbol{\sigma}(\boldsymbol{\varepsilon}_2)+a_3\boldsymbol{\sigma}(\boldsymbol{\varepsilon}_3)$，故 $\boldsymbol{\sigma}(\mathbf{R}^3)=L(\boldsymbol{\sigma}(\boldsymbol{\varepsilon}_1),\boldsymbol{\sigma}(\boldsymbol{\varepsilon}_2),\boldsymbol{\sigma}(\boldsymbol{\varepsilon}_3))$，又因为 $\boldsymbol{\sigma}(\boldsymbol{\varepsilon}_1)=(1,1,2)$，$\boldsymbol{\sigma}(\boldsymbol{\varepsilon}_2)=(2,1,3)$，$\boldsymbol{\sigma}(\boldsymbol{\varepsilon}_3)=(3,2,5)$，$\boldsymbol{\sigma}(\boldsymbol{\varepsilon}_3)=\boldsymbol{\sigma}(\boldsymbol{\varepsilon}_1)+\boldsymbol{\sigma}(\boldsymbol{\varepsilon}_2)$. 从而有

$$\boldsymbol{\sigma}(\mathbf{R}^3)=L(\boldsymbol{\sigma}(\boldsymbol{\varepsilon}_1),\boldsymbol{\sigma}(\boldsymbol{\varepsilon}_2))$$

由核空间与值域的定义和定理 1，我们有

定理 3　设 $\boldsymbol{\sigma}$ 是 n 维行向量空间 $\mathbf{R}^n$ 的线性变换：

$$\boldsymbol{\sigma}(x_1, x_2, \cdots, x_n) = (x_1, x_2, \cdots, x_n)\mathbf{A},\ \mathbf{A} = (a_{ij})_n$$

则其核空间 $\boldsymbol{\sigma}^{-1}(\boldsymbol{o})$ 为齐次线性方程组 $\mathbf{A}^{\mathrm{T}}(x_1, x_2, \cdots, x_n)^{\mathrm{T}} = \boldsymbol{O}$ 的解空间；其值域为

$$\boldsymbol{\sigma}(\mathbf{R}^n) = L(\boldsymbol{\sigma}(\boldsymbol{\varepsilon}_1), \boldsymbol{\sigma}(\boldsymbol{\varepsilon}_2), \cdots, \boldsymbol{\sigma}(\boldsymbol{\varepsilon}_n))$$

若 $\boldsymbol{\sigma}$ 是 n 维列向量空间 $\mathbf{R}^n$ 的线性变换：

$$\boldsymbol{\sigma}(x_1, x_2, \cdots, x_n)^{\mathrm{T}} = \mathbf{A}(x_1, x_2, \cdots, x_n)^{\mathrm{T}},\ \mathbf{A} = (a_{ij})_n$$

则其核空间 $\boldsymbol{\sigma}^{-1}(\boldsymbol{o})$ 为齐次线性方程组 $\mathbf{A}(x_1, x_2, \cdots, x_n)^{\mathrm{T}} = \boldsymbol{O}$ 的解空间；其值域为

$$\boldsymbol{\sigma}(\mathbf{R}^n) = L(\boldsymbol{\sigma}(\boldsymbol{\varepsilon}_1), \boldsymbol{\sigma}(\boldsymbol{\varepsilon}_2), \cdots, \boldsymbol{\sigma}(\boldsymbol{\varepsilon}_n))$$

定理 4　设 $\boldsymbol{\sigma}$ 是 n 维向量空间 $\mathbf{R}^n$（行空间或列空间）的线性变换，则

$$\text{维}(\boldsymbol{\sigma}(\mathbf{R}^n)) + \text{维}(\boldsymbol{\sigma}^{-1}(\boldsymbol{o})) = n$$

证明　设 $\boldsymbol{\beta}_1, \boldsymbol{\beta}_2, \cdots, \boldsymbol{\beta}_r$ 是 $\boldsymbol{\sigma}(\mathbf{R}^n)$ 的一组基，并记 $\boldsymbol{\sigma}(\boldsymbol{\alpha}_i) = \boldsymbol{\beta}_i$，$i = 1, 2, \cdots, r$. 又设 $\boldsymbol{\alpha}_{r+1}, \boldsymbol{\alpha}_{r+2}, \cdots, \boldsymbol{\alpha}_s$ 是 $\boldsymbol{\sigma}^{-1}(\boldsymbol{o})$ 的一组基. 下面证明 $\boldsymbol{\alpha}_1, \cdots, \boldsymbol{\alpha}_r, \boldsymbol{\alpha}_{r+1}, \boldsymbol{\alpha}_{r+2}, \cdots, \boldsymbol{\alpha}_s$ 是 $\mathbf{R}^n$ 的一组基.

$\forall \boldsymbol{\xi} \in \mathbf{R}^n$，$\boldsymbol{\sigma}(\boldsymbol{\xi}) \in \boldsymbol{\sigma}(\mathbf{R}^n)$，所以存在 $x_1, x_2, \cdots, x_r$ 使

$$\begin{aligned}\boldsymbol{\sigma}(\boldsymbol{\xi}) &= x_1\boldsymbol{\beta}_1 + x_2\boldsymbol{\beta}_2 + \cdots + x_r\boldsymbol{\beta}_r = x_1\boldsymbol{\sigma}(\boldsymbol{\alpha}_1) + x_2\boldsymbol{\sigma}(\boldsymbol{\alpha}_2) + \cdots + x_r\boldsymbol{\sigma}(\boldsymbol{\alpha}_r) \\ &= \boldsymbol{\sigma}(x_1\boldsymbol{\alpha}_1 + x_2\boldsymbol{\alpha}_2 + \cdots + x_r\boldsymbol{\alpha}_r)\end{aligned}$$

于是

$$\boldsymbol{\sigma}(\boldsymbol{\xi} - (x_1\boldsymbol{\alpha}_1 + x_2\boldsymbol{\alpha}_2 + \cdots + x_r\boldsymbol{\alpha}_r)) = \boldsymbol{o}$$

则 $\boldsymbol{\xi} - (x_1\boldsymbol{\alpha}_1 + x_2\boldsymbol{\alpha}_2 + \cdots + x_r\boldsymbol{\alpha}_r) \in \boldsymbol{\sigma}^{-1}(\boldsymbol{o})$，所以存在 $x_{r+1}, x_{r+2}, \cdots, x_s$，使

$$\boldsymbol{\xi} = x_1\boldsymbol{\alpha}_1 + x_2\boldsymbol{\alpha}_2 + \cdots + x_r\boldsymbol{\alpha}_r + x_{r+1}\boldsymbol{\alpha}_{r+1} + \cdots + x_s\boldsymbol{\alpha}_s$$

故

$$\mathbf{R}^n = L(\boldsymbol{\alpha}_1, \cdots, \boldsymbol{\alpha}_r, \boldsymbol{\alpha}_{r+1}, \boldsymbol{\alpha}_{r+2}, \cdots, \boldsymbol{\alpha}_s)$$

另一方面，对于任意实数 $y_1, y_2, \cdots, y_r, y_{r+1}, \cdots, y_s$，若

$$y_1\boldsymbol{\alpha}_1 + y_2\boldsymbol{\alpha}_2 + \cdots + y_r\boldsymbol{\alpha}_r + y_{r+1}\boldsymbol{\alpha}_{r+1} + \cdots + y_s\boldsymbol{\alpha}_s = \boldsymbol{O}$$

则

$$\boldsymbol{\sigma}(y_1\boldsymbol{\alpha}_1 + y_2\boldsymbol{\alpha}_2 + \cdots + y_r\boldsymbol{\alpha}_r + y_{r+1}\boldsymbol{\alpha}_{r+1} + \cdots + y_s\boldsymbol{\alpha}_s) = \boldsymbol{o}$$

即 $y_1\boldsymbol{\beta}_1 + y_2\boldsymbol{\beta}_2 + \cdots + y_r\boldsymbol{\beta}_r = \boldsymbol{o}$，而 $\boldsymbol{\beta}_1, \boldsymbol{\beta}_2, \cdots, \boldsymbol{\beta}_r$ 是 $\boldsymbol{\sigma}(\mathbf{R}^n)$ 的一组基线性无关，所以

$$y_1 = y_2 = \cdots = y_r = 0$$

从而

$$y_{r+1}\boldsymbol{\alpha}_{r+1} + \cdots + y_s\boldsymbol{\alpha}_s = \boldsymbol{o}$$

又 $\boldsymbol{\alpha}_{r+1}, \boldsymbol{\alpha}_{r+2}, \cdots, \boldsymbol{\alpha}_s$ 是 $\boldsymbol{\sigma}^{-1}(\boldsymbol{o})$ 的一组基而线性无关，则 $y_{r+1} = \cdots = y_s = 0$，从而 $\boldsymbol{\alpha}_1, \cdots, \boldsymbol{\alpha}_r, \boldsymbol{\alpha}_{r+1}, \boldsymbol{\alpha}_{r+2}, \cdots, \boldsymbol{\alpha}_s$ 线性无关. 因此，$\boldsymbol{\alpha}_1, \cdots, \boldsymbol{\alpha}_r, \boldsymbol{\alpha}_{r+1}, \boldsymbol{\alpha}_{r+2}, \cdots, \boldsymbol{\alpha}_s$ 是 $\mathbf{R}^n$ 的一组基，所以 $s = n$，即

$$\text{维}(\boldsymbol{\sigma}(\mathbf{R}^n)) + \text{维}(\boldsymbol{\sigma}^{-1}(\boldsymbol{o})) = n$$

一般地，尽管维$(\boldsymbol{\sigma}(\mathbf{R}^n))$ + 维$(\boldsymbol{\sigma}^{-1}(\boldsymbol{o})) = n$，但未必 $\mathbf{R}^n = \boldsymbol{\sigma}(\mathbf{R}^n) + \boldsymbol{\sigma}^{-1}(\boldsymbol{o})$.

例 6.3.3　$\boldsymbol{\sigma}(x, y, z) = (y, z, 0)$ 是 $\mathbf{R}^3$ 的线性变换，$\boldsymbol{\sigma}^{-1}(\boldsymbol{o})$ 是 $\begin{cases} y = 0 \\ z = 0 \end{cases}$ 的解空间 $L(\boldsymbol{\varepsilon}_1)$.

$\boldsymbol{\sigma}(\boldsymbol{\varepsilon}_1) = \boldsymbol{\sigma}((1, 0, 0)) = (0, 0, 0)$，$\boldsymbol{\sigma}(\boldsymbol{\varepsilon}_2) = \boldsymbol{\sigma}((0, 1, 0)) = (1, 0, 0)$，$\boldsymbol{\sigma}(\boldsymbol{\varepsilon}_3) = \boldsymbol{\sigma}((0, 0, 1)) = (0, 1, 0)$，$\boldsymbol{\sigma}(\mathbf{R}^3) = L(\boldsymbol{\sigma}(\boldsymbol{\varepsilon}_1), \boldsymbol{\sigma}(\boldsymbol{\varepsilon}_2), \boldsymbol{\sigma}(\boldsymbol{\varepsilon}_3)) = L(\boldsymbol{\varepsilon}_1, \boldsymbol{\varepsilon}_2)$，于是

$$\boldsymbol{\sigma}(\mathbf{R}^3)+\boldsymbol{\sigma}^{-1}(\boldsymbol{o})=L(\boldsymbol{\varepsilon}_1,\boldsymbol{\varepsilon}_2)+L(\boldsymbol{\varepsilon}_1)=L(\boldsymbol{\varepsilon}_1,\boldsymbol{\varepsilon}_2)\neq\mathbf{R}^3$$

例 6.3.4 $\boldsymbol{\sigma}(x,y,z)=(x+y,y-z,x-y+2z)$是 $\mathbf{R}^3$ 的线性变换，其核空间 $\boldsymbol{\sigma}^{-1}(\boldsymbol{o})$ 是齐次线性方程组$\begin{cases}x+y=0\\y-z=0\\x-y+2z=0\end{cases}$的解空间 $L((-1,1,1))$，而 $\mathbf{R}^3$ 的基 $\boldsymbol{\varepsilon}_1$，$\boldsymbol{\varepsilon}_2$，$\boldsymbol{\varepsilon}_3$ 在 $\boldsymbol{\sigma}$ 下的像为

$$\boldsymbol{\sigma}(\boldsymbol{\varepsilon}_1)=(1,0,1),\ \boldsymbol{\sigma}(\boldsymbol{\varepsilon}_2)=(1,1,-1),\ \boldsymbol{\sigma}(\boldsymbol{\varepsilon}_3)=(0,-1,2)$$

于是

$$\boldsymbol{\sigma}(\mathbf{R}^3)=L(\boldsymbol{\sigma}(\boldsymbol{\varepsilon}_1),\boldsymbol{\sigma}(\boldsymbol{\varepsilon}_2),\boldsymbol{\sigma}(\boldsymbol{\varepsilon}_3))=L((1,0,1),(1,1,-1),(0,-1,2))$$

因$(1,0,1)$，$(1,1,-1)$，$(-1,1,1)$线性无关，故可为 $\mathbf{R}^3$ 的基. 从而

$$\begin{aligned}\boldsymbol{\sigma}(\mathbf{R}^3)+\boldsymbol{\sigma}^{-1}(\boldsymbol{o})&=L((1,0,1),(1,1,-1),(0,-1,2))+L((-1,1,1))\\&=L((1,0,1),(1,1,-1),(0,-1,2),(-1,1,1))\\&=L((1,0,1),(1,1,-1),(-1,1,1))=\mathbf{R}^3\end{aligned}$$

例 6.3.5 设 $\boldsymbol{\sigma}$ 是 n 维向量空间 $\mathbf{R}^n$(行空间或列空间)的线性变换，$\boldsymbol{\sigma}^2=\boldsymbol{\sigma}$(幂等变换). 证明：$\mathbf{R}^n=\boldsymbol{\sigma}(\mathbf{R}^n)+\boldsymbol{\sigma}^{-1}(\boldsymbol{o})$.

证明 $\boldsymbol{\sigma}(\mathbf{R}^n)$，$\boldsymbol{\sigma}^{-1}(\boldsymbol{o})$都是 $\mathbf{R}^n$ 的子空间，因此 $\boldsymbol{\sigma}(\mathbf{R}^n)+\boldsymbol{\sigma}^{-1}(\boldsymbol{o})$也是 $\mathbf{R}^n$ 的子空间，即 $\boldsymbol{\sigma}(\mathbf{R}^n)+\boldsymbol{\sigma}^{-1}(\boldsymbol{o})\subseteq\mathbf{R}^n$. 而另一方面，又 $\forall\boldsymbol{\alpha}\in\mathbf{R}^n$，$\boldsymbol{\alpha}=\boldsymbol{\sigma}(\boldsymbol{\alpha})+(\boldsymbol{\alpha}-\boldsymbol{\sigma}(\boldsymbol{\alpha}))$，于是第一项 $\boldsymbol{\sigma}(\boldsymbol{\alpha})\in\boldsymbol{\sigma}(\mathbf{R}^n)$；对于第二项，我们来求它在线性变换 $\boldsymbol{\sigma}$ 下的像，由于 $\boldsymbol{\sigma}(\boldsymbol{\alpha}-\boldsymbol{\sigma}(\boldsymbol{\alpha}))=\boldsymbol{\sigma}(\boldsymbol{\alpha})-\boldsymbol{\sigma}^2(\boldsymbol{\alpha})=\boldsymbol{\sigma}(\boldsymbol{\alpha})-\boldsymbol{\sigma}(\boldsymbol{\alpha})=\boldsymbol{o}$，就有 $\boldsymbol{\alpha}-\boldsymbol{\sigma}(\boldsymbol{\alpha})\in\boldsymbol{\sigma}^{-1}(\boldsymbol{o})$，即 $\mathbf{R}^n\subseteq\boldsymbol{\sigma}(\mathbf{R}^n)+\boldsymbol{\sigma}^{-1}(\boldsymbol{o})$，所以 $\mathbf{R}^n=\boldsymbol{\sigma}(\mathbf{R}^n)+\boldsymbol{\sigma}^{-1}(\boldsymbol{o})$.

习题 6.3

1. 按线性变换的定义，试证：

$$\boldsymbol{\sigma}(x,y,z,u)=(x+y+z+u,\ x+y-z-u,\ x-y+z-u,\ x-y-z+u)$$

是 $\mathbf{R}^4$ 的线性变换.

2. 求 $\mathbf{R}^3$ 的线性变换 $\boldsymbol{\sigma}(x,y,z)=(x+y+z,x+y-z,x+y)$的核与值域的基、维数.

3. 证明：$\mathbf{R}^3$ 的线性变换 $\boldsymbol{\sigma}(x,y,z)=(x-y+z,x-y,z)$的核 $\boldsymbol{\sigma}^{-1}(\boldsymbol{o})$与值域 $\boldsymbol{\sigma}(\mathbf{R}^3)$的和 $\boldsymbol{\sigma}(\mathbf{R}^3)+\boldsymbol{\sigma}^{-1}(\boldsymbol{o})\neq\mathbf{R}^3$.

4. 证明：$\mathbf{R}^3$ 的线性变换 $\boldsymbol{\sigma}(x,y,z)=(x+y+z,x+y,z)$的核 $\boldsymbol{\sigma}^{-1}(\boldsymbol{o})$与值域 $\boldsymbol{\sigma}(\mathbf{R}^3)$的和 $\boldsymbol{\sigma}(\mathbf{R}^3)+\boldsymbol{\sigma}^{-1}(\boldsymbol{o})=\mathbf{R}^3$.

5. 设 $\boldsymbol{\sigma}$ 是 n 维向量空间 $\mathbf{R}^n$(行空间或列空间)的线性变换，$\boldsymbol{\sigma}^2=\iota$(单位变换 ι：任意 $\boldsymbol{\alpha}\in\mathbf{R}^n$，$\iota(\boldsymbol{\alpha})=\boldsymbol{\alpha}$). 证明：$\mathbf{R}^n=\boldsymbol{\sigma}(\mathbf{R}^n)+\boldsymbol{\sigma}^{-1}(\boldsymbol{o})$.

6.4 线性变换的矩阵

线性变换的矩阵是研究线性变换的有力工具.

6.4.1 线性变换的矩阵

上节我们讨论了向量空间上的线性变换，注意到向量空间除零空间外都有基，而且基

不唯一. 当已知向量空间的一组基后，向量空间中的每个向量在已知基下都有唯一的坐标，也就是基向量的一个固定的线性组合. 不同的基之间有过渡矩阵. 那么向量空间的基与向量空间上的线性变换有什么样的关系呢？

设 V 是 m 维向量空间，$\boldsymbol{\alpha}_1, \boldsymbol{\alpha}_2, \cdots, \boldsymbol{\alpha}_m$ 是 V 的一组基，用 $L(V)$ 表示向量空间 V 的所有线性变换的集合，$\boldsymbol{\sigma} \in L(V)$.

$\forall \boldsymbol{\xi} \in V$，有 $\boldsymbol{\xi} = x_1\boldsymbol{\alpha}_1 + x_2\boldsymbol{\alpha}_2 + \cdots + x_m\boldsymbol{\alpha}_m$，$x_1, x_2, \cdots, x_m \in \mathbf{R}$，因此有

$$\boldsymbol{\sigma}(\boldsymbol{\xi}) = x_1\boldsymbol{\sigma}(\boldsymbol{\alpha}_1) + x_2\boldsymbol{\sigma}(\boldsymbol{\alpha}_2) + \cdots + x_m\boldsymbol{\sigma}(\boldsymbol{\alpha}_m)$$

(1) 设 $\boldsymbol{\sigma}, \boldsymbol{\tau} \in L(V)$，若 $\boldsymbol{\sigma}(\boldsymbol{\alpha}_i) = \boldsymbol{\tau}(\boldsymbol{\alpha}_i)$，$i=1, 2, \cdots, m$，即两个线性变换在同一组基上的作用相同. 那么

$$\forall \boldsymbol{\xi} \in V,\ \boldsymbol{\xi} = x_1\boldsymbol{\alpha}_1 + x_2\boldsymbol{\alpha}_2 + \cdots + x_m\boldsymbol{\alpha}_m,\ x_1, x_2, \cdots, x_m \in \mathbf{R}$$

$$\boldsymbol{\sigma}(\boldsymbol{\xi}) = x_1\boldsymbol{\sigma}(\boldsymbol{\alpha}_1) + x_2\boldsymbol{\sigma}(\boldsymbol{\alpha}_2) + \cdots + x_m\boldsymbol{\sigma}(\boldsymbol{\alpha}_m),\ \boldsymbol{\tau}(\boldsymbol{\xi}) = x_1\boldsymbol{\tau}(\boldsymbol{\alpha}_1) + x_2\boldsymbol{\tau}(\boldsymbol{\alpha}_2) + \cdots + x_m\boldsymbol{\tau}(\boldsymbol{\alpha}_m)$$

所以 $\boldsymbol{\sigma}(\boldsymbol{\xi}) = \boldsymbol{\tau}(\boldsymbol{\xi})$，即 $\boldsymbol{\sigma} = \boldsymbol{\tau}$.

一个线性变换由它在一组基上的作用完全确定.

(2) 设 $\boldsymbol{\beta}_1, \boldsymbol{\beta}_2, \cdots, \boldsymbol{\beta}_m$ 是 V 的任一组向量，$\forall \boldsymbol{\xi} \in V$，$\boldsymbol{\xi} = x_1\boldsymbol{\alpha}_1 + x_2\boldsymbol{\alpha}_2 + \cdots + x_m\boldsymbol{\alpha}_m$，规定：

$$\boldsymbol{\sigma}(\boldsymbol{\xi}) = x_1\boldsymbol{\beta}_1 + x_2\boldsymbol{\beta}_2 + \cdots + x_m\boldsymbol{\beta}_m$$

显然，$\boldsymbol{\sigma}$ 是 $V \to V$ 的变换，并且容易验证它还保持向量的线性运算，因此 $\boldsymbol{\sigma}$ 是线性变换. 即如果给一组基约定了对应向量，也就确定了向量空间上的唯一的一个线性变换.

结合(1)、(2)两点，我们得到一个重要的定理.

定理 1　设 V 是 m 维向量空间，$\boldsymbol{\alpha}_1, \boldsymbol{\alpha}_2, \cdots, \boldsymbol{\alpha}_m$ 是 V 的一组基，对 V 的任意一组向量 $\boldsymbol{\beta}_1, \boldsymbol{\beta}_2, \cdots, \boldsymbol{\beta}_m$，则存在唯一的线性变换 $\boldsymbol{\sigma}$，使 $\boldsymbol{\sigma}(\boldsymbol{\alpha}_i) = \boldsymbol{\beta}_i (i=1, 2, \cdots, m)$.

由此定理我们得到一个重要的信息，理论上要确定一个线性变换，需要知道向量空间中每个向量的对应向量，而这一点对无限维的向量空间来说是很难完成的，但是对有限维的向量空间，我们不需要了解那么多的信息，只需要知道一组基向量的像，即可完成确定线性变换.

定义 1　设 V 是 m 维向量空间，$\boldsymbol{\alpha}_1, \boldsymbol{\alpha}_2, \cdots, \boldsymbol{\alpha}_m$ 是 V 的一组基，$\boldsymbol{\sigma} \in L(V)$，若

$$\begin{cases} \boldsymbol{\sigma}(\boldsymbol{\alpha}_1) = a_{11}\boldsymbol{\alpha}_1 + a_{21}\boldsymbol{\alpha}_2 + \cdots + a_{m1}\boldsymbol{\alpha}_m \\ \boldsymbol{\sigma}(\boldsymbol{\alpha}_2) = a_{12}\boldsymbol{\alpha}_1 + a_{22}\boldsymbol{\alpha}_2 + \cdots + a_{m2}\boldsymbol{\alpha}_m \\ \qquad \vdots \\ \boldsymbol{\sigma}(\boldsymbol{\alpha}_m) = a_{1m}\boldsymbol{\alpha}_1 + a_{2m}\boldsymbol{\alpha}_2 + \cdots + a_{mm}\boldsymbol{\alpha}_m \end{cases} \tag{6.4.1}$$

改写矩阵形式：

$$\boldsymbol{\sigma}(\boldsymbol{\alpha}_1, \boldsymbol{\alpha}_2, \cdots, \boldsymbol{\alpha}_m) = (\boldsymbol{\sigma}(\boldsymbol{\alpha}_1), \boldsymbol{\sigma}(\boldsymbol{\alpha}_2), \cdots, \boldsymbol{\sigma}(\boldsymbol{\alpha}_m)) = (\boldsymbol{\alpha}_1, \boldsymbol{\alpha}_2, \cdots, \boldsymbol{\alpha}_m)\mathbf{A} \tag{6.4.2}$$

其中：

$$\mathbf{A} = \begin{pmatrix} a_{11} & a_{12} & \cdots & a_{1m} \\ a_{21} & a_{22} & \cdots & a_{2m} \\ \vdots & \vdots & & \vdots \\ a_{m1} & a_{m2} & \cdots & a_{mm} \end{pmatrix}$$

称为线性变换在基 $\boldsymbol{\alpha}_1, \boldsymbol{\alpha}_2, \cdots, \boldsymbol{\alpha}_m$ 下的矩阵.

显然，从定义可知，m 维向量空间上的线性变换的矩阵是 m 阶方阵；它的各列是：第一个基向量的像在基下的坐标为第一列，第二个基向量在基下的坐标是第二列，…，第 m 个基向量在基下的坐标是第 m 列.

定理 2 一个线性变换在一组基下有唯一的矩阵.

证明 假设

$$(\boldsymbol{\sigma}(\boldsymbol{\alpha}_1),\ \boldsymbol{\sigma}(\boldsymbol{\alpha}_2),\cdots,\ \boldsymbol{\sigma}(\boldsymbol{\alpha}_m)) = (\boldsymbol{\alpha}_1,\ \boldsymbol{\alpha}_2,\cdots,\ \boldsymbol{\alpha}_m)\boldsymbol{A}$$
$$(\boldsymbol{\sigma}(\boldsymbol{\alpha}_1),\ \boldsymbol{\sigma}(\boldsymbol{\alpha}_2),\cdots,\ \boldsymbol{\sigma}(\boldsymbol{\alpha}_m)) = (\boldsymbol{\alpha}_1,\ \boldsymbol{\alpha}_2,\cdots,\ \boldsymbol{\alpha}_m)\boldsymbol{B}$$

则 $(0,\ 0,\cdots,\ 0)=(\boldsymbol{\alpha}_1,\ \boldsymbol{\alpha}_2,\cdots,\ \boldsymbol{\alpha}_m)(\boldsymbol{A}-\boldsymbol{B})$，由于 $\boldsymbol{\alpha}_1,\ \boldsymbol{\alpha}_2,\cdots,\ \boldsymbol{\alpha}_m$ 是基向量而线性无关，所以 $\boldsymbol{A}-\boldsymbol{B}=\boldsymbol{0}$，$\boldsymbol{A}=\boldsymbol{B}$.

例 6.4.1 数乘变换 $k\iota(k\in\mathbf{R})$ 的矩阵是数量矩阵 $k\boldsymbol{E}$，单位变换 ι 的矩阵是单位矩阵 $\boldsymbol{E}$，零变换 θ 的矩阵是零矩阵 $\mathbf{0}$.

定理 3 n 维行向量空间 $\mathbf{R}^n$ 的线性变换 $\boldsymbol{\sigma}$ 为

$$\boldsymbol{\sigma}(x_1,\ x_2,\cdots,\ x_n) = (x_1,\ x_2,\cdots,\ x_n)\boldsymbol{A},\ \boldsymbol{A} = (a_{ij})_n$$

在基 $\boldsymbol{\varepsilon}_1,\ \boldsymbol{\varepsilon}_2,\cdots,\ \boldsymbol{\varepsilon}_n$ 下的矩阵是 $\boldsymbol{A}^{\mathrm{T}}$；

n 维列向量空间 $\mathbf{R}^n$ 的线性变换 $\boldsymbol{\tau}$ 为

$$\boldsymbol{\tau}(x_1,\ x_2,\cdots,\ x_n)^{\mathrm{T}} = \boldsymbol{A}(x_1,\ x_2,\cdots,\ x_n)^{\mathrm{T}},\ \boldsymbol{A} = (a_{ij})_n$$

在基 $\boldsymbol{\varepsilon}_1,\ \boldsymbol{\varepsilon}_2,\cdots,\ \boldsymbol{\varepsilon}_n$ 下的矩阵是 $\boldsymbol{A}$.

证明 因为

$$\begin{aligned}
\boldsymbol{\sigma}(\boldsymbol{\varepsilon}_1)&=(1,\ 0,\cdots,\ 0)\boldsymbol{A}=(a_{11},\ a_{12},\cdots,\ a_{1n})=a_{11}\boldsymbol{\varepsilon}_1+a_{12}\boldsymbol{\varepsilon}_2+\cdots+a_{1n}\boldsymbol{\varepsilon}_n\\
\boldsymbol{\sigma}(\boldsymbol{\varepsilon}_2)&=(0,\ 1,\cdots,\ 0)\boldsymbol{A}=(a_{21},\ a_{22},\cdots,\ a_{2n})=a_{21}\boldsymbol{\varepsilon}_1+a_{22}\boldsymbol{\varepsilon}_2+\cdots+a_{2n}\boldsymbol{\varepsilon}_n\\
&\ \ \vdots\\
\boldsymbol{\sigma}(\boldsymbol{\varepsilon}_n)&=(0,\ 0,\cdots,\ 1)\boldsymbol{A}=(a_{n1},\ a_{n2},\cdots,\ a_{nn})=a_{n1}\boldsymbol{\varepsilon}_1+a_{n2}\boldsymbol{\varepsilon}_2+\cdots+a_{nn}\boldsymbol{\varepsilon}_n
\end{aligned}$$

故 $\boldsymbol{\sigma}$ 在基 $\boldsymbol{\varepsilon}_1,\ \boldsymbol{\varepsilon}_2,\cdots,\ \boldsymbol{\varepsilon}_n$ 下的矩阵是 $\boldsymbol{A}^{\mathrm{T}}$. 类似可得 $\boldsymbol{\tau}$ 在基 $\boldsymbol{\varepsilon}_1,\ \boldsymbol{\varepsilon}_2,\cdots,\ \boldsymbol{\varepsilon}_n$ 下的矩阵是 $\boldsymbol{A}$.

例 6.4.2 在 $\mathbf{R}^3$ 中，定义线性变换 $\boldsymbol{\sigma}$ 为 $\boldsymbol{\sigma}(x,\ y,\ z)=(3x+y-2z,\ y-3z,\ x+y-z)$.

(1) 求 $\boldsymbol{\sigma}$ 在基 $\boldsymbol{\alpha}_1=(1,\ 1,\ 1)$，$\boldsymbol{\alpha}_2=(1,\ 1,\ 2)$，$\boldsymbol{\alpha}_3=(1,\ 2,\ 1)$ 下的矩阵；

(2) 设 $\boldsymbol{\alpha}=(1,\ 0,\ -2)$，求 $\boldsymbol{\sigma}(\boldsymbol{\alpha})$ 在基 $\boldsymbol{\beta}_1=(0,\ 1,\ 1)$，$\boldsymbol{\beta}_2=(1,\ 0,\ 1)$，$\boldsymbol{\beta}_3=(1,\ 1,\ 0)$ 下的坐标；

(3) 问 $\boldsymbol{\sigma}$ 是否可逆，若可逆，则求其逆.

解 (1)由于

$$(\boldsymbol{\alpha}_1,\ \boldsymbol{\alpha}_2,\ \boldsymbol{\alpha}_3) = ((1,\ 1,\ 1),\ (1,\ 1,\ 2),\ (1,\ 2,\ 1)) = (\boldsymbol{\varepsilon}_1,\ \boldsymbol{\varepsilon}_2,\ \boldsymbol{\varepsilon}_3)\begin{pmatrix}1 & 1 & 1\\ 1 & 1 & 2\\ 1 & 2 & 1\end{pmatrix}$$

而

$$\begin{aligned}
(\boldsymbol{\sigma}(\boldsymbol{\varepsilon}_1),\ \boldsymbol{\sigma}(\boldsymbol{\varepsilon}_2),\ \boldsymbol{\sigma}(\boldsymbol{\varepsilon}_3)) &= ((3,\ 0,\ 1),\ (1,\ 1,\ 1),\ (-2,\ -3,\ -1))\\
&= (\boldsymbol{\varepsilon}_1,\ \boldsymbol{\varepsilon}_2,\ \boldsymbol{\varepsilon}_3)\begin{pmatrix}3 & 1 & -2\\ 0 & 1 & -3\\ 1 & 1 & -1\end{pmatrix}
\end{aligned}$$

$$(\boldsymbol{\sigma}(\boldsymbol{\alpha}_1),\ \boldsymbol{\sigma}(\boldsymbol{\alpha}_2),\ \boldsymbol{\sigma}(\boldsymbol{\alpha}_3)) = (\boldsymbol{\sigma}(\boldsymbol{\varepsilon}_1),\ \boldsymbol{\sigma}(\boldsymbol{\varepsilon}_2),\ \boldsymbol{\sigma}(\boldsymbol{\varepsilon}_3))\begin{pmatrix}1 & 1 & 1\\ 1 & 1 & 2\\ 1 & 2 & 1\end{pmatrix}$$

$$=(\boldsymbol{\varepsilon}_1,\boldsymbol{\varepsilon}_2,\boldsymbol{\varepsilon}_3)\begin{pmatrix}3&1&-2\\0&1&-3\\1&1&-1\end{pmatrix}\cdot\begin{pmatrix}1&1&1\\1&1&2\\1&2&1\end{pmatrix}$$

$$=(\boldsymbol{\alpha}_1,\boldsymbol{\alpha}_2,\boldsymbol{\alpha}_3)\begin{pmatrix}1&1&1\\1&1&2\\1&2&1\end{pmatrix}^{-1}\cdot\begin{pmatrix}3&1&-2\\0&1&-3\\1&1&-1\end{pmatrix}\cdot\begin{pmatrix}1&1&1\\1&1&2\\1&2&1\end{pmatrix}$$

$$=(\boldsymbol{\alpha}_1,\boldsymbol{\alpha}_2,\boldsymbol{\alpha}_3)\begin{pmatrix}7&5&8\\-1&0&-1\\-4&-5&-4\end{pmatrix}$$

(2) 设 $\boldsymbol{\sigma}(\boldsymbol{\alpha})=(7,6,3)=x\boldsymbol{\beta}_1+y\boldsymbol{\beta}_2+z\boldsymbol{\beta}_3=(y+z,x+z,x+y)$，得 $x=1$，$y=2$，$z=5$，故 $\boldsymbol{\sigma}(\boldsymbol{\alpha})$在基 $\boldsymbol{\beta}_1$，$\boldsymbol{\beta}_2$，$\boldsymbol{\beta}_3$ 下的坐标为(1, 2, 5)；

(3) 因 $\boldsymbol{\sigma}(x,y,z)=(x,y,z)\begin{pmatrix}3&0&1\\1&1&1\\-2&-3&-1\end{pmatrix}$，而 $\left|\begin{pmatrix}3&0&1\\1&1&1\\-2&-3&-1\end{pmatrix}\right|=5$，故 $\boldsymbol{\sigma}$ 可逆，且

$$\boldsymbol{\sigma}^{-1}(x,y,z)=(x,y,z)\begin{pmatrix}3&0&1\\1&1&1\\-2&-3&-1\end{pmatrix}^{-1}=(x,y,z)\frac{-1}{5}\begin{pmatrix}-2&3&1\\1&1&2\\1&-9&-3\end{pmatrix}$$

6.4.2　线性变换的对角化

1. 线性变换关于不同基的矩阵相似

定理 4　一个线性变换关于两个基的矩阵是相似矩阵，反之，相似矩阵可以理解为是同一线性变换关于不同基的矩阵.

证明　设 V 是 m 维向量空间，$\boldsymbol{\alpha}_1,\boldsymbol{\alpha}_2,\cdots,\boldsymbol{\alpha}_m$；$\boldsymbol{\beta}_1,\boldsymbol{\beta}_2,\cdots,\boldsymbol{\beta}_m$ 是 V 的两组基，$\boldsymbol{\sigma}\in L(V)$，记$(\boldsymbol{\beta}_1,\boldsymbol{\beta}_2,\cdots,\boldsymbol{\beta}_m)=(\boldsymbol{\alpha}_1,\boldsymbol{\alpha}_2,\cdots,\boldsymbol{\alpha}_m)\boldsymbol{T}$，$\boldsymbol{T}$ 是可逆矩阵.

$$(\boldsymbol{\sigma}(\boldsymbol{\alpha}_1),\boldsymbol{\sigma}(\boldsymbol{\alpha}_2),\cdots,\boldsymbol{\sigma}(\boldsymbol{\alpha}_m))=(\boldsymbol{\alpha}_1,\boldsymbol{\alpha}_2,\cdots,\boldsymbol{\alpha}_m)\boldsymbol{A}$$

$$(\boldsymbol{\sigma}(\boldsymbol{\beta}_1),\boldsymbol{\sigma}(\boldsymbol{\beta}_2),\cdots,\boldsymbol{\sigma}(\boldsymbol{\beta}_m))=(\boldsymbol{\beta}_1,\boldsymbol{\beta}_2,\cdots,\boldsymbol{\beta}_m)\boldsymbol{B}$$

则

$$\boldsymbol{\sigma}(\boldsymbol{\beta}_1,\boldsymbol{\beta}_2,\cdots,\boldsymbol{\beta}_m)=\boldsymbol{\sigma}(\boldsymbol{\alpha}_1,\boldsymbol{\alpha}_2,\cdots,\boldsymbol{\alpha}_m)\boldsymbol{T}$$

$$(\boldsymbol{\beta}_1,\boldsymbol{\beta}_2,\cdots,\boldsymbol{\beta}_m)\boldsymbol{B}=(\boldsymbol{\alpha}_1,\boldsymbol{\alpha}_2,\cdots,\boldsymbol{\alpha}_m)\boldsymbol{AT}$$

$$(\boldsymbol{\beta}_1,\boldsymbol{\beta}_2,\cdots,\boldsymbol{\beta}_m)\boldsymbol{TB}=(\boldsymbol{\alpha}_1,\boldsymbol{\alpha}_2,\cdots,\boldsymbol{\alpha}_m)\boldsymbol{AT}$$

$$\boldsymbol{TB}=\boldsymbol{AT},\ \boldsymbol{B}=\boldsymbol{T}^{-1}\boldsymbol{AT}$$

反之，若 $\boldsymbol{B}=\boldsymbol{P}^{-1}\boldsymbol{AP}$，$\boldsymbol{\alpha}_1,\boldsymbol{\alpha}_2,\cdots,\boldsymbol{\alpha}_m$ 是 V 基，有

$$(\boldsymbol{\sigma}(\boldsymbol{\alpha}_1),\boldsymbol{\sigma}(\boldsymbol{\alpha}_2),\cdots,\boldsymbol{\sigma}(\boldsymbol{\alpha}_m))=(\boldsymbol{\alpha}_1,\boldsymbol{\alpha}_2,\cdots,\boldsymbol{\alpha}_m)\boldsymbol{A}$$

设$(\boldsymbol{\beta}_1,\boldsymbol{\beta}_2,\cdots,\boldsymbol{\beta}_m)=(\boldsymbol{\alpha}_1,\boldsymbol{\alpha}_2,\cdots,\boldsymbol{\alpha}_m)\boldsymbol{P}$，则 $\boldsymbol{\beta}_1,\boldsymbol{\beta}_2,\cdots,\boldsymbol{\beta}_m$ 是 V 的另一组基.

由以上推导知，$\boldsymbol{\sigma}$ 在 $\boldsymbol{\beta}_1,\boldsymbol{\beta}_2,\cdots,\boldsymbol{\beta}_m$ 下的矩阵是 $\boldsymbol{B}$.

2. 线性变换的对角化

定义 2　设 V 是 m 维向量空间，$\boldsymbol{\sigma}\in L(V)$，如果 V 存在一组基，使得 $\boldsymbol{\sigma}$ 在这个基下的

矩阵是对角矩阵，则称 $\boldsymbol{\sigma}$ 可对角化．即 $\boldsymbol{\sigma}\in L(V)$，若存在基 $\boldsymbol{\beta}_1, \boldsymbol{\beta}_2, \cdots, \boldsymbol{\beta}_m$，使

$$(\boldsymbol{\sigma}(\boldsymbol{\beta}_1), \boldsymbol{\sigma}(\boldsymbol{\beta}_2), \cdots, \boldsymbol{\sigma}(\boldsymbol{\beta}_m)) = (\boldsymbol{\beta}_1, \boldsymbol{\beta}_2, \cdots, \boldsymbol{\beta}_m)\begin{pmatrix}\lambda_1 & & & \\ & \lambda_2 & & \\ & & \ddots & \\ & & & \lambda_m\end{pmatrix}$$

若 $\boldsymbol{\sigma}\in L(V)$，$\boldsymbol{\alpha}_1, \boldsymbol{\alpha}_2, \cdots, \boldsymbol{\alpha}_m$ 是 V 的基，$(\boldsymbol{\sigma}(\boldsymbol{\alpha}_1), \boldsymbol{\sigma}(\boldsymbol{\alpha}_2), \cdots, \boldsymbol{\sigma}(\boldsymbol{\alpha}_m))=(\boldsymbol{\alpha}_1, \boldsymbol{\alpha}_2, \cdots, \boldsymbol{\alpha}_m)$

$\boldsymbol{A}$ 存在可逆矩阵 $\boldsymbol{P}$，$\boldsymbol{P}^{-1}\boldsymbol{AP}=\begin{pmatrix}\lambda_1 & & & \\ & \lambda_2 & & \\ & & \ddots & \\ & & & \lambda_m\end{pmatrix}$，设 $(\boldsymbol{\beta}_1, \boldsymbol{\beta}_2, \cdots, \boldsymbol{\beta}_m)=(\boldsymbol{\alpha}_1, \boldsymbol{\alpha}_2, \cdots, \boldsymbol{\alpha}_m)\boldsymbol{P}$，

则 $\boldsymbol{\beta}_1, \boldsymbol{\beta}_2, \cdots, \boldsymbol{\beta}_m$ 是 V 的另一组基，则 $\boldsymbol{\sigma}$ 在 $\boldsymbol{\beta}_1, \boldsymbol{\beta}_2, \cdots, \boldsymbol{\beta}_m$ 下的矩阵就是

$$\boldsymbol{P}^{-1}\boldsymbol{AP} = \begin{pmatrix}\lambda_1 & & & \\ & \lambda_2 & & \\ & & \ddots & \\ & & & \lambda_m\end{pmatrix}$$

$\boldsymbol{\sigma}$ 可对角化$\Leftrightarrow\boldsymbol{\sigma}$ 在一组基下的矩阵可对角化．

例 6.4.3 判断 $\mathbf{R}^3$ 的线性变换 $\boldsymbol{\sigma}(x, y, z)=(3x+2y-z, -2x-2y+2z, 3x+6y-z)$ 是否可对角化．若可以，则求 $\mathbf{R}^3$ 的一组基，使 $\boldsymbol{\sigma}$ 在这组基下的矩阵是对角矩阵．

解 $\boldsymbol{\sigma}(\boldsymbol{\varepsilon}_1)=\boldsymbol{\sigma}(1, 0, 0)=(3, -2, 3)=3\boldsymbol{\varepsilon}_1-2\boldsymbol{\varepsilon}_2+3\boldsymbol{\varepsilon}_3$

$\boldsymbol{\sigma}(\boldsymbol{\varepsilon}_2)=\boldsymbol{\sigma}(0, 1, 0)=(2, -2, 6)=2\boldsymbol{\varepsilon}_1-2\boldsymbol{\varepsilon}_2+6\boldsymbol{\varepsilon}_3$

$\boldsymbol{\sigma}(\boldsymbol{\varepsilon}_3)=\boldsymbol{\sigma}(0, 0, 1)=(-1, 2, -1)=-\boldsymbol{\varepsilon}_1+2\boldsymbol{\varepsilon}_2-\boldsymbol{\varepsilon}_3$

则 $\boldsymbol{\sigma}$ 在基 $\boldsymbol{\varepsilon}_1, \boldsymbol{\varepsilon}_2, \boldsymbol{\varepsilon}_3$ 下的矩阵为

$$\boldsymbol{A} = \begin{pmatrix}3 & 2 & -1 \\ -2 & -2 & 2 \\ 3 & 6 & -1\end{pmatrix}$$

$$|\boldsymbol{A}-\lambda\boldsymbol{E}| = \begin{vmatrix}3-\lambda & 2 & -1 \\ -2 & -2-\lambda & 2 \\ 3 & 6 & -1-\lambda\end{vmatrix} = \begin{vmatrix}3-\lambda & 2 & -1 \\ 4-2\lambda & 2-\lambda & 0 \\ -6+3\lambda & 0 & 2-\lambda\end{vmatrix} = (\lambda-2)^2(-\lambda-4)$$

故 $\boldsymbol{A}$ 有特征值 2 和 -4．

对特征值 2，解齐次线性方程组 $(\boldsymbol{A}-2\boldsymbol{E})\boldsymbol{X}=\boldsymbol{0}$：

$$\begin{pmatrix}3-2 & 2 & -1 \\ -2 & -2-2 & 2 \\ 3 & 6 & -1-2\end{pmatrix}\begin{pmatrix}x_1 \\ x_2 \\ x_3\end{pmatrix} = \begin{pmatrix}0 \\ 0 \\ 0\end{pmatrix}$$

即

$$\begin{pmatrix}1 & 2 & -1 \\ -2 & -4 & 2 \\ 3 & 6 & -3\end{pmatrix}\begin{pmatrix}x_1 \\ x_2 \\ x_3\end{pmatrix} = \begin{pmatrix}0 \\ 0 \\ 0\end{pmatrix}$$

$$\begin{pmatrix} 1 & 2 & -1 \\ -2 & -4 & 2 \\ 3 & 6 & -3 \end{pmatrix} \to \begin{pmatrix} 1 & 2 & -1 \\ 0 & 0 & 0 \\ 0 & 0 & 0 \end{pmatrix}$$

所以基础解系为 $\begin{pmatrix} -2 \\ 1 \\ 0 \end{pmatrix}$，$\begin{pmatrix} 1 \\ 0 \\ 1 \end{pmatrix}$.

对特征值-4，解齐次线性方程组$(\boldsymbol{A}+4\boldsymbol{E})\boldsymbol{X}=0$：

$$\begin{pmatrix} 3+4 & 2 & -1 \\ -2 & -2+4 & 2 \\ 3 & 6 & -1+4 \end{pmatrix} \begin{pmatrix} x_1 \\ x_2 \\ x_3 \end{pmatrix} = \begin{pmatrix} 0 \\ 0 \\ 0 \end{pmatrix}$$

即

$$\begin{pmatrix} 7 & 2 & -1 \\ -2 & 2 & 2 \\ 3 & 6 & 3 \end{pmatrix} \begin{pmatrix} x_1 \\ x_2 \\ x_3 \end{pmatrix} = \begin{pmatrix} 0 \\ 0 \\ 0 \end{pmatrix}$$

$$\begin{pmatrix} 7 & 2 & -1 \\ -2 & 2 & 2 \\ 3 & 6 & 3 \end{pmatrix} \to \begin{pmatrix} 1 & 0 & -\dfrac{1}{3} \\ 0 & 1 & \dfrac{2}{3} \\ 0 & 0 & 0 \end{pmatrix}$$

所以基础解系为 $\begin{pmatrix} 1 \\ -2 \\ 3 \end{pmatrix}$.

取 $\boldsymbol{P}=\begin{pmatrix} -2 & 1 & 1 \\ 1 & 0 & -2 \\ 0 & 1 & 3 \end{pmatrix}$，令$(\boldsymbol{\alpha}_1, \boldsymbol{\alpha}_2, \boldsymbol{\alpha}_3)=(\boldsymbol{\varepsilon}_1, \boldsymbol{\varepsilon}_2, \boldsymbol{\varepsilon}_3)\boldsymbol{P}$，则 $\boldsymbol{\alpha}_1$，$\boldsymbol{\alpha}_2$，$\boldsymbol{\alpha}_3$ 也是 $\mathbf{R}^3$ 的一组基，$\boldsymbol{\sigma}$ 在基 $\boldsymbol{\alpha}_1$，$\boldsymbol{\alpha}_2$，$\boldsymbol{\alpha}_3$ 下的矩阵是对角矩阵 $\boldsymbol{P}^{-1}\boldsymbol{A}\boldsymbol{P}=\begin{pmatrix} 2 & & \\ & 2 & \\ & & -4 \end{pmatrix}$.

例 6.4.4　设 $\mathbf{R}^4$ 的线性变换为

$$\begin{aligned} &\boldsymbol{\sigma}(x, y, z, u) \\ &= (4x+3y+3z-3u,\ 3x+4y-3z+3u,\ 3x-3y+4z+3u,\ -3x+3y+3z+4u) \end{aligned}$$

求 $\mathbf{R}^4$ 的一组基，使 $\boldsymbol{\sigma}$ 在这组基下的矩阵是对角矩阵.

解　$\boldsymbol{\sigma}(\boldsymbol{\varepsilon}_1)=\boldsymbol{\sigma}(1, 0, 0, 0)=(4, 3, 3, -3)=4\boldsymbol{\varepsilon}_1+3\boldsymbol{\varepsilon}_2+3\boldsymbol{\varepsilon}_3-3\boldsymbol{\varepsilon}_4$

$\boldsymbol{\sigma}(\boldsymbol{\varepsilon}_2)=\boldsymbol{\sigma}(0, 1, 0, 0)=(3, 4, -3, 3)=3\boldsymbol{\varepsilon}_1+4\boldsymbol{\varepsilon}_2-3\boldsymbol{\varepsilon}_3+3\boldsymbol{\varepsilon}_4$

$\boldsymbol{\sigma}(\boldsymbol{\varepsilon}_3)=\boldsymbol{\sigma}(0, 0, 1, 0)=(3, -3, 4, 3)=3\boldsymbol{\varepsilon}_1-3\boldsymbol{\varepsilon}_2+4\boldsymbol{\varepsilon}_3+3\boldsymbol{\varepsilon}_4$

$\boldsymbol{\sigma}(\boldsymbol{\varepsilon}_4)=\boldsymbol{\sigma}(0, 0, 0, 1)=(-3, 3, 3, 4)=-3\boldsymbol{\varepsilon}_1+3\boldsymbol{\varepsilon}_2+3\boldsymbol{\varepsilon}_3+4\boldsymbol{\varepsilon}_4$

则 $\boldsymbol{\sigma}$ 在基 $\boldsymbol{\varepsilon}_1$，$\boldsymbol{\varepsilon}_2$，$\boldsymbol{\varepsilon}_3$，$\boldsymbol{\varepsilon}_4$ 下的矩阵为

$$A=\begin{pmatrix}4&3&3&-3\\3&4&-3&3\\3&-3&4&3\\-3&3&3&4\end{pmatrix}$$

$$|A-\lambda E|=\begin{vmatrix}4-\lambda&3&3&-3\\3&4-\lambda&-3&3\\3&-3&4-\lambda&3\\-3&3&3&4-\lambda\end{vmatrix}=\begin{vmatrix}4-\lambda&3&3&-3\\7-\lambda&7-\lambda&0&0\\0&\lambda-7&7-\lambda&0\\0&0&7-\lambda&7-\lambda\end{vmatrix}$$

$$=(\lambda-7)^3(\lambda+5)$$

故 A 有特征值 7 和 -5.

对特征值 7，解齐次线性方程组 $(A-7E)X=\mathbf{0}$：

$$\begin{pmatrix}4-7&3&3&-3\\3&4-7&-3&3\\3&-3&4-7&3\\-3&3&3&4-7\end{pmatrix}\begin{pmatrix}x_1\\x_2\\x_3\\x_4\end{pmatrix}=\begin{pmatrix}0\\0\\0\\0\end{pmatrix}$$

即

$$\begin{pmatrix}-3&3&3&-3\\3&-3&-3&3\\3&-3&-3&3\\-3&3&3&-3\end{pmatrix}\begin{pmatrix}x_1\\x_2\\x_3\\x_4\end{pmatrix}=\begin{pmatrix}0\\0\\0\\0\end{pmatrix}$$

$$\begin{pmatrix}-3&3&3&-3\\3&-3&-3&3\\3&-3&-3&3\\-3&3&3&-3\end{pmatrix}\to\begin{pmatrix}1&-1&-1&1\\0&0&0&0\\0&0&0&0\\0&0&0&0\end{pmatrix}$$

所以基础解系为

$$\begin{pmatrix}1\\1\\0\\0\end{pmatrix},\ \begin{pmatrix}1\\0\\1\\0\end{pmatrix},\ \begin{pmatrix}-1\\0\\0\\1\end{pmatrix}$$

对特征值 -5，解齐次线性方程组 $(A+5E)X=\mathbf{0}$：

$$\begin{pmatrix}4+5&3&3&-3\\3&4+5&-3&3\\3&-3&4+5&3\\-3&3&3&4+5\end{pmatrix}\begin{pmatrix}x_1\\x_2\\x_3\\x_4\end{pmatrix}=\begin{pmatrix}0\\0\\0\\0\end{pmatrix}$$

即

$$\begin{pmatrix}9&3&3&-3\\3&9&-3&3\\3&-3&9&3\\-3&3&3&9\end{pmatrix}\begin{pmatrix}x_1\\x_2\\x_3\\x_4\end{pmatrix}=\begin{pmatrix}0\\0\\0\\0\end{pmatrix}$$

$$\begin{pmatrix} 9 & 3 & 3 & -3 \\ 3 & 9 & -3 & 3 \\ 3 & -3 & 9 & 3 \\ -3 & 3 & 3 & 9 \end{pmatrix} \to \begin{pmatrix} 1 & 0 & 0 & -1 \\ 0 & 1 & 0 & 1 \\ 0 & 0 & 1 & 1 \\ 0 & 0 & 0 & 0 \end{pmatrix}$$

所以基础解系为 $\begin{pmatrix} 1 \\ -1 \\ -1 \\ 1 \end{pmatrix}$.

取 $\boldsymbol{P}=\begin{pmatrix} 1 & 1 & -1 & 1 \\ 1 & 0 & 0 & -1 \\ 0 & 1 & 0 & -1 \\ 0 & 0 & 1 & 1 \end{pmatrix}$，令 $(\boldsymbol{\alpha}_1, \boldsymbol{\alpha}_2, \boldsymbol{\alpha}_3, \boldsymbol{\alpha}_4)=(\boldsymbol{\varepsilon}_1, \boldsymbol{\varepsilon}_2, \boldsymbol{\varepsilon}_3, \boldsymbol{\varepsilon}_4)\boldsymbol{P}$，则 $\boldsymbol{\alpha}_1, \boldsymbol{\alpha}_2, \boldsymbol{\alpha}_3, \boldsymbol{\alpha}_4$

也是 $\mathbf{R}^4$ 的一组基，$\boldsymbol{\sigma}$ 在基 $\boldsymbol{\alpha}_1, \boldsymbol{\alpha}_2, \boldsymbol{\alpha}_3$ 下的矩阵是对角矩阵 $\boldsymbol{P}^{-1}\boldsymbol{A}\boldsymbol{P}=\begin{pmatrix} 7 & & & \\ & 7 & & \\ & & 7 & \\ & & & -5 \end{pmatrix}$.

习题 6.4

1. 在 $\mathbf{R}^3$ 中，定义线性变换 $\boldsymbol{\sigma}$ 为 $\boldsymbol{\sigma}(x, y, z)=(2x+y-2z, 2x+2y+z, 4x+3y-2z)$.

(1) 求 $\boldsymbol{\sigma}$ 在基 $\boldsymbol{\alpha}_1=(0, 1, 1)$，$\boldsymbol{\alpha}_2=(1, 0, 2)$，$\boldsymbol{\alpha}_3=(1, 1, 2)$ 下的矩阵；

(2) 设 $\boldsymbol{\alpha}=(1, 1, -2)$，求 $\boldsymbol{\sigma}(\boldsymbol{\alpha})$ 在基 $\boldsymbol{\beta}_1=(0, 1, 1)$，$\boldsymbol{\beta}_2=(1, 0, 1)$，$\boldsymbol{\beta}_3=(1, 1, 0)$ 下的坐标；

(3) $\boldsymbol{\sigma}$ 是否可逆，若可逆，则求其逆.

2. 设三维向量空间 V 上的线性变换 $\boldsymbol{\sigma}$ 在基 $\boldsymbol{\alpha}_1, \boldsymbol{\alpha}_2, \boldsymbol{\alpha}_3$ 下的矩阵为

$$\boldsymbol{A}=\begin{pmatrix} a_{11} & a_{12} & a_{13} \\ a_{21} & a_{22} & a_{23} \\ a_{31} & a_{32} & a_{33} \end{pmatrix}$$

(1) 求 $\boldsymbol{\sigma}$ 在基 $\boldsymbol{\alpha}_3, \boldsymbol{\alpha}_2, \boldsymbol{\alpha}_1$ 下的矩阵；

(2) 求 $\boldsymbol{\sigma}$ 在基 $\boldsymbol{\alpha}_1, 3\boldsymbol{\alpha}_2, \boldsymbol{\alpha}_3$ 下的矩阵；

(3) 求 $\boldsymbol{\sigma}$ 在基 $\boldsymbol{\alpha}_1+\boldsymbol{\alpha}_2, \boldsymbol{\alpha}_2, \boldsymbol{\alpha}_3$ 下的矩阵.

3. 设 $\boldsymbol{\sigma}$ 是向量空间 V 上的线性变换，如果 $\boldsymbol{\sigma}^{k-1}(\boldsymbol{\xi})\neq\boldsymbol{o}$，但 $\boldsymbol{\sigma}^{k}(\boldsymbol{\xi})\neq\boldsymbol{o}$，求证 $\boldsymbol{\xi}, \boldsymbol{\sigma}(\boldsymbol{\xi}), \cdots, \boldsymbol{\sigma}^{k-1}(\boldsymbol{\xi})(k>0)$ 线性无关.

4. 给定 $\mathbf{R}^3$ 的两组基：

$$\boldsymbol{\alpha}_1=(1, 0, 1), \boldsymbol{\alpha}_2=(2, 1, 0), \boldsymbol{\alpha}_3=(1, 1, 1)$$

$$\boldsymbol{\beta}_1=(1, 2, -1), \boldsymbol{\beta}_2=(2, 2, -1), \boldsymbol{\beta}_3=(2, -1, -1)$$

定义线性变换 $\boldsymbol{\sigma}$：$\boldsymbol{\sigma}(\boldsymbol{\alpha}_i)=\boldsymbol{\beta}_i$，$i=1, 2, 3$.

(1) 写出由基 $\boldsymbol{\alpha}_1, \boldsymbol{\alpha}_2, \boldsymbol{\alpha}_3$ 到基 $\boldsymbol{\beta}_1, \boldsymbol{\beta}_2, \boldsymbol{\beta}_3$ 的过渡矩阵；

(2) 写出 $\boldsymbol{\sigma}$ 在基 $\boldsymbol{\alpha}_1$，$\boldsymbol{\alpha}_2$，$\boldsymbol{\alpha}_3$ 下的矩阵；

(3) 写出 $\boldsymbol{\sigma}$ 在基 $\boldsymbol{\beta}_1$，$\boldsymbol{\beta}_2$，$\boldsymbol{\beta}_3$ 下的矩阵.

5. 设 $\boldsymbol{\alpha}_1$，$\boldsymbol{\alpha}_2$，$\boldsymbol{\alpha}_3$，$\boldsymbol{\alpha}_4$ 是四维向量空间 V 的一组基，已知线性变换 $\boldsymbol{\sigma}$ 在这组基下的矩阵为

$$\begin{pmatrix} 1 & 0 & 2 & 1 \\ -1 & 2 & 1 & 3 \\ 1 & 2 & 5 & 5 \\ 2 & -2 & 1 & -2 \end{pmatrix}$$

(1) 求 $\boldsymbol{\sigma}$ 在基 $\boldsymbol{\beta}_1=\boldsymbol{\alpha}_1-2\boldsymbol{\alpha}_2+\boldsymbol{\alpha}_4$，$\boldsymbol{\beta}_2=\boldsymbol{\alpha}_2-\boldsymbol{\alpha}_3-\boldsymbol{\alpha}_4$，$\boldsymbol{\beta}_3=\boldsymbol{\alpha}_3+\boldsymbol{\alpha}_4$，$\boldsymbol{\beta}_4=\boldsymbol{\alpha}_4$ 下的矩阵；

(2) 求 $\boldsymbol{\sigma}$ 的核与值域.

6. 判断 $\mathbf{R}^3$ 的线性变换 $\boldsymbol{\sigma}(x, y, z)=(2x+2y-z, -2x-3y+2z, 3x+6y-2z)$是否可对角化？若可以，则求 $\mathbf{R}^3$ 的一组基，使 $\boldsymbol{\sigma}$ 在这组基下的矩阵是对角矩阵.

7. 设 $\mathbf{R}^4$ 的线性变换为

$$\begin{aligned} &\boldsymbol{\sigma}(x, y, z, u) \\ &=(3x+y+z-u, x+3y-z+u, x-y+3z+u, -x+y+z+3u) \end{aligned}$$

求 $\mathbf{R}^4$ 的一组基，使 $\boldsymbol{\sigma}$ 在这组基下的矩阵是对角矩阵.

6.5 正交变换与对称变换

正交变换与对称变换只有在欧氏空间中才能进行研究.

6.5.1 欧氏空间

定义 1 实向量空间中定义了内积后称为欧几里德空间，简称欧氏空间，如 $\mathbf{R}^2$，$\mathbf{R}^3$，$\mathbf{R}^4$，$\mathbf{R}^n$ 等.

定义 2 实向量空间的子空间自然地称为欧氏空间的子空间，如 n 元齐次线性方程组的解空间都是欧氏空间 $\mathbf{R}^n$ 的子空间.

6.5.2 标准正交基

定义 3 欧氏空间的正交组构成的基称为正交基；欧氏空间的标准正交组构成的基称为标准正交基.

由标准正交基的定义，m 维欧氏空间 V 的 m 个向量 $\boldsymbol{\alpha}_1$，$\boldsymbol{\alpha}_2$，…，$\boldsymbol{\alpha}_m$ 是标准正交基的充分必要条件是

$$[\boldsymbol{\alpha}_i, \boldsymbol{\alpha}_j]=\begin{cases}1, & i=j \\ 0, & i\neq j\end{cases}, \quad i, j=1, 2, \cdots, m$$

定理 1 m 维欧氏列空间 V 的 m 个向量 $\boldsymbol{\alpha}_1$，$\boldsymbol{\alpha}_2$，…，$\boldsymbol{\alpha}_m$ 是标准正交基的充分必要条件是 $\mathbf{A}=(\boldsymbol{\alpha}_1, \boldsymbol{\alpha}_2, \cdots, \boldsymbol{\alpha}_m)$是正交矩阵.

证明 若 $\boldsymbol{\alpha}_1$，$\boldsymbol{\alpha}_2$，…，$\boldsymbol{\alpha}_m$ 是标准正交基，$\mathbf{A}=(\boldsymbol{\alpha}_1, \boldsymbol{\alpha}_2, \cdots, \boldsymbol{\alpha}_m)$，则

$$\boldsymbol{A}^{\mathrm{T}}\boldsymbol{A}=\begin{pmatrix}\boldsymbol{\alpha}_1^{\mathrm{T}}\\\boldsymbol{\alpha}_2^{\mathrm{T}}\\\vdots\\\boldsymbol{\alpha}_m^{\mathrm{T}}\end{pmatrix}(\boldsymbol{\alpha}_1,\boldsymbol{\alpha}_2,\cdots,\boldsymbol{\alpha}_m)=(\boldsymbol{\alpha}_i^{\mathrm{T}}\boldsymbol{\alpha}_j)_m=([\boldsymbol{\alpha}_i,\boldsymbol{\alpha}_j])_m=\boldsymbol{E}$$

即 $\boldsymbol{A}=(\boldsymbol{\alpha}_1,\boldsymbol{\alpha}_2,\cdots,\boldsymbol{\alpha}_m)$是正交矩阵. 反之，若 $\boldsymbol{A}=(\boldsymbol{\alpha}_1,\boldsymbol{\alpha}_2,\cdots,\boldsymbol{\alpha}_m)$是正交矩阵，则

$$\boldsymbol{A}^{\mathrm{T}}\boldsymbol{A}=\begin{pmatrix}\boldsymbol{\alpha}_1^{\mathrm{T}}\\\boldsymbol{\alpha}_2^{\mathrm{T}}\\\vdots\\\boldsymbol{\alpha}_m^{\mathrm{T}}\end{pmatrix}(\boldsymbol{\alpha}_1,\boldsymbol{\alpha}_2,\cdots,\boldsymbol{\alpha}_m)=(\boldsymbol{\alpha}_i^{\mathrm{T}}\boldsymbol{\alpha}_j)_m=([\boldsymbol{\alpha}_i,\boldsymbol{\alpha}_j])_m=\boldsymbol{E}$$

就是$[\boldsymbol{\alpha}_i,\boldsymbol{\alpha}_j]=\begin{cases}1, & i=j\\0, & i\neq j\end{cases}$，$i, j=1, 2,\cdots, m$，即 $\boldsymbol{\alpha}_1,\boldsymbol{\alpha}_2,\cdots,\boldsymbol{\alpha}_m$ 是标准正交基.

(1) 单位向量组 $\boldsymbol{\varepsilon}_1,\boldsymbol{\varepsilon}_2,\cdots,\boldsymbol{\varepsilon}_n$ 是 $\mathbf{R}^n$ 的标准正交基；

(2) 2 维向量 $\boldsymbol{\alpha}_1=\frac{1}{5}\begin{bmatrix}3\\4\end{bmatrix}$，$\boldsymbol{\alpha}_2=\frac{1}{5}\begin{bmatrix}-4\\3\end{bmatrix}$与 $\boldsymbol{\alpha}_1=\frac{1}{\sqrt{2}}\begin{bmatrix}1\\1\end{bmatrix}$，$\boldsymbol{\alpha}_2=\frac{1}{\sqrt{2}}\begin{bmatrix}-1\\1\end{bmatrix}$都是 $\mathbf{R}^2$ 标准正交基；

(3) 3 维向量 $\boldsymbol{\alpha}_1=\frac{1}{3}\begin{pmatrix}1\\2\\2\end{pmatrix}$，$\boldsymbol{\alpha}_2=\frac{1}{3}\begin{pmatrix}2\\1\\-2\end{pmatrix}$，$\boldsymbol{\alpha}_3=\frac{1}{3}\begin{pmatrix}2\\-2\\1\end{pmatrix}$ 是 $\mathbf{R}^3$ 标准正交基；

(4) 4 维向量 $\boldsymbol{\alpha}_1=\frac{1}{2}\begin{pmatrix}1\\1\\1\\1\end{pmatrix}$，$\boldsymbol{\alpha}_2=\frac{1}{2}\begin{pmatrix}1\\1\\-1\\-1\end{pmatrix}$，$\boldsymbol{\alpha}_3=\frac{1}{2}\begin{pmatrix}1\\-1\\1\\-1\end{pmatrix}$，$\boldsymbol{\alpha}_4=\frac{1}{2}\begin{pmatrix}1\\-1\\-1\\1\end{pmatrix}$ 是 $\mathbf{R}^4$ 标准正交基.

定理 2　标准正交基之间的过渡矩阵是正交矩阵，反之若 $\boldsymbol{\alpha}_1,\boldsymbol{\alpha}_2,\cdots,\boldsymbol{\alpha}_m$ 是标准正交基，$\boldsymbol{A}$ 是正交矩阵，$(\boldsymbol{\beta}_1,\boldsymbol{\beta}_2,\cdots,\boldsymbol{\beta}_m)=(\boldsymbol{\alpha}_1,\boldsymbol{\alpha}_2,\cdots,\boldsymbol{\alpha}_m)\boldsymbol{A}$，则 $\boldsymbol{\beta}_1,\boldsymbol{\beta}_2,\cdots,\boldsymbol{\beta}_m$ 也是标准正交基.

证明　只证列欧氏空间，行欧氏空间类似. 设 $\boldsymbol{\alpha}_1,\boldsymbol{\alpha}_2,\cdots,\boldsymbol{\alpha}_m$；$\boldsymbol{\beta}_1,\boldsymbol{\beta}_2,\cdots,\boldsymbol{\beta}_m$ 都是 m 维欧氏列空间 V 的标准正交基，$(\boldsymbol{\beta}_1,\boldsymbol{\beta}_2,\cdots,\boldsymbol{\beta}_m)=(\boldsymbol{\alpha}_1,\boldsymbol{\alpha}_2,\cdots,\boldsymbol{\alpha}_m)\boldsymbol{A}$. 由于$(\boldsymbol{\beta}_1,\boldsymbol{\beta}_2,\cdots,\boldsymbol{\beta}_m)$，$(\boldsymbol{\alpha}_1,\boldsymbol{\alpha}_2,\cdots,\boldsymbol{\alpha}_m)$都是正交矩阵，因此 $\boldsymbol{A}=(\boldsymbol{\alpha}_1,\boldsymbol{\alpha}_2,\cdots,\boldsymbol{\alpha}_m)^{-1}(\boldsymbol{\beta}_1,\boldsymbol{\beta}_2,\cdots,\boldsymbol{\beta}_m)$也是正交矩阵. 反之，若 $\boldsymbol{\alpha}_1,\boldsymbol{\alpha}_2,\cdots,\boldsymbol{\alpha}_m$ 是标准正交基，$\boldsymbol{A}$ 是正交矩阵，则

$$(\boldsymbol{\beta}_1,\boldsymbol{\beta}_2,\cdots,\boldsymbol{\beta}_m)=(\boldsymbol{\alpha}_1,\boldsymbol{\alpha}_2,\cdots,\boldsymbol{\alpha}_m)\boldsymbol{A}$$

也是正交矩阵，故 $\boldsymbol{\beta}_1,\boldsymbol{\beta}_2,\cdots,\boldsymbol{\beta}_m$ 也是 m 维欧氏列空间 V 的标准正交基.

在标准正交基下，向量的坐标可以通过内积简单地表示出来，即

$$\boldsymbol{\beta}=[\boldsymbol{\alpha}_1,\boldsymbol{\beta}]\boldsymbol{\alpha}_1+[\boldsymbol{\alpha}_2,\boldsymbol{\beta}]\boldsymbol{\alpha}_2+\cdots+[\boldsymbol{\alpha}_m,\boldsymbol{\beta}]\boldsymbol{\alpha}_m$$

式中，$[\boldsymbol{\alpha}_1,\boldsymbol{\beta}]$，$[\boldsymbol{\alpha}_2,\boldsymbol{\beta}]$，$\cdots$，$[\boldsymbol{\alpha}_m,\boldsymbol{\beta}]$)是 $\boldsymbol{\beta}$ 在标准正交基 $\boldsymbol{\alpha}_1,\boldsymbol{\alpha}_2,\cdots,\boldsymbol{\alpha}_m$ 下的坐标.

在标准正交基下，内积有特别简单的表达式. 设

$$\xi=x_1\boldsymbol{\alpha}_1+x_2\boldsymbol{\alpha}_2+\cdots+x_m\boldsymbol{\alpha}_m$$

$$\eta=y_1\boldsymbol{\alpha}_1+y_2\boldsymbol{\alpha}_2+\cdots+y_m\boldsymbol{\alpha}_m$$

那么

$$[\xi,\eta]=x_1y_1+x_2y_2+\cdots+x_my_m=\boldsymbol{X}^{\mathrm{T}}\boldsymbol{Y}$$

式中，$\boldsymbol{X}=(x_1, x_2, \cdots, x_m)$，$\boldsymbol{Y}=(y_1, y_2, \cdots, y_m)$分别是$\xi$，$\eta$在标准正交基$\boldsymbol{\alpha}_1, \boldsymbol{\alpha}_2, \cdots, \boldsymbol{\alpha}_m$下的坐标. 这个表达式正是几何中向量的内积在直角坐标系中坐标表达式的推广.

应该指出，对于任一组标准正交基，内积的表达式都是一样的，这说明所有的标准正交基在欧氏空间中均有相同的地位.

6.5.3 正交变换

定义 4 欧氏空间V的线性变换$\boldsymbol{\sigma}$叫做一个正交变换，如果它保持向量的内积不变，即对任意的$\boldsymbol{\alpha}, \boldsymbol{\beta} \in V$，都有

$$[\boldsymbol{\sigma}(\boldsymbol{\alpha}), \boldsymbol{\sigma}(\boldsymbol{\beta})] = [\boldsymbol{\alpha}, \boldsymbol{\beta}]$$

正交变换可以从以下几个不同方面加以刻画.

定理 3 设$\boldsymbol{\sigma}$是m维欧氏空间V的一个线性变换，于是下面四个命题是相互等价的：

(1) $\boldsymbol{\sigma}$是正交变换；

(2) $\boldsymbol{\sigma}$保持向量的长度不变，即对于$\boldsymbol{\alpha} \in V$，$\|\boldsymbol{\sigma}(\boldsymbol{\alpha})\| = \|\boldsymbol{\alpha}\|$；

(3) 如果$\boldsymbol{\alpha}_1, \boldsymbol{\alpha}_2, \cdots, \boldsymbol{\alpha}_m$是$V$的标准正交基，那么$\boldsymbol{\sigma}(\boldsymbol{\alpha}_1), \boldsymbol{\sigma}(\boldsymbol{\alpha}_2), \cdots, \boldsymbol{\sigma}(\boldsymbol{\alpha}_m)$也是$V$的标准正交基；

(4) $\boldsymbol{\sigma}$在任一组标准正交基下的矩阵是正交矩阵.

证明 (1)⇒(3). 设$\boldsymbol{\alpha}_1, \boldsymbol{\alpha}_2, \cdots, \boldsymbol{\alpha}_m$是$V$的一组标准正交基，则由正交变换的定义：

$$\|\boldsymbol{\sigma}(\boldsymbol{\alpha}_i)\| = \sqrt{[\boldsymbol{\sigma}(\boldsymbol{\alpha}_i), \boldsymbol{\sigma}(\boldsymbol{\alpha}_i)]} = \sqrt{[\boldsymbol{\alpha}_i, \boldsymbol{\alpha}_i]} = 1$$

$$[\boldsymbol{\sigma}(\boldsymbol{\alpha}_i), \boldsymbol{\sigma}(\boldsymbol{\alpha}_j)] = [\boldsymbol{\alpha}_i, \boldsymbol{\alpha}_j] = 0, \ (i \neq j)$$

于是，$\boldsymbol{\sigma}(\boldsymbol{\alpha}_1), \boldsymbol{\sigma}(\boldsymbol{\alpha}_2), \cdots, \boldsymbol{\sigma}(\boldsymbol{\alpha}_m)$是$V$的标准正交基.

(3)⇒(4). $\boldsymbol{\sigma}$在标准正交基$\boldsymbol{\alpha}_1, \boldsymbol{\alpha}_2, \cdots, \boldsymbol{\alpha}_m$下的矩阵$\boldsymbol{A}$恰是标准正交基$\boldsymbol{\alpha}_1, \boldsymbol{\alpha}_2, \cdots, \boldsymbol{\alpha}_m$到标准正交基$\boldsymbol{\sigma}(\boldsymbol{\alpha}_1), \boldsymbol{\sigma}(\boldsymbol{\alpha}_2), \cdots, \boldsymbol{\sigma}(\boldsymbol{\alpha}_m)$的过渡矩阵，从而$\boldsymbol{A}$是正交矩阵.

(4)⇒(2). 设$\boldsymbol{\sigma}$在标准正交基$\boldsymbol{\alpha}_1, \boldsymbol{\alpha}_2, \cdots, \boldsymbol{\alpha}_m$下的矩阵为$\boldsymbol{A}$，设$\boldsymbol{\beta} = \sum\limits_{i=1}^{m} a_i \boldsymbol{\alpha}_i$，则

$$[\boldsymbol{\sigma}(\boldsymbol{\beta}), \boldsymbol{\sigma}(\boldsymbol{\beta})] = \left[(\boldsymbol{\alpha}_1, \boldsymbol{\alpha}_2, \cdots, \boldsymbol{\alpha}_m)\boldsymbol{A}\begin{pmatrix} a_1 \\ \vdots \\ a_m \end{pmatrix}, (\boldsymbol{\alpha}_1, \boldsymbol{\alpha}_2, \cdots, \boldsymbol{\alpha}_m)\boldsymbol{A}\begin{pmatrix} a_1 \\ \vdots \\ a_m \end{pmatrix}\right] = \left(\boldsymbol{A}\begin{pmatrix} a_1 \\ \vdots \\ a_m \end{pmatrix}\right)^{\mathrm{T}} \boldsymbol{A}\begin{pmatrix} a_1 \\ \vdots \\ a_m \end{pmatrix}$$

$$= (a_1, \cdots, a_m)\boldsymbol{A}^{\mathrm{T}}\boldsymbol{A}\begin{pmatrix} a_1 \\ \vdots \\ a_m \end{pmatrix} = (a_1, \cdots, a_m)\begin{pmatrix} a_1 \\ \vdots \\ a_m \end{pmatrix} = [\boldsymbol{\beta}, \boldsymbol{\beta}]$$

开方即得$\|\boldsymbol{\sigma}(\boldsymbol{\beta})\| = \|\boldsymbol{\beta}\|$.

(2)⇒(1). 如果$\boldsymbol{\sigma}$保持向量长度不变，则

$$[\boldsymbol{\sigma}(\boldsymbol{\alpha}), \boldsymbol{\sigma}(\boldsymbol{\alpha})] = [\boldsymbol{\alpha}, \boldsymbol{\alpha}], [\boldsymbol{\sigma}(\boldsymbol{\beta}), \boldsymbol{\sigma}(\boldsymbol{\beta})] = [\boldsymbol{\beta}, \boldsymbol{\beta}], [\boldsymbol{\sigma}(\boldsymbol{\alpha}+\boldsymbol{\beta}), \boldsymbol{\sigma}(\boldsymbol{\alpha}+\boldsymbol{\beta})] = [\boldsymbol{\alpha}+\boldsymbol{\beta}, \boldsymbol{\alpha}+\boldsymbol{\beta}]$$

展开：

$$[\boldsymbol{\sigma}(\boldsymbol{\alpha}) + \boldsymbol{\sigma}(\boldsymbol{\beta}), \boldsymbol{\sigma}(\boldsymbol{\alpha}) + \boldsymbol{\sigma}(\boldsymbol{\beta})] = [\boldsymbol{\sigma}(\boldsymbol{\alpha}), \boldsymbol{\sigma}(\boldsymbol{\alpha})] + 2[\boldsymbol{\sigma}(\boldsymbol{\alpha}), \boldsymbol{\sigma}(\boldsymbol{\beta})] + [\boldsymbol{\sigma}(\boldsymbol{\beta}), \boldsymbol{\sigma}(\boldsymbol{\beta})]$$

$$[\boldsymbol{\alpha} + \boldsymbol{\beta}, \boldsymbol{\alpha} + \boldsymbol{\beta}] = [\boldsymbol{\alpha}, \boldsymbol{\alpha}] + 2[\boldsymbol{\alpha}, \boldsymbol{\beta}] + [\boldsymbol{\beta}, \boldsymbol{\beta}]$$

利用前两个式子，得

$$[\boldsymbol{\sigma}(\boldsymbol{\alpha}), \boldsymbol{\sigma}(\boldsymbol{\beta})] = [\boldsymbol{\alpha}, \boldsymbol{\beta}]$$

如果 $\boldsymbol{A}$ 是正交矩阵，那么由

$$\boldsymbol{A}\boldsymbol{A}^{\mathrm{T}}=\boldsymbol{E}$$

可知

$$|\boldsymbol{A}|^2=1 \quad \text{或} \quad |\boldsymbol{A}|=\pm 1$$

因此，正交变换的行列式等于 +1 或 −1. 行列式等于 +1 的正交变换通常称为旋转，或称为第一类的；行列式等于 −1 的正交变换称为第二类的.

例如，在欧氏空间中任取一组标准正交基 $\boldsymbol{\alpha}_1, \boldsymbol{\alpha}_2, \cdots, \boldsymbol{\alpha}_m$，定义线性变换 $\boldsymbol{\sigma}$ 为

$$\boldsymbol{\sigma}(\boldsymbol{\alpha}_1)=-\boldsymbol{\alpha}_1,\ \boldsymbol{\sigma}(\boldsymbol{\alpha}_i)=\boldsymbol{\alpha}_i,\ i=2, 3, \cdots, m$$

那么，$\boldsymbol{\sigma}$ 就是一个第二类的正交变换. 从几何上看，这是一个镜面反射.

例 6.5.1　设 $\mathbf{R}^3$ 的线性变换为

$$\boldsymbol{\sigma}(x, y, z)=\frac{1}{3}(-x-2y-2z, -2x-y+2z, -2x+2y-z)$$

证明：$\boldsymbol{\sigma}$ 是正交变换，进而证明 $\boldsymbol{\sigma}$ 是旋转变换.

证明　取 $\mathbf{R}^3$ 的标准正交基 $\boldsymbol{\varepsilon}_1, \boldsymbol{\varepsilon}_2, \boldsymbol{\varepsilon}_3$，得

$$\boldsymbol{\sigma}(\boldsymbol{\varepsilon}_1)=\boldsymbol{\sigma}(1, 0, 0)=\frac{1}{3}(-1, -2, -2)=-\frac{1}{3}\boldsymbol{\varepsilon}_1-\frac{2}{3}\boldsymbol{\varepsilon}_2-\frac{2}{3}\boldsymbol{\varepsilon}_3$$

$$\boldsymbol{\sigma}(\boldsymbol{\varepsilon}_2)=\boldsymbol{\sigma}(0, 1, 0)=\frac{1}{3}(-2, -1, 2)=-\frac{2}{3}\boldsymbol{\varepsilon}_1-\frac{1}{3}\boldsymbol{\varepsilon}_2+\frac{2}{3}\boldsymbol{\varepsilon}_3$$

$$\boldsymbol{\sigma}(\boldsymbol{\varepsilon}_3)=\boldsymbol{\sigma}(0, 0, 1)=\frac{1}{3}(-2, 2, -1)=-\frac{2}{3}\boldsymbol{\varepsilon}_1+\frac{2}{3}\boldsymbol{\varepsilon}_2-\frac{1}{3}\boldsymbol{\varepsilon}_3$$

则 $\boldsymbol{\sigma}$ 在标准正交基 $\boldsymbol{\varepsilon}_1, \boldsymbol{\varepsilon}_2, \boldsymbol{\varepsilon}_3$ 下的矩阵为

$$\boldsymbol{A}=\frac{1}{3}\begin{pmatrix}-1 & -2 & -2\\ -2 & -1 & 2\\ -2 & 2 & -1\end{pmatrix}$$

$$\boldsymbol{A}^{\mathrm{T}}\boldsymbol{A}=\frac{1}{9}\begin{pmatrix}-1 & -2 & -2\\ -2 & -1 & 2\\ -2 & 2 & -1\end{pmatrix}\begin{pmatrix}-1 & -2 & -2\\ -2 & -1 & 2\\ -2 & 2 & -1\end{pmatrix}=\frac{1}{9}\begin{pmatrix}9 & 0 & 0\\ 0 & 9 & 0\\ 0 & 0 & 9\end{pmatrix}=\boldsymbol{E}$$

则 $\boldsymbol{\sigma}$ 是正交变换.

$$|\boldsymbol{A}|=\frac{1}{27}\begin{vmatrix}-1 & -2 & -2\\ -2 & -1 & 2\\ -2 & 2 & -1\end{vmatrix}=\frac{1}{27}\begin{vmatrix}-1 & -2 & -2\\ 0 & 3 & 6\\ 0 & 6 & 3\end{vmatrix}=1$$

从而 $\boldsymbol{\sigma}$ 是旋转变换.

例 6.5.2　设 $\mathbf{R}^3$ 的线性变换为

$$\boldsymbol{\sigma}(x, y, z)=\frac{1}{9}(7x-4y-4z, -4x+y-8z, -4x-8y+z)$$

证明：$\boldsymbol{\sigma}$ 是正交变换，进而证明 $\boldsymbol{\sigma}$ 是镜面反射.

证明　取 $\mathbf{R}^3$ 的标准正交基 $\boldsymbol{\varepsilon}_1, \boldsymbol{\varepsilon}_2, \boldsymbol{\varepsilon}_3$，得

$$\boldsymbol{\sigma}(\boldsymbol{\varepsilon}_1)=\boldsymbol{\sigma}(1, 0, 0)=\frac{1}{9}(7, -4, -4)=\frac{7}{9}\boldsymbol{\varepsilon}_1-\frac{4}{9}\boldsymbol{\varepsilon}_2-\frac{4}{9}\boldsymbol{\varepsilon}_3$$

$$\boldsymbol{\sigma}(\boldsymbol{\varepsilon}_2)=\boldsymbol{\sigma}(0,1,0)=\frac{1}{9}(-4,1,-8)=-\frac{4}{9}\boldsymbol{\varepsilon}_1+\frac{1}{9}\boldsymbol{\varepsilon}_2-\frac{8}{9}\boldsymbol{\varepsilon}_3$$

$$\boldsymbol{\sigma}(\boldsymbol{\varepsilon}_3)=\boldsymbol{\sigma}(0,0,1)=\frac{1}{9}(-4,-8,1)=-\frac{4}{9}\boldsymbol{\varepsilon}_1-\frac{8}{9}\boldsymbol{\varepsilon}_2+\frac{1}{9}\boldsymbol{\varepsilon}_3$$

则 $\boldsymbol{\sigma}$ 在标准正交基 $\boldsymbol{\varepsilon}_1$，$\boldsymbol{\varepsilon}_2$，$\boldsymbol{\varepsilon}_3$ 下的矩阵为

$$\boldsymbol{A}=\frac{1}{9}\begin{pmatrix}7&-4&-4\\-4&1&-8\\-4&-8&1\end{pmatrix}$$

$$\boldsymbol{A}^{\mathrm{T}}\boldsymbol{A}=\frac{1}{81}\begin{pmatrix}7&-4&-4\\-4&1&-8\\-4&-8&1\end{pmatrix}\begin{pmatrix}7&-4&-4\\-4&1&-8\\-4&-8&1\end{pmatrix}=\boldsymbol{E}$$

则 $\boldsymbol{\sigma}$ 是正交变换.

$$|\boldsymbol{A}|=\frac{1}{729}\begin{vmatrix}7&-4&-4\\-4&1&-8\\-4&-8&1\end{vmatrix}=-1$$

从而 $\boldsymbol{\sigma}$ 是第二类正交变换.

$$|\boldsymbol{A}-\lambda\boldsymbol{E}|=\frac{1}{729}\begin{vmatrix}7-9\lambda&-4&-4\\-4&1-9\lambda&-8\\-4&-8&1-9\lambda\end{vmatrix}=-(\lambda-1)^2(\lambda+1)$$

$$\lambda_1=-1,\ \lambda_2=\lambda_3=1$$

对于 $\lambda_1=-1$，对应特征向量满足的线性方程组的系数矩阵，即特征矩阵：

$$\boldsymbol{A}+\boldsymbol{E}=\frac{1}{9}\begin{pmatrix}16&-4&-4\\-4&10&-8\\-4&-8&10\end{pmatrix}\rightarrow\begin{pmatrix}1&0&-\frac{1}{2}\\0&1&-1\\0&0&0\end{pmatrix}$$

从而特征向量的线性方程组的一般解为

$$\begin{cases}x_1=\dfrac{x_3}{2}\\x_2=x_3\end{cases}$$

可得 $\eta_1=\begin{pmatrix}1\\2\\2\end{pmatrix}$ 为属于特征值 -1 的线性无关的特征向量. 再单位化为

$$\boldsymbol{\gamma}_1=\frac{1}{3}(1,2,2)^{\mathrm{T}}$$

对于 $\lambda_1=\lambda_2=1$，对应特征向量满足的线性方程组的系数矩阵，即特征矩阵：

$$\boldsymbol{A}-\boldsymbol{E}=\frac{1}{9}\begin{pmatrix}-2&-4&-4\\-4&-8&-8\\-4&-8&-8\end{pmatrix}\rightarrow\begin{pmatrix}1&2&2\\0&0&0\\0&0&0\end{pmatrix}$$

这时特征向量的线性方程组的一般解为

$$x_1 = -2x_2 - 2x_3$$

可得 $\eta_2 = \begin{pmatrix} 2 \\ 1 \\ -2 \end{pmatrix}$，$\eta_3 = \begin{pmatrix} 2 \\ -2 \\ 1 \end{pmatrix}$ 为属于特征值 1 的两个正交特征向量. 单位化为

$$\boldsymbol{\gamma}_2 = \frac{1}{3}(2, 1, -2)^{\mathrm{T}}, \boldsymbol{\gamma}_3 = \frac{1}{3}(2, -2, 1)^{\mathrm{T}}$$

因此取 $\mathbf{R}^3$ 的标准正交基为

$$\boldsymbol{\alpha}_1 = \frac{1}{3}(1, 2, 2), \boldsymbol{\alpha}_2 = \frac{1}{3}(2, -1, 2), \boldsymbol{\alpha}_3 = \frac{1}{3}(2, 2, -1)$$

$$\boldsymbol{\sigma}(\boldsymbol{\alpha}_1) = \boldsymbol{\sigma}\left(\frac{1}{3}(1, 2, 2)\right) = \left(-\frac{1}{3}, -\frac{2}{3}, -\frac{2}{3}\right) = -\boldsymbol{\alpha}_1$$

$$\boldsymbol{\sigma}(\boldsymbol{\alpha}_2) = \boldsymbol{\sigma}\left(\frac{1}{3}(2, 1, -2)\right) = \left(\frac{2}{3}, \frac{1}{3}, -\frac{2}{3}\right) = \boldsymbol{\alpha}_2$$

$$\boldsymbol{\sigma}(\boldsymbol{\alpha}_3) = \boldsymbol{\sigma}\left(\frac{1}{3}(2, -2, 1)\right) = \left(\frac{2}{3}, -\frac{2}{3}, \frac{1}{3}\right) = \boldsymbol{\alpha}_3$$

从而 $\boldsymbol{\sigma}$ 是镜面反射.

6.5.4　对称变换

定义 5　欧氏空间 V 的线性变换 $\boldsymbol{\sigma}$ 叫做一个对称变换，如果对任意的 $\boldsymbol{\alpha}$，$\boldsymbol{\beta} \in V$，都有

$$[\boldsymbol{\sigma}(\boldsymbol{\alpha}), \boldsymbol{\beta}] = [\boldsymbol{\alpha}, \boldsymbol{\sigma}(\boldsymbol{\beta})]$$

定理 4　设 $\boldsymbol{\sigma}$ 是 m 维欧氏空间 V 的一个线性变换，$\boldsymbol{\sigma}$ 是对称变换的充分必要条件是 $\boldsymbol{\sigma}$ 在标准正交基 $\boldsymbol{\alpha}_1, \boldsymbol{\alpha}_2, \cdots, \boldsymbol{\alpha}_m$ 下的矩阵 $\boldsymbol{A}$ 是实对称矩阵.

证明　若 $\boldsymbol{\sigma}$ 是对称变换，$\boldsymbol{\sigma}$ 在标准正交基 $\boldsymbol{\alpha}_1, \boldsymbol{\alpha}_2, \cdots, \boldsymbol{\alpha}_m$ 下的矩阵是 $\boldsymbol{A} = (a_{ij})_m$，则

$$\begin{aligned}[\boldsymbol{\sigma}(\boldsymbol{\alpha}_i), \boldsymbol{\alpha}_j] &= [a_{1i}\boldsymbol{\alpha}_1 + a_{2i}\boldsymbol{\alpha}_2 + \cdots + a_{mi}\boldsymbol{\alpha}_m, \boldsymbol{\alpha}_j] = a_{ji} = [\boldsymbol{\alpha}_i, \boldsymbol{\sigma}(\boldsymbol{\alpha}_j)] \\ &= [\boldsymbol{\alpha}_i, a_{1j}\boldsymbol{\alpha}_1 + a_{2j}\boldsymbol{\alpha}_2 + \cdots + a_{mj}\boldsymbol{\alpha}_m] = a_{ij}, i, j = 1, 2, \cdots, m\end{aligned}$$

故 $\boldsymbol{A}$ 是实对称矩阵.

反之若 $\boldsymbol{A} = (a_{ij})_m$ 是实对称矩阵，则 $a_{ij} = a_{ji}$，$i, j = 1, 2, \cdots, m$.

$$[\boldsymbol{\sigma}(\boldsymbol{\alpha}_i), \boldsymbol{\alpha}_j] = [a_{1i}\boldsymbol{\alpha}_1 + a_{2i}\boldsymbol{\alpha}_2 + \cdots + a_{mi}\boldsymbol{\alpha}_m, \boldsymbol{\alpha}_j] = a_{ji}$$

$$[\boldsymbol{\alpha}_i, \boldsymbol{\sigma}(\boldsymbol{\alpha}_j)] = [\boldsymbol{\alpha}_i, a_{1j}\boldsymbol{\alpha}_1 + a_{2j}\boldsymbol{\alpha}_2 + \cdots + a_{mj}\boldsymbol{\alpha}_m] = a_{ij}$$

于是 $[\boldsymbol{\sigma}(\boldsymbol{\alpha}_i), \boldsymbol{\alpha}_j] = [\boldsymbol{\alpha}_i, \boldsymbol{\sigma}(\boldsymbol{\alpha}_j)]$，$i, j = 1, 2, \cdots, m$. 故对任意的 $\boldsymbol{\alpha}$，$\boldsymbol{\beta} \in V$，有

$$\boldsymbol{\alpha} = x_1\boldsymbol{\alpha}_1 + x_2\boldsymbol{\alpha}_2 + \cdots + x_m\boldsymbol{\alpha}_m, \boldsymbol{\beta} = y_1\boldsymbol{\alpha}_1 + y_2\boldsymbol{\alpha}_2 + \cdots + y_m\boldsymbol{\alpha}_m$$

$$\begin{aligned}[\boldsymbol{\sigma}(\boldsymbol{\alpha}), \boldsymbol{\beta}] &= [x_1\boldsymbol{\sigma}(\boldsymbol{\alpha}_1) + x_2\boldsymbol{\sigma}(\boldsymbol{\alpha}_2) + \cdots + x_m\boldsymbol{\sigma}(\boldsymbol{\alpha}_m), y_1\boldsymbol{\alpha}_1 + y_2\boldsymbol{\alpha}_2 + \cdots + y_m\boldsymbol{\alpha}_m] \\ &= \left[(\boldsymbol{\sigma}(\boldsymbol{\alpha}_1), \boldsymbol{\sigma}(\boldsymbol{\alpha}_2), \cdots, \boldsymbol{\sigma}(\boldsymbol{\alpha}_m))\begin{pmatrix} x_1 \\ x_2 \\ \vdots \\ x_m \end{pmatrix}, (\boldsymbol{\alpha}_1, \boldsymbol{\alpha}_2, \cdots, \boldsymbol{\alpha}_m)\begin{pmatrix} y_1 \\ y_2 \\ \vdots \\ y_m \end{pmatrix}\right]\end{aligned}$$

$$= [(\boldsymbol{\alpha}_1, \boldsymbol{\alpha}_2, \cdots, \boldsymbol{\alpha}_m)\boldsymbol{A}\begin{pmatrix} x_1 \\ x_2 \\ \vdots \\ x_m \end{pmatrix}, (\boldsymbol{\alpha}_1, \boldsymbol{\alpha}_2, \cdots, \boldsymbol{\alpha}_m)\begin{pmatrix} y_1 \\ y_2 \\ \vdots \\ y_m \end{pmatrix}]$$

$$= (x_1, x_2, \cdots, x_m)\boldsymbol{A}\begin{pmatrix} y_1 \\ y_2 \\ \vdots \\ y_m \end{pmatrix}$$

$$[\boldsymbol{\alpha}, \boldsymbol{\sigma}(\boldsymbol{\beta})] = [x_1\boldsymbol{\alpha}_1 + x_2\boldsymbol{\alpha}_2 + \cdots + x_m\boldsymbol{\alpha}_m, y_1\boldsymbol{\sigma}(\boldsymbol{\alpha}_1) + y_2\boldsymbol{\sigma}(\boldsymbol{\alpha}_2) + \cdots + y_m\boldsymbol{\sigma}(\boldsymbol{\alpha}_m)]$$

$$= [(\boldsymbol{\alpha}_1, \boldsymbol{\alpha}_2, \cdots, \boldsymbol{\alpha}_m)\begin{pmatrix} x_1 \\ x_2 \\ \vdots \\ x_m \end{pmatrix}, (\boldsymbol{\sigma}(\boldsymbol{\alpha}_1), \boldsymbol{\sigma}(\boldsymbol{\alpha}_2), \cdots, \boldsymbol{\sigma}(\boldsymbol{\alpha}_m))\begin{pmatrix} y_1 \\ y_2 \\ \vdots \\ y_m \end{pmatrix}]$$

$$= [(\boldsymbol{\alpha}_1, \boldsymbol{\alpha}_2, \cdots, \boldsymbol{\alpha}_m)\begin{pmatrix} x_1 \\ x_2 \\ \vdots \\ x_m \end{pmatrix}, (\boldsymbol{\alpha}_1, \boldsymbol{\alpha}_2, \cdots, \boldsymbol{\alpha}_m)\boldsymbol{A}\begin{pmatrix} y_1 \\ y_2 \\ \vdots \\ y_m \end{pmatrix}]$$

$$= (x_1, x_2, \cdots, x_m)\boldsymbol{A}\begin{pmatrix} y_1 \\ y_2 \\ \vdots \\ y_m \end{pmatrix}$$

故$[\boldsymbol{\sigma}(\boldsymbol{\alpha}), \boldsymbol{\beta}] = [\boldsymbol{\alpha}, \boldsymbol{\sigma}(\boldsymbol{\beta})]$，则 $\boldsymbol{\sigma}$ 是对称变换.

由于实对称矩阵可正交对角化，故对称变换也可正交对角化.

例 6.5.3 设 $\mathbf{R}^4$ 的线性变换为

$$\boldsymbol{\sigma}(x, y, z, u) = (2x + y + z + u, x + 2y - z - u, x - y + 2z - u, x - y - z + 2u)$$

证明：$\boldsymbol{\sigma}$ 是对称变换，并求 $\mathbf{R}^4$ 的标准正交基，使 $\boldsymbol{\sigma}$ 在这组标准正交基下的矩阵是对角矩阵.

解 取 $\mathbf{R}^4$ 的标准正交基 $\boldsymbol{\varepsilon}_1, \boldsymbol{\varepsilon}_2, \boldsymbol{\varepsilon}_3, \boldsymbol{\varepsilon}_4$：

$$\boldsymbol{\sigma}(\boldsymbol{\varepsilon}_1) = \boldsymbol{\sigma}(1, 0, 0, 0) = (2, 1, 1, 1) = 2\boldsymbol{\varepsilon}_1 + \boldsymbol{\varepsilon}_2 + \boldsymbol{\varepsilon}_3 + \boldsymbol{\varepsilon}_4$$
$$\boldsymbol{\sigma}(\boldsymbol{\varepsilon}_2) = \boldsymbol{\sigma}(0, 1, 0, 0) = (1, 2, -1, -1) = \boldsymbol{\varepsilon}_1 + 2\boldsymbol{\varepsilon}_2 - \boldsymbol{\varepsilon}_3 - \boldsymbol{\varepsilon}_4$$
$$\boldsymbol{\sigma}(\boldsymbol{\varepsilon}_3) = \boldsymbol{\sigma}(0, 0, 1, 0) = (1, -1, 2, -1) = \boldsymbol{\varepsilon}_1 - \boldsymbol{\varepsilon}_2 + 2\boldsymbol{\varepsilon}_3 - \boldsymbol{\varepsilon}_4$$
$$\boldsymbol{\sigma}(\boldsymbol{\varepsilon}_4) = \boldsymbol{\sigma}(0, 0, 0, 1) = (1, -1, -1, 2) = \boldsymbol{\varepsilon}_1 - \boldsymbol{\varepsilon}_2 - \boldsymbol{\varepsilon}_3 + 2\boldsymbol{\varepsilon}_4$$

则 $\boldsymbol{\sigma}$ 在标准正交基 $\boldsymbol{\varepsilon}_1, \boldsymbol{\varepsilon}_2, \boldsymbol{\varepsilon}_3, \boldsymbol{\varepsilon}_4$ 下的矩阵 $\boldsymbol{A} = \begin{pmatrix} 2 & 1 & 1 & 1 \\ 1 & 2 & -1 & -1 \\ 1 & -1 & 2 & -1 \\ 1 & -1 & -1 & 2 \end{pmatrix}$ 是实对称矩阵，故 $\boldsymbol{\sigma}$ 是对称变换.

$\boldsymbol{A}$ 的特征行列式为

$$|\boldsymbol{A}-\lambda\boldsymbol{E}|=\begin{vmatrix}2-\lambda & 1 & 1 & 1\\ 1 & 2-\lambda & -1 & -1\\ 1 & -1 & 2-\lambda & -1\\ 1 & -1 & -1 & 2-\lambda\end{vmatrix}=\begin{vmatrix}2-\lambda & 1 & 1 & 1\\ 3-\lambda & 3-\lambda & 0 & 0\\ 3-\lambda & 0 & 3-\lambda & 0\\ 3-\lambda & 0 & 0 & 3-\lambda\end{vmatrix}$$

$$=(3-\lambda)^3\begin{vmatrix}-1-\lambda & 1 & 1 & 1\\ 0 & 1 & 0 & 0\\ 0 & 0 & 1 & 0\\ 0 & 0 & 0 & 1\end{vmatrix}=(\lambda-3)^3(\lambda+1)$$

得 $\lambda_1=\lambda_2=\lambda_3=3$，$\lambda_4=-1$.

对于 $\lambda_1=\lambda_2=\lambda_3=3$，对应特征向量满足的线性方程组的系数矩阵，即特征矩阵为

$$\boldsymbol{A}-3\boldsymbol{E}=\begin{pmatrix}-1 & 1 & 1 & 1\\ 1 & -1 & -1 & -1\\ 1 & -1 & -1 & -1\\ 1 & -1 & -1 & -1\end{pmatrix}\to\begin{pmatrix}1 & -1 & -1 & -1\\ 0 & 0 & 0 & 0\\ 0 & 0 & 0 & 0\\ 0 & 0 & 0 & 0\end{pmatrix}$$

从而特征向量的线性方程组的一般解 $x_1=x_2+x_3+x_4$，得

$$\eta_1=\begin{pmatrix}1\\1\\0\\0\end{pmatrix},\ \eta_2=\begin{pmatrix}1\\0\\1\\0\end{pmatrix},\ \eta_3=\begin{pmatrix}1\\0\\0\\1\end{pmatrix}$$

为属于特征值 3 的线性无关的特征向量.

将其正交化，得

$$\boldsymbol{\beta}_1=(1,\ 1,\ 0,\ 0)^{\mathrm{T}};$$

$$\bar{\boldsymbol{\beta}}_2=(1,\ 0,\ 1,\ 0)^{\mathrm{T}}-\frac{1}{2}(1,\ 1,\ 0,\ 0)^{\mathrm{T}}=\left(\frac{1}{2},\ -\frac{1}{2},\ 1,\ 0\right)^{\mathrm{T}},\ \boldsymbol{\beta}_2=(1,\ -1,\ 2,\ 0)^{\mathrm{T}}$$

$$\bar{\boldsymbol{\beta}}_3=(1,\ 0,\ 0,\ 1)^{\mathrm{T}}-\frac{1}{2}(1,\ 1,\ 0,\ 0)^{\mathrm{T}}-\frac{1}{6}(1,\ -1,\ 2,\ 0)^{\mathrm{T}}$$

$$=\left(\frac{1}{3},\ -\frac{1}{3},\ -\frac{1}{3},\ 1\right)^{\mathrm{T}};\ \boldsymbol{\beta}_3=(1,\ -1,\ -1,\ 3)^{\mathrm{T}}$$

再经过单位化，得

$$\boldsymbol{\gamma}_1=\frac{1}{\sqrt{2}}(1,\ 1,\ 0,\ 0)^{\mathrm{T}},\ \boldsymbol{\gamma}_2=\frac{1}{\sqrt{6}}(1,\ -1,\ 2,\ 0)^{\mathrm{T}},\ \boldsymbol{\gamma}_3=\frac{1}{\sqrt{12}}(1,\ -1,\ -1,\ 3)^{\mathrm{T}}$$

对于 $\lambda_4=-1$，对应特征向量满足的线性方程组的系数矩阵，即特征矩阵：

$$\boldsymbol{A}+\boldsymbol{E}=\begin{pmatrix}3 & 1 & 1 & 1\\ 1 & 3 & -1 & -1\\ 1 & -1 & 3 & -1\\ 1 & -1 & -1 & 3\end{pmatrix}\to\begin{pmatrix}1 & 0 & 0 & 1\\ 0 & 1 & 0 & -1\\ 0 & 0 & 1 & -1\\ 0 & 0 & 0 & 0\end{pmatrix}$$

从而特征向量的线性方程组的一般解为

$$\begin{cases} x_1 = -x_4 \\ x_2 = x_4 \\ x_3 = x_4 \end{cases}$$

可得 $\boldsymbol{\eta}_4 = \begin{pmatrix} -1 \\ 1 \\ 1 \\ 1 \end{pmatrix}$为属于特征值$-9$的线性无关的特征向量.

再进行单位化：

$$\boldsymbol{\gamma}_4 = \frac{1}{2}(-1, 1, 1, 1)^{\mathrm{T}}$$

令 $\boldsymbol{P} = \begin{pmatrix} \frac{1}{\sqrt{2}} & \frac{1}{\sqrt{6}} & \frac{1}{\sqrt{12}} & \frac{-1}{2} \\ \frac{1}{\sqrt{2}} & \frac{-1}{\sqrt{6}} & \frac{-1}{\sqrt{12}} & \frac{1}{2} \\ 0 & \frac{2}{\sqrt{6}} & \frac{-1}{\sqrt{12}} & \frac{1}{2} \\ 0 & 0 & \frac{3}{\sqrt{12}} & \frac{1}{2} \end{pmatrix}$，则

$$\boldsymbol{\gamma}_1 = \frac{1}{\sqrt{2}}(1, 1, 0, 0), \boldsymbol{\gamma}_2 = \frac{1}{\sqrt{6}}(1, -1, 2, 0)$$

$$\boldsymbol{\gamma}_3 = \frac{1}{\sqrt{12}}(1, -1, -1, 3), \boldsymbol{\gamma}_4 = \frac{1}{2}(-1, 1, 1, 1)$$

为 $\mathbf{R}^4$ 的标准正交基，使 $\boldsymbol{\sigma}$ 在这组标准正交基下的矩阵是对角矩阵：

$$\boldsymbol{P}^{-1}\boldsymbol{AP} = \begin{pmatrix} 3 & & & \\ & 3 & & \\ & & 3 & \\ & & & -1 \end{pmatrix}$$

例 6.5.4 设欧氏空间 V 有线性变换 $\boldsymbol{\sigma}$，$\boldsymbol{\alpha}_1$，$\boldsymbol{\alpha}_2$，$\boldsymbol{\alpha}_3$，$\boldsymbol{\alpha}_4$ 是 V 的标准正交基：

$$\boldsymbol{\sigma}(\boldsymbol{\alpha}_1) = \boldsymbol{\alpha}_1 + \boldsymbol{\alpha}_2 + \boldsymbol{\alpha}_3 + \boldsymbol{\alpha}_4, \boldsymbol{\sigma}(\boldsymbol{\alpha}_2) = \boldsymbol{\alpha}_1 - \boldsymbol{\alpha}_2 - \boldsymbol{\alpha}_3 + \boldsymbol{\alpha}_4$$

$$\boldsymbol{\sigma}(\boldsymbol{\alpha}_3) = \boldsymbol{\alpha}_1 - \boldsymbol{\alpha}_2 + \boldsymbol{\alpha}_3 - \boldsymbol{\alpha}_4, \boldsymbol{\sigma}(\boldsymbol{\alpha}_4) = \boldsymbol{\alpha}_1 + \boldsymbol{\alpha}_2 - \boldsymbol{\alpha}_3 - \boldsymbol{\alpha}_4$$

证明：$\boldsymbol{\sigma}$ 是对称变换，并求 V 的标准正交基，使 $\boldsymbol{\sigma}$ 在这组标准正交基下的矩阵对角矩阵.

解 因 $\boldsymbol{\alpha}_1$，$\boldsymbol{\alpha}_2$，$\boldsymbol{\alpha}_3$，$\boldsymbol{\alpha}_4$ 是 V 的标准正交基，得

$$\boldsymbol{\sigma}(\boldsymbol{\alpha}_1) = \boldsymbol{\alpha}_1 + \boldsymbol{\alpha}_2 + \boldsymbol{\alpha}_3 + \boldsymbol{\alpha}_4, \boldsymbol{\sigma}(\boldsymbol{\alpha}_2) = \boldsymbol{\alpha}_1 - \boldsymbol{\alpha}_2 - \boldsymbol{\alpha}_3 + \boldsymbol{\alpha}_4$$

$$\boldsymbol{\sigma}(\boldsymbol{\alpha}_3) = \boldsymbol{\alpha}_1 - \boldsymbol{\alpha}_2 + \boldsymbol{\alpha}_3 - \boldsymbol{\alpha}_4, \boldsymbol{\sigma}(\boldsymbol{\alpha}_4) = \boldsymbol{\alpha}_1 + \boldsymbol{\alpha}_2 - \boldsymbol{\alpha}_3 - \boldsymbol{\alpha}_4$$

故$(\boldsymbol{\sigma}(\boldsymbol{\alpha}_1), \boldsymbol{\sigma}(\boldsymbol{\alpha}_2), \boldsymbol{\sigma}(\boldsymbol{\alpha}_3), \boldsymbol{\sigma}(\boldsymbol{\alpha}_4)) = (\boldsymbol{\alpha}_1, \boldsymbol{\alpha}_2, \boldsymbol{\alpha}_3, \boldsymbol{\alpha}_4)\boldsymbol{A}$.

$\boldsymbol{A} = \begin{pmatrix} 1 & 1 & 1 & 1 \\ 1 & -1 & -1 & 1 \\ 1 & -1 & 1 & -1 \\ 1 & 1 & -1 & -1 \end{pmatrix}$是实对称矩阵，故 $\boldsymbol{\sigma}$ 是对称变换.

$\boldsymbol{A}$ 的特征行列式为

$$|\boldsymbol{A}-\lambda\boldsymbol{E}|=\begin{vmatrix}1-\lambda & 1 & 1 & 1\\ 1 & -1-\lambda & -1 & 1\\ 1 & -1 & 1-\lambda & -1\\ 1 & 1 & -1 & -1-\lambda\end{vmatrix}=\begin{vmatrix}2-\lambda & 0 & 1 & 1\\ 0 & -2-\lambda & -1 & 1\\ 2-\lambda & 0 & 1-\lambda & -1\\ 0 & -2-\lambda & -1 & -1-\lambda\end{vmatrix}$$

$$=(\lambda-2)(\lambda+2)\begin{vmatrix}1 & 0 & 1 & 1\\ 0 & 1 & -1 & 1\\ 1 & 0 & 1-\lambda & -1\\ 0 & 1 & -1 & -\lambda-1\end{vmatrix}=(\lambda-2)^2(\lambda+2)^2$$

得 $\lambda_1=\lambda_2=2$，$\lambda_3=\lambda_4=-2$.

对于 $\lambda_1=\lambda_2=2$，有

$$\begin{pmatrix}-1 & 1 & 1 & 1\\ 1 & -3 & -1 & 1\\ 1 & -1 & -1 & -1\\ 1 & 1 & -1 & -3\end{pmatrix}\begin{pmatrix}x\\ y\\ z\\ w\end{pmatrix}=\boldsymbol{0}$$

$$\begin{pmatrix}-1 & 1 & 1 & 1\\ 1 & -3 & -1 & 1\\ 1 & -1 & -1 & -1\\ 1 & 1 & -1 & -3\end{pmatrix}\rightarrow\begin{pmatrix}1 & -1 & -1 & -1\\ 0 & 2 & 0 & -2\\ 0 & 0 & 0 & 0\\ 0 & -2 & 0 & 2\end{pmatrix}\rightarrow\begin{pmatrix}1 & 0 & -1 & -2\\ 0 & 1 & 0 & -1\\ 0 & 0 & 0 & 0\\ 0 & 0 & 0 & 0\end{pmatrix}$$

得基础解系为 $\eta_1=\begin{pmatrix}1\\ 0\\ 1\\ 0\end{pmatrix}$，$\eta_2=\begin{pmatrix}2\\ 1\\ 0\\ 1\end{pmatrix}$.

经过正交化、标准化，得

$$\boldsymbol{\gamma}_1=\frac{1}{\sqrt{2}}(1,\ 0,\ 1,\ 0)^{\mathrm{T}},\ \boldsymbol{\gamma}_2=\frac{1}{2}(1,\ 1,\ -1,\ 1)^{\mathrm{T}}$$

对于 $\lambda_1=\lambda_2=-2$，有

$$\begin{pmatrix}3 & 1 & 1 & 1\\ 1 & 1 & -1 & 1\\ 1 & -1 & 3 & -1\\ 1 & 1 & -1 & 1\end{pmatrix}\begin{pmatrix}x\\ y\\ z\\ w\end{pmatrix}=\boldsymbol{0}$$

$$\begin{pmatrix}3 & 1 & 1 & 1\\ 1 & 1 & -1 & 1\\ 1 & -1 & 3 & -1\\ 1 & 1 & -1 & 1\end{pmatrix}\rightarrow\begin{pmatrix}1 & 1 & -1 & 1\\ 0 & 2 & -4 & 2\\ 0 & 2 & -4 & 2\\ 0 & 0 & 0 & 0\end{pmatrix}\rightarrow\begin{pmatrix}1 & 0 & 1 & 0\\ 0 & 1 & -2 & 1\\ 0 & 0 & 0 & 0\\ 0 & 0 & 0 & 0\end{pmatrix}$$

得基础解系为

$$\eta_3=\begin{pmatrix}0\\-1\\0\\1\end{pmatrix},\ \eta_4=\begin{pmatrix}-1\\2\\1\\0\end{pmatrix}$$

经过正交化、标准化，得

$$\boldsymbol{\gamma}_3=\frac{1}{\sqrt{2}}(0,\ -1,\ 0,\ 1)^{\mathrm{T}},\ \boldsymbol{\gamma}_4=\frac{1}{2}(-1,\ 1,\ 1,\ 1)^{\mathrm{T}}$$

令正交矩阵

$$\boldsymbol{U}=\frac{1}{2\sqrt{2}}\begin{pmatrix}2&\sqrt{2}&0&-\sqrt{2}\\0&\sqrt{2}&-2&\sqrt{2}\\2&-\sqrt{2}&0&\sqrt{2}\\0&\sqrt{2}&2&\sqrt{2}\end{pmatrix}$$

则 $\boldsymbol{\gamma}_1$，$\boldsymbol{\gamma}_2$，$\boldsymbol{\gamma}_3$，$\boldsymbol{\gamma}_4$ 为 V 的标准正交基，使 $\boldsymbol{\sigma}$ 在这组标准正交基下的矩阵是 $\boldsymbol{U}'\boldsymbol{A}\boldsymbol{U}$ 为对角矩阵 $\mathrm{diag}\{2,\ 2,\ -2,\ -2\}$.

习题 6.5

1. 设 $\boldsymbol{\alpha}_1$，$\boldsymbol{\alpha}_2$，$\boldsymbol{\alpha}_3$ 是三维欧氏空间 V 的标准正交基，证明：

$$\boldsymbol{\beta}_1=\frac{1}{\sqrt{2}}\boldsymbol{\alpha}_1-\frac{1}{\sqrt{2}}\boldsymbol{\alpha}_2,\ \boldsymbol{\beta}_2=\frac{1}{\sqrt{6}}\boldsymbol{\alpha}_1+\frac{1}{\sqrt{6}}\boldsymbol{\alpha}_2-\frac{2}{\sqrt{6}}\boldsymbol{\alpha}_3,\ \boldsymbol{\beta}_3=\frac{1}{\sqrt{3}}\boldsymbol{\alpha}_1+\frac{1}{\sqrt{3}}\boldsymbol{\alpha}_2+\frac{1}{\sqrt{3}}\boldsymbol{\alpha}_3$$

也是 V 的标准正交基.

2. 设 $\boldsymbol{\alpha}_1$，$\boldsymbol{\alpha}_2$，$\boldsymbol{\alpha}_3$，$\boldsymbol{\alpha}_4$ 是四维欧氏空间 V 的标准正交基，证明：

$$\boldsymbol{\beta}_1=\frac{1}{\sqrt{2}}\boldsymbol{\alpha}_1-\frac{1}{\sqrt{2}}\boldsymbol{\alpha}_2,\ \boldsymbol{\beta}_2=\frac{1}{\sqrt{6}}\boldsymbol{\alpha}_1+\frac{1}{\sqrt{6}}\boldsymbol{\alpha}_2+\frac{2}{\sqrt{6}}\boldsymbol{\alpha}_3$$

$$\boldsymbol{\beta}_3=\frac{1}{\sqrt{12}}\boldsymbol{\alpha}_1+\frac{1}{\sqrt{12}}\boldsymbol{\alpha}_2-\frac{1}{\sqrt{12}}\boldsymbol{\alpha}_3-\frac{3}{\sqrt{12}}\boldsymbol{\alpha}_4,\ \boldsymbol{\beta}_4=\frac{1}{2}\boldsymbol{\alpha}_1+\frac{1}{2}\boldsymbol{\alpha}_2-\frac{1}{2}\boldsymbol{\alpha}_3+\frac{1}{2}\boldsymbol{\alpha}_4$$

也是 V 的标准正交基.

3. 证明：3 维向量 $\boldsymbol{\alpha}_1=\frac{1}{3}\begin{pmatrix}1\\2\\2\end{pmatrix}$，$\boldsymbol{\alpha}_2=\frac{1}{3}\begin{pmatrix}2\\1\\-2\end{pmatrix}$，$\boldsymbol{\alpha}_3=\frac{1}{3}\begin{pmatrix}2\\-2\\1\end{pmatrix}$ 是 $\mathbf{R}^3$ 标准正交基.

4. 证明：4 维向量 $\boldsymbol{\alpha}_1=\frac{1}{2}\begin{pmatrix}1\\1\\1\\1\end{pmatrix}$，$\boldsymbol{\alpha}_2=\frac{1}{2}\begin{pmatrix}1\\1\\-1\\-1\end{pmatrix}$，$\boldsymbol{\alpha}_3=\frac{1}{2}\begin{pmatrix}1\\-1\\1\\-1\end{pmatrix}$，$\boldsymbol{\alpha}_4=\frac{1}{2}\begin{pmatrix}1\\-1\\-1\\1\end{pmatrix}$ 是 $\mathbf{R}^4$ 标准正交基.

5. 设 $\mathbf{R}^4$ 的线性变换为

$$\boldsymbol{\sigma}(x,\ y,\ z,\ u)=\frac{1}{2}(x+y+z+u,\ x-y-z+u,\ x-y+z-u,\ x+y-z-u)$$

证明：$\boldsymbol{\sigma}$ 是正交变换，进而证明 $\boldsymbol{\sigma}$ 是旋转变换.

6. 设 $\mathbf{R}^4$ 的线性变换为

$$\boldsymbol{\sigma}(x, y, z, u)=\frac{1}{2}(x-y-z-u, -x+y-z-u, -x-y+z-u, -x-y-z+u)$$

证明：$\boldsymbol{\sigma}$ 是正交变换，进而证明 $\boldsymbol{\sigma}$ 是旋转变换.

7. 设 $\mathbf{R}^4$ 的线性变换为

$$\begin{aligned}\boldsymbol{\sigma}(x, y, z, u)=(&3x+2y+2z+2u, 2x+3y-2z-2u,\\ &2x-2y+3z-2u, 2x-2y-2z+3u)\end{aligned}$$

证明：$\boldsymbol{\sigma}$ 是对称变换，并求 $\mathbf{R}^4$ 的标准正交基，使 $\boldsymbol{\sigma}$ 在这组标准正交基下的矩阵是对角矩阵.

8. 设欧氏空间 V 有线性变换 $\boldsymbol{\sigma}$，$\boldsymbol{\alpha}_1$，$\boldsymbol{\alpha}_2$，$\boldsymbol{\alpha}_3$，$\boldsymbol{\alpha}_4$ 是 V 的标准正交基，

$$\boldsymbol{\sigma}(\boldsymbol{\alpha}_1)=4\boldsymbol{\alpha}_1+3\boldsymbol{\alpha}_2+3\boldsymbol{\alpha}_3+3\boldsymbol{\alpha}_4, \boldsymbol{\sigma}(\boldsymbol{\alpha}_2)=3\boldsymbol{\alpha}_1+4\boldsymbol{\alpha}_2+3\boldsymbol{\alpha}_3+3\boldsymbol{\alpha}_4$$

$$\boldsymbol{\sigma}(\boldsymbol{\alpha}_3)=3\boldsymbol{\alpha}_1+3\boldsymbol{\alpha}_2+4\boldsymbol{\alpha}_3+3\boldsymbol{\alpha}_4, \boldsymbol{\sigma}(\boldsymbol{\alpha}_4)=3\boldsymbol{\alpha}_1+3\boldsymbol{\alpha}_2+3\boldsymbol{\alpha}_3+4\boldsymbol{\alpha}_4$$

证明：$\boldsymbol{\sigma}$ 是对称变换，并求 V 的标准正交基，使 $\boldsymbol{\sigma}$ 在这组标准正交基下的矩阵对角矩阵.

第 6 章总复习题

一、单项选择

1. 下列 $\mathbf{R}^3$ 的子集是其子空间的是(　　).

A. $\{(x_1, x_2, x_3) \mid x_i\in R, x_2+x_3=0\}$　B. $\{(x_1, x_2, x_3) \mid x_i\in R, x_2+x_3\neq 0\}$

C. $\{(x_1, x_2, x_3) \mid x_i\in R, x_2+x_3\leqslant 0\}$　D. $\{(x_1, x_2, x_3) \mid x_i\in R, x_2+x_3\geqslant 0\}$

2. 下列 $\mathbf{R}^3$ 的子集不是其子空间的是(　　).

A. $\{(0, x_2, x_3) \mid x_i\in R\}$　B. $\{0, 0, 0\}$

C. $\{(x_1, x_2, x_3) \mid x_i\in R, x_1=x_2=x_3\}$　D. $\{(x_1, x_2, x_3) \mid x_i\in Q\}$

3. 下列是 $\mathbf{R}^3$ 的基的是(　　).

A. $\{(1, 2, 1), (2, 1, 2), (0, 3, 0)\}$　B. $\{(1, 1, 1), (1, 2, 1), (1, 1, 3)\}$

C. $\{(1, -1, 2), (3, 1, 2), (2, -6, 8)\}$　D. $\{(1, 0, 0), (0, 1, 0), (1, 1, 0)\}$

4. 下列不是 $\mathbf{R}^3$ 的基的是(　　).

A. $\{(1, 1, 0), (0, 1, 1), (0, 0, 1)\}$　B. $\{(1, 0, -1), (0, 0, 1), (1, 1, 1)\}$

C. $\{(1, 0, 0), (1, 1, 0), (1, 1, 1)\}$　D. $\{(1, -1, 2), (1, 2, -1), (3, 0, 3)\}$

5. 把 $(1, 0, -1, 0)$，$(0, 0, 1, -1)$，$(-1, 0, 1, 1)$ 扩充成 $\mathbf{R}^4$ 的基所需向量是(　　).

A. $\boldsymbol{\varepsilon}_1$　B. $\boldsymbol{\varepsilon}_2$　C. $\boldsymbol{\varepsilon}_3$　D. $\boldsymbol{\varepsilon}_4$

6. $\mathbf{R}^4$ 的向量 $(1, 0, 1, 1)$ 关于其基 $\boldsymbol{\varepsilon}_1$，$\boldsymbol{\varepsilon}_2$，$\boldsymbol{\varepsilon}_3$，$\boldsymbol{\varepsilon}_4$ 的坐标是(　　).

A. $(0, 1, 1, 1)$　B. $(1, 0, 1, 1)$　C. $(1, 1, 0, 1)$　D. $(1, 1, 1, 0)$

7. $\mathbf{R}^3$ 的向量 $(1, 1, 1)$ 关于其基 $\boldsymbol{\varepsilon}_1$，$\boldsymbol{\varepsilon}_2+\boldsymbol{\varepsilon}_3$，$\boldsymbol{\varepsilon}_3$ 的坐标是(　　).

A. $(1, 1, 1)$　B. $(1, 0, 1)$　C. $(1, 1, 0)$　D. $(0, 1, 1)$

8. $\mathbf{R}^3$ 的两基 $\{\boldsymbol{\alpha}_1, \boldsymbol{\alpha}_2, \boldsymbol{\alpha}_3\}$，$\{\boldsymbol{\alpha}_2, \boldsymbol{\alpha}_3, \boldsymbol{\alpha}_1\}$ 的过渡矩阵是(　　).

A. $\boldsymbol{E}$　　B. $\begin{pmatrix}0&1&0\\0&0&1\\1&0&0\end{pmatrix}$　　C. $\begin{pmatrix}0&0&1\\1&0&0\\0&1&0\end{pmatrix}$　　D. $\begin{pmatrix}0&1&0\\1&0&0\\0&0&1\end{pmatrix}$

9. 维$(L((0, 0, 1, -1), (0, -1, 0, 1), (0, 1, 2, -2), (1, 0, 0, 0)))=$(　　).

A. 1　　B. 2　　C. 3　　D. 4

10. 任意$(x_1, x_2)\in\mathbf{R}^2$，下列法则为 $\mathbf{R}^2$ 的线性变换的是(　　).

A. $\boldsymbol{\sigma}(x_1, x_2)=(x_1+x_2, x_2-1)$　　B. $\boldsymbol{\sigma}(x_1, x_2)=(x_2, 0)$

C. $\boldsymbol{\sigma}(x_1, x_2)=(0, x_1+1)$　　D. $\boldsymbol{\sigma}(x_1, x_2)=(x_1^2, 0)$

11. 任意$(x_1, x_2)\in\mathbf{R}^2$，下列 $\mathbf{R}^2$ 到自身的变换是线性变换的是(　　).

A. $\boldsymbol{\sigma}(x_1, x_2)=(x_1+1, x_2)$　　B. $\boldsymbol{\sigma}(x_1, x_2)=(\cos x_1, x_2)$

C $\boldsymbol{\sigma}(x_1, x_2)=(0, x_1)$　　D. $\boldsymbol{\sigma}(x_1, x_2)=(x_1, 1)$

12. $\boldsymbol{\sigma}\in L(\mathbf{R}^3)$，$\forall(x_1, x_2, x_3)\in\mathbf{R}^3$，$\boldsymbol{\sigma}(x_1, x_2, x_3)=(x_1+x_2, x_1-x_2, x_2)$，则 $\boldsymbol{\sigma}$ 值域的维数为(　　).

A. 0　　B. 1　　C. 2　　D. 3

13. $\boldsymbol{\sigma}\in L(\mathbf{R}^3)$，任意$(x, y, z)\in\mathbf{R}^3$，$\boldsymbol{\sigma}(x, y, z)=(0, x, y)$，则 $\boldsymbol{\sigma}$ 的值域与核的维数分别为(　　).

A. 1，2　　B. 2，1　　C. 0，3　　D. 3，0

14. $\boldsymbol{\sigma}\in L(\mathbf{R}^3)$，任意$(x_1, x_2, x_3)\in\mathbf{R}^3$，$\boldsymbol{\sigma}(x_1, x_2, x_3)=(x_1, x_1+x_2+x_3, x_1-x_2-x_3)$，则核的维数为(　　).

A. 0　　B. 1　　C. 2　　D. 3

15. $\boldsymbol{\sigma}\in L(\mathbf{R}^3)$，$\boldsymbol{\sigma}(x_1, x_2, x_3)=(x_3, x_2+x_3, x_1+x_2+x_3)$，则 $\boldsymbol{\sigma}$ 在标准基下的矩阵是(　　).

A. $\begin{pmatrix}1&0&0\\0&1&1\\1&1&1\end{pmatrix}$　　B. $\begin{pmatrix}1&0&1\\0&1&1\\0&1&1\end{pmatrix}$　　C. $\begin{pmatrix}0&0&1\\0&1&1\\1&1&1\end{pmatrix}$　　D. $\begin{pmatrix}1&1&1\\1&1&0\\1&0&0\end{pmatrix}$

16. $\boldsymbol{\sigma}\in L(\mathbf{R}^3)$，$\boldsymbol{\sigma}(\boldsymbol{\varepsilon}_1)=\boldsymbol{o}$，$\boldsymbol{\sigma}(\boldsymbol{\varepsilon}_2)=\boldsymbol{\varepsilon}_1+\boldsymbol{\varepsilon}_2$，$\boldsymbol{\sigma}(\boldsymbol{\varepsilon}_3)=\boldsymbol{\varepsilon}_1+\boldsymbol{\varepsilon}_3$，则 $\boldsymbol{\sigma}$ 在基 $\boldsymbol{\varepsilon}_1$，$\boldsymbol{\varepsilon}_2$，$\boldsymbol{\varepsilon}_3$ 下的矩阵为(　　).

A. $\begin{pmatrix}1&0&0\\0&1&0\\1&1&0\end{pmatrix}$　　B. $\begin{pmatrix}0&0&0\\0&1&1\\1&0&1\end{pmatrix}$　　C. $\begin{pmatrix}0&0&1\\0&1&0\\0&1&1\end{pmatrix}$　　D. $\begin{pmatrix}0&1&1\\0&1&0\\0&0&1\end{pmatrix}$

17. $\boldsymbol{\sigma}\in L(\mathbf{R}^n)$，$\boldsymbol{\sigma}(x_1, x_2, \cdots, x_n)=(0, x_1, \cdots, x_{n-1})$，则 $\boldsymbol{\sigma}$ 在标准基下的矩阵是(　　).

A. $\begin{bmatrix}0&\boldsymbol{O}\\\boldsymbol{O}&E_{n-1}\end{bmatrix}$　　B. $\begin{bmatrix}\boldsymbol{O}&0\\E_{n-1}&\boldsymbol{O}\end{bmatrix}$　　C. $\begin{bmatrix}E_{n-1}&\boldsymbol{O}\\\boldsymbol{O}&0\end{bmatrix}$　　D. $\begin{bmatrix}\boldsymbol{O}&E_{n-1}\\0&\boldsymbol{O}\end{bmatrix}$

18. $\boldsymbol{\sigma}\in L(\mathbf{R}^3)$，$\boldsymbol{\sigma}$ 在基 $\boldsymbol{\alpha}_1$，$\boldsymbol{\alpha}_2$，$\boldsymbol{\alpha}_3$ 下的阵$(a_{ij})_3$，则 $\boldsymbol{\sigma}$ 基 $\boldsymbol{\alpha}_3$，$\boldsymbol{\alpha}_2$，$\boldsymbol{\alpha}_1$ 下的阵是(　　).

A. $(a_{ij})_3$　　B. $(a_{ji})_3$　　C. $\begin{pmatrix}a_{33}&a_{23}&a_{13}\\a_{32}&a_{22}&a_{12}\\a_{31}&a_{21}&a_{11}\end{pmatrix}$　　D. $\begin{pmatrix}a_{33}&a_{32}&a_{31}\\a_{23}&a_{22}&a_{21}\\a_{13}&a_{12}&a_{11}\end{pmatrix}$

二、填空

1. 向量空间 V 中任意 $\boldsymbol{\alpha}$，$\boldsymbol{\beta}\in V$，$\forall k$，$l\in P$，$k(\boldsymbol{\alpha}-\boldsymbol{\beta})=$ ________，$(k-l)\boldsymbol{\alpha}=$ ________.

2. 零向量空间指的是 ________，其维数为 ________.

3. 向量空间的基的定义是 ________，维数的定义是 ________.

4. 向量(1, 1, 1)关于基 $\boldsymbol{\varepsilon}_1$，$\boldsymbol{\varepsilon}_1+\boldsymbol{\varepsilon}_2$，$\boldsymbol{\varepsilon}_1+\boldsymbol{\varepsilon}_3$ 的坐标是 ________.

5. 向量 $\boldsymbol{\alpha}_1+\boldsymbol{\alpha}_2$ 关于基 $\boldsymbol{\alpha}_3$，$\boldsymbol{\alpha}_1$，$\boldsymbol{\alpha}_2$ 的坐标是 ________.

6. 基 $\boldsymbol{\alpha}_1$，$\boldsymbol{\alpha}_2$，$\boldsymbol{\alpha}_3$ 到基 $\boldsymbol{\alpha}_2$，$\boldsymbol{\alpha}_1+\boldsymbol{\alpha}_3$，$\boldsymbol{\alpha}_3$ 的过渡矩阵是 ________.

7. 基(1, 1, 1)，(1, 1, 0)，(1, 0, 0)到基 $\boldsymbol{\varepsilon}_1$，$\boldsymbol{\varepsilon}_2$，$\boldsymbol{\varepsilon}_3$ 的过渡矩阵是 ________.

8. 基 $\boldsymbol{\varepsilon}_1$，$\boldsymbol{\varepsilon}_2$，$\boldsymbol{\varepsilon}_3$ 到基(1, 0, 1)，(0, 1, 1)，(1, 1, 0)的过渡矩阵是 ________.

9. 向量空间的子空间的定义是 ________.

10. 向量空间的子集是子空间的充要条件是 ________.

11. 把(2, 1, 3)，(0, 1, 2)扩充成 $\mathbf{R}^3$ 的基所需向量 ________.

12. 线性变换指的是 ________.

13. 设 $\boldsymbol{\sigma}$ 向量空间 V 的线性变换，则 $\boldsymbol{\sigma}(\boldsymbol{o})=$ ________，$\boldsymbol{\sigma}(a_1\boldsymbol{\alpha}_1+a_2\boldsymbol{\alpha}_2+\cdots+a_m\boldsymbol{\alpha}_m)=$ ________.

14. $\boldsymbol{\sigma}\in L(V)$，则 $\boldsymbol{\sigma}(V)=$ ________，$\boldsymbol{\sigma}^{-1}(\boldsymbol{o})=$ ________.

15. $\boldsymbol{\sigma}\in L(\mathbf{R}^3)$，$\boldsymbol{\sigma}(x, y, z)=(y+z, x+z, x+y)$，则 $\boldsymbol{\sigma}$ 在标准基下的矩阵 ________.

16. $\dim V=n$，$\boldsymbol{\sigma}\in L(V)$，则维$(\boldsymbol{\sigma}^{-1}(\boldsymbol{o}))$+维$(\boldsymbol{\sigma}(V))=$ ________.

17. $\dim V=n$，$\boldsymbol{\sigma}\in L(V)$，则 $\boldsymbol{\sigma}$ 可逆$\Leftrightarrow$ ________.

18. 同一线性变换在不同基下的矩阵 ________.

三、计算

1. 求 $L(\boldsymbol{\varepsilon}_1+\boldsymbol{\varepsilon}_2, \boldsymbol{\varepsilon}_1-\boldsymbol{\varepsilon}_3, 2\boldsymbol{\varepsilon}_1+\boldsymbol{\varepsilon}_2, \boldsymbol{\varepsilon}_2+\boldsymbol{\varepsilon}_3)$的维数，并求出其一组基.

2. 求 $L(\boldsymbol{\varepsilon}_1+\boldsymbol{\varepsilon}_2, 2\boldsymbol{\varepsilon}_1+\boldsymbol{\varepsilon}_2, 2\boldsymbol{\varepsilon}_1-\boldsymbol{\varepsilon}_2)$的维数，并求出其一组基.

3. 求下列齐次线性方程组

$$\begin{cases}x_1-x_2-x_3-x_4=0\\2x_1-2x_2+x_3-x_4=0\\3x_1-3x_2+3x_3-x_4=0\\4x_1-4x_2-x_3-3x_4=0\end{cases}$$

解空间的基与维数.

4. 把(2, 1, −1, 3)，(−1, 0, 1, 2)扩充成 $\mathbf{R}^4$ 的基.

5. 把 $\boldsymbol{\varepsilon}_1+\boldsymbol{\varepsilon}_2+\boldsymbol{\varepsilon}_3$，$2\boldsymbol{\varepsilon}_1+\boldsymbol{\varepsilon}_4$ 扩充成 $\mathbf{R}^4$ 的基.

6. 在 $\mathbf{R}^3$ 中，求(1, 2, 1)关于基(1, 1, 1)，(1, 1, −1)，(1, −1, −1)的坐标.

7. 在 $\mathbf{R}^3$ 中，基变换是 $\boldsymbol{\beta}_1=\boldsymbol{\alpha}_1+\boldsymbol{\alpha}_2$，$\boldsymbol{\beta}_2=\boldsymbol{\alpha}_2+\boldsymbol{\alpha}_3$，$\boldsymbol{\beta}_3=\boldsymbol{\alpha}_1+\boldsymbol{\alpha}_3$，求相应的坐标变换.

8. 设 $\boldsymbol{\alpha}_1$，$\boldsymbol{\alpha}_2$，…，$\boldsymbol{\alpha}_n$ 是 n 维向量空间 V 的基，求它到基 $\boldsymbol{\alpha}_2$，$\boldsymbol{\alpha}_3$，…，$\boldsymbol{\alpha}_n$，$\boldsymbol{\alpha}_1$ 的过渡矩阵.

9. 设(1, 0, 0)，(2, 1, 0)，(1, 1, 1)为 $\mathbf{R}^3$ 的基，求(1, 2, 1)关于该基的坐标及由该基到标准基的过渡矩阵.

10. 求 $\mathbf{R}^3$ 的基(1, 0, 0)，(1, 1, 0)，(1, 1, 1)到基(1, 2, 1)，(1, 0, 2)，(1, 0, −1)

的过渡矩阵.

11. 设 $\mathbf{R}^3$ 的两基 $\boldsymbol{\alpha}_1=(1,0,1)$，$\boldsymbol{\alpha}_2=(2,1,1)$，$\boldsymbol{\alpha}_3=(1,1,1)$；$\boldsymbol{\beta}_1=(1,2,1)$，$\boldsymbol{\beta}_2=(2,2,1)$，$\boldsymbol{\beta}_3=(2,-1,1)$，求在两基下坐标相等的向量.

12. 设 $\mathbf{R}^3$ 的两基 $\boldsymbol{\alpha}_1=(1,0,1)$，$\boldsymbol{\alpha}_2=(2,1,0)$，$\boldsymbol{\alpha}_3=(1,1,1)$；$\boldsymbol{\beta}_1=(1,2,-1)$，$\boldsymbol{\beta}_2=(2,2,-1)$，$\boldsymbol{\beta}_3=(2,-1,-1)$，定义 $\boldsymbol{\sigma}(\boldsymbol{\alpha}_i)=\boldsymbol{\beta}_i(i=1,2,3)$.

(1) 求两基间的过渡矩阵；

(2) 求 $\boldsymbol{\sigma}$ 分别在两基下的矩阵.

13. 设 $\boldsymbol{\sigma}\in L(\mathbf{R}^4)$，$\boldsymbol{\sigma}(x,y,z,u)=(x+y,x-y,z+u,z-u)$，求 $\boldsymbol{\sigma}$ 在标准基下矩阵及 $\boldsymbol{\sigma}^{-1}$.

14. 设 $\boldsymbol{\sigma}\in L(\mathbf{R}^3)$，$\boldsymbol{\sigma}$ 在标准基下的矩阵为 $\begin{pmatrix}1&2&0\\2&2&-2\\1&2&0\end{pmatrix}$，求 $\boldsymbol{\sigma}$ 的值域与核的基及其维数.

15. 设 $\boldsymbol{\sigma}\in L(\mathbf{R}^3)$，$\boldsymbol{\sigma}((1,1,1)=(1,2,3)$，$\boldsymbol{\sigma}((1,1,0)=(-1,1,1)$，$\boldsymbol{\sigma}((1,0,0))=(1,0,-2)$，求 $\boldsymbol{\sigma}$ 在基 $\boldsymbol{\varepsilon}_1$，$\boldsymbol{\varepsilon}_2$，$\boldsymbol{\varepsilon}_3$ 下的矩阵.

16. 设 $\boldsymbol{\sigma}\in L(\mathbf{R}^3)$，$\boldsymbol{\sigma}(x,y,z)=(y+z,x+z,x+y)$，求 $\boldsymbol{\sigma}$ 在基 $\boldsymbol{\alpha}=(1,1,1)$，$\boldsymbol{\beta}=(1,1,0)$，$\gamma=(1,0,0)$下的矩阵.

17. 设 $\boldsymbol{\sigma}\in L(\mathbf{R}^3)$，$\boldsymbol{\sigma}(\boldsymbol{\varepsilon}_1)=\boldsymbol{\varepsilon}_1+2\boldsymbol{\varepsilon}_3$，$\boldsymbol{\sigma}(\boldsymbol{\varepsilon}_2)=\boldsymbol{\varepsilon}_1-2\boldsymbol{\varepsilon}_2+\boldsymbol{\varepsilon}_3$，$\boldsymbol{\sigma}(\boldsymbol{\varepsilon}_3)=\boldsymbol{\varepsilon}_1$，求 $\boldsymbol{\sigma}$ 在基 $\boldsymbol{\varepsilon}_1+\boldsymbol{\varepsilon}_3$，$\boldsymbol{\varepsilon}_2$，$\boldsymbol{\varepsilon}_3$ 下的矩阵.

18. 设 $\boldsymbol{\sigma}\in L(\mathbf{R}^3)$，$\boldsymbol{\sigma}(x,y,z)=(-x,-z,-y)$，① 求 $\boldsymbol{\sigma}$ 的特征值，② 讨论 $\boldsymbol{\sigma}$ 的对角化.

19. 设 $\boldsymbol{\sigma}\in L(\mathbf{R}^3)$，$\boldsymbol{\sigma}((a_1,a_2,a_3))=(26a_1-2a_2-2a_3,-2a_1+23a_2-4a_3,-2a_1-4a_2+23a_3)$，求 $\mathbf{R}^3$ 的一组基，使 $\boldsymbol{\sigma}$ 在该基下的矩阵为对角阵.

20. 已知 $A=\begin{pmatrix}1&2&-2\\2&1&-2\\-2&-2&1\end{pmatrix}$，$\boldsymbol{\sigma}\in L(\mathbf{R}^3)$，$\forall\xi\in\mathbf{R}^3$，$\boldsymbol{\sigma}(\xi)=A\xi$，求 $\mathbf{R}^3$ 的一组标准正交基，使 $\boldsymbol{\sigma}$ 在该基下的矩阵为对角阵.

四、证明

1. 试证：若向量空间 V 有一非零向量，则 V 有无穷多个元素.

2. 设 $W_i\leqslant V$，$(i=1,2)$，证明：$W_1\cap W_2\leqslant V$，$W_1+W_2\leqslant V$.

3. 证明：$\boldsymbol{\alpha}_1=(1,1,0)$，$\boldsymbol{\alpha}_2=(0,-1,-1)$，$\boldsymbol{\alpha}_3=(1,0,1)$与 $\boldsymbol{\beta}_1=(2,2,2)$，$\boldsymbol{\beta}_2=(0,1,1)$，$\boldsymbol{\beta}_3=(1,0,-1)$均为 $\mathbf{R}^3$ 的基，并求两基间的过渡矩阵.

4. 设 $\boldsymbol{\alpha}_1,\boldsymbol{\alpha}_2,\cdots,\boldsymbol{\alpha}_n\in V$，维$(V)=n$，而且 V 的任一向量可由 $\boldsymbol{\alpha}_1,\boldsymbol{\alpha}_2,\cdots,\boldsymbol{\alpha}_n$ 线性表出，证明：$\boldsymbol{\alpha}_1,\boldsymbol{\alpha}_2,\cdots,\boldsymbol{\alpha}_n$ 是 V 的一组基.

5. 设 $\boldsymbol{\alpha}_1,\boldsymbol{\alpha}_2,\cdots,\boldsymbol{\alpha}_n\in V$，而且 V 的任一向量可由 $\boldsymbol{\alpha}_1,\boldsymbol{\alpha}_2,\cdots,\boldsymbol{\alpha}_n$ 唯一线性表出，证明：$\boldsymbol{\alpha}_1,\boldsymbol{\alpha}_2,\cdots,\boldsymbol{\alpha}_n$ 是 V 的一组基.

6. 在 $\mathbf{R}^3$ 中，$\boldsymbol{\beta}_1=(1,1,0)$，$\boldsymbol{\beta}_2=(2,1,0)$，$\boldsymbol{\beta}_3=(6,3,2)$，证明：$\boldsymbol{\beta}_1$，$\boldsymbol{\beta}_2$，$\boldsymbol{\beta}_3$ 为 $\mathbf{R}^3$ 的一组基，并求 $\boldsymbol{\alpha}=(1,1,1)$关于该基的坐标.

7. 设 W_1，W_2 为向量空间 V 的子空间，且 $W_1 \subset W_2$，维(W_1) = 维(W_2)，证明：$W_1 = W_2$.

8. 设向量空间 V 的向量 $\boldsymbol{\alpha}_1$，$\boldsymbol{\alpha}_2$，$\boldsymbol{\alpha}_3$ 满足 $k_1\boldsymbol{\alpha}_1 + k_2\boldsymbol{\alpha}_2 + k_3\boldsymbol{\alpha}_3 = 0$，$k_1k_2 \neq 0$ 证明：$L(\boldsymbol{\alpha}_1, \boldsymbol{\alpha}_3) = L(\boldsymbol{\alpha}_2, \boldsymbol{\alpha}_3)$.

9. 在 $\mathbf{R}^3$ 中，$\boldsymbol{\alpha} = (1, 0, 1)$，$\boldsymbol{\beta} = (0, 1, 0)$，证明：$L(\boldsymbol{\alpha}, \boldsymbol{\beta})$是平面 $x - z = 0$.

10. 在向量空间 V 中，设 $\boldsymbol{\beta}_1 = \boldsymbol{\alpha}_2 + \boldsymbol{\alpha}_3 + \cdots + \boldsymbol{\alpha}_n$，$\boldsymbol{\beta}_2 = \boldsymbol{\alpha}_1 + \boldsymbol{\alpha}_3 + \cdots + \boldsymbol{\alpha}_n$，…，$\boldsymbol{\beta}_n = \boldsymbol{\alpha}_1 + \boldsymbol{\alpha}_2 + \cdots + \boldsymbol{\alpha}_{n-1}$，证明：$L(\boldsymbol{\alpha}_1, \boldsymbol{\alpha}_2, \cdots, \boldsymbol{\alpha}_n) = L(\boldsymbol{\beta}_1, \boldsymbol{\beta}_2, \cdots, \boldsymbol{\beta}_n)$.

11. 在 $\mathbf{R}^3$ 中，定义变换 $\boldsymbol{\sigma}(x, y, z) = (x - y + z, x + y, x - z)$，证明：$\boldsymbol{\sigma} \in L(\mathbf{R}^3)$.

12. $\mathbf{R}^4$ 的变换 $\boldsymbol{\sigma}(x_1, x_2, x_3, x_4) = (x_1 + x_2, x_1 - x_2, x_3 + x_4, x_3 - x_4)$，证明：$\boldsymbol{\sigma}$ 可逆线性变换.

13. $\boldsymbol{\sigma} \in L(V)$，$\xi \in V$ 且 $\boldsymbol{\sigma}^{k-1}(\xi) \neq 0$，但 $\boldsymbol{\sigma}^k(\xi) = 0$，证明：$\xi$，$\boldsymbol{\sigma}(\xi)$，…，$\boldsymbol{\sigma}^{k-1}(\xi)$线性无关.

14. 设 $\boldsymbol{\sigma} \in L(V)$，$\{\boldsymbol{\alpha}_1, \boldsymbol{\alpha}_2, \cdots, \boldsymbol{\alpha}_n\}$为 V 的一组基，证明：$\boldsymbol{\sigma}$ 可逆$\Leftrightarrow \boldsymbol{\sigma}(\boldsymbol{\alpha}_1)$，$\boldsymbol{\sigma}(\boldsymbol{\alpha}_2)$，…，$\boldsymbol{\sigma}(\boldsymbol{\alpha}_n)$线性无关.

15. 设 $\mathbf{R}^4$ 的线性变换为

$$\boldsymbol{\sigma}(x, y, z, u) = \frac{1}{2}(-x + y + z + u, x - y + z + u, x + y - z + u, x + y + z - u)$$

证明：$\boldsymbol{\sigma}$ 是正交变换，进而证明 $\boldsymbol{\sigma}$ 是旋转变换.

16. 设 $\mathbf{R}^4$ 的线性变换为

$$\boldsymbol{\sigma}(x, y, z, u) = \frac{1}{2}(x - y - z - u, -x + y - z - u, -x - y + z - u, -x - y - z + u)$$

证明：$\boldsymbol{\sigma}$ 是正交变换，进而证明 $\boldsymbol{\sigma}$ 是镜面反射.

第 7 章　用 Mathematica 解线性代数问题

Mathematica 软件是一款功能强大的计算软件，它可以用来解决线性代数几乎所有的计算问题，如行列式的计算、矩阵的运算与初等变换、线性方程组的求解、特征值与特征向量的计算、二次型的化简等.

7.1　Mathematica 基本使用

首先，讨论打开和关闭 Mathematica 软件的方法.

1. 启动与退出 Mathematica

在 Windows 环境下，启动和退出 Mathematica 软件的方法和其它 Windows 应用程序相同，只需找到 Mathematica 图标，双击它即可打开. 此时，会出现 Mathematica 工作界面，它由位于屏幕上方的主菜单条、左边以 Untitled-1 命名的记事本和右边的基本输入工具条(即基本输入面板)三部分组成. 我们最常用的是系统菜单 File、Input 以及 File 的下拉菜单 Palettes. Mathematica 软件的退出与通常的 Windows 下应用程序的退出方式一致，可以通过 File 的下拉菜单 Exit、按 Alt＋F4 键，或者单击窗口的关闭按钮等退出 Mathematica 软件. 如果记事本中的内容未保存，系统会提示用户进行保存.

2. 输入和运行

Mathematica 软件提供了多种输入数学表达式的方法，可以用键盘输入、工具条输入或者快捷方式输入运算符、数学表达式或者特殊字符. 在记事本工作屏幕中，当用户输入 Mathematica 命令，按 Shift＋Enter 键或者数字键盘中的 Enter 键后，系统执行命令.

3. 函数的使用

初学者将 Mathematica 软件当成一个最高级的函数计算器来使用，各种操作主要是靠函数来实现. Mathematica 软件提供的函数种类繁多、功能强大，“函数”已不限于数学上的含义了，Mathematica 软件有实现各种操作的函数. 本章主要分门别类地学习各种线性代数解题函数的功能及其调用方法.

4. 矩阵和向量的输入

在 Mathematica 软件中，矩阵和向量的本质是一个表. $\{a_1, a_2, \cdots, a_n\}$ 表示一个向量：

$$\{\{a_{11}, a_{12}, \cdots, a_{1n}\}, \{a_{21}, a_{22}, \cdots, a_{2n}\}, \cdots, \{a_{m1}, a_{m2}, \cdots, a_{mn}\}\}$$

这表示一个 m 行 n 列的矩阵，其中每一个子表都表示矩阵的某一行. 矩阵的输入有以下三种方法：

(1) 如{{1, 2, 3}, {4, 5, 6}}表示一个 2 行 3 列的矩阵.

(2) 由模板输入矩阵. 基本输入模板中有输入 2 阶方阵的按钮，单击此按钮则输入一个空白的 2 阶方阵. 按“Ctrl＋，”使矩阵增加一列，按“Ctrl＋Enter”使矩阵增加一行，按 Delete 键删除一行或一列.

(3) 由菜单输入矩阵. 打开系统菜单的 Input 项，Creat Table/Matrix/Palette 可用于建立一个矩阵.

不管用何种方法输入矩阵，矩阵总是按表的形式输出，因此，调用函数 MatrixForm 将表的形式的矩阵转化为一般的矩阵.

另外，Mathematica 软件自身有一本完全的说明书，即帮助文档 Help. 用户在实际操作过程中遇到什么问题，可以调用 Help 文档寻求帮助与指示.

7.2　行列式的计算

在 Mathematica 软件中，计算行列式调用函数命令 Det[ ].

例 7.2.1　计算行列式 $\begin{vmatrix} 1 & 3 & 7 & 10 \\ 5 & 6 & 2 & 42 \\ 8 & 9 & 7 & 1 \\ 11 & 2 & 5 & 6 \end{vmatrix}$.

解　输入为

$$\mathrm{Det}\left[\begin{pmatrix} 1 & 3 & 7 & 10 \\ 5 & 6 & 2 & 42 \\ 8 & 9 & 7 & 1 \\ 11 & 2 & 5 & 6 \end{pmatrix}\right]$$

输出为－20497.

例 7.2.2　解方程 $\begin{vmatrix} 1-x & 10 & 4 & -5 \\ -1 & 4-x & 1 & 0 \\ 0 & -4 & -x & 2 \\ -2 & 2 & 1 & 3-x \end{vmatrix}=0$.

解　输入为

$$\mathrm{A} = \begin{pmatrix} 1-x & 10 & 4 & -5 \\ -1 & 4-x & 1 & 0 \\ 0 & -4 & -x & 2 \\ -2 & 2 & 1 & 3-x \end{pmatrix};$$

B = Det[A];

Factor[B]

输出为$(-4+x)(-2+x)(-1+x)^2$，故解为

$$x_1 = x_2 = 1,\ x_3 = 2,\ x_4 = 4$$

例 7.2.3　用克莱姆法则解线性方程组 $\begin{cases} x_1-x_2+x_3+2x_4=3 \\ 3x_1-x_2+2x_3+2x_4=6 \\ 2x_1-2x_2-x_3+2x_4=1 \\ 3x_1-x_2+3x_3-x_4=4 \end{cases}$.

解　输入为

$$\mathrm{Det}\left[\begin{pmatrix} 1 & -1 & 1 & 2 \\ 3 & -1 & 2 & 2 \\ 2 & -2 & -1 & 2 \\ 3 & -1 & 3 & -1 \end{pmatrix}\right]$$

输出为 22.

输入为

$$\mathrm{Det}\left[\begin{pmatrix} 3 & -1 & 1 & 2 \\ 6 & -1 & 2 & 2 \\ 1 & -2 & -1 & 2 \\ 4 & -1 & 3 & -1 \end{pmatrix}\right]$$

输出为 22.

输入为

$$\mathrm{Det}\left[\begin{pmatrix} 1 & 3 & 1 & 2 \\ 3 & 6 & 2 & 2 \\ 2 & 1 & -1 & 2 \\ 3 & 4 & 3 & -1 \end{pmatrix}\right]$$

输出为 22.

输入为

$$\mathrm{Det}\left[\begin{pmatrix} 1 & -1 & 3 & 2 \\ 3 & -1 & 6 & 2 \\ 2 & -2 & 1 & 2 \\ 3 & -1 & 4 & -1 \end{pmatrix}\right]$$

输出为 22.

输入为

$$\mathrm{Det}\left[\begin{pmatrix} 1 & -1 & 1 & 3 \\ 3 & -1 & 2 & 6 \\ 2 & -2 & -1 & 1 \\ 3 & -1 & 3 & 4 \end{pmatrix}\right]$$

输出为 22.

故解为

$$x_1 = x_2 = x_3 = x_4 = 1$$

7.3 矩阵的运算

在 Mathematica 软件中，矩阵的加减、数乘运算就是常规的键盘语言运算. 乘法运算用“.”表示，转置运算调用函数 Transpose，求逆运算调用函数 Inverse，求秩运算调用函数 MatrixRank，化行最简形调用函数 RowReduce.

例 7.3.1 矩阵 $\boldsymbol{A}=\begin{pmatrix}1&9\\2&7\\8&5\end{pmatrix}$，$\boldsymbol{B}=\begin{bmatrix}5&4&7\\7&2&1\end{bmatrix}$，计算 $2\boldsymbol{AB}-3\boldsymbol{B}^{\mathrm{T}}\boldsymbol{A}^{\mathrm{T}}$.

解 输入为

$$\mathrm{A}=\begin{pmatrix}1&9\\2&7\\8&5\end{pmatrix};\ \mathrm{B}=\begin{bmatrix}5&4&7\\7&2&1\end{bmatrix};$$

2A. B－3Transpose[B]. Transpose[A]//MatrixForm

输出为

$$\begin{pmatrix}-68&-133&-193\\52&-22&-84\\102&21&-61\end{pmatrix}$$

例 7.3.2 矩阵 $\boldsymbol{A}=\begin{pmatrix}1&4&4\\2&7&3\\1&3&0\end{pmatrix}$，$\boldsymbol{B}=\begin{pmatrix}1&0\\5&7\\2&1\end{pmatrix}$，解矩阵方程 $\boldsymbol{AX}=\boldsymbol{B}$.

解 解法一，输入为

$$\mathrm{A}=\begin{pmatrix}1&4&4\\2&7&3\\1&3&0\end{pmatrix};\ \mathrm{B}=\begin{pmatrix}1&0\\5&7\\2&1\end{pmatrix};$$

Inverse[A]. B//MatrixForm

输出为

$$\begin{pmatrix}-19&-68\\7&23\\-2&-6\end{pmatrix}$$

解法二，输入为

$$\mathrm{RowReduce}\left[\begin{pmatrix}1&4&4&1&0\\2&7&3&5&7\\1&3&0&2&1\end{pmatrix}\right]//\mathrm{MatrixForm}$$

输出为

$$\begin{pmatrix}1&0&0&-19&-68\\0&1&0&7&23\\0&0&1&-2&-6\end{pmatrix}$$

故

$$X=\begin{pmatrix}-19 & -68\\ 7 & 23\\ -2 & -6\end{pmatrix}$$

例 7.3.3 矩阵 $A=\begin{pmatrix}1 & -2 & 3 & -1 & 3\\ 2 & -4 & 3 & -3 & 4\\ 3 & -6 & 0 & -2 & 5\\ 1 & -2 & 1 & -1 & 2\end{pmatrix}$，求 A 的秩与列向量组的极大无关组，并把其余列向量用极大无关组线性表示.

解 输入为

$$\text{RowReduce}[\begin{pmatrix}1 & -2 & 3 & -1 & 3\\ 2 & -4 & 3 & -3 & 4\\ 3 & -6 & 0 & -2 & 5\\ 1 & -2 & 1 & -1 & 2\end{pmatrix}]//\text{MatrixForm}$$

输出为

$$\begin{pmatrix}1 & -2 & 0 & 0 & 2\\ 0 & 0 & 1 & 0 & \frac{1}{2}\\ 0 & 0 & 0 & 1 & \frac{1}{2}\\ 0 & 0 & 0 & 0 & 0\end{pmatrix}$$

故 A 的秩为 3，列向量组的极大无关组为

$$\boldsymbol{\alpha}=\begin{pmatrix}1\\2\\3\\1\end{pmatrix},\ \boldsymbol{\beta}=\begin{pmatrix}3\\3\\0\\1\end{pmatrix},\ \boldsymbol{\gamma}=\begin{pmatrix}-1\\-2\\-3\\-1\end{pmatrix}$$

并且有

$$\boldsymbol{\xi}=\begin{pmatrix}-2\\-4\\-6\\-2\end{pmatrix}=-2\boldsymbol{\alpha},\ \boldsymbol{\eta}=\begin{pmatrix}3\\4\\5\\2\end{pmatrix}=2\boldsymbol{\alpha}+\frac{1}{2}\boldsymbol{\beta}+\frac{1}{2}\boldsymbol{\gamma}$$

7.4 解线性方程组

在 Mathematica 软件中，解线性方程组只需调用化行最简形函数 RowReduce.

例 7.4.1　解线性方程组 $\begin{cases} x_1-x_2+x_3+x_4+x_5=1 \\ 2x_1-x_2+3x_3+x_4+2x_5=2 \\ 3x_1-2x_2+4x_3+2x_4+3x_5=3 \\ x_1-2x_2+2x_4+x_5=1 \\ 4x_1-3x_2+5x_3+3x_4+4x_5=4 \end{cases}$.

解　输入为

$$\text{RowReduce}\left[\begin{pmatrix} 1 & -1 & 1 & 1 & 1 & 1 \\ 2 & -1 & 3 & 1 & 2 & 2 \\ 3 & -2 & 4 & 2 & 3 & 3 \\ 1 & -2 & 0 & 2 & 1 & 1 \\ 4 & -3 & 5 & 3 & 4 & 4 \end{pmatrix}\right]//\text{MatrixForm}$$

输出为

$$\begin{pmatrix} 1 & 0 & 2 & 0 & 1 & 1 \\ 0 & 1 & 1 & -1 & 0 & 0 \\ 0 & 0 & 0 & 0 & 0 & 0 \\ 0 & 0 & 0 & 0 & 0 & 0 \\ 0 & 0 & 0 & 0 & 0 & 0 \end{pmatrix}$$

得一般解为

$$\begin{cases} x_1 = 1-2x_3-x_5 \\ x_2 = -x_3+x_4 \end{cases}$$

导出组的基础解系与原方程组的一个特解为

$$\boldsymbol{\eta}_1 = \begin{pmatrix} -2 \\ -1 \\ 1 \\ 0 \\ 0 \end{pmatrix},\ \boldsymbol{\eta}_2 = \begin{pmatrix} 0 \\ 1 \\ 0 \\ 1 \\ 0 \end{pmatrix},\ \boldsymbol{\eta}_3 = \begin{pmatrix} -1 \\ 0 \\ 0 \\ 0 \\ 1 \end{pmatrix};\ \boldsymbol{X}_0 = \begin{pmatrix} 1 \\ 0 \\ 0 \\ 0 \\ 0 \end{pmatrix}$$

所给方程组的通解为

$$\boldsymbol{X} = \boldsymbol{X}_0 + a\boldsymbol{\eta}_1 + b\boldsymbol{\eta}_2 + c\boldsymbol{\eta}_3 = \begin{pmatrix} 1 \\ 0 \\ 0 \\ 0 \\ 0 \end{pmatrix} + a\begin{pmatrix} -2 \\ -1 \\ 1 \\ 0 \\ 0 \end{pmatrix} + b\begin{pmatrix} 0 \\ 1 \\ 0 \\ 1 \\ 0 \end{pmatrix} + c\begin{pmatrix} -1 \\ 0 \\ 0 \\ 0 \\ 1 \end{pmatrix}$$

7.5　求矩阵的特征值、特征向量、矩阵的相似对角化

在 Mathematica 软件中，求矩阵的特征值、特征向量、矩阵的相似对角化时，可分别调用特征值函数 Eigenvalues、特征向量函数 Eigenvectors、特征系统函数 Eigensystem.

例 7.5.1 求矩阵 $\boldsymbol{A}=\begin{pmatrix}6 & 3 & 1\\ -5 & -2 & -1\\ -5 & -3 & 0\end{pmatrix}$ 的特征值、特征向量. 该矩阵是否可以相似对角化?

解 输入为

$$\text{Eigensystem}\left[\begin{pmatrix}6 & 3 & 1\\ -5 & -2 & -1\\ -5 & -3 & 0\end{pmatrix}\right]//\text{MatrixForm}$$

输出为

$$\begin{bmatrix}2 & 1 & 1\\ \{-1,1,1\} & \{-1,0,5\} & \{-3,5,0\}\end{bmatrix}$$

故 $\boldsymbol{A}$ 的特征值为 2, 1, 1; 对应的特征向量为 $(-1,1,1)^{\mathrm{T}}$, $(-1,0,5)^{\mathrm{T}}$, $(-3,5,0)^{\mathrm{T}}$. 显然 $\boldsymbol{A}$ 可以对角化, 且有

$$\begin{pmatrix}-1 & -1 & -3\\ 1 & 0 & 5\\ 1 & 5 & 0\end{pmatrix}^{-1}\begin{pmatrix}6 & 3 & 1\\ -5 & -2 & -1\\ -5 & -3 & 0\end{pmatrix}\begin{pmatrix}-1 & -1 & -3\\ 1 & 0 & 5\\ 1 & 5 & 0\end{pmatrix}=\begin{pmatrix}2 & & \\ & 1 & \\ & & 1\end{pmatrix}$$

例 7.5.2 求矩阵 $\boldsymbol{A}=\begin{pmatrix}7 & 4 & 1\\ -6 & -3 & -1\\ -7 & -5 & 0\end{pmatrix}$ 的特征值、特征向量. 该矩阵是否可以相似对角化?

解 解法一, 输入为

$$\text{Eigensystem}\left[\begin{pmatrix}7 & 4 & 1\\ -6 & -3 & -1\\ -7 & -5 & 0\end{pmatrix}\right]//\text{MatrixForm}$$

输出为

$$\begin{bmatrix}2 & 1 & 1\\ \{-1,1,1\} & \{-1,1,2\} & \{0,0,0\}\end{bmatrix}$$

故 $\boldsymbol{A}$ 的特征值为 2, 1, 1; 特征值 2 对应的特征向量为 $(-1,1,1)^{\mathrm{T}}$, 特征值 1 对应的特征向量为 $(-1,1,2)^{\mathrm{T}}$. 显然 $\boldsymbol{A}$ 不可以对角化.

解法二, 输入为

$$\text{A}=\begin{pmatrix}7 & 4 & 1\\ -6 & -3 & -1\\ -7 & -5 & 0\end{pmatrix};$$

Eigenvalues[A] //MatrixForm

Eigenvectors[A] //MatrixForm

输出为

$$\begin{pmatrix}2\\ 1\\ 1\end{pmatrix}$$

$$\begin{pmatrix}-1 & 1 & 1\\ -1 & 1 & 2\\ 0 & 0 & 0\end{pmatrix}$$

故 $\boldsymbol{A}$ 的特征值为 2，1，1；特征值 2 对应的特征向量为 $(-1, 1, 1)^{\mathrm{T}}$，特征值 1 对应的特征向量为 $(-1, 1, 2)^{\mathrm{T}}$，显然 $\boldsymbol{A}$ 不可以对角化.

*7.6　对称矩阵的正交对角化、二次型的标准形、正定

在 Mathematica 软件中，向量的正交化可调用正交函数 Orvs. 二次型的标准形有两种：一种是利用函数 Qfor 进行正交对角化，另一种是利用函数 Qfel 进行合同对角化. 二次型正定的判断可利用函数 Minor 来实现.

例 7.6.1　利用施密特正交化法化 $\alpha=(1, 1, 1)$，$\beta=(1, -1, 2)$，$\gamma=(1, 0, 2)$ 为标准正交组.

解　输入为

Orvs[{{1, 1, 1}, {1, −1, 1}, {1, 0, 2}}, 0]

输出为

$$\left\{\left\{\frac{1}{\sqrt{3}}, \frac{1}{\sqrt{3}}, \frac{1}{\sqrt{3}}\right\}, \left\{\frac{1}{\sqrt{6}}, -\frac{2}{\sqrt{6}}, \frac{1}{\sqrt{6}}\right\}, \left\{-\frac{1}{\sqrt{2}}, 0, \frac{1}{\sqrt{2}}\right\}\right\}$$

例 7.6.2　求矩阵 $\boldsymbol{A}=\begin{pmatrix}22 & -4 & 2\\ -4 & 22 & -2\\ 2 & -2 & 19\end{pmatrix}$ 的正交对角化.

解　输入为

$$\text{Qfor}\left[\begin{pmatrix}22 & -4 & 2\\ -4 & 22 & -2\\ 2 & -2 & 19\end{pmatrix}, 0\right]$$

输出为

$$\left\{\{18, 18, 27\}, \left\{\left\{\frac{1}{\sqrt{2}}, -\frac{1}{3\sqrt{2}}, \frac{2}{3}\right\}, \left\{\frac{1}{\sqrt{2}}, \frac{1}{3\sqrt{2}}, -\frac{2}{3}\right\}, \left\{0, \frac{4}{3\sqrt{2}}, \frac{1}{3}\right\}\right\}\right\}$$

即存在正交矩阵：

$$\boldsymbol{P}=\frac{1}{3\sqrt{2}}\begin{pmatrix}3 & 3 & 0\\ -1 & 1 & 4\\ 2\sqrt{2} & -2\sqrt{2} & \sqrt{2}\end{pmatrix}$$

使

$$\boldsymbol{P}^{-1}\boldsymbol{AP}=\begin{pmatrix}18 & & \\ & 18 & \\ & & 27\end{pmatrix}$$

例 7.6.3　求非退化线性替换，化二次型 $f=x_1^2+x_2^2+x_3^2+2x_1x_2+2x_1x_3-2x_2x_3$ 为标准形.

解　解法一. 输入为

$$A=\begin{pmatrix}1 & 1 & 1\\ 1 & 1 & -1\\ 1 & -1 & 1\end{pmatrix};$$

Qfor[A, 0]

输出为

$$\left\{\{-1,2,2\},\left\{\left\{-\frac{1}{\sqrt{3}},\frac{1}{\sqrt{2}},\frac{1}{\sqrt{6}}\right\},\left\{\frac{1}{\sqrt{3}},\frac{1}{\sqrt{2}},-\frac{1}{\sqrt{6}}\right\},\left\{\frac{1}{\sqrt{3}},0,\frac{2}{\sqrt{6}}\right\}\right\}\right\}$$

即存在正交替换：

$$\boldsymbol{X}=\frac{1}{\sqrt{6}}\begin{pmatrix}-\sqrt{2} & \sqrt{2} & \sqrt{2}\\ \sqrt{3} & \sqrt{3} & 0\\ 1 & -1 & 2\end{pmatrix}\boldsymbol{Y}$$

使

$$f=-y_1^2+2y_2^2+2y_3^2$$

解法二. 输入为

$$\boldsymbol{A}=\begin{pmatrix}1 & 1 & 1\\ 1 & 1 & -1\\ 1 & -1 & 1\end{pmatrix};$$

Qfel[A, 0]

输出为

$$\left\{\{1,-4,1\},\left\{\{1,-2,0\},\left\{0,1,-\frac{1}{2}\right\},\left\{0,1,\frac{1}{2}\right\}\right\}\right\}$$

即存在非退化的线性替换：

$$\boldsymbol{X}=\frac{1}{2}\begin{pmatrix}2 & 0 & 0\\ -4 & 2 & 2\\ 0 & -1 & 1\end{pmatrix}\boldsymbol{Y}$$

使

$$f=y_1^2-4y_2^2+y_3^2$$

例 7.6.4 判断二次型 $f=5x_1^2+7x_2^2+8x_3^2-2x_1x_2+2x_1x_3-2x_2x_3$ 是否正定.

解 输入为

$$A=\begin{pmatrix}5 & 1 & 1\\ 1 & 7 & -1\\ 1 & -1 & 8\end{pmatrix};$$

Minor[A, 0, 0] //MatrixForm

输出为

$$\begin{pmatrix}5\\ 34\\ 258\end{pmatrix}$$

即 1 阶顺序主子式 5，2 阶顺序主子式 34，3 阶顺序主子式 258，故原二次型正定.

参考答案与提示

★ 习题 1.1

1. (1) $\cos 2x$；(2) $4xy$；(3) -27.

2. (1) $x_1=1$，$x_2=2$；(2) $x_1=1$，$x_2=1$，$x_3=-1$.

3. (1) 36；(2) 18；(3) 14.

★ 习题 1.2

(1) $(-1)^{n-1}n!$；(2) $(-1)^{n-1}n!$；(3) $(-1)^{\frac{(n-1)(n-2)}{2}}n!$；(4) $(-1)^{\frac{(n-1)(n-2)}{2}}n!$.

★ 习题 1.3

1. (1) 224；(2) 50；(3) 33；(4) 13；(5) 50；(6) 33；(7) $\left(\sum_{i=1}^{n}x_i+m\right)m^{n-1}$；
   (8) $\left(1-\frac{1}{2}\sum_{i=3}^{n+1}\frac{1}{i}\right)(n+1)!$.

2. (1) 2，3，4，(2) 2，3，4.

3. (1) $(-1)^{\frac{n(n-1)}{2}}3^{n-1}(2n+3)$；(2) $\left(1+\sum_{i=1}^{n}\frac{2}{i}\right)n!$.

★ 习题 1.4

1. (1) -76；(2) 40；(3) 428；(4) $a_1a_2\cdots a_n+(-1)^{n-1}b_1b_2\cdots b_n$；(5) $(ad-bc)^n$；
   (6) $5^{n+1}-4^{n+1}$.

2. 12，0，-1.

3. (1) 768；(2) 120；(3) 600.

★ 习题 1.5

1. (1) $x_1=1$，$x_2=1$，$x_3=1$，$x_4=1$；(2) $x=1$，$y=1$，$z=1$，$w=0$；
   (3) $x_1=1$，$x_2=-1$，$x_3=1$，$x_4=-1$；(4) $x_1=7$，$x_2=-1$，$x_3=-5$，$x_4=-6$；
   (5) $x_1=1$，$x_2=2$，$x_3=-1$，$x_4=-2$；
   (6) $x_1=4$，$x_2=-14$，$x_3=-4$，$x_4=7$，$x_5=13$.

2. $\lambda\neq-4$，2.

★ 第 1 章总复习题

一、单项选择

1. D　2. D　3. D　4. D　5. B　6. D　7. C　8. D　9. C　10. C
11. C　12. C　13. C　14. C　15. D　16. D　17. C　18. D

二、填空

1. 7；2. 5，6；3. $a+b-c$；4. 2；5. $-cyw$；6. $n-1$；7. 0；8. -11；9. 0

10. $(1+x)x^2$；11. $\begin{cases}D, & i=j\\ 0, & i\neq j\end{cases}$；12. $\begin{cases}D, & s=t\\ 0, & s\neq t\end{cases}$.

三、计算

1. 10，288，-144，a^2b^2；2. -108，56，$a^4-4a^3-22a^2+4a+21$

3. $|0|$，$(x+na-2a)(x-2a)^{n-1}$；

4. $(n-1)(-1)^{n-1}$，$(a+nb-b)(a-b)^{n-1}$，$(1+2n)$；

5. $\left(\sum\limits_{i=1}^{n}a_i-b\right)(-b)^{n-1}$，$1+\sum\limits_{i=1}^{n}a_i$；

6. $x^n+x^{n-1}\sum\limits_{i=1}^{n}a_i$，$1+\sum\limits_{i=1}^{n}\dfrac{a_i}{i}n!$；

7. 1，$(-1)^n na_1a_2\cdots a_n$；8. $2n!-n!\sum\limits_{i=1}^{n}\dfrac{1}{i}$，$\left(a_1-\sum\limits_{i=2}^{n}\dfrac{1}{a_i}\right)a_2a_3\cdots a_n$，$-2(n-2)!$；

9. $\left(1+\sum\limits_{i=1}^{n-1}\dfrac{1}{i}\right)(n-1)!$，$\left(1+\sum\limits_{i=1}^{n-2}\dfrac{2}{i}\right)(n-2)!$，$(-1)^{\frac{n(n-1)}{2}}\dfrac{(n+1)}{2}n^n$；

10. $D_1=a_1-b_1$，$D_2=(a_2-a_1)(b_2-b_1)$，$D_n=0$，$n\geqslant 3$，$(-1)^n x(x-1)\cdots(x-n+1)$；

11. 53224，$(b-a)(c-a)(d-a)(c-b)(d-b)(d-c)(a+b+c+d)$，$2^{n+1}-1$；

12. $x_1=1$，$x_2=-1$，$x_3=1$，$x_4=-1$，$x_1=1$，$x_2=1$，$x_3=1$，$x_4=1$.

★ 习题 2.1

1. (1) $\begin{pmatrix}7 & 7\\ -12 & -1\\ 19 & 16\end{pmatrix}$；(2) (10)；(3) $\begin{pmatrix}3 & 6 & 9\\ 2 & 4 & 6\\ 1 & 2 & 3\end{pmatrix}$.

2. $\begin{pmatrix}-2 & 13 & 22\\ -2 & -17 & 20\\ 4 & 29 & -2\end{pmatrix}$，$\begin{pmatrix}0 & 5 & 8\\ 0 & -5 & 6\\ 2 & 9 & 0\end{pmatrix}$.

★ 习题 2.2

1. (1) $\begin{pmatrix}\cos\theta & \sin\theta\\ -\sin\theta & \cos\theta\end{pmatrix}$；(2) $\begin{pmatrix}-2 & 1 & 0\\ -13/2 & 3 & -1/2\\ -16 & 7 & -1\end{pmatrix}$；(3) $\dfrac{1}{4}\begin{pmatrix}3 & -1 & -1\\ -1 & 3 & -1\\ -1 & -1 & 3\end{pmatrix}$；

(4) $\dfrac{1}{4}\begin{pmatrix}1 & 4 & -1\\ -1 & 0 & 1\\ -1 & -8 & 5\end{pmatrix}$.

2. (1) $\begin{pmatrix}2 & -23\\ 0 & 8\end{pmatrix}$；(2) $\begin{pmatrix}-2 & 2 & 1\\ -\dfrac{8}{3} & 5 & -\dfrac{2}{3}\end{pmatrix}$；(3) $\begin{pmatrix}1 & 1\\ \dfrac{1}{4} & 0\end{pmatrix}$； (4) $\begin{pmatrix}2 & -1 & 0\\ 1 & 3 & -4\\ 1 & 0 & -2\end{pmatrix}$.

4. $\begin{pmatrix}0 & 3 & 3\\ -1 & 2 & 3\\ 1 & 1 & 0\end{pmatrix}$.

5. $\begin{pmatrix}-1 & 0 & 1\\ 2 & -4 & 1\\ -1 & 3 & -1\end{pmatrix}$，$\begin{pmatrix}1 & 3 & 4\\ 1 & 2 & 3\\ 2 & 3 & 4\end{pmatrix}$.

★ 习题 2.3

1. $\begin{pmatrix}1&0&0&0\\0&1&0&0\\0&0&1&0\\0&0&0&0\end{pmatrix}$，$\begin{pmatrix}1&0&0&0&0\\0&1&0&0&0\\0&0&1&0&0\\0&0&0&0&0\end{pmatrix}$，$\begin{pmatrix}1&0&0&0&0\\0&1&0&0&0\\0&0&1&0&0\\0&0&0&0&0\end{pmatrix}$.

2. $\begin{pmatrix}1&1&-2\\1&0&-1\\-2&-1&\frac{7}{2}\end{pmatrix}$，$\frac{1}{5}\begin{pmatrix}-3&2&2\\2&-3&2\\2&2&-3\end{pmatrix}$，$\begin{pmatrix}1&-1&-\frac{2}{3}&\frac{1}{3}\\0&\frac{1}{2}&-\frac{1}{6}&-\frac{1}{24}\\0&0&\frac{1}{3}&-\frac{1}{6}\\0&0&0&\frac{1}{4}\end{pmatrix}$，$\frac{1}{4}\begin{pmatrix}1&1&1&1\\1&1&-1&-1\\1&-1&1&-1\\1&-1&-1&1\end{pmatrix}$.

3. $\begin{pmatrix}4&0\\11&2\\14&5\end{pmatrix}$，$\begin{bmatrix}-8&15&36\\-7&13&32\end{bmatrix}$，$\begin{pmatrix}15&-7&2\\29&-14&4\\23&-11&3\end{pmatrix}$.

4. $\begin{pmatrix}4&-12&-9\\3&-14&-9\\-3&18&13\end{pmatrix}$.

★ 习题 2.4

1. $\begin{pmatrix}-4&3&0\\3&-2&0\\0&0&\frac{1}{7}\end{pmatrix}$，$\begin{pmatrix}\frac{1}{2}&0&0\\0&7&-3\\0&-9&4\end{pmatrix}$，$\begin{pmatrix}1&-2&0&0\\-2&5&0&0\\0&0&2&-3\\0&0&-5&8\end{pmatrix}$，$\frac{1}{4}\begin{pmatrix}1&1&-1&-1\\1&-1&-1&1\\-1&-1&-1&-1\\-1&1&-1&1\end{pmatrix}$

2. $\boldsymbol{D}^{-1}=\begin{pmatrix}\boldsymbol{A}^{-1} & \boldsymbol{O}\\ -\boldsymbol{B}^{-1}\boldsymbol{C}\boldsymbol{A}^{-1} & \boldsymbol{B}^{-1}\end{pmatrix}$.

3. $\boldsymbol{D}^{-1}=\begin{pmatrix}-\boldsymbol{B}^{-1}\boldsymbol{C}\boldsymbol{A}^{-1} & \boldsymbol{B}^{-1}\\ \boldsymbol{A}^{-1} & \boldsymbol{O}\end{pmatrix}$.

4. $\boldsymbol{D}^{-1}=\begin{pmatrix}\boldsymbol{O} & \boldsymbol{B}^{-1}\\ \boldsymbol{A}^{-1} & -\boldsymbol{A}^{-1}\boldsymbol{C}\boldsymbol{B}^{-1}\end{pmatrix}$.

★ 习题 2.5

1. 2，2，3，3，3，2，3.

★ 第 2 章　总复习题

一、单项选择

1. B　2. D　3. C　4. B　5. A　6. C　7. D　8. B　9. C　10. B
11. B　12. C　13. B　14. A　15. C

二、填空

1. (1) , $\begin{pmatrix} 2 & 4 & 6 \\ 1 & 2 & 3 \\ -1 & -2 & -3 \end{pmatrix}$; 2. $\boldsymbol{A}^2+\boldsymbol{BA}-\boldsymbol{AB}-\boldsymbol{B}^2$; 3. 48;

4. $|\boldsymbol{A}|\neq 0, R(\boldsymbol{A})=n$, $\boldsymbol{A}$ 为初等矩阵之积; 5. $\boldsymbol{A}^{-1}\boldsymbol{B}$; 6. $\begin{bmatrix} d & -b \\ -c & a \end{bmatrix}$, $4(ad-bc)$;

7. $-\frac{1}{3}\begin{bmatrix} -2 & 2 \\ 3 & 3 \end{bmatrix}$; 8. $\begin{bmatrix} d & -b \\ -c & a \end{bmatrix}$; 9. $\boldsymbol{A}^{-1}(\boldsymbol{C}+\boldsymbol{D})\boldsymbol{B}^{-1}$; 10. 4, $-\frac{1}{2}$, -2;

11. $\frac{1}{3}$, 9; 12. r, $2r$; 13. 0, $\boldsymbol{E}$ 的阶数.

三、计算

1. $\begin{bmatrix} -20 & 45 \\ 15 & 8 \end{bmatrix}$; 2. $\begin{bmatrix} -2 & -5 & 0 \\ 18 & 3 & -6 \end{bmatrix}$; 3. $\begin{pmatrix} -1 & -6 & 4 \\ 11 & -4 & 0 \\ 3 & 8 & -7 \end{pmatrix}$; 4. $\begin{pmatrix} -1 & 12 & -17 \\ 24 & -32 & -19 \\ -9 & 26 & 8 \end{pmatrix}$;

5. $\begin{pmatrix} -9 & -2 & -10 \\ 6 & 14 & 8 \\ -7 & 5 & -5 \end{pmatrix}$; 6. $\begin{bmatrix} 7 & -8 \\ -4 & 11 \end{bmatrix}$; 7. -4; 8. $\frac{1}{9}\begin{pmatrix} -2 & 4 & 1 \\ 6 & -3 & -3 \\ 1 & -2 & -5 \end{pmatrix}$;

9. $\frac{1}{8}\begin{pmatrix} 2 & -4 & 2 \\ 3 & 2 & -1 \\ -1 & 2 & 3 \end{pmatrix}$; 10. $\begin{pmatrix} 4 & 0 \\ 11 & 2 \\ 14 & 5 \end{pmatrix}$; 11. $\frac{1}{11}\begin{bmatrix} -8 & 5 & -4 \\ -7 & 3 & 2 \end{bmatrix}$; 12. $\frac{1}{2}\begin{pmatrix} 24 & -11 & 4 \\ 46 & -22 & 8 \\ 36 & -17 & 6 \end{pmatrix}$;

13. $\frac{1}{2}\begin{pmatrix} 1 & 0 & 3 \\ 0 & 3 & 0 \\ -3 & 0 & 1 \end{pmatrix}$; 14. $\begin{pmatrix} -3 & 0 & 0 \\ 4 & -3 & 0 \\ 0 & 4 & -3 \end{pmatrix}$; 15. $\begin{pmatrix} 3 & -1 & -1 \\ -1 & 3 & -1 \\ -1 & -1 & 3 \end{pmatrix}$, $\frac{1}{2}\begin{pmatrix} 0 & -1 & -1 \\ -1 & 0 & -1 \\ -1 & -1 & 0 \end{pmatrix}$;

16. 2.

★ 习题 3.1

1. $\begin{cases} x=\frac{1}{5}+\frac{1}{5}z-w \\ y=\frac{1}{5}+\frac{1}{5}z+w \end{cases}$, $\begin{cases} x_1=1 \\ x_2=1 \\ x_3=1 \\ x_4=-1 \end{cases}$, $\begin{cases} x_1=1 \\ x_2=1 \\ x_3=0 \\ x_4=1 \end{cases}$, $\begin{cases} x=0 \\ y=0 \\ z=0 \\ u=v \end{cases}$,

$\begin{cases} x=-\frac{7}{6}-z+\frac{7}{6}v \\ y=-\frac{5}{6}+z+\frac{5}{6}v, \\ u=-\frac{1}{3}+\frac{1}{3}v \end{cases}$ $\begin{cases} x_1=-2x_2+3x_4 \\ x_3=6-5x_4 \end{cases}$.

2. $\begin{pmatrix} 1 & -2 & 1 & -1 & 1 \\ 0 & 0 & -1 & 2 & 0 \\ 0 & 0 & 0 & 1 & 5 \\ 0 & 0 & 0 & 0 & 0 \end{pmatrix}$, $\begin{pmatrix} 1 & -2 & 0 & 0 & -4 \\ 0 & 0 & 1 & 0 & 10 \\ 0 & 0 & 0 & 1 & 5 \\ 0 & 0 & 0 & 0 & 0 \end{pmatrix}$.

★ 习题 3.2

1. $\begin{pmatrix} 9 \\ -4 \\ 14 \\ 15 \end{pmatrix}, \begin{pmatrix} 9 \\ -16 \\ -16 \\ -3 \end{pmatrix}$.

2. $\dfrac{1}{8}\begin{pmatrix} -9 \\ -20 \\ -11 \\ -26 \end{pmatrix}$.

3. $\begin{cases} \boldsymbol{\alpha}_1 = \dfrac{1}{2}(\boldsymbol{\beta}_1 + \boldsymbol{\beta}_2) \\ \boldsymbol{\alpha}_2 = \dfrac{1}{2}(\boldsymbol{\beta}_2 + \boldsymbol{\beta}_3) \\ \boldsymbol{\alpha}_3 = \dfrac{1}{2}(\boldsymbol{\beta}_1 + \boldsymbol{\beta}_3) \end{cases}$.

4. (1) $\boldsymbol{\beta} = \boldsymbol{\alpha}_1 + 2\boldsymbol{\alpha}_2 + 2\boldsymbol{\alpha}_3$；(2) $\boldsymbol{\beta} = \boldsymbol{\alpha}_1 + \boldsymbol{\alpha}_2 + \boldsymbol{\alpha}_3 - \boldsymbol{\alpha}_4$；(3) $\boldsymbol{\beta} = 2\boldsymbol{\alpha}_1 - \dfrac{1}{3}\boldsymbol{\alpha}_2 - \dfrac{1}{3}\boldsymbol{\alpha}_3 - \dfrac{1}{3}\boldsymbol{\alpha}_4$.

★ 习题 3.3

1. $3\boldsymbol{\alpha}_1 + 2\boldsymbol{\alpha}_2 + \boldsymbol{\alpha}_3 - \boldsymbol{\alpha}_4 = o$；$\boldsymbol{\alpha}_1 + 2\boldsymbol{\alpha}_2 + 3\boldsymbol{\alpha}_3 - \boldsymbol{\alpha}_4 = o$；$\boldsymbol{\alpha}_1 + \boldsymbol{\alpha}_2 + \boldsymbol{\alpha}_3 - \boldsymbol{\alpha}_4 = o$.

★ 习题 3.4

1. 求下列向量组的秩与极大无关组，并把其余向量用极大无关组线性表示.

(1) 秩 3，极大无关组 $\boldsymbol{\alpha}_1, \boldsymbol{\alpha}_2, \boldsymbol{\alpha}_3$，$\boldsymbol{\alpha}_4 = \dfrac{1}{6}\boldsymbol{\alpha}_1 + \dfrac{1}{6}\boldsymbol{\alpha}_2 + \dfrac{1}{6}\boldsymbol{\alpha}_3$；

(2) 秩 2，极大无关组 $\boldsymbol{\alpha}_1, \boldsymbol{\alpha}_2$，$\boldsymbol{\alpha}_3 = \boldsymbol{\alpha}_1 + \boldsymbol{\alpha}_2$，$\boldsymbol{\alpha}_4 = 2\boldsymbol{\alpha}_1 + \boldsymbol{\alpha}_2$；

(3) 秩 3，极大无关组 $\boldsymbol{\alpha}_1, \boldsymbol{\alpha}_2, \boldsymbol{\alpha}_4$，$\boldsymbol{\alpha}_3 = \boldsymbol{\alpha}_1 - \boldsymbol{\alpha}_2$；

(4) 秩 3，极大无关组 $\boldsymbol{\alpha}_1, \boldsymbol{\alpha}_2, \boldsymbol{\alpha}_3$，$\boldsymbol{\alpha}_4 = -\dfrac{3}{2}\boldsymbol{\alpha}_1 + \dfrac{5}{2}\boldsymbol{\alpha}_2 - \dfrac{1}{2}\boldsymbol{\alpha}_3$.

★ 习题 3.5

1. $\lambda \neq 1, -2$ 有唯一解，$\lambda = -2$ 无解，$\lambda = 1$ 有无穷多解，$x_1 = 1 - x_2 - x_3$.

2. $\lambda \neq 1, -1$ 有唯一解，解为

$$\begin{cases} x = \dfrac{1+4\lambda}{\lambda^2 - 1} \\ y = \dfrac{2\lambda^2 - 7\lambda}{\lambda^2 - 1} \\ z = -1 \end{cases}$$

$\lambda = 1, -1$ 无解，没有无穷多解.

3. $\lambda \neq 1, 0$ 有唯一解，$\lambda = 1, 0$ 无解，没有无穷多解.

★ 习题 3.6

1. (1) $\begin{pmatrix}-1\\1\\1\\0\end{pmatrix}$，$\frac{1}{7}\begin{pmatrix}26\\-29\\0\\7\end{pmatrix}$；$X=a\begin{pmatrix}-1\\1\\1\\0\end{pmatrix}+\frac{1}{7}b\begin{pmatrix}26\\-29\\0\\7\end{pmatrix}$ (2) $\frac{1}{14}\begin{pmatrix}-5\\3\\14\\0\end{pmatrix}$，$X=\frac{a}{14}\begin{pmatrix}-5\\3\\14\\0\end{pmatrix}$；

(3) $\begin{pmatrix}-1\\-1\\0\\1\end{pmatrix}$；$X=a\begin{pmatrix}-1\\-1\\0\\1\end{pmatrix}$.

4. $X=\begin{pmatrix}0\\-1\\0\\-1\\0\end{pmatrix}+\frac{1}{2}a\begin{pmatrix}-1\\-1\\0\\-1\\2\end{pmatrix}$；$X=\frac{1}{6}\begin{pmatrix}1\\1\\1\\0\end{pmatrix}+\frac{1}{6}a\begin{pmatrix}5\\-7\\5\\6\end{pmatrix}$；$X=\frac{9}{17}\begin{pmatrix}3\\2\\0\\0\end{pmatrix}+\frac{1}{17}a\begin{pmatrix}3\\19\\17\\0\end{pmatrix}+\frac{1}{17}b\begin{pmatrix}-13\\-20\\0\\17\end{pmatrix}$.

★ 第 3 章总复习题

一、单项选择

1. B　2. B　3. D　4. B　5. C　6. B　7. C　8. B　9. D　10. A
11. C　12. D　13. D　14. A　15. D

二、填空

1. (−7，−5，−12，−18)

2. $\frac{1}{4}$，$\neq\frac{1}{4}$

3. $a+b=0$

4. 无关

5. −8

6. $-\frac{5}{13}$

7. $\begin{bmatrix}1&2&3\\2&-3&1\end{bmatrix}$，$\begin{bmatrix}1&2&3&5\\2&-3&1&6\end{bmatrix}$

8. 13

9. $\begin{pmatrix}1&0&\cdots&0&-1\\0&1&\cdots&0&-1\\\vdots&\vdots&\vdots&\vdots&\vdots\\0&0&\cdots&1&-1\end{pmatrix}$

10. 无穷多，$(1,1,\cdots,1)_{1\times n}$，$(1,1,\cdots,1)_{1\times(n+1)}$

11. $x_1=1+x_2+\cdots+x_n$，$\begin{pmatrix}1\\0\\0\\\vdots\\0\end{pmatrix}+k_1\begin{pmatrix}1\\1\\0\\\vdots\\0\end{pmatrix}+k_2\begin{pmatrix}1\\0\\1\\\vdots\\0\end{pmatrix}+\cdots+k_{n-1}\begin{pmatrix}1\\0\\0\\\vdots\\1\end{pmatrix}$

12. $\neq -1$

13. $\neq -2$

14. 系数矩阵的秩等于增广矩阵的秩

15. 系数矩阵的秩小于未知数的个数

16. 系数矩阵的秩等于增广矩阵的秩等于未知数的个数；系数矩阵的秩等于增广矩阵的秩小于未知数的个数

17. 系数行列式等于零

18. 非零

19. 未知数的个数减去矩阵的秩

20. $\begin{pmatrix}1\\1\\0\\0\end{pmatrix}$，$\begin{pmatrix}1\\0\\1\\0\end{pmatrix}$，$\begin{pmatrix}1\\0\\0\\1\end{pmatrix}$

三、计算

1. 3；$\boldsymbol{\alpha}$，$\boldsymbol{\beta}$，$\boldsymbol{\gamma}$；$\boldsymbol{\delta}=-\boldsymbol{\alpha}-\boldsymbol{\beta}+\boldsymbol{\gamma}$.

2. 3；$\boldsymbol{\alpha}$，$\boldsymbol{\beta}$，$\boldsymbol{\gamma}$；$\boldsymbol{\delta}=\frac{1}{2}\boldsymbol{\alpha}+\frac{1}{2}\boldsymbol{\beta}+\frac{1}{2}\boldsymbol{\gamma}$.

3. 3；$\boldsymbol{\alpha}$，$\boldsymbol{\beta}$，$\boldsymbol{\delta}$；$\boldsymbol{\gamma}=3\boldsymbol{\alpha}+\boldsymbol{\beta}$，$\boldsymbol{\xi}=2\boldsymbol{\alpha}+\boldsymbol{\beta}$.

4. (1) 唯一解 $x_1=3$，$x_2=-1$，$x_3=2$，$x_4=1$；(2) $\begin{cases}x_1=-5x_3/14\\x_2=3x_3/14\\x_4=0\end{cases}$，$k\begin{pmatrix}-5\\3\\14\\0\end{pmatrix}$；

(3) $\begin{cases}x_1=\frac{11}{5}+x_2+\frac{1}{5}x_4\\x_3=\frac{2}{5}+\frac{2}{5}x_4\end{cases}$，$\frac{1}{5}\begin{pmatrix}11\\2\\0\\0\end{pmatrix}+a\begin{pmatrix}1\\1\\0\\0\end{pmatrix}+b\begin{pmatrix}1\\2\\0\\5\end{pmatrix}$；(4) $\begin{cases}x_1=-x_4\\x_2=-x_4\\x_3=0\end{cases}$，$k\begin{pmatrix}-1\\-1\\0\\1\end{pmatrix}$；

(5) $\begin{cases}x_1=\frac{3}{2}-2x_2+\frac{1}{2}x_4\\x_3=\frac{3}{2}-\frac{1}{2}x_4\end{cases}$，$\frac{1}{2}\begin{pmatrix}3\\3\\0\\0\end{pmatrix}+a\begin{pmatrix}-2\\1\\0\\0\end{pmatrix}+b\begin{pmatrix}1\\0\\-1\\2\end{pmatrix}$；

(6) $\begin{cases} x_1 = 24 + x_3 \\ x_2 = \dfrac{13}{2} + x_3 \\ x_4 = -\dfrac{5}{2} \end{cases}$, $\dfrac{1}{2}\begin{pmatrix} 48 \\ 13 \\ 0 \\ -5 \end{pmatrix} + k\begin{pmatrix} 1 \\ 1 \\ 1 \\ 0 \end{pmatrix}$;

(7) $\begin{cases} x_1 = -3 + 2x_4 \\ x_2 = -9 + 4x_4 \\ x_3 = 0 \end{cases}$, $\begin{pmatrix} -3 \\ -9 \\ 0 \\ 0 \end{pmatrix} + k\begin{pmatrix} 2 \\ 4 \\ 0 \\ 1 \end{pmatrix}$; (8) $\begin{cases} x_1 = 2x_2 \\ x_3 = 0 \\ x_4 = 1 \end{cases}$, $\begin{pmatrix} 0 \\ 0 \\ 0 \\ 1 \end{pmatrix} + k\begin{pmatrix} 2 \\ 1 \\ 0 \\ 1 \end{pmatrix}$.

5. $a = 2, -6$ 无解；$a \neq \pm 2, -6$ 有唯一解，解为

$$x_1 = \frac{a-4}{a+6},\ x_2 = \frac{-14a+16}{(a-2)(a+6)},\ x_3 = -\frac{4a^2+10a-24}{(a-2)(a+6)};$$

$a = -2$ 时有无穷多解，解为$\begin{pmatrix} 2 \\ -1 \\ 0 \end{pmatrix} + k\begin{pmatrix} 2 \\ 1 \\ 1 \end{pmatrix}$.

6. $a = 0$ 无解；$a \neq 0, 1$ 有唯一解，解为

$x_1 = \dfrac{a^2+4a-15}{a^2}$，$x_2 = \dfrac{a^2+a+15}{a^2}$，$x_3 = \dfrac{-4a^2+a+15}{a^2}$；

$a = 1$ 时有无穷多解，解为$\begin{pmatrix} 2 \\ -7 \\ 0 \end{pmatrix} + k\begin{pmatrix} -1 \\ 2 \\ 1 \end{pmatrix}$.

7. $a = 0$ 无解；$a \neq 0, 2$ 有唯一解，解为 $x_1 = -\dfrac{1}{a}$，$x_2 = \dfrac{1}{a}$，$x_3 = 0$；

$a = 2$ 时有无穷多解，解为$\dfrac{1}{2}\begin{pmatrix} -1 \\ 1 \\ 0 \end{pmatrix} + k\begin{pmatrix} -21 \\ 1 \\ 8 \end{pmatrix}$.

★ 习题 4.1

1. $a\begin{pmatrix} 1 \\ 1 \\ -1 \end{pmatrix}(a \neq 0)$.

2. $\dfrac{1}{2}(1, 1, 1, 1)$，$\dfrac{1}{2}(1, -1, 1, -1)$，$\dfrac{1}{2}(1, 1, -1, -1)$，$\alpha_4 = \dfrac{1}{2}(1, -1, -1, 1)$.

3. $\dfrac{1}{3}(2, 1, -2, 0)$，$\dfrac{1}{3}(2, -2, 1, 0)$，$(0, 0, 0, 1)$.

5. $\left(0, \dfrac{1}{\sqrt{3}}, \dfrac{1}{\sqrt{3}}, \dfrac{1}{\sqrt{3}}\right)$，$\left(\dfrac{3}{\sqrt{15}}, -\dfrac{2}{\sqrt{15}}, \dfrac{1}{\sqrt{15}}, \dfrac{1}{\sqrt{15}}\right)$，

$\left(\dfrac{3}{\sqrt{35}}, \dfrac{3}{\sqrt{35}}, -\dfrac{4}{\sqrt{35}}, \dfrac{1}{\sqrt{35}}\right)$，$\left(\dfrac{1}{\sqrt{7}}, \dfrac{1}{\sqrt{7}}, \dfrac{1}{\sqrt{7}}, -\dfrac{2}{\sqrt{7}}\right)$.

★ 习题 4.2

(1) 1, 2, 3; (2) 3, -1, -1, -1, -1; (3) 2, $-\frac{1}{3}$, $\frac{-3\pm\sqrt{5}}{2}$; (4) 1, -2, $\pm\sqrt{2}$, $\pm\sqrt{2}$;

(5) -2, -2, $\frac{3}{2}$, $\frac{-1\pm\sqrt{3}i}{2}$; (6) -3, $\frac{1}{2}$, $\frac{1\pm\sqrt{3}i}{2}$; (7) 2, 1, -1, $\frac{-1\pm\sqrt{5}}{2}$;

(8) -2, $-\frac{1}{2}$, $\frac{2}{3}$, $\pm\sqrt{2}$.

★ 习题 4.3

(1) 1, 1, 4; $\begin{pmatrix}-1\\1\\0\end{pmatrix}$, $\begin{pmatrix}-1\\0\\1\end{pmatrix}$, $\begin{pmatrix}1\\1\\1\end{pmatrix}$; (2) -1, 1, 1; $\begin{pmatrix}-1\\0\\1\end{pmatrix}$, $\begin{pmatrix}0\\1\\0\end{pmatrix}$, $\begin{pmatrix}1\\0\\1\end{pmatrix}$;

(3) 2, 2, 2, 6; $\begin{pmatrix}-1\\1\\0\\0\end{pmatrix}$, $\begin{pmatrix}-1\\0\\1\\0\end{pmatrix}$, $\begin{pmatrix}-1\\0\\0\\1\end{pmatrix}$, $\begin{pmatrix}1\\1\\1\\1\end{pmatrix}$;

(4) -2, 2, 2, 2; $\begin{pmatrix}-1\\1\\1\\1\end{pmatrix}$, $\begin{pmatrix}1\\1\\0\\0\end{pmatrix}$, $\begin{pmatrix}1\\0\\1\\0\end{pmatrix}$, $\begin{pmatrix}1\\0\\0\\1\end{pmatrix}$;

(5) -1, 2, 5; $\begin{pmatrix}2\\2\\1\end{pmatrix}$, $\begin{pmatrix}-2\\1\\2\end{pmatrix}$, $\begin{pmatrix}1\\-2\\2\end{pmatrix}$;

(6) 1, 1, 10; $\begin{pmatrix}-2\\1\\0\end{pmatrix}$, $\begin{pmatrix}2\\0\\1\end{pmatrix}$, $\begin{pmatrix}-1\\-2\\2\end{pmatrix}$;

(7) -8, 4, 4, 4; $\begin{pmatrix}-1\\1\\-1\\1\end{pmatrix}$, $\begin{pmatrix}1\\1\\0\\0\end{pmatrix}$, $\begin{pmatrix}-1\\0\\1\\0\end{pmatrix}$, $\begin{pmatrix}1\\0\\0\\1\end{pmatrix}$;

(8) 0, 0, 0, 4; $\begin{pmatrix}-1\\1\\0\\0\end{pmatrix}$, $\begin{pmatrix}-1\\0\\1\\0\end{pmatrix}$, $\begin{pmatrix}-1\\0\\0\\1\end{pmatrix}$, $\begin{pmatrix}1\\1\\1\\1\end{pmatrix}$.

★ 习题 4.4

(1) $-1, -1, 7$; $\begin{pmatrix} -2 & -1 & 1 \\ 1 & 0 & 2 \\ 0 & 1 & 3 \end{pmatrix}$; (2) $2, 2, 10$; $\begin{pmatrix} -2 & -1 & 1 \\ 1 & 0 & 2 \\ 0 & 1 & 3 \end{pmatrix}$;

(3) $2, 1, 1$; $\begin{pmatrix} -1 & -1 & -1 \\ -1 & 0 & 1 \\ 1 & 1 & 0 \end{pmatrix}$; (4) $5, 5, 10$; $\begin{pmatrix} 0 & -1 & 1 \\ 1 & 0 & 3 \\ 0 & 1 & 4 \end{pmatrix}$;

(5) $2, 2, 11$; $\begin{pmatrix} -2 & 2 & -1 \\ 1 & 0 & -2 \\ 0 & 1 & 2 \end{pmatrix}$; (6) $2, 2, 1, 1$; $\begin{pmatrix} 0 & -1 & -1 & 0 \\ 0 & 1 & -1 & -1 \\ -1 & 0 & 0 & 1 \\ 1 & 0 & 1 & 0 \end{pmatrix}$;

(7) $-5, 3, 3, 3$; $\begin{pmatrix} 1 & 1 & 1 & -1 \\ -1 & 1 & 0 & 0 \\ -1 & 0 & 1 & 0 \\ 1 & 0 & 0 & 1 \end{pmatrix}$; (8) $-4, 0, 0, 0$; $\begin{pmatrix} 1 & 1 & 1 & -1 \\ -1 & 1 & 0 & 0 \\ -1 & 0 & 1 & 0 \\ 1 & 0 & 0 & 1 \end{pmatrix}$.

★ 习题 4.5

1. (1) $4, 4, 7$, $\begin{pmatrix} -\frac{1}{\sqrt{2}} & -\frac{1}{\sqrt{6}} & \frac{1}{\sqrt{3}} \\ \frac{1}{\sqrt{2}} & -\frac{1}{\sqrt{6}} & \frac{1}{\sqrt{3}} \\ 0 & \frac{2}{\sqrt{6}} & \frac{1}{\sqrt{3}} \end{pmatrix}$; (2) $-1, -1, 8$, $\begin{pmatrix} -\frac{1}{\sqrt{2}} & -\frac{1}{\sqrt{6}} & \frac{1}{\sqrt{3}} \\ \frac{1}{\sqrt{2}} & -\frac{1}{\sqrt{6}} & \frac{1}{\sqrt{3}} \\ 0 & \frac{2}{\sqrt{6}} & \frac{1}{\sqrt{3}} \end{pmatrix}$;

(3) $1, 4, 7$, $\frac{1}{3}\begin{pmatrix} 2 & -2 & 1 \\ 2 & 1 & -2 \\ 1 & 2 & 2 \end{pmatrix}$; (4) $0, 3, 6$, $\frac{1}{3}\begin{pmatrix} 2 & -2 & 1 \\ 2 & 1 & -2 \\ 1 & 2 & 2 \end{pmatrix}$;

(5) $-1, -1, 8$, $\begin{pmatrix} -\frac{2}{\sqrt{5}} & \frac{2}{3\sqrt{5}} & -\frac{1}{3} \\ \frac{1}{\sqrt{5}} & \frac{4}{3\sqrt{5}} & -\frac{2}{3} \\ 0 & \frac{5}{3\sqrt{5}} & \frac{2}{3} \end{pmatrix}$;

(6) $-1, -1, -1, 3$; $\begin{pmatrix} -\frac{1}{\sqrt{2}} & -\frac{1}{\sqrt{6}} & -\frac{1}{2\sqrt{3}} & \frac{1}{2} \\ \frac{1}{\sqrt{2}} & -\frac{1}{\sqrt{6}} & -\frac{1}{2\sqrt{3}} & \frac{1}{2} \\ 0 & \frac{2}{\sqrt{6}} & -\frac{1}{2\sqrt{3}} & \frac{1}{2} \\ 0 & 0 & \frac{3}{2\sqrt{3}} & \frac{1}{2} \end{pmatrix}$;

(7) 5，5，5，-3，$\begin{pmatrix} \frac{1}{\sqrt{2}} & \frac{1}{\sqrt{6}} & -\frac{1}{2\sqrt{3}} & \frac{1}{2} \\ \frac{1}{\sqrt{2}} & -\frac{1}{\sqrt{6}} & \frac{1}{2\sqrt{3}} & -\frac{1}{2} \\ 0 & \frac{2}{\sqrt{6}} & \frac{1}{2\sqrt{3}} & -\frac{1}{2} \\ 0 & 0 & \frac{3}{2\sqrt{3}} & \frac{1}{2} \end{pmatrix}$；

(8) 3，3，3，-1，$\begin{pmatrix} \frac{1}{\sqrt{2}} & \frac{1}{\sqrt{6}} & -\frac{1}{2\sqrt{3}} & \frac{1}{2} \\ \frac{1}{\sqrt{2}} & -\frac{1}{\sqrt{6}} & \frac{1}{2\sqrt{3}} & -\frac{1}{2} \\ 0 & \frac{2}{\sqrt{6}} & \frac{1}{2\sqrt{3}} & -\frac{1}{2} \\ 0 & 0 & \frac{3}{2\sqrt{3}} & \frac{1}{2} \end{pmatrix}$.

2. $k=2m$，2^kE；$k=2m+1$，$2^{k-1}A$.

★ 第 4 章总复习题

一、单项选择

1. D　2. C　3. D　4. B　5. B　6. A　7. B　8. B　9. C　10. B
11. C　12. B　13. D　14. A　15. C　16. D

二、填空

1. $\boldsymbol{AX}=\lambda\boldsymbol{X}(\boldsymbol{X}\neq\boldsymbol{O})$，则 λ 称为 $\boldsymbol{A}$ 的一个特征值，$\boldsymbol{X}$ 称 $\boldsymbol{A}$ 的一个特征向量；

2. 0；3. λ^k；4. $\boldsymbol{P}^{-1}\boldsymbol{\alpha}$；5. $\boldsymbol{\alpha}$；6. $\lambda\boldsymbol{E}$；7. 6，1，$\frac{1}{2}$，$\frac{1}{3}$；8. 0，所有的 n 阶非零向量；

9. $k\boldsymbol{E}$；10. $\boldsymbol{A}$ 有 n 个线性无关的特征向量；11. 4；12. 5，所有的非零向量；

13. -1，-5，4；14. $\boldsymbol{A}$；15. 线性无关；16. 1，2，3；17. 2，1，-1；18. 1，-1；

19. 1，2；20. 1，2，3.

三、计算

1. $\pm\frac{1}{5}(2,4,-2,-1)$；2. $\frac{\pi}{6}$；3. $\pm\frac{1}{\sqrt{26}}(4,0,1,-3)$；4. $\pm\frac{1}{\sqrt{3}}(1,-1,0,1)$；

5. -5，1，1；$\frac{4}{5}$，2，2；6. -2，-2，4；(1，1，0)，(-1，0，1)，(1，1，2)；7. 2；

8. (1) $\boldsymbol{\delta}=2\boldsymbol{\beta}+\boldsymbol{\gamma}$，(2) $(2^{n+1}+3^n, 2^{n+1}, 0)^{\mathrm{T}}$；9. $\begin{pmatrix} 0 & 1 & 1 \\ 1 & 0 & -3 \\ 0 & 0 & 3 \end{pmatrix}$；10. $x=0$，$y=-2$；

11. $x+y=0$；12. -4，-6，-12；-72；13. $-3\cdot5\cdot7\cdots(2n-3)$；

14. $\boldsymbol{T}=\begin{pmatrix} -1 & 1 & 7 \\ 1 & -1 & -1 \\ 1 & 1 & 5 \end{pmatrix}$，$\begin{pmatrix} -2 & & \\ & 2 & \\ & & 4 \end{pmatrix}$；15. $\begin{pmatrix} 0 & 2 & -2 \\ 0 & 2 & 0 \\ 1 & -1 & 3 \end{pmatrix}$；

16. $\begin{pmatrix}5&0&16\\-2&0&8\\-7&1&1\end{pmatrix}\begin{pmatrix}0&&\\&1&\\&&9^5\end{pmatrix}\begin{pmatrix}5&0&16\\-2&0&8\\-7&1&1\end{pmatrix}^{-1}$;

17. $\begin{pmatrix}-\frac{1}{\sqrt{2}}&\frac{1}{\sqrt{6}}&-\frac{1}{\sqrt{3}}\\\frac{1}{\sqrt{2}}&\frac{1}{\sqrt{6}}&-\frac{1}{\sqrt{3}}\\0&\frac{2}{\sqrt{6}}&\frac{1}{\sqrt{3}}\end{pmatrix}$, $\begin{pmatrix}-1&&\\&-1&\\&&5\end{pmatrix}$;

18. $\begin{pmatrix}-\frac{1}{\sqrt{2}}&-\frac{1}{\sqrt{6}}&\frac{1}{\sqrt{3}}\\\frac{1}{\sqrt{2}}&-\frac{1}{\sqrt{6}}&\frac{1}{\sqrt{3}}\\0&\frac{2}{\sqrt{6}}&\frac{1}{\sqrt{3}}\end{pmatrix}$, $\begin{pmatrix}2&&\\&2&\\&&11\end{pmatrix}$; 19. $\begin{pmatrix}-\frac{1}{\sqrt{2}}&-\frac{1}{\sqrt{6}}&\frac{1}{\sqrt{3}}\\\frac{1}{\sqrt{2}}&-\frac{1}{\sqrt{6}}&\frac{1}{\sqrt{3}}\\0&\frac{2}{\sqrt{6}}&\frac{1}{\sqrt{3}}\end{pmatrix}$, $\begin{pmatrix}3&&\\&3&\\&&0\end{pmatrix}$;

20. $\begin{pmatrix}\frac{1}{\sqrt{2}}&\frac{1}{\sqrt{6}}&-\frac{1}{2\sqrt{3}}&\frac{1}{2}\\\frac{1}{\sqrt{2}}&-\frac{1}{\sqrt{6}}&\frac{1}{2\sqrt{3}}&-\frac{1}{2}\\0&\frac{2}{\sqrt{6}}&\frac{1}{2\sqrt{3}}&-\frac{1}{2}\\0&0&\frac{3}{2\sqrt{3}}&\frac{1}{2}\end{pmatrix}$, $\begin{pmatrix}1&&&\\&1&&\\&&1&\\&&&-3\end{pmatrix}$; 21. $\begin{pmatrix}1&0&0\\0&0&-1\\0&-1&0\end{pmatrix}$.

★ 习题 5.1

1. (1) $\boldsymbol{X}=\frac{1}{3}\begin{pmatrix}1&-2&2\\-2&1&2\\2&2&1\end{pmatrix}\boldsymbol{Y}$, $\quad 5y_1^2+2y_2^2-y_3^2$;

(2) $\boldsymbol{X}=\frac{1}{3}\begin{pmatrix}-\frac{2}{\sqrt{5}}&\frac{2}{3\sqrt{5}}&-\frac{1}{3}\\\frac{1}{\sqrt{5}}&\frac{4}{3\sqrt{5}}&-\frac{2}{3}\\0&\frac{5}{3\sqrt{5}}&\frac{2}{3}\end{pmatrix}\boldsymbol{Y}$, $\quad 2y_1^2+2y_2^2-7y_3^2$;

(3) $\boldsymbol{X}=\begin{pmatrix}\frac{1}{\sqrt{2}}&0&-\frac{1}{\sqrt{2}}&0\\\frac{1}{\sqrt{2}}&0&\frac{1}{\sqrt{2}}&0\\0&\frac{1}{\sqrt{2}}&0&-\frac{1}{\sqrt{2}}\\0&\frac{1}{\sqrt{2}}&0&\frac{1}{\sqrt{2}}\end{pmatrix}\boldsymbol{Y}$, $\quad y_1^2+y_2^2-y_3^2-y_4^2$;

(4) $\boldsymbol{X}=\frac{1}{2}\begin{pmatrix}1 & -1 & 1 & -1\\ 1 & 1 & -1 & -1\\ 1 & -1 & -1 & 1\\ 1 & 1 & 1 & 1\end{pmatrix}\boldsymbol{Y}$， $y_1^2+y_2^2-y_3^2-y_4^2$.

2. (1) $\begin{bmatrix}x\\ y\end{bmatrix}=\begin{pmatrix}\frac{2}{\sqrt{5}} & -\frac{1}{\sqrt{5}}\\ \frac{1}{\sqrt{5}} & \frac{2}{\sqrt{5}}\end{pmatrix}\begin{bmatrix}x'\\ y'\end{bmatrix}$， $9(x'-1)^2+4(y'+2)^2-36=0$；

(2) $\begin{bmatrix}x\\ y\end{bmatrix}=\begin{pmatrix}\frac{1}{\sqrt{5}} & -\frac{2}{\sqrt{5}}\\ \frac{2}{\sqrt{5}} & \frac{1}{\sqrt{5}}\end{pmatrix}\begin{bmatrix}x'\\ y'\end{bmatrix}$， $5\left(y'+\frac{1}{5}\right)^2-\frac{10}{\sqrt{5}}\left(x'-\frac{9}{10}\right)=0$；

(3) $\begin{pmatrix}x\\ y\\ z\end{pmatrix}=\frac{1}{3}\begin{pmatrix}1 & 2 & 2\\ 2 & 1 & -2\\ 2 & -2 & 1\end{pmatrix}\begin{pmatrix}x'\\ y'\\ z'\end{pmatrix}$， $3(x'+1)^2+(y'+1)^2+2(z'+1)^2-1=0$；

(4) $\begin{pmatrix}x\\ y\\ z\end{pmatrix}=\frac{1}{3}\begin{pmatrix}2 & -2 & 1\\ -1 & -2 & -2\\ 2 & 1 & -2\end{pmatrix}\begin{pmatrix}x'\\ y'\\ z'\end{pmatrix}$， $x'^2-2y'=0$.

★ 习题 5.2

1. (1) $\begin{cases}x_1=y_1-y_2\\ x_2=y_2\\ x_3=y_1+y_2+y_3\end{cases}$， $-y_1^2-y_2^2+y_3^2$；

(2) $\begin{cases}x_1=y_1-\frac{1}{2}y_2+2y_3\\ x_2=y_1+\frac{1}{2}y_2+y_3\\ x_3=y_3\end{cases}$， $2y_1^2-\frac{1}{2}y_2^2-4y_3^2$；

(3) $\begin{cases}x_1=y_1-y_3\\ x_2=y_2\\ x_3=-y_2+y_3-y_4\\ x_4=y_4\end{cases}$， $y_1^2-y_2^2+y_3^2$；

(4) $\begin{cases}x_1=y_1-\frac{1}{2}y_2+2y_3+y_4\\ x_2=y_1+\frac{1}{2}y_2-y_3-\frac{1}{2}y_4\\ x_3=y_3-\frac{1}{2}y_4\\ x_4=y_4\end{cases}$， $2y_1^2-\frac{1}{2}y_2^2+4y_3^2+3y_4^2$.

2. (1) $\begin{cases} x_1 = z_1 + z_2 + \dfrac{4}{3}z_3 \\ x_2 = \dfrac{1}{3}z_3 \\ x_3 = z_2 + z_3 \end{cases}$, $z_1^2 + z_2^2 - z_3^2$;

(2) $\begin{cases} x_1 = \dfrac{1}{\sqrt{2}}z_1 + \dfrac{2}{\sqrt{2}}z_2 - \dfrac{1}{\sqrt{2}}z_3 \\ x_2 = \dfrac{1}{\sqrt{2}}z_1 - \dfrac{1}{2\sqrt{2}}z_2 + \dfrac{1}{\sqrt{2}}z_3 \\ x_3 = \dfrac{1}{2\sqrt{2}}z_2 \end{cases}$, $z_1^2 + z_2^2 - z_3^2$;

(3) $\begin{cases} x_1 = z_1 - z_2 \\ x_2 = z_2 - z_3 + z_4 \\ x_3 = z_4 \\ x_4 = z_3 \end{cases}$, $z_1^2 + z_2^2 - z_3^2$;

(4) $\begin{cases} x_1 = \dfrac{1}{\sqrt{2}}z_1 - z_2 + z_3 - \dfrac{1}{\sqrt{2}}z_4 \\ x_2 = \dfrac{1}{\sqrt{2}}z_1 + \dfrac{1}{2}z_2 + \dfrac{1}{2}z_3 + \dfrac{1}{\sqrt{2}}z_4 \\ x_3 = \dfrac{5}{4}z_2 + \dfrac{1}{4}z_3 \\ x_4 = z_2 \end{cases}$, $z_1^2 + z_2^2 - z_3^2 - z_4^2$.

★ 习题 5.3

1. (1) $\boldsymbol{X} = \begin{pmatrix} 1 & -1 & 0 \\ 0 & 1 & 1 \\ 0 & 0 & 1 \end{pmatrix}\boldsymbol{Y}$, $y_1^2 + y_2^2 - y_3^2$;

(2) $\boldsymbol{X} = \begin{pmatrix} 1 & -\dfrac{1}{2} & -4 \\ 1 & \dfrac{1}{2} & 2 \\ 0 & 0 & 1 \end{pmatrix}\boldsymbol{Y}$, $2y_1^2 - \dfrac{1}{2}y_2^2 + 16y_3^2$;

(3) $\boldsymbol{X} = \begin{pmatrix} 1 & 3 & 0 & -1 \\ 0 & 1 & 0 & 0 \\ 0 & 0 & 1 & 0 \\ 0 & -2 & 1 & 1 \end{pmatrix}\boldsymbol{Y}$, $y_1^2 - 4y_2^2 - y_3^2 + y_4^2$;

(4) $\boldsymbol{X}=\begin{pmatrix}1 & -\frac{1}{2} & 1 & -2\\ 1 & \frac{1}{2} & 1 & 0\\ 0 & 0 & 1 & -1\\ 0 & 0 & 0 & 1\end{pmatrix}\boldsymbol{Y}$， $2y_1^2-\frac{1}{2}y_2^2-2y_3^2+4y_4^2$.

2. (1) $\boldsymbol{X}=\begin{pmatrix}1 & 1 & \frac{2}{3}\\ 0 & 0 & \frac{1}{3}\\ 0 & 1 & 1\end{pmatrix}\boldsymbol{Y}$， $y_1^2+y_2^2-y_3^2$；

(2) $\boldsymbol{X}=\begin{pmatrix}\frac{1}{\sqrt{2}} & 1 & -\frac{1}{\sqrt{2}}\\ \frac{1}{\sqrt{2}} & -\frac{1}{2} & \frac{1}{\sqrt{2}}\\ 0 & \frac{1}{4} & 0\end{pmatrix}\boldsymbol{Y}$， $y_1^2+y_2^2-y_3^2$；

(3) $\boldsymbol{X}=\begin{pmatrix}1 & 1 & \frac{4}{3} & -\frac{\sqrt{2}}{3}\\ 0 & 0 & \frac{1}{3} & -\frac{\sqrt{2}}{3}\\ 0 & 1 & 1 & \frac{1}{\sqrt{2}}\\ 0 & 0 & 0 & \frac{1}{\sqrt{2}}\end{pmatrix}\boldsymbol{Y}$， $y_1^2+y_2^2-y_3^2-y_4^2$；

(4) $\boldsymbol{X}=\begin{pmatrix}\frac{1}{\sqrt{2}} & -\frac{1}{\sqrt{2}} & -1 & -\frac{1}{\sqrt{3}}\\ \frac{1}{\sqrt{2}} & \frac{1}{\sqrt{2}} & \frac{1}{2} & -\frac{1}{2\sqrt{3}}\\ 0 & 0 & \frac{1}{2} & \frac{1}{2\sqrt{3}}\\ 0 & 0 & 0 & \frac{1}{\sqrt{3}}\end{pmatrix}\boldsymbol{Y}$， $y_1^2-y_2^2-y_3^2-y_4^2$.

★ 习题 5.4

1. (1) 正定；(2) 不正定；(3) 不正定；(4) 正定.

2. (1) $-\frac{4}{5}<t<0$；(2) $0<t<2$；(3) $\frac{-1-\sqrt{3}}{2}<t<\frac{-1+\sqrt{3}}{2}$；(4) $-\frac{3}{8}<t<2$.

★ 第5章总复习题

一、单项选择

1. B　2. B　3. A　4. B　5. B　6. D　7. D　8. C　9. C　10. D

11. D　12. A　13. A　14. D　15. C　16. C　17. D　18. B

二、填空

1. $a_{11}x_1^2+2a_{12}x_1x_2+\cdots+2a_{1n}x_1x_n+a_{22}x_2^2+\cdots+2a_{2n}x_2x_n+\cdots+a_{nn}x_n^2$；2. $\boldsymbol{X}^{\mathrm{T}}\boldsymbol{A}\boldsymbol{X}$；

3. $\frac{1}{2}\begin{pmatrix}0&0&1&0\\0&0&0&-1\\1&0&0&0\\0&-1&0&0\end{pmatrix}$；4. $\begin{pmatrix}3&-1&0\\-1&-1&4\\0&4&0\end{pmatrix}$；5. $\frac{1}{2}\begin{pmatrix}0&1&1&1\\1&0&1&1\\1&1&0&1\\1&1&1&0\end{pmatrix}$；

6. 2，1；7. $y_1^2+y_2^2+\cdots+y_p^2-y_{p+1}^2-\cdots-y_r^2$；

8. 3，2；9. $y_1^2+y_2^2-y_3^2$；

10. $y_1^2+y_2^2-y_3^2$；11. 3，2，1；12. 3，2，1；13. 对于任意非零实行向量 X_0，$f(X_0)>0$；

14. $p=n$，$A\simeq E$，A 的各阶顺序主子式大于零；

15. 规范形中正项的个数，正惯性指数减去负惯性指数；16. 它们的矩阵合同；

17. $-\sqrt{2}<t<\sqrt{2}$；18. $k>1$；

19. $\boldsymbol{X}=\boldsymbol{A}^{-1}\boldsymbol{Y}$；20. $\boldsymbol{A}^{-1}$ 正定.

三、计算

1. $\frac{1}{\sqrt{2}}\begin{bmatrix}1&1\\-1&1\end{bmatrix}$；2. $\frac{1}{\sqrt{2}}\begin{pmatrix}E_n&E_n\\-E_n&E_n\end{pmatrix}$；

3. (1) $\boldsymbol{X}=\begin{pmatrix}1&-2&-\frac{1}{3}\\0&1&-\frac{1}{3}\\0&0&1\end{pmatrix}\boldsymbol{Y}$，$\begin{pmatrix}1&&\\&-3&\\&&\frac{7}{3}\end{pmatrix}$；

(2) $\boldsymbol{X}=\begin{pmatrix}1&-\frac{1}{2}&-1\\1&\frac{1}{2}&-1\\0&0&1\end{pmatrix}\boldsymbol{Y}$，$\begin{pmatrix}2&&\\&-\frac{1}{2}&\\&&-2\end{pmatrix}$；

(3) $\boldsymbol{X}=\begin{pmatrix}1&0&0\\-1&1&-2\\0&0&1\end{pmatrix}\boldsymbol{Y}$, $\begin{pmatrix}-1&&\\&1&\\&&-4\end{pmatrix}$;

(4) $\boldsymbol{X}=\begin{pmatrix}1&2&0&-1\\0&1&-\frac{1}{2}&-1\\0&1&\frac{1}{2}&-1\\0&0&0&1\end{pmatrix}\boldsymbol{Y}$, $\begin{pmatrix}-1&&&\\&4&&\\&&-1&\\&&&-4\end{pmatrix}$;

(5) $\boldsymbol{X}=\begin{pmatrix}1&-1&2&-1\\0&1&-1&0\\0&0&1&0\\0&0&0&1\end{pmatrix}\boldsymbol{Y}$, $\begin{pmatrix}1&&&\\&3&&\\&&0&\\&&&-2\end{pmatrix}$;

(6) $\boldsymbol{X}=\begin{pmatrix}1&1&0&1\\0&1&-1&2\\0&0&1&0\\0&0&0&1\end{pmatrix}\boldsymbol{Y}$, $\begin{pmatrix}1&&&\\&-1&&\\&&1&\\&&&2\end{pmatrix}$.

4. (1) $\boldsymbol{X}=\begin{pmatrix}1&-1&\frac{7}{3}\\0&1&-\frac{1}{3}\\0&0&1\end{pmatrix}\boldsymbol{Y}$, $y_1^2-3y_2^2-\frac{5}{3}y_3^2$;

(2) $\boldsymbol{X}=\begin{pmatrix}1&0&-\frac{1}{2}\\-1&1&0\\0&0&1\end{pmatrix}\boldsymbol{Y}$, $-2y_1^2+2y_2^2-3y_3^2$;

(3) $\boldsymbol{X}=\begin{pmatrix}1&-\frac{1}{2}&-2\\1&\frac{1}{2}&-1\\0&0&1\end{pmatrix}\boldsymbol{Y}$, $2y_1^2-\frac{1}{2}y_2^2-4y_3^2$.

5. (1) $\boldsymbol{X}=\begin{pmatrix}0&-\frac{1}{\sqrt{14}}&\frac{1}{\sqrt{34}}\\0&\frac{2}{\sqrt{14}}&0\\1&0&\frac{6}{\sqrt{34}}\end{pmatrix}\boldsymbol{Y}$, $y_1^2-y_2^2-y_3^2$;

(2) $\boldsymbol{X}=\begin{pmatrix}2&0&0\\\frac{1}{2}&0&\frac{1}{2}\\1&1&1\end{pmatrix}\boldsymbol{Y}$, $y_1^2+y_2^2-y_3^2$;

(3) $\boldsymbol{X}=\frac{1}{\sqrt{2}}\begin{pmatrix}1&0&-1&0\\0&1&0&-1\\1&0&1&0\\0&1&0&1\end{pmatrix}\boldsymbol{Y}$，$y_1^2+y_2^2-y_3^2-y_4^2$.

6. $\boldsymbol{X}=\begin{pmatrix}1&0&0\\-3&1&\frac{3}{2}\\0&0&1\end{pmatrix}\boldsymbol{Y}$，$-18y_1^2+2y_2^2-\frac{3}{2}y_3^2$，$p=1$，不正定.

7. $\boldsymbol{X}=\begin{pmatrix}1&0&-1\\1&1&1\\0&0&1\end{pmatrix}\boldsymbol{Y}$，$-y_1^2+y_2^2-3y_3^2$，$p=1$，不正定.

8. $\frac{1-\sqrt{7}}{2}<t<\frac{1+\sqrt{7}}{2}$. 9. $\lambda>2$. 10. $1+(-1)^{n+1}a_1a_2\cdots a_n\neq 0$.

11. $c=3$，$\boldsymbol{X}=\begin{pmatrix}\frac{1}{\sqrt{5}}&\frac{1}{\sqrt{120}}&-1\\0&\frac{5}{\sqrt{120}}&1\\0&0&2\end{pmatrix}\boldsymbol{Y}$，$y_1^2+y_2^2$.

★ 习题 6.2

1. (1，1，1).
2. (−2，1，0)，(−3，0，1).
3. (2，1，0，0，0)，(13/6，0，−5/12，1，0)，(−1，0，0，0，1).
4. $((2-n)a_1,\ a_1-a_2,\ a_1-a_3,\cdots,\ a_1-a_n)$.
5. $\begin{pmatrix}2&-1&0\\-1&0&0\\-3&3&1\end{pmatrix}$；$(0,\ 0,\ a)$.
6. $\frac{1}{3}\begin{pmatrix}2&1&-1\\1&2&1\\1&-1&1\end{pmatrix}$；$(a,\ a,\ 0)$.

★ 习题 6.3

2. (−1，1，0)，1；(1，1，1)，(1，1，−1)，2.

★ 习题 6.4

1. (1) $\begin{pmatrix}-13&-26&-29\\-12&-23&-26\\18&33&38\end{pmatrix}$；(2) (3，8，−1)；

(3) $\sigma^{-1}(x,\ y,\ z)=\left(\frac{7}{2}x+2y-\frac{5}{2}z,\ -4x-2y+3z,\ x+y-z\right)$.

2. (1) $\begin{pmatrix} a_{33} & a_{23} & a_{13} \\ a_{32} & a_{22} & a_{12} \\ a_{31} & a_{21} & a_{11} \end{pmatrix}$；(2) $\begin{pmatrix} a_{11} & 3a_{12} & a_{13} \\ \frac{1}{3}a_{21} & a_{22} & \frac{1}{3}a_{23} \\ a_{31} & 3a_{32} & a_{33} \end{pmatrix}$；

(3) $\begin{pmatrix} a_{11}+a_{12} & a_{12} & a_{13} \\ a_{21}+a_{22}-a_{11}-a_{12} & a_{22}-a_{12} & a_{23}-a_{13} \\ a_{31}+a_{32} & a_{32} & a_{33} \end{pmatrix}$.

4. (1) $\frac{1}{2}\begin{pmatrix} -4 & -3 & 3 \\ 2 & 3 & 3 \\ 2 & 1 & -5 \end{pmatrix}$；(2) $\frac{1}{2}\begin{pmatrix} -4 & -3 & 3 \\ 2 & 3 & 3 \\ 2 & 1 & -5 \end{pmatrix}$；(3) $\frac{1}{2}\begin{pmatrix} -4 & -3 & 3 \\ 2 & 3 & 3 \\ 2 & 1 & -5 \end{pmatrix}$.

5. (1) $\begin{pmatrix} 2 & -3 & 3 & 1 \\ 2 & -8 & 10 & 5 \\ 4 & -16 & 20 & 10 \\ 0 & 10 & -14 & -8 \end{pmatrix}$；

(2) $L(-4\alpha_1-3\alpha_2+2\alpha_3, -\alpha_1-2\alpha_2+\alpha_4)$，$L(\alpha_1-\alpha_2+\alpha_3+2\alpha_4, \alpha_2+\alpha_3-\alpha_4)$.

6. 可对角化，(2, 1, 0)，(−3, 0, 1)，(−1, −2, 1)，$\begin{pmatrix} 1 & & \\ & 1 & \\ & & -5 \end{pmatrix}$.

7. (1, 1, 0, 0)，(1, 0, 1, 0)，(−1, 0, 0, 1)，(1, −1, −1, 1)，$\begin{pmatrix} 4 & & & \\ & 4 & & \\ & & 4 & \\ & & & 0 \end{pmatrix}$.

★ 习题 6.5

7. $\frac{1}{\sqrt{2}}(1, 1, 0, 0)$，$\frac{1}{\sqrt{6}}(1, -1, 2, 0)$，$\frac{1}{2\sqrt{3}}(1, -1, -1, 3)$，$\frac{1}{2}(-1, 1, 1, 1)$，$\begin{pmatrix} 5 & & & \\ & 5 & & \\ & & 5 & \\ & & & -3 \end{pmatrix}$.

8. $\frac{1}{\sqrt{2}}(-\alpha_1+\alpha_2)$，$\frac{1}{\sqrt{6}}(-\alpha_1-\alpha_2+2\alpha_3)$，$\frac{1}{2\sqrt{3}}(-\alpha_1-\alpha_2-\alpha_3+3\alpha_4)$，$\frac{1}{2}(\alpha_1+\alpha_2+\alpha_3+\alpha_4)$，

$\begin{pmatrix} 1 & & & \\ & 1 & & \\ & & 1 & \\ & & & 13 \end{pmatrix}$.

★ 第 6 章总复习题

一、单项选择

1. A　2. D　3. B　4. D　5. B　6. B　7. C　8. C　9. D　10. B
11. C　12. C　13. B　14. B　15. C　16. D　17. B　18. C

二、填空

1. $k\alpha - k\beta$，$k\alpha - l\alpha$；2. $\{0\}$，0；3. 线性无关的生成元，基向量的个数；

4. $(-1, 1, 1)$；5. $(0, 1, 1)$；6. $\begin{pmatrix} 0 & 1 & 0 \\ 1 & 0 & 0 \\ 0 & 1 & 1 \end{pmatrix}$；7. $\begin{pmatrix} 0 & 0 & 1 \\ 0 & 1 & -1 \\ 1 & -1 & 0 \end{pmatrix}$；8. $\begin{pmatrix} 1 & 0 & 1 \\ 0 & 1 & 1 \\ 1 & 1 & 0 \end{pmatrix}$；

9. 向量空间的非空子集对于其加法与数乘又构成向量空间的子集；

10. 对加法与数乘都封闭；11. $(1, 0, 0)$；12. 保持运算的变换；

13. o，$a_1\sigma(\alpha_1) + a_2\sigma(\alpha_2) + \cdots + a_m\sigma(\alpha_m)$；14. $\{\sigma(\alpha) \mid \alpha \in V\}$，$\{\alpha \in V \mid \sigma(\alpha) = o\}$；

15. $\begin{pmatrix} 0 & 1 & 1 \\ 1 & 0 & 1 \\ 1 & 1 & 0 \end{pmatrix}$；16. n；17. σ 在一组基下的矩阵可逆；18. 相似.

三、计算

1. 3，$\varepsilon_1 + \varepsilon_2$，$\varepsilon_1 - \varepsilon_3$，$2\varepsilon_1 + \varepsilon_2$；2. 2，$\varepsilon_1 + \varepsilon_2$，$2\varepsilon_1 + \varepsilon_2$；

3. $(1, 1, 0, 0)$，$(-2, 0, 1, -3)$，2；4. $(2, 1, -1, 3)$，$(-1, 0, 1, 2)$，ε_3，ε_4；

5. $\varepsilon_1 + \varepsilon_2 + \varepsilon_3$，$2\varepsilon_1 + \varepsilon_4$，$\varepsilon_3$，$\varepsilon_4$；6. $\left(1, \frac{1}{2}, -\frac{1}{2}\right)$；

7. $\frac{1}{2}\begin{pmatrix} 1 & 1 & -1 \\ -1 & 1 & 1 \\ 1 & -1 & 1 \end{pmatrix}$；8. $\begin{pmatrix} \boldsymbol{O} & 1 \\ \boldsymbol{E}_{n-1} & \boldsymbol{O} \end{pmatrix}$；

9. $(-2, 1, 1)$，$\begin{pmatrix} 1 & -2 & 1 \\ 0 & 1 & -1 \\ 0 & 0 & 1 \end{pmatrix}$；10. $\begin{pmatrix} -1 & 1 & 1 \\ 1 & -2 & 1 \\ 1 & 2 & -1 \end{pmatrix}$；

11. $k(1, -2, 0)$；

12. (1) $\frac{1}{2}\begin{pmatrix} -4 & -3 & 3 \\ 2 & 3 & 3 \\ 2 & 1 & -5 \end{pmatrix}$ (2) $\frac{1}{2}\begin{pmatrix} -4 & -3 & 3 \\ 2 & 3 & 3 \\ 2 & 1 & -5 \end{pmatrix}$，$\frac{1}{2}\begin{pmatrix} -4 & -3 & 3 \\ 2 & 3 & 3 \\ 2 & 1 & -5 \end{pmatrix}$；

13. $\begin{pmatrix} 1 & 1 & 0 & 0 \\ 1 & -1 & 0 & 0 \\ 0 & 0 & 1 & 1 \\ 0 & 0 & 1 & -1 \end{pmatrix}$，$\sigma^{-1}(x, y, z, u) = \frac{1}{2}(x+y, x-y, z+u, z-u)$；

14. $L(\varepsilon_1 + 2\varepsilon_2 + \varepsilon_3, 2\varepsilon_1 + 2\varepsilon_2 + 2\varepsilon_3)$，2；$L(2\varepsilon_1 - \varepsilon_2 + \varepsilon_3)$，1；15. $\begin{pmatrix} -1 & 2 & 0 \\ 1 & 0 & 1 \\ 1 & -1 & 3 \end{pmatrix}$；

16. $\begin{pmatrix} 2 & 2 & 1 \\ 0 & -1 & 0 \\ 0 & 0 & -1 \end{pmatrix}$；17. $\begin{pmatrix} 2 & 1 & 1 \\ 0 & -2 & 0 \\ 0 & 0 & -1 \end{pmatrix}$；

18. (1) -1，-1，1 (2) σ 可对角化，$(1, 0, 0)$，$(0, 1, 1)$，$(0, 1, -1)$，$\begin{pmatrix} -1 & & \\ & -1 & \\ & & 1 \end{pmatrix}$；

19. $\frac{1}{3}(1, 2, 2)$, $\frac{1}{3}(2, 1, -2)$, $\frac{1}{3}(2, -2, 1)$, $\begin{pmatrix} 2 & & \\ & 3 & \\ & & 3 \end{pmatrix}$;

20. $\left(-\frac{1}{\sqrt{2}}, \frac{1}{\sqrt{2}}, 0\right)$, $\left(\frac{1}{\sqrt{6}}, \frac{1}{\sqrt{6}}, \frac{2}{\sqrt{6}}\right)$, $\left(-\frac{1}{\sqrt{3}}, -\frac{1}{\sqrt{3}}, \frac{1}{\sqrt{3}}\right)$, $\begin{pmatrix} -1 & & \\ & -1 & \\ & & 5 \end{pmatrix}$.

参 考 文 献

[1] 同济大学数学系. 工程数学线性代数[M]. 6 版. 北京：高等教育出版社，2014.
[2] 北京大学数学系前代数小组. 高等代数[M]. 4 版. 北京：高等教育出版社，2015.
[3] 郝志峰，谢国瑞，方文波，等. 线性代数[M]. 北京：高等教育出版社，2008.
[4] 许振明，周牡丹，周小林. 线性代数[M]. 北京：北京大学出版社，2014.
[5] 张学奇，赵春梅. 线性代数[M]. 2 版. 北京：中国人民大学出版社，2015.
[6] 上海交通大学数学系. 线性代数[M]. 3 版. 北京：科学出版社，2015.
[7] 李炯生，查建国，王新茂. 线性代数[M]. 2 版. 合肥：中国科学技术大学出版社，2010.
[8] 丁大正. Mathematica 基础与应用[M]. 北京：电子工业出版社，2013.
[9] 丁大正. 用 Mathematica 解线性代数[M]. 北京：高等教育出版社，2004.